U0172339

INDUSTRIAL FIBER LASER

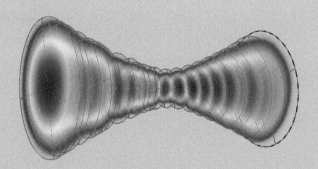

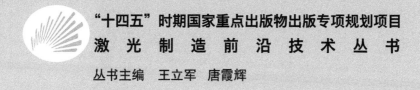

"十四五"时期国家重点出版物出版专项规划项目

激 光 制 造 前 沿 技 术 丛 书

丛书主编 王立军 唐霞辉

工业光纤激光器

闫大鹏 编 著

华中科技大学出版社
http://www.hustp.com
中国·武汉

内 容 简 介

工业光纤激光器是以高精度、高效率、低成本等优势广泛应用在激光制造和增材制造等领域的光纤激光器。本书从介绍工业光纤激光器的基本结构入手,介绍了工业光纤激光器关键技术(如非线性抑制与模式控制等)的理论、数值模拟和实验研究结果;核心材料(如增益光纤等)的设计、生产和发展趋势;关键器件(如半导体激光泵浦源、信号/泵浦耦合器、激光功率光纤合束器等)的设计和制造;工业光纤激光器的生产工艺、性能参数测试技术和方法等。书中包含作者所在研究和制造团队多年的研究成果和制造经验。

本书可供从事激光技术研究和应用的科技工作人员和工程技术人员阅读,同时也可供大专院校相关专业学生和教师参考。

图书在版编目(CIP)数据

工业光纤激光器/闫大鹏编著. —武汉:华中科技大学出版社,2022.4(2024.3重印)
(激光制造前沿技术丛书)
ISBN 978-7-5680-7897-9

Ⅰ.①工… Ⅱ.①闫… Ⅲ.①纤维激光器 Ⅳ.①TN248

中国版本图书馆 CIP 数据核字(2022)第 012399 号

工业光纤激光器
Gongye Guangxian Jiguangqi

闫大鹏　编著

策划编辑:徐晓琦
责任编辑:朱建丽　李　露
装帧设计:原色设计
责任校对:李　弋
责任监印:周治超
出版发行:华中科技大学出版社(中国·武汉)　　电话:(027)81321913
　　　　　武汉市东湖新技术开发区华工科技园　　邮编:430223
录　　排:武汉市洪山区佳年华文印部
印　　刷:广东虎彩云印刷有限公司
开　　本:710mm×1000mm　1/16
印　　张:32.25
字　　数:543 千字
版　　次:2024 年 3 月第 1 版第 2 次印刷
定　　价:288.00 元

本书若有印装质量问题,请向出版社营销中心调换
全国免费服务热线:400-6679-118　竭诚为您服务
版权所有　侵权必究

专家序

　　自 1960 年世界上第一台红宝石激光器发明以来,激光器的发展和应用已经遍及社会发展的许多领域,极大地推动了生产力的进步。在这六十多年的时间里,各种激光器层出不穷,如气体激光器、固体激光器、液体激光器、准分子激光器、半导体激光器和光纤激光器等。光纤激光以脉冲极快、功率极强、线宽极窄等独特的技术优势在激光技术发展中异军突起,已成为激光领域充满创新活力和创新机遇的研究方向。

　　根据中国科学院《2021 中国激光产业发展报告》,2018—2020 年,中国光纤激光器收入规模从 77.43 亿元增加至 94.2 亿元。作为当前工业领域的主流技术路线,光纤激光器广泛应用于工业制造、航空航天、3C 电子、医疗设施等领域的切割、焊接、测量、打标、表面去污等,其应用占比大幅领先于半导体、固体、气体三类激光器。中国光纤激光器市场早年几乎被欧美企业垄断,尤其是技术密度高的高功率光纤激光器市场。2000 年后,中国光纤激光器产业开始逐步成长,国产工业光纤激光器逐步实现进口替代,部分研究成果达到了国际先进水平或国际领先水平。其中,在技术应用方面的代表性企业之一是成立于 2007 年的武汉锐科光纤激光技术股份有限公司,其凭借深厚的技术功底和国内市场优越的应用环境,经过 15 年的发展,已成长为掌握材料、器件到整机垂直集成能力的光纤激光器研发、生产和服务的国家高新技术企业。锐科激光创始人闫大鹏博士编著的这本《工业光纤激光器》正是其对工业光纤激光器的国产化、产业化方向多年研究的总结。

本书内容丰富，重点突出。深入浅出地介绍了工业光纤激光器的核心材料、关键器件、核心技术、制造的主要工艺、主要技术参数、测试技术，以及工业大功率光纤激光器方面的相关内容。其中非线性抑制技术、模式控制技术、主振荡级和放大级泵浦方式、大功率单纤单模技术、大功率多模功率合束技术、脉冲整形技术、纳秒级脉冲光纤激光技术、皮秒和飞秒光纤激光技术、窄线宽掺镱光纤激光器中的相位调制技术等核心技术的理论研究和工业项目经验成果，对进一步提升我国高端制造业大功率激光器的国产化水平具有重要意义。

在当前国际形势下，激光全产业链上的自主创新，特别是涉及"卡脖子"领域的高端激光器核心技术创新尤为迫切。希望本专著对工业光纤激光器的研发人员、应用研究人员及激光技术爱好者起到促进学术交流、启发创新思维的作用。

中国科学院院士

2022 年 3 月

前言

　　激光是 20 世纪的重大发明,其被称为"最快的刀"、"最准的尺"和"最奇异的光",支撑了全球 13% 以上的 GDP。作为第三代激光技术成果的光纤激光器,近年来得到不断发展,在工业上得到了广泛应用,从而推动了全球激光产业的迅速发展,取得了巨大的市场效益,使得传统制造业正式步入"光制造"时代。

　　工业光纤激光器是以高精度、高效率、低成本等优势广泛应用在激光制造和增材制造领域等的光纤激光器。

　　光纤激光器与传统的固体、气体激光器相同,都是由泵浦源、谐振腔和增益介质三个基本要素组成的。泵浦源利用的是高功率半导体激光器,谐振腔由光纤光栅构成直线型谐振腔,稀土掺杂光纤是光纤激光器的增益介质。

　　光纤激光器的上游产业链包括有源和无源光纤、半导体激光泵浦源(包括激光芯片)、核心光纤器件、光学元器件、电学材料、数控系统等辅助器件;下游产业链包括激光制造和激光增材制造设备及应用服务,分布十分广泛,包括工业制造、航空航天、汽车、船舶、通信、信息、医疗卫生、节能环保、文化教育、科研、军事等多个领域。

　　光纤激光器的关键技术包括非线性抑制技术、模式控制技术、主振荡级和放大级泵浦方式、大功率单纤单模技术、大功率多模功率光纤合束技术、脉冲整形技术、纳秒级脉冲光纤激光技术、皮秒和飞秒光纤激光技术、窄线宽掺镱光纤激光器中的相位调制技术等。

光纤激光器的核心材料是主动光纤、被动光纤和光敏光纤等。

光纤激光器的关键器件包括高亮度大功率半导体激光泵浦源（包括激光芯片）、信号/泵浦耦合器、激光功率光纤合束器、模场适配器、包层光剥离器、双包层光纤光栅、光纤耦合声光调制器、光纤耦合隔离器、激光光纤传输接口等。

光纤激光器的产业化方向包括制造工艺、技术参数测试技术、散热及烤机老化技术等。

大功率光纤激光技术是我国光学和激光领域的研究热点。经过相关专业同行多年来的不懈努力，我国光纤激光技术相继取得了一系列重要进展，国产工业光纤激光器正快速实现进口替代，部分研究成果已经达到了国际先进水平或国际领先水平。但是工业光纤激光器的产品种类及新的应用领域、新型光纤激光器的研发水平等与发达国家还存在一定差距，特别是生产双包层激光光纤的原材料（如高纯度玻璃套管）、生产光纤激光器及光纤器件的熔接设备、测量大功率光纤激光器参数的主要设备、生产半导体激光芯片的主要设备、生产双包层光纤的主要设备，仍依赖进口。希望本专著对工业光纤激光器的研发人员、应用研究人员及激光技术爱好者起到促进学术交流、启发创新思维的作用。

本书在作者及团队多年进行工业光纤激光器国产化、产业化工作的基础上，大量采用了武汉锐科光纤激光技术股份有限公司研发、生产的成果，引用了国防科技大学、华中科技大学、清华大学、南京理工大学、北京工业大学、北京信息科技大学、电子科技大学、中国科学院上海光学精密机械研究所、中国工程物理研究院等单位的研究结果。在此向有关同志表示衷心感谢！

目录

第 4 章　工业光纤激光器的核心技术　/208

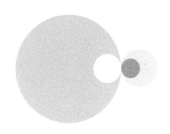

第1章
工业光纤
激光器概述

1.1 工业光纤激光器的定义和分类

1. 工业光纤激光器的定义

工业光纤激光器是以高精度、高效率、低成本等优势广泛应用在激光制造和增材制造领域(如焊接、切割、熔覆、打标、打孔、除锈、快速成型等)的光纤激光器。工业光纤激光器在工业上得到广泛应用,取得了巨大的市场效益,使得传统制造业不断向"光制造"时代迈进。

2. 工业光纤激光器的分类

1) 按增益介质分类

按增益介质可分为稀土类掺杂光纤激光器、晶体光纤激光器、非线性光学型光纤激光器、塑料光纤激光器。

(1) 稀土类掺杂光纤激光器:向光纤中掺杂稀土类元素离子(Nd^{3+}、Er^{3+}、Yb^{3+}、Tm^{3+}等,基质可以是石英玻璃、氟化锆玻璃、单晶)使之激活,而制成光纤激光器。

(2) 晶体光纤激光器:工作物质是激光晶体光纤,主要有红宝石单晶光纤

激光器和 Nd^{3+}：YAG 单晶光纤激光器等。

(3) 非线性光学型光纤激光器：主要有受激拉曼散射光纤激光器和受激布里渊散射光纤激光器。

(4) 塑料光纤激光器：向塑料光纤芯部或包层内掺入激光染料制成光纤激光器。

2）按输出激光特性分类

按输出激光特性可分为连续光纤激光器、准连续光纤激光器、脉冲光纤激光器。

(1) 连续光纤激光器：连续光纤激光器的输出激光是连续的，不会出现中断的情况，其输出功率不变。连续光纤激光器又可分为单模连续光纤激光器、多模连续光纤激光器、窄线宽连续光纤激光器和多波长连续光纤激光器。

(2) 准连续光纤激光器：在连续光纤激光器的电路上加载一个调制电路来控制开关，激光器输出的峰值功率是连续状态的峰值功率。准连续光纤激光器产生 ms 量级的脉冲，根据脉宽可将重复频率调制至 500 Hz。

(3) 脉冲光纤激光器：根据脉冲形成原理又可分为调 Q 脉冲光纤激光器、MOPA 脉冲光纤激光器（对调制的单模半导体激光器输出功率进行放大）、直接增益调制脉冲光纤激光器、锁模光纤激光器等。

调 Q 脉冲光纤激光器又可分为主动调 Q 脉冲光纤激光器、被动调 Q 脉冲光纤激光器。调 Q 脉冲光纤激光器可以获得脉宽为 ns 量级、峰值功率为 kW 量级、脉冲能量为 mJ 量级的脉冲激光。

锁模光纤激光器可分为主动锁模光纤激光器、被动锁模光纤激光器和混合锁模光纤激光器。锁模技术可以实现 fs 量级或 ps 量级的脉冲输出，且脉冲的峰值功率较高，一般在 MW 量级。

主动调 Q 是指通过在谐振腔中插入调 Q 开关使其起到"开关光路"的作用，从而达到控制谐振腔内损耗的目的。主动调 Q 开光常用声光调制器（AOM）。主动调 Q 具有脉冲重复频率可调、输出脉冲比较稳定、单脉冲能量高等优点。

MOPA 脉冲光纤激光器可通过对调制的单模半导体激光器输出功率进行放大来实现或通过直接增益调制后放大来实现。

被动调 Q 需要在腔内插入可饱和吸收体，例如，使用 Co：ZnS 晶体或者 Cr：YAG 晶体等作为可饱和吸收体，也可以使用未泵浦的掺稀土离子光纤或半导体可饱和吸收体,但调 Q 用可饱和吸收体的激发态弛豫时间需要比脉冲在腔内往返一次的时间长。

3)按输出激光功率大小分类

(1)按激光的安全等级分类。

第一级激光器:即无害免控激光器。人们使用这一级激光器发射的激光无任何危险,即使用眼睛直视激光也不会损伤眼睛。对这类激光器不需要进行任何控制。

第二级激光器:即低功率激光器。虽输出激光功率低,用眼睛偶尔看一下激光不至于造成眼损伤,但不可长时间直视激光束,否则会使眼底细胞受到光子作用,从而损害视网膜。此类激光器发射的激光对人体皮肤无热损伤,其功率小于 1 mW。

第三级激光器:即中功率激光器。这种激光器的激光聚焦时,直视光束会造成眼损伤。但若激光不聚焦,漫反射的激光一般无危险,这类激光对皮肤尚无热损伤。一般其功率为 $1\sim500$ mW。

第四级激光器:即大功率激光器。对于此类激光器发射的激光,直射光束及镜式反射光束会对眼和皮肤造成损伤,而且损伤相当严重,且其漫反射光也可能给人眼造成损伤。一般其功率大于 500 mW。

(2)按工业应用习惯分类。

按输出激光功率大小可分为以下几种。

① 低功率光纤激光器:输出功率小于或等于 100 W 的光纤激光器。

② 中功率光纤激光器:输出功率大于 100 W,且小于 1000 W 的光纤激光器。

③ 大功率光纤激光器:输出功率大于或等于 1000 W,且小于 30000 W 的光纤激光器。

④ 超大功率光纤激光器:输出功率大于或等于 30000 W 的光纤激光器。

1.2　单模光纤激光器与多模光纤激光器

单模指的是激光能量在二维平面上的单一分布模式,多模指的是多个分布模式叠加在一起而形成的空间能量分布模式。如图 1.1 所示,左图为单基模能量分布,过圆心任一方向上的能量分布为高斯曲线形式。右图为多模能量分布,其是多个单一激光模式叠加起来形成的空间能量分布。多模叠加的结果是曲线呈近平顶形。

工业光纤激光器

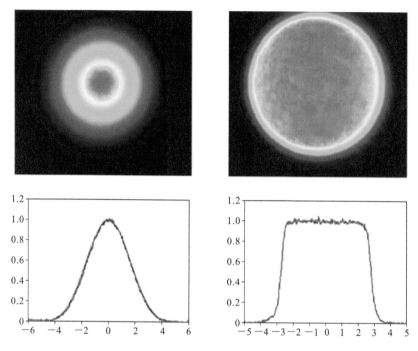

图 1.1　单模与多模的能量分布

　　单模包含单基模、单高阶模、单低阶模,如图 1.2 所示,LP$_{01}$代表单基模能量分布,LP$_{11}$、LP$_{21}$、LP$_{02}$、LP$_{31}$(LP 的下标代表阶数)代表不同的单高阶模、单低阶模单一模式能量分布。单一模式的高阶模是很难单独存在于激光腔内

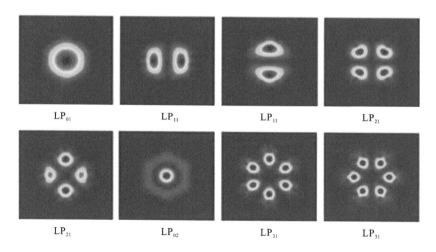

图 1.2　单基模、单高阶模、单低阶模能量分布

的,所以其在实际的应用场合很少见到,在实验室里看到的漂亮的单低阶模、单高阶模多是通过衍射镜片制作出来的。

实际的多模激光是几个单高阶模、单低阶模和基模加权平均的结果。得到的光斑大致为平顶分布的光斑(比如 $LP_{31}+LP_{21}$ 形成一个环形光斑,再加上 LP_{01} 填充空心),半导体激光器就是一个很典型的例子,其中,多种高阶模并存叠加,呈近平顶形。

通常,可以用光束质量 M^2 因子的大小来判断光纤激光器输出的是单模激光还是多模激光。M^2 因子小于 1.3 的激光称为纯单模激光,其 LP_{01} 模的能量占比接近 100%;M^2 因子为 1.3~2.0 的激光称为准单模激光,其 LP_{01} 模的能量占比接近 90%,并出现少量的 LP_{11} 模激光和 LP_{02} 模激光;M^2 因子大于 2.0 的激光称为多模激光。

1.3　工业光纤激光器上下游产业链

工业光纤激光器上下游产业链如图 1.3 所示。上游产业链包括有源和无源光纤、半导体激光泵浦源(包括激光芯片)、双包层光纤光栅、信号/泵浦耦合器、激光功率光纤合束器、模场适配器、包层光剥离器、光纤耦合声光调制器、激光光纤传输接口、光纤耦合隔离器、光学元器件、电学材料、数控系统等辅助器件。

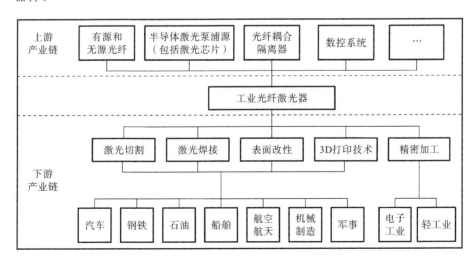

图 1.3　工业光纤激光器的上下游产业链

工业光纤激光器下游产业链包括激光制造和激光增材制造设备及应用服务,分布十分广泛,包括工业制造、航空航天、汽车、船舶、通信、信息、医疗卫生、节能环保、文化教育、科研、军事等多个领域。激光制造技术的出现和推广,改变了汽车、机械制造、消费电子、半导体、玻璃、陶瓷、珠宝首饰等传统行业的生产加工模式,为光伏电池、锂电池等新能源技术的实现提供了支撑,并催生出了全新的制造技术——3D打印技术。

1.4　工业光纤激光器的特点

光纤激光器经过更新换代,已经具有了很大的突破,目前的工业光纤激光器提升了输出功率、增大了调谐范围。进入21世纪之后,光纤激光器作为第三代激光技术的代表发展较为成熟,并拥有独特的特点。

首先,工业光纤激光器脱离了泵浦波长的限制,利用了掺稀土离子,完善了激光输出波长。掺稀土离子的应用有效调整了光纤内的掺杂结构、浓度,并且可以科学设计泵浦方式与泵浦光功率,极大提高激光器的性能,实现超大功率激光的输出,第三代激光技术的研究使得激光器的作用更加完备,具体表现如下。

(1)光束质量好。光纤的波导结构决定了光纤激光器易于获得单横模输出,且受外界因素影响很小,能够实现高亮度的激光输出。

(2)电光转换效率高。光纤激光器通过选择发射波长和掺杂稀土元素吸收特性相匹配的半导体激光器为泵浦源,可以实现很高的光光转换效率。对于掺镱的大功率光纤激光器,一般选择915 nm或976 nm的半导体激光器。Yb的能级结构简单,上转换、激发态吸收和浓度碎灭等现象较少出现,荧光寿命较长,能够有效储存能量以实现大功率运作。商业化光纤激光器的总体电光效率高达40%,有利于降低成本,节能环保。

(3)散热特性好。光纤激光器是采用细长的掺杂稀土元素光纤作为激光增益介质的,其表面积和体积比非常大,约为固体块状激光器的1000倍,在散热能力方面具有天然优势。中、低功率情况下,无须对光纤进行特殊冷却,大功率情况下采用水冷散热,也可以有效避免固体激光器中常见的由于热效应引起的光束质量下降及效率下降。

(4)结构紧凑,可靠性高。光纤激光器采用细小而柔软的光纤作为激光增益介质,有利于压缩体积、节约成本。泵浦源采用体积小、易于模块化的半导体激光器,商业化产品一般可带尾纤输出,结合光纤布拉格光栅等光纤化的器件,只要将这些器件相互熔接即可实现全光纤化,它们对环境扰动免疫能力强,提高了激光器的信噪比和可靠性。选择不同类型的光纤光栅作为谐振腔的反射镜,可以得到单波长或多波长的激光输出。

大功率光纤激光器也存在需要解决的技术问题。一是易受非线性效应的制约。光纤激光由于具有特殊的波导几何结构,其有效长度较长,各种非线性效应的阈值较低。一些有害的非线性效应,如受激拉曼散射(SRS)、受激布里渊散射(SBS)、自相位调制(SPM)等,会造成相位的起伏和频谱上能量的转移,甚至是激光系统的损伤,这限制了大功率光纤激光器的发展。二是会产生光致暗化效应。随着泵浦作用时间的增加,光致暗化效应会导致高掺杂浓度的掺稀土元素光纤的功率转换效率单调不可逆地下降,这制约着大功率光纤激光器的长期稳定性和使用寿命,这一点在掺镱的大功率光纤激光器中尤为明显。

1.5　工业光纤激光器的结构

工业光纤激光器与传统的固体激光器、气体激光器相同,都是由泵浦源、谐振腔及增益介质三个基本要素组成的。泵浦源利用的是高功率半导体激光器,谐振腔由光纤光栅构成直线形谐振腔,稀土掺杂光纤是光纤激光器的主要增益介质。在信号/泵浦耦合器的耦合下,泵浦光进入增益光纤,而吸收泵浦光后的增益光纤会形成非线性增益或产生粒子数反转,从而形成自发发射光,经过谐振腔的选模与受激放大后,形成稳定的激光输出。

通过工业光纤激光器的结构,可以了解工业光纤激光器的核心技术、核心材料、主要器件、主要工艺和测试技术等。

1.5.1　调 Q 纳秒级脉冲光纤激光器的结构

典型的调 Q 纳秒级脉冲光纤激光器的结构如图 1.4 所示[1],它由主振荡级和放大级组成。主振荡级包括光纤耦合半导体激光泵浦源、(1+1)×1 信号/泵浦耦合器、高/低信号光反射光纤光栅(简称高/低反光栅)、双包层掺镱光纤和声光调制器等。放大级包括半导体激光泵浦源、(6+1)×1 信号/泵浦耦合器、双包层掺镱光纤和输出光纤等。其创新点在于主振荡级和放大级之间无在线光纤耦合隔离器,既减小了插入损耗,又降低了制造成本。

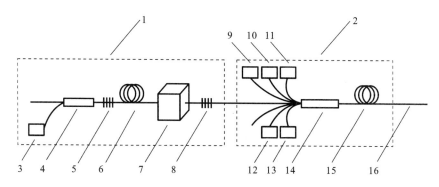

图1.4　调 *Q* 纳秒级脉冲光纤激光器的结构

1—主振荡级;2—放大级;3—光纤耦合半导体激光泵浦源;4—(1+1)×1信号/泵浦耦合器;5—高信号光反射光纤光栅;6—双包层掺镱光纤;7—声光调制器;8—低信号光反射光纤光栅;9,10,11,12,13—半导体激光泵浦源;14—(6+1)×1信号/泵浦耦合器;15—双包层掺镱光纤;16—输出光纤。

图1.4中的主振荡级和放大级都是采用正向泵浦,也可以采用反向泵浦[1]或双向泵浦。

1.5.2　超快光纤激光器的结构

被动锁模百瓦级全光纤皮秒脉冲掺镱全光纤激光器实验装置结构如图1.5所示[2],主要包括1030 nm被动锁模掺镱光纤激光器及三级掺镱光纤放大器。种子源采用纤芯泵浦的线形腔结构,中心波长为1030.4 nm,使用半导体可饱和吸收镜(SESAM)进行被动锁模。种子光后的两级预放大均采用正向泵浦方式,激光输出前通过一个2 nm带宽的光谱滤波器减弱放大过程中产生的自

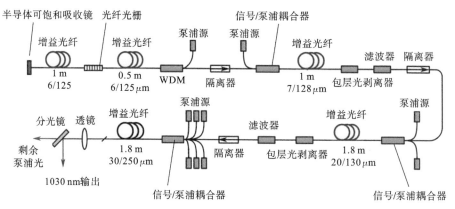

图1.5　百瓦级全光纤皮秒脉冲掺镱全光纤激光器实验装置

发放大辐射噪声。所有器件均使用光纤连接,实现了光路的全光纤化设计。且各级放大器间均加入偏振无关光纤隔离器,以防止放大过程中的后向散射光或端面反射对激光系统稳定性造成影响。

在该结构中,种子源的增益光纤是 6/125 μm 双包层掺镱光纤,三个放大级的增益光纤分别是 7/128 μm、20/130 μm 和 30/250 μm 双包层掺镱光纤。三个放大级的信号/泵浦耦合器分别是(1+1)×1、(2+1)×1 和(6+1)×1 信号/泵浦耦合器。

1.5.3 大功率连续光纤激光器的结构

目前国际上的工业光纤激光器可采用 GT-Wave 光纤或大模场双包层光纤。其中,IPG 公司和 SPI 公司采用 GT-Wave 光纤,锐科激光和 nLIGHT 等公司采用大模场双包层光纤。

1. 同带泵浦单模万瓦光纤激光器结构

同带泵浦又称为级联泵浦,泵浦波长与发射波长较为接近,在电子跃迁时吸收与发射对应于同一个能带,量子亏损率更小。当采用 1018 nm 的泵浦波长时,输出 1070 nm 的量子亏损率将低于 5%。因此,先采用 975 nm 泵浦输入数值孔径为 0.07 左右的有源光纤,使之发射高亮度的 1018 nm 激光,再用此 1018 nm 激光作为泵浦光泵浦增益光纤产生 1064 nm、1070 nm 及 1080 nm 等波长的激光输出。美国 IPG 公司报道了采用同带泵浦技术实现了 10 kW 单纤单模输出光纤激光器[3],其结构图如图 1.6 所示。该激光器采用了 MO-

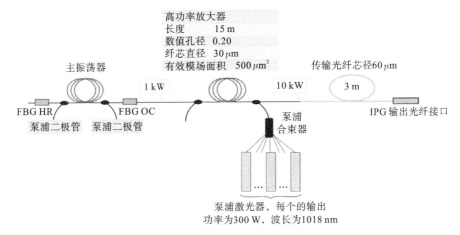

图 1.6　美国 IPG 公司的同带泵浦 10 kW 单纤单模输出光纤激光器结构图

PA结构,主控振荡器输出 1 kW 的种子光,通过将 57 个 300 W 的 1018 nm 泵浦源合束后再进行双向级联泵浦,最终得到 10 kW 的激光输出。其中,掺镱光纤是 GT-Wave 结构的。

2. 10 kW 全光纤 MOPA 激光器实验结构

2020 年,上海光学精密机械研究所的陈晓龙、何宇等人[4]报道了 10 kW 全光纤 MOPA 激光器实验方案,并进行了实验研究。图 1.7 为 10 kW 全光纤 MOPA 激光器实验结构图。

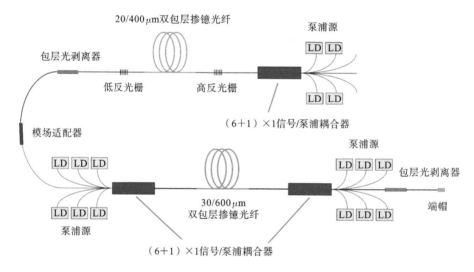

图 1.7　10 kW 全光纤 MOPA 激光器实验结构图

种子光源为振荡器结构。振荡器采用正向泵浦方式,泵浦光源的中心波长约为 915 nm,光纤光栅(FBG)的中心波长为 1070 nm。高反光栅的反射率为 99.5%,3 dB 带宽约为 3 nm;低反光栅的反射率为 10%,3 dB 带宽约为 1.2 nm。增益光纤使用自研 20/400 μm 掺镱光纤,吸收系数为 0.4 dB/m@915 nm,数值孔径为 0.062,长度为 32 m。当泵浦功率为 253 W 时,种子源输出激光功率为 178 W,3 dB 光谱宽度为 2.1 nm,输出激光光束质量 $M^2X=1.10$,$M^2Y=1.05$。

种子光源经过一个 20～25 μm 的模场适配器进入放大器。放大器采用双向泵浦结构,正反向泵浦源各有 6 组,每组功率约为 950 W,泵浦光波长约为 976 nm,输出尾纤为 300/330 μm,通过(6+1)×1 信号/泵浦耦合器后注入掺镱光纤,其中,正向(6+1)×1 信号/泵浦耦合器信号纤的纤芯直径为 25 μm、数值孔径为 0.065,反向信号/泵浦耦合器信号纤的纤芯直径为 50 μm、数值孔径为 0.12,正向、反向信号/泵浦耦合器输出尾纤的纤芯直径均为 $30/600~\mu m$, 纤芯数值孔径为 0.065,注入功率分别为 5679 W 和 5680 W。放大器采用的增益光纤为自研 $30/600~\mu m$ 掺镱光纤,纤芯数值孔径为 0.063,吸收系数为1.2 dB/m@976 nm,系统最终经过包层光剥离器剥离包层光后,由光纤端帽输出,系统实际使用的掺镱光纤长度为 19.5 m,选择的掺镱光纤弯曲半径为 7.5 cm。

当放大级吸收泵浦光功率达到 11.4 kW 时最终激光输出功率达到 10.1 kW,光光转换效率达到 87.8%,放大级斜效率为 89.2%。在激光功率增长的整个过程中,没有观察到明显的 SRS 及 MI 现象,满功率输出激光的光束质量 $M^2X=3.12,M^2Y=3.18$。

3. 锐科激光光纤合束 2 万瓦多模产品结构

随着光纤激光器在工业加工领域的应用范围不断扩展,提高输出功率成为光纤激光器发展的主要研究内容之一,光纤激光器的输出功率从百瓦级、千瓦级向万瓦级发展。配置千瓦至数万瓦的大功率光纤激光器的工业装备将会成为高端制造业的主流设备。通常工业应用的 6 kW 以上的光纤激光器是通过将多个单模块合束得到的。图 1.8 为锐科激光单模工业光纤激光器的结构图,其输出功率为 2 kW、3 kW 或 4 kW。它采用的是双向泵浦主振荡级结构,由高反光栅、低反光栅、$20/400~\mu m$(或 $25/400~\mu m$)双包层掺镱光纤、两个(6+1)×1 信号/泵浦耦合器、半导体激光泵浦源、输出光纤接口等组成。

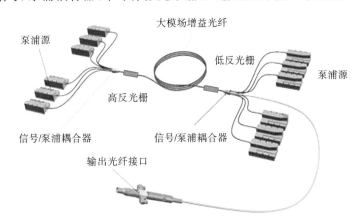

图 1.8　单模工业光纤激光器的结构图

图 1.9 为锐科激光 2 万瓦多模工业光纤激光器的结构图。它是由 10 个 2 kW 单模块通过 12×1 光纤信号光合束器来实现的。输出接口是由锐科激

光公司生产的激光光纤传输接口,芯径为 $100~\mu m$,激光器输出功率达 20 kW。

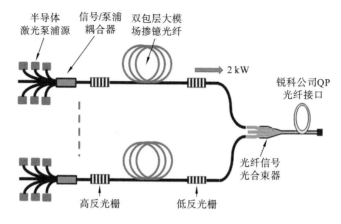

图 1.9 2 万瓦多模工业光纤激光器的结构图

1.5.4 大功率窄线宽光纤激光器的结构

2018 年,中国工程物理研究院应用电子学研究所的查从文、李腾龙等人[5]报道了基于 25/400 μm 光纤,采用双向泵浦及高功率种子注入等手段控制放大过程中的模式不稳定(MI)效应,利用基于白噪声源的相位调制技术有效抑制受激布里渊散射和受激拉曼散射,成功实现了 3.5 kW 线宽为 0.38 nm 的激光输出,M^2 为 1.9,实验装置的结构图如图 1.10 所示。该系统由分布式反

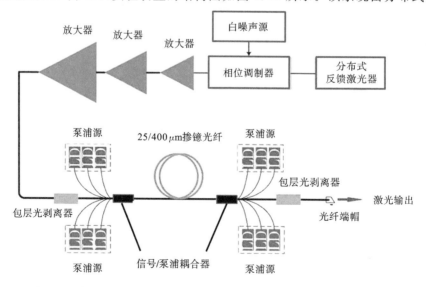

图 1.10 中国工程物理研究院 3.5 kW 输出功率 0.38 nm 线宽光纤激光器实验装置结构图

馈激光器(DFB laser)、白噪声相位调制器、包层光剥离器、信号/泵浦耦合器、25/400 μm 掺镱光纤、光纤端帽等组成。相位调制后的种子源经三级预放大，最后进入双向泵浦的放大级达到输出结果。

1.6 工业光纤激光器的发展趋势

工业光纤激光器因其高效率、低维护运营成本等优势逐渐受到激光系统集成商的青睐，其已在许多应用领域替代 CO_2 激光器和其他固体激光器，推动激光器市场产生了革命性的改变，推动了全球激光市场的不断发展。随着光纤激光器在工业加工领域的应用范围不断扩展，未来几年内，光纤激光器行业将会出现以下六大发展趋势。

（1）工业光纤激光器本身性能的提高：如何提高输出功率和转换效率、优化光束质量、缩短增益光纤长度、提高系统稳定性并使系统更加小巧紧凑是未来光纤激光器领域研究的重点。

（2）向更大功率方向发展：在船舶、航天等高新技术领域的需求不断增大和增材制造技术广泛应用的推动下，更大的输出功率成为光纤激光器发展的主要研究内容之一，光纤激光器的输出功率将从百瓦级、千瓦级向万瓦级发展。预计通过采用更高功率的泵浦源、更先进的特种光纤设计和大功率光纤合束技术，光纤激光器输出功率将达到数万瓦级。配置千瓦至数万瓦的大功率光纤激光器的工业装备将会成为高端制造业的主流设备。

（3）向高平均功率、高峰值功率的脉冲光纤激光器发展：在激光的许多应用中，例如激光深雕、激光清洗等，需要高平均功率、高峰值功率的脉冲光纤激光器，将高光束质量、小功率的激光器作为种子光源，双包层光纤作为放大器，容易获得高平均功率、高脉冲能量的脉冲激光输出，这是目前行业研究的热点和难点。

（4）向超短脉冲光纤激光器方向发展：在激光精细加工领域，例如脆性材料打孔、蓝宝石玻璃切割等，需要超快超短脉冲光纤激光器。目前，中高功率的超快超短脉冲光纤激光器是研发的热点。

（5）向更高亮度方向发展：高光束质量的大功率光纤激光器在科研和军事领域需求旺盛，主要用户为科研机构、高等院校和政府部门。目前，国外发达国家把高光束质量的大功率光纤激光器作为战术激光武器的首选光源，军事等特殊需求将促使光纤激光器在向更大功率发展的同时向更高亮度方向发展,即在提升输出功率的同时保持光纤激光器输出光束的质量。

（6）向模块化、智能化方向发展：为了适应市场上对激光器的多种需求，光纤激光器将逐渐走向系列化、组合化、标准化和通用化。利用有限的规格和品种，通过组合和搭配不同模块，缩短新产品开发周期，提高产品的稳定性和可靠性。同时，通过采用先进的通信技术和设计理念，实现光纤激光器的远程诊断、远程维修、远程控制及数据统计，通过对光纤激光器运行状态的实时监控，提前发现和处理产品潜在的故障，从而为客户提供更好的产品服务。

参考文献

[1] 闫大鹏,闵大勇,李乔,等.脉冲全光纤激光器:中国,200910164976.1[P].
2009-7-29.

[2] 孙若愚,金东臣,曹镱,等.百瓦级 1030 nm 皮秒脉冲掺镱全光纤激光器
[J].中国激光,2014,41(10).

[3] E. Stiles. New developments in IPG fiber laser technology[C]. Proceed-
ings of the 5th International Workshop on Fiber Lasers[C]. Dresden:[出
版者不详],2009.

[4] 陈晓龙,何宇,徐中巍,等.10 kW 高效率 1070 nm 光纤放大器的理论与实
验研究[J].中国激光,2020,47(10):1006001.

[5] 查从文,李腾龙,孙殷宏,等.3.5 kW 窄线宽全光纤激光放大器[J].中国激
光,2018,45(5).

第 2 章
工业光纤激光器的核心材料

2.1 主动光纤、被动光纤和光敏光纤

2.1.1 主动光纤的定义、用途和种类

主动光纤(active fiber),也称掺杂光纤、增益光纤、有源光纤,其是一种向常规传输光纤的石英玻璃基质中掺入微量稀土元素得到的特种光纤。主动光纤是向作为宿主的光纤基质中掺入稀土元素,使之具有主动特性的特种光纤。掺杂稀土元素的目的是,促使被动的传输光纤转变为具有放大能力的主动光纤。

在光纤基质中掺入一种或多种稀土元素,如镱(Yb)、钕(Nd)、铒(Er)、铥(Tm)、钬(Ho)、镝(Dy)、镨(Pr)等,利用其产生新的光波或放大光信号。表2.1给出了上述几种常见的稀土元素对应的激光输出波长[1]。可以看到,每个稀土元素的发射谱有多根谱线,甚至构成连续谱,谱线从可见光到中红外光。

主动光纤作为增益介质,是光纤激光器/放大器中不可或缺的一部分,其使光纤激光器在可见光、近红外到中红外波段中都实现一系列的激光输出。主动光纤在窄线宽、单频、连续或脉冲激光器中的作用显得尤为突出。近些年,为了进一步提高激光器的输出功率、输出激光的光束质量和扩展光纤激光器

表 2.1　各稀土元素掺杂光纤的激光波长

掺杂元素	基质玻璃	激光波长
钕	石英玻璃	910～925 nm
		1060 nm，1064 nm
		1400～1450 nm
镱	磷酸盐玻璃	990 nm
	磷硅酸盐玻璃	1018 nm
	铝磷硅酸盐玻璃	1064 nm
	石英玻璃	1080 nm
铒	石英玻璃	1550 nm
铥	石英玻璃	1930 nm
		～2 μm
钬	ZBLAN 玻璃	1200 nm
	石英玻璃	～2 μm
镝	硫系玻璃	～1.3 μm
	GeAsS 玻璃	～3 μm
镨	ZBLAN 玻璃	492 nm
	氟铝酸盐玻璃	522 nm
	氟铝酸盐玻璃	638 nm
	GeAsGaSe 玻璃	3.5～5.5 μm

的应用,在纤芯中掺杂更高浓度的稀土元素和设计主动光纤的新型结构成为解决问题的关键,并随之出现了一些多边形、D 形、单模、大模场、光子晶体、多芯和高浓度掺杂主动光纤。

　　根据主动光纤中所掺稀土元素的种类,可将主动光纤细分为掺镱光纤、掺钕光纤、掺铒光纤、掺铥光纤、掺钬光纤、铒镱共掺光纤和铥钬共掺光纤等掺杂光纤。虽然每种稀土元素的能级是固定的,但是它们在不同基质材料中的电场环境不同,能级分裂不一样,导致它们的光谱输出会有所区别。而且基质材料的结构、吸收系数、导热系数和折射率等参数不同,不仅会限制激活离子的掺杂浓度,也会影响各波长光的传输特性,特别是光纤的结构不同,也会使光纤的性能不同。

1. 掺镱光纤

掺镱光纤是目前工业光纤激光器的核心材料。掺镱的激光材料与掺其他稀土离子的激光材料相比,其优点在于以下几点。

(1) Yb^{3+} 吸收带在 $800 \sim 1100$ nm 波长范围内,能与 ZnLnAs 半导体激光泵浦源有效耦合,同时其吸收带较宽,在短波长段(小于 970 nm)吸收截面变化较为缓慢,这对输出波长易受环境温度影响且发射带窄的半导体激光器泵浦是十分有利的,即无须严格控制温度来获得与波长相匹配的半导体激光输出。

(2) Yb^{3+} 能级结构简单,它只包含两个多重态,因此在泵浦波长处及信号波长处都不存在激发态吸收。光光转换效率很高,大的能级间隔阻止了非辐射弛豫及浓度淬灭现象的发生。

(3) 泵浦波长与激光输出波长非常接近,量子效率高(可达 90%)。

(4) 材料中的热负荷低(小于 11%),仅为掺 Nd^{3+} 同种材料的三分之一。

(5) 荧光寿命长,一般为掺 Nd^{3+} 同种材料的三倍多,有利于储能。掺 Yb^{3+} 激光材料的这些优点对激光技术的发展有深远的意义。在传统的固体激光器中,增益介质为长棒状,热流方向垂直于激光束方向,易导致热透镜效应和温度升高,造成激光性能的劣化和效率的降低。特别是对于三能级激光系统,由于其要求具有高的泵浦功率,其热效应更加突出。但 Yb^{3+} 的掺杂浓度可以很高,材料中的热负荷较低,即使在高泵浦功率密度下,材料中的温度变化也很小,因此大大降低了增益介质中的热应力和热畸变。

已用掺镱的石英光纤实现了大功率激光的输出,并在工业上得到了广泛应用。近年来,在传统石英光纤的基础上进行改进,发展了一种掺镱铝硅酸盐光纤,该光纤具备低光致暗化效应、高信噪比和高效率。针对市面上石英光纤的缺陷,一些掺镱特种光纤也被相继开发:如具有掺镱的磷酸盐纤芯的全固态光子晶体光纤;具有掺镱的磷酸盐纤芯和硅酸盐包层的双包层混合光纤;无光致暗化效应的掺镱马鞍形光纤;具有内包层改性的圆形内包层的掺镱双包层光纤等。

2. 掺钕光纤

利用掺钕石英光纤激光器已实现了 $910 \sim 925$ nm 的激光输出、1064 nm 附近的激光输出,以及 900 nm 以下的激光输出。此外,磷酸盐玻璃可以掺杂较高浓度的稀土离子,一些不同类型的掺钕磷酸盐光纤(如传统光纤和光子晶体光纤)已被制备出来,并在 1056 nm 处实现了激光输出。相比石英玻璃,硅酸盐玻璃具有较好的化学稳定性和机械性能。

3. 掺铒光纤

掺铒光纤不局限于以传统的石英材料为基质,许多新的基质材料和新型的掺铒光纤不断涌现,如具有六个光敏子芯的掺铒石英光纤、大模场掺铒光子晶体光纤、具有大芯径和大有效截面积的掺铒光纤、镱铒共掺光纤(镱起到敏化剂的作用,用来增大铒泵浦吸收和铒的受激发射)等。

4. 掺铥光纤

掺铥光纤可获得 $1.6 \sim 2~\mu m$ 的激光,特别是位于人眼安全波段 $2~\mu m$ 附近的激光,因此其具有广泛的应用前景。目前对已商业化的石英基质的掺铥光纤的研究居多,但掺铥的氟化物光纤、硅酸盐光纤、锗酸盐光纤、碲酸盐光纤、碲钨酸盐光纤和光子晶体光纤等也都被报道。在掺铥的光纤中,常把镱掺进去作为敏化剂,以获得更高的增益。近年来,掺铥的光纤发展较为迅速,在 2015 年,掺铥的硅酸盐光纤在 1945 nm 处已获得了 5.8 dB/cm 的高增益;2016 年,掺铥的 BGG 玻璃单模光纤中,铥的掺杂浓度高达 $7.6 \times 10^{20} / cm^3$。

5. 掺钬、镝和镨等光纤

掺钬、镝和镨等光纤的发射波段在红外区,而红外透过率低的石英基质不再满足传输要求,所以选择红外传输性能好的硫系玻璃或氟化物玻璃等作为光纤基质,以上提到的两种玻璃都较难制备,这增加了制备掺杂上述元素光纤的难度。早在 2003 年就有了关于在石英光纤中共掺镱和钬的报道。后来铥钬共掺的石英光纤也被报道。掺钬的铝锗硅玻璃光纤也被制作出来,并在 551 nm、653 nm、890 nm 和 1726 nm 处观察到了强烈的吸收峰。在掺钬的碲钨酸盐光纤上获得了 $2~\mu m$ 的激光输出。2008 年,报道了掺镝的 GeAsS 玻璃光纤,并实现了 $2.96~\mu m$ 的激光输出。同年还报道了掺镝的 ZBLAN 玻璃光纤,并用 1088 nm 的激光泵浦得到了 $3~\mu m$ 的激光输出。掺镨的光纤在 20 世纪 90 年代就有报道,并得到了蓝光的输出。利用制作掺镨的防水氟铝酸盐玻璃光纤和 GeAsGaSe 玻璃光纤分别在 638 nm、522 nm 和 $3.5 \sim 5.5~\mu m$ 波段处实现了激光输出。

2.1.2　主动光纤内包层形状

主动光纤的内包层形状是影响泵浦效率的一个重要参数,不同的内包层形状使得泵浦光穿越纤芯的次数不同,从而导致泵浦效率的较大差异。为了使内包层中传输的泵浦光更多次地穿越掺有稀土离子的纤芯,提高泵浦效率,人们提出了不同形状的内包层结构。典型的内包层结构如图 2.1 所示,有圆形、偏芯圆形、矩形、正方形、D 形、梅花形、椭圆形、六边形、八边形、微结构圆形、微结构 D 形和微结构六边形等。

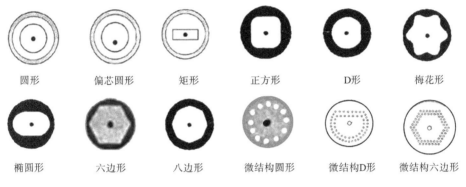

| 圆形 | 偏芯圆形 | 矩形 | 正方形 | D形 | 梅花形 |

| 椭圆形 | 六边形 | 八边形 | 微结构圆形 | 微结构D形 | 微结构六边形 |

图 2.1　典型的内包层结构

最初的内包层设计为圆形,且和纤芯在几何上同心,但人们发现这种理想的对称结构会导致泵浦光出现大量的螺旋线,这些光线在内包层中传输但却不经过纤芯,使得泵浦效率极低,即使光纤足够长,总的吸收效率也不能超过 50%。

偏移纤芯结构的双包层光纤虽然有效地提高了泵浦光的吸收效率,但是同时也带来了问题,如:① 偏移纤芯结构双包层光纤的纤芯不在光纤的中心轴上,因此与常规光纤不容易耦合,连接也比较困难;② 偏移纤芯结构双包层光纤的内包层仍然为圆形,存在着泵浦光吸收效率低的问题。

准圆形(或称星形或梅花形)内包层的吸收效率可以达到 90%,在 D 形结构和矩形结构的双包层光纤中也可以得到同样的吸收效率。

六边形和八边形内包层结构打破了旋转对称性,避免了在内包层中产生螺旋光,从而提高了泵浦吸收效率。同时,它们在结构上与圆形相近,有利于与具有圆对称性的泵浦光实现模场匹配,提高泵浦耦合效率。

对于微结构的 D 形、圆形和多边形双包层增益光纤,空气孔降低了包层折

工业光纤激光器

射率,也就降低了外包层对泵浦光的吸收,增大了泵浦效率和斜效率。

目前,由于异形和微结构双包层增益光纤涉及知识产权和熔接损耗等问题,所以商用双包层增益光纤的内包层结构还是以八边形为主。

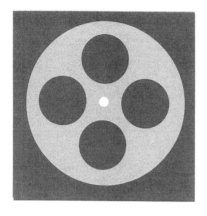

图 2.2　具有内包层改性的圆形内包层 20/400 μm 掺镱双包层光纤

为了提高双包层增益光纤的泵浦光的吸收率和提高非线性阈值,武汉睿芯特种光纤有限责任公司制备了一种具有内包层改性的圆形内包层 20/400 μm 掺镱双包层光纤[2],如图 2.2 所示。将四(两)个氟掺杂低折射率石英单元嵌入光纤内包层,发现所制备的 20/400 μm 掺镱双包层光纤的泵浦吸收比常规的八边形 20/400 μm 掺镱双包层光纤的增加了 1.5 倍,非线性拉曼阈值提高了 88.2%。这种方法有以下几个优点。第一,由于只是在光纤内包层内部进行了改性,因此它可以应用于任何精细的纤芯设计,而不会影响关键的纤芯性能,如激光转换效率、光致暗化和横模不稳定性等。第二,通过提高泵浦光与纤芯区域的重叠系数来提高泵浦光的吸收,增加了掺杂芯区与泵浦波导区的比例。第三,这些嵌入区域还可以增强泵浦模式扰乱,以减少螺旋光的影响。第四,方便利用圆形被动光纤和圆形增益光纤的外包层对准熔接,减少熔接损耗。

2.1.3　被动光纤

被动光纤(passive fiber)也称无源光纤或 GDF(germanium doped fiber)光纤。在工业光纤激光器中,用来制作光纤激光器的主要光纤器件有:信号/泵浦耦合器、包层光剥离器、模场适配器、光纤光栅、光纤准直器、激光光纤传输接口等。

通常,增益光纤供应商在生产销售每种双包层增益光纤的同时,都会提供与之匹配的 GDF 光纤,以方便光纤激光器制造商制作无源光纤器件。

无源光纤的特点是:与增益光纤匹配,以确保同种规格光纤熔接的兼容性;光纤涂覆层在极端环境下的工作和存储具有更好的耐久性和可靠性;具有达标的光学性能;所有光纤的强度测试水平均不小于 100 kpsi,这对光纤盘绕时的长期可靠性至关重要。

2.1.4 光敏光纤

光敏光纤是用来刻写光纤光栅的核心材料。普通掺杂光纤的光敏性有限,不能刻写出高反射率的光栅,除非采用氢载等增敏技术。光纤材料的光敏性是指光纤材料在外部光的作用下,其折射率、吸收谱、内部应力、密度和非线性极化率等多方面发生永久性改变的特性。在光纤中,包层一般是由纯石英组成的。为提高折射率,一般在石英中掺适量的锗(Ge)或磷来制作纤芯。Ge的加入改变了玻璃的紫外吸收带,使 SiO_2 晶格阵列产生扭曲,形成畸变的晶格结构,产生缺陷中心。Ge 具有两种氧化态(Ge^{2+} 和 Ge^{4+}),因此它有 GeO和 GeO_2 两种缺陷,前者对应 242 nm 和 325 nm 的吸收,后者对应 193 nm 的吸收。吸收峰随着 Ge 含量的增加而改变。光纤对紫外光的吸收诱导光纤的折射率随着紫外光强的空间分布发生变化,这种变化称为光致折射率变化。

光敏光纤有以下几种类型。

1. 高掺 Ge 光敏光纤

高掺锗光敏光纤可以利用现有的工艺制备生产,紫外光导致的有效折射率改变可达 10^{-4}。在光纤中掺入的锗元素越多,则纤芯的折射率越高,其光敏性也越强,因此,需要在光纤中掺入尽可能多的锗。但光纤中锗的掺杂浓度是有限的,当其达到饱和时,正常条件下它不可能再被掺入更多,因此,需要改进掺杂工艺。较低的沉积温度能够增加锗的浓度,并且在缩棒时,通过继续补锗来防止中心下陷和增加纤芯中的锗。同时,纤芯厚度不能太窄,否则在 2000 ℃的拉丝条件下锗将会扩散,从而造成折射率下降。一根含 30%(摩尔比)锗的光纤,纤芯折射率 Δn 达 0.04。对高掺锗光纤而言,光纤中的锗含量越多时,锗氧缺陷就越多,紫外光敏性就越强,因此,含锗浓度较高的高掺锗光纤首先被研制出用作光敏光纤,它的折射率调制改变量可达 10^{-4}。但高浓度的锗会导致纤芯的折射率提高,增大光纤的数值孔径,且会使光纤损耗增大,以及引起光纤熔接损耗。MCVD 工艺研制出了峰值折射率达 4% 的高掺锗光敏光纤,一方面在较低的沉积温度下使锗的浓度增加,另一方面在缩棒时,通过继续补锗来防止中心下陷和增加纤芯中的锗。同时也注意到,纤芯厚度不能太窄,否则在 2000 ℃ 的拉丝条件下,锗会扩散,从而造成折射率下降。这种光纤含有摩尔比为 30% 的锗,适用于光纤拉丝时在线写入紫外光栅,现已用脉冲激光成功地在高锗光敏光纤上刻写紫外光栅。锗的非线性程度是硅的 3 倍。对于锗含量高的光纤,与其他具有较高 NA 的光纤相比,其具有低连接损耗。这种高锗光敏光纤已批量生产,用于光纤布拉格光栅的刻写。

2. B/Ge 共掺杂光敏光纤

硼/锗共掺杂可以大幅度提高光纤的光敏性,目前硼/锗共掺杂光敏光纤已成为国际上写入紫外光纤光栅的首选光纤。硼/锗共掺杂光敏光纤的紫外光敏性是目前不用氢载处理的光纤中最高的,Δn 达 10^{-3},远高于普通光纤的 10^{-5}。光纤中掺入硼后,在紫外曝光下会释放应力,引起较大的调制折射率,这可以由结构模型得到解释。硼/锗光纤的锗含量与高锗光纤的锗含量相同,由于硼会降低折射率,因此掺入适量的硼,使纤芯的折射率降低到普通单模光纤的折射率,从而降低光纤的接续损耗。

B/Ge 共掺杂光敏光纤可以降低由掺 Ge 引起的光纤数值孔径的增加,其适合与普通光纤匹配,而且相对于含 Ge 量相同但不含 B 的光纤,它的光敏性得到大大提高,且减小了折射率达到饱和所需的时间。光敏性增加的原因还不清楚,一个潜在的解释是,B 使 240 nm 吸收峰对应的带间缺陷断裂,同时增加了玻璃的热膨胀系数,影响了纤芯的分子结构和应力,激发了光纤中的结构模型效应,因而导致了折射率变化量的增加。B 最初是用来降低光纤包层的折射率的,后来偶然发现它与 Ge 共掺可以大幅度提高光纤的光敏性。

3. 掺钽光敏光纤

将 Ge 光纤预制棒疏松体浸入 $TaCl_5$ 水溶液 1 h,然后在 400 ℃氧气环境下烘干,最后将预制棒玻璃化,可得到含 Ta_2O_5 的光纤。掺钽(Ta)光敏光纤的吸收带主峰低于 200 nm,但它的拖尾延伸至 248 nm 处。实验发现,248 nm 处的光吸收是一个双光子过程,在此波长处,光调制折射率变化量可达 10^{-5},但若用 193 nm 的 ArF 准分子激光器,则光致折射率变化量会大一个量级以上,因为该波长处的吸收损耗可达 2 dB/μm。

4. 掺铈光纤

同样采用稀土元素掺杂工艺,用 $CeCl_3$ 水溶液在 Si/Ge 光纤中掺入铈(Ce),同时掺入一定量的 P_2O_5 和 Al_2O_3,这两种掺杂有利于在反应过程中生成 Ce^{3+},抑制 Ce^{4+} 的生成;并在预制棒的缩棒过程中通入 N_2 而不是通常的 O_2 来进一步促成 Ce^{3+} 的生成,因为 Ce^{3+} 有更强的光敏性。由于 Ce^{3+} 的存在,在 245 nm 处会出现一个强的、宽的吸收峰,在 266 nm 的四倍频 Nd:YAG 激光器的照射下,光强为 4 kW/m² 时,在 1.064 nm 波长处,最大光致折射率变化量达 10^{-4}。并且,光致折射率变化量随波长的变长而降低,但 1.55 nm 处的变化量仍是 $0.5~\mu m$ 波长处变化量的一半,这已足够大。用三倍频 Nd：YAG 激光器的 355 nm 波长照射掺 Ce 光纤也能产生光敏性,但所需的紫外光辐射剂量要大一些。

5. 掺锡光纤

与其他的掺杂工艺相比,掺锡(Sn)不仅可以使用如上所述的常用的稀土元素的溶液掺杂技术,也可以使用气相沉积工艺,这是由于 $SnCl_4$ 在 35 ℃ 时的饱和气压为 5321 Pa,非常适合于 MCVD 工艺。因此,可以直接将 $SnCl_4$ 放入系统的鼓泡瓶中,用 N_2 作为载运气体进行沉积。掺 Sn/Ge 光纤的最大光致折射率变化量可达 10^{-3},与掺 B/Ge 光纤相比,它在 $1.55~\mu m$ 通信窗口不增加损耗,并且它在高温下的温度稳定性能要比掺 B/Ge 光纤的好得多。掺 Sn 后的磷光纤(无锗)也表现出巨大的光敏性,与掺 Sn 的 Ge 光纤一样,其紫外中心吸收峰在 190 nm 以下,用 248 nm 的 KrF 光源照射,最大光致折射率变化量也可达 10^{-3}。这对一些特殊的需要无锗的环境是非常有利的。由于掺 Sn 光纤所表现出的这些巨大优点,掺 Sn 光纤将是掺 B/Ge 光纤的有力竞争者。

6. 铒光纤

如果不采用氢载处理,铒(Er)光纤的光敏性仅能达 $10^{-5} \sim 10^{-4}$,可以写入较弱的光栅;但采用氢载处理后,其最大光致折射率变化量也可达 10^{-3},完全可以直接写入任何要求的光栅。

2.2 光子晶体光纤

2.2.1 光子晶体光纤的结构

光子晶体光纤是一种带有缺陷的二维光子晶体,其由熔融石英或石英毛细玻璃管排列拉制而成,在其内部形成周期排列的空气孔,空气孔沿光纤的轴向贯穿整个光纤,中心部分则引入缺陷形成导光纤芯。这种微结构的光纤能够将激光限制在纤芯内传输,而在光纤的包层中引入的空气孔可使光子晶体光纤实现比普通光纤更大的折射率比,通过设计改变空气孔的大小与排列方式可方便地控制光纤的光学特性,在设计上具有很大的灵活性。图 2.3 为光子晶体光纤的端面剖面图。

图 2.3　光子晶体光纤的端面剖面图

2.2.2　光子晶体光纤的分类

光子晶体光纤按照导光原理可以分为折射率引导型和带隙波导型两类[3],其典型的端面结构图如图 2.4 所示。图 2.4(a)为折射率引导型光子晶体光纤,其由高折射率材料构成,外层是二维光子晶体包层结构,利用光的全内反射进行导光,包层中的空气孔使包层的有效折射率降低,而光纤纤芯区域相对具有较高的折射率,能够形成稳定的光波导,可将激光限制在纤芯内传输。由于该结构不存在光子带隙,其包层结构具有很高的设计灵活性。

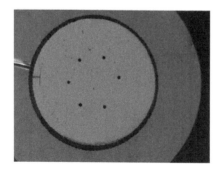
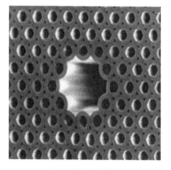

（a）折射率引导型　　　　　　　　（b）带隙波导型

图 2.4　光子晶体光纤端面结构图

图 2.4(b)为带隙波导型光子晶体光纤,其包层是由具有光子带隙效应的二维光子晶体包层组成的,纤芯区的折射率低于包层的折射率,利用光子带隙效应可以将激光有效地限制在纤芯区。这种类型的光子晶体光纤对激光的波

长具有选择性,只能允许频率在光子带隙内的光传输,而其他频率的光在传输的过程中存在较大的泄漏损耗而不能在光纤中传输。

2.2.3 光子晶体光纤的特性

光子晶体光纤具有传统双包层光纤的特性,能够用于大功率光纤激光器的设计与研究,同时还具有一些其他的特性,适用于更多领域的应用需求。

(1)单模传输特性。通过对光子晶体光纤结构参数进行调整,可以使其具有较短的单模截止波长,可以实现在 $500\sim1600$ nm 范围内保持单模传输,这使光子晶体光纤在光纤传感器件方面的应用具有较大的潜力。

(2)极低的传输损耗。带隙波导型光子晶体光纤的空心结构中,纤芯区不是传统光纤的二氧化硅,而是空气,这就使得在纤芯区不存在介质材料本身对光的散射、吸收作用,以及不存在非线性效应等,这将有利于光子晶体光纤在光纤通信领域的应用,降低信号光在光纤中的损耗。

(3)色散特性。光子晶体光纤的散射包括材料色散和波导色散,根据光子晶体光纤的微结构特点,其可由单一材料进行制备,因此其色散特性主要由波导色散决定。由于光纤包层有效折射率可通过改变其微结构进行设计而不受其自身材料的限制,因此可设计出具有不同色散特性(正常色散、反常色散及零色散)的光子晶体光纤,同时光子晶体光纤良好的色散补偿特性使其在光通信、色散控制等方面具有重要的应用价值。

(4)双折射效应。光子晶体光纤具有特殊的微结构,可以方便地通过调整空气孔大小、形状、排列等方式,设计出具有很大双折射率的光子晶体光纤。这种双折射不受温度的影响,具有很好的稳定性,保偏结构的光子晶体光纤可以应用于光通信、光纤传感、光调制等方面。

(5)高非线性特性。光子晶体光纤的非线性系数与其模场面积成反比,与传统光纤相比,使用相同的石英材质,光子晶体光纤可以通过调整其微结构获得较小的模场面积,从而实现比传统光纤更高的非线性系数,观测到更强的非线性现象,其在非线性光纤光学领域具有较高的应用价值。

(6)大模场特性。采用光子晶体光纤技术制造双包层掺镱光纤可以解决大有效面积与单模传输的矛盾,可以根据激光器件的要求,设计、制造出掺杂浓度高、模场面积大、内包层数值孔径大的光纤,同时维持纤芯单模传输的高要求。

(7)良好的耐辐照特性。光子晶体光纤的纤芯可以不掺杂,从而实现纯二

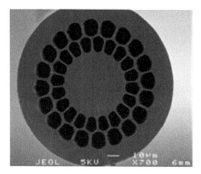

图 2.5　掺铒耐辐照光子晶体光纤端面

氧化硅的纤芯,该光纤可以具有很强的耐辐照性,在航空航天和光纤陀螺等领域有诸多应用。其中,掺铒耐辐照光子晶体光纤采用空气包层进行设计,纤芯中掺铒,但是不引入具备色心特性的金属锗元素,这大大提升了其在太空中应用的耐辐照可靠性。图 2.5 所示的是一种掺铒耐辐照光子晶体光纤,其在 1530 nm 处的吸收系数为 2.5 dB/m,内包层数值孔径为 0.50。

2.2.4　双包层掺镱光子晶体光纤在光纤激光器中的应用

1. 光子晶体光纤在光纤激光器中的应用进展[4]

2001 年,英国南安普顿大学 K. Frusawa 等人首次报道了具有包层泵浦结构的双包层掺镱光子晶体光纤激光器,光子晶体光纤 PCF(photonic crystal fiber,PCF)内包层数值孔径大于 0.5,能够在实现更大的模场面积的同时保证激光单模传输,为提高激光器输出功率和光束质量指明了方向。2003 年,W. J. Wadsworth 等人报道了采用掺镱偏心包层泵浦结构的大模场面积光子晶体光纤激光器,谐振腔结构采用双程后向线性腔,实验获得了 3.9 W 的单横模激光输出,斜效率为 30%。同年,Crystal Fiber A/S 与德国耶拿大学报道了输出功率为 80 W 的 PCF 激光器,最高输出功率可以达到 1.2 kW。2005 年,德国耶拿大学采用纤芯直径为 31 μm,长度为 30 m 的单根双包层光子晶体光纤将激光器输出功率提高到 1.53 kW。2006 年 3 月,该大学的 J. Limpert 等人报道了一种新型的大模式面积棒状 PCF 激光器,实验所用 PCF 的纤芯直径为 60 μm,长为 0.58 m。当泵浦功率为 425 W 时,实验获得了 320 W 的连续单横模激光输出,斜效率达到 78%。2008 年,德国耶拿大学与丹麦 Crystal Fiber A/S 合作,采用一种 Yb^{3+} 掺杂的棒状 PCF 作为光纤增益介质,实验获得了 163 W 的单模激光输出,基模模场面积高达 2300 μm。同年,Crystal Fiber A/S 推出了型号为 AeroLASE-350 的商用大功率光子晶体光纤激光器,输出功率可以达到 350 W,光子晶体光纤激光器实现了产品化。2010 年,A. M. R. Pinto 等人利用高双折射光子晶体光纤在室温下实现了多波长的拉曼激光输出。2011 年,Marko Laurila 等人利用单模大模场掺镱光子晶体光纤实现了

110 W 的激光输出,并获得了 1 mJ 脉冲能量的二次谐波输出。

国内有关掺镱光子晶体光纤激光器的研究起步较晚,主要集中在中低功率的研究。2004 年,深圳大学的阮双琛等人采用典型的 F-P 腔结构,利用 972 nm 波长的多模大功率半导体激光器泵浦长 20 m、内外包层直径分别为 200 μm 和 380 μm 的掺 Yb^{3+} 双包层光子晶体光纤,获得了 2.2 W 的 1.09 μm 的激光输出。随后该小组又报道了利用光纤端面 4% Fresnel 反射作为输出端反馈,获得了 15 W 功率的 1.1 μm 激光输出。2005 年,南开大学的张炜等人报道了输出功率为 4.26 W、输出波长为 1068.7 nm 的掺 Yb^{3+} 双包层光子晶体光纤激光器,转换效率为 44.1%。2008 年,南开大学的苏红新等人报道了基于闪耀光栅的光子晶体光纤激光器,光纤纤芯直径为 23 μm,内包层直径为 420 μm,可调谐范围为 1035~1111 nm,激光最大输出功率为 3.45 W。2009 年 1 月,中国科学院西安光学精密机械研究所的王建明等人报道了利用双端泵浦技术,在泵浦功率为 560 W 时,获得了功率为 428.5 W 的激光输出,斜效率约为 76.5%。同年 10 月,中国科学院西安光学精密机械研究所的杨林等人利用波长为 915 nm 和 976 nm 的半导体激光器、双端泵浦长 23 m 的掺 Yb^{3+} 双包层光子晶体光纤,获得了中心波长为 1078 nm 的 552 W 的连续单模激光输出,斜效率约为 76%,光束质量平方因子为 1.2。2011 年,H. W. Chen 等人利用 40 m 的光子晶体光纤实现了输出功率为 7 W 的超连续谱输出,谱宽达到 1100 nm。2015 年,Li 等人制作了一种 45 μm 芯径单模掺钕的硅酸盐玻璃全固态光子晶体光纤,并获得了单模激光输出。2016 年,Wang 等人以镱铝磷共掺的石英玻璃为纤芯,拉制了 50 μm 芯径的光子晶体光纤,由于受泵浦功率的限制,最大输出功率为 46 W,斜效率为 61%。

2. 问题分析及关键技术展望

激光器输出功率主要由泵浦源功率、谐振腔质量和耦合系统效率决定,线形谐振腔结构简单,可以实现较高的功率输出,但在进一步将功率提高到千瓦量级时,其谐振腔和耦合系统的设计都存在一些不利因素。

(1) 泵浦光聚焦于端面,并以端面作为输出腔镜,对光纤端面加工质量要求较高,而多孔的 PCF 端面无法直接清洁、抛光,任何一点缺陷或者碎片都容易使端面被大功率激光烧坏。因此,在大功率激光器中应使用端面密封(sealed-end)PCF,即烧熔 CO_2 激光器的端面达到密封的目的,等效于一个平面透镜紧贴端面而不破坏其原有结构,从而可以像常规光纤一样对端面进行抛光、清洁。不过这一技术主要由世界上少数几家 PCF 生产厂商掌握,没有任何技术工艺方面的公开报道。

(2) 使用镀膜二色镜提供反馈,聚焦后的泵浦功率密度及产生的激光功率密度极高(约在 109 W/m² 以上),极易把镀膜打坏。与此相比,采用分布式光纤布拉格光栅(DBG)提供激光反馈,具有反馈效率高(可达 100%)、输出谱线窄、中心反射波长可以精确控制、反射带宽可以任意选择,以及易于集成等优点。2003 年 8 月,CANN ING 等人报道了第 1 台全光纤 PCF 激光器,使用 ArF 准分子激光器 193 nm 紫外光直接在 17 cm 长、掺 Er^{3+} 的 PCF 两端刻蚀 1 cm 长的 DBG,作为谐振腔镜。但此方法通用性差,尚不成熟,更具有普遍性意义的方法是先在普通多模光纤上刻蚀 DBG,多模光纤一端与 PCF 熔接,另一端拉成与 LD 的尾纤可直接耦合的锥度,直接熔接。

(3) 与常规光纤激光器相比,PCF 激光器的泵浦技术相对落后,目前尚无侧面泵浦的报道,基本上以透镜聚焦、端面耦合方法为主,不利于激光器集成化,无法使用多个 LD 同时泵浦,而且对实验系统的调整精度要求很高,影响系统的稳定性。对于更大功率的光纤激光器,最有发展潜力的耦合技术如下。采用锥形光纤束(tapered fiber bundle)和多个带尾纤的大功率多模 LD 泵浦源,将尾纤与树枝状结构分别相连,然后通过多模耦合器传输泵浦光进入 PCF。该技术提高了系统的耦合效率、稳定性和可靠性。此方法除了树枝状结构制作有难度之外,还涉及 PCF 与普通光纤的熔接问题。

(4) 光子晶体光纤之间的熔接、光子晶体光纤与双包层光纤之间的熔接、在光子晶体光纤上刻写光栅等都有待进一步研究。

2.3 双包层掺镱光纤的制备

2.3.1 光纤预制棒制备

光纤预制棒制备是双包层大模场掺镱光纤制备的关键环节之一,其决定了双包层大模场掺镱光纤的许多性能,比如光纤芯包比、纤芯稀土掺杂浓度、纤芯数值孔径等参数。制备光纤预制棒的方法有很多,包括等离子体化学气相沉积法(PCVD)、外部气相沉积法(OVD)、气相轴向沉积法(VAD)和改进的化学气相沉积法(MCVD)等。将 MCVD 与稀土离子掺杂技术结合制备光纤预制棒,制备流程如图 2.6 所示,主要包括以下过程:① MCVD 阻挡层沉积;

② 疏松层沉积;③ 溶液掺杂稀土离子;④ 干燥、脱水、烧结;⑤ 收棒。利用光纤预制棒测试系统对制备完成的芯棒进行芯棒几何尺寸和折射率分布测试,测试合格的芯棒在套管系统中进行套管处理,然后在玻璃打磨系统中打磨成异型光纤预制棒。

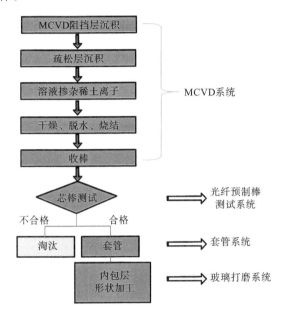

图 2.6　大功率光纤激光器用掺镱光纤预制棒制备流程图

1. MCVD 阻挡层沉积

在沉积阻挡层之前,将沉积管放置在氢氟酸溶液中清洗,以除去沉积管表面的杂质,并在 MCVD 车床上用含氟物质(如 SF_6)进行刻蚀,以除去沉积管内壁附着的污染物。阻挡层沉积原理如图 2.7 所示,在预制棒制备过程中,先在沉积管内壁沉积数层与沉积管折射率一致的石英玻璃阻挡层,该阻挡层可有效阻止沉积管杂质进入纤芯影响光纤性能。$SiCl_4$、$GeCl_4$、$POCl_3$ 等原材料被氧气带入沉积管中,在沉积管内壁同反应气体在高温条件下发生化学反应,生成 SiO_2、GeO_2、P_2O_5 和 B_2O_3 等氧化物。

2. 疏松层沉积

制备完阻挡层的沉积管,需要在沉积管内壁沉积疏松层,通过沉积温度控制沉积疏松层的比表面积。疏松层沉积温度过低,容易造成疏松层脱落,造成整根芯棒的报废。疏松层沉积温度过高,疏松层比表面积下降,在溶液中浸泡

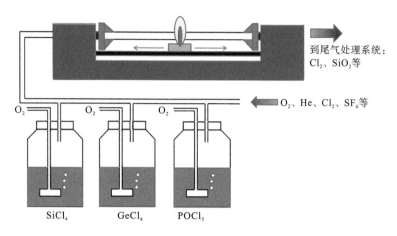

图 2.7　阻挡层沉积原理

的时候吸附的稀土离子或者其他共掺杂离子少,造成光纤掺杂不够。一般来说,疏松层的沉积温度须小于阻挡层的沉积温度。针对目前常见的几种镱掺杂纤芯,如成分为纯二氧化硅玻璃、氟掺杂二氧化硅玻璃、氟硼掺杂二氧化硅玻璃、氟磷掺杂二氧化硅玻璃、氟锗掺杂二氧化硅玻璃和其他无氟掺杂二氧化硅玻璃的纤芯,疏松层的沉积温度为 1150～1400 ℃。疏松层沉积过程如图2.8 所示,呈现典型的热泳效应,反应物在高温条件下的高纯石英管内壁发生化学反应,生成沉积粒子,沉积粒子通过热泳效应以一定的运动轨迹沉积到石英玻璃管的内壁,部分未沉积的粒子通入尾气处理系统中进行吸收处理。

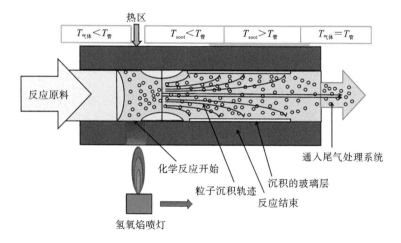

图 2.8　疏松层沉积过程中的热泳效应图

疏松层沉积完后,会增加一趟喷灯加热过程对疏松层进行预烧结。经过实验研究,比较合适的预烧结温度为 1450 ℃左右。温度太低将导致疏松层在溶液中浸泡时脱落,不利于溶液法稀土掺杂;温度太高会导致疏松体烧结成实心玻璃,比表面积降低,影响对稀土离子的吸附。疏松层沉积的关键工艺是:① 选择具有高几何精度的石英管,从而消除管径不匀对疏松层沉积温度的影响;② 为保证制作出高均匀性的疏松层,建立管径监测系统;③ 通过实验确定疏松层的最佳沉积温度。

3. 溶液掺杂稀土离子

稀土离子是大功率光纤激光器所用光纤的核心成分,起到吸收泵浦光实现粒子数反转和激光放大的作用,稀土离子掺杂的高浓度和高均匀性是制作增益光纤预制棒的关键。对于稀土溶液,一般采用一定浓度的乙醇水溶液对稀土离子进行溶解,在溶液中一般会加入大量的铝元素,因为在硅酸盐玻璃中加入一定量的氧化铝可提高稀土离子在石英玻璃中的溶解度,减少稀土在石英玻璃中的析晶,有效实现增益光纤光致暗化抑制,起到调节晶化、降低黏度的作用。在溶液掺杂过程中,须严格控制环境温湿度,以及沉积管在溶液中的旋转速度、旋转均匀性、旋转时间等参数。这些参数都会影响稀土离子在疏松体中的掺杂浓度和均匀性。

4. 干燥、脱水、烧结

在将 MCVD 与溶液掺杂技术结合制备稀土掺杂芯棒的过程中,要将含疏松层的芯棒浸入稀土离子溶液,此过程会引入较多的羟基,羟基过多会加大光纤产品的背景损耗,严重影响稀土离子亚稳态的寿命,降低光纤质量。脱水过程如图 2.9 所示,采用高纯氯气,同时通入氦气和氧气,控制气体通入的流量大小,减小氯化氢的分压,控制脱水时间和脱水温度。对脱水后附着有稀土物质的疏松体在高温下进行烧结,如图 2.10 所示,即在 2100 ℃高温条件下,将空心的沉积管缩成实心的

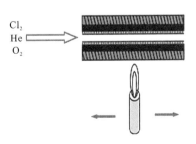

图 2.9 预制棒脱水示意图

芯棒,缩棒过程中要通过控制压力、多次缩棒的温度和速度来控制缩棒后芯棒的均匀性。

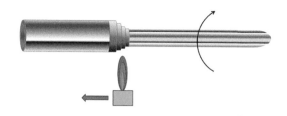

图 2.10　预制棒缩棒示意图

5. 收棒

为减小 MCVD 的沉积成本,有效控制纤芯和包层的直径比例,需要对测试合格的光纤预制棒芯棒进行套管处理,即将芯棒玻璃和包层玻璃分别按一定尺寸要求切割、抛光、接手柄,制成待套管的芯棒和包层套管,然后将待套管的芯棒插入包层套管中,加热的同时抽负压使芯棒套管融合成一体,包层套管的内径和待套管的芯棒外径匹配误差控制在 0.1 mm 以内,其加工过程如图 2.11 所示。需要注意的是,套管要尽量清洗干净,否则在套管过程中,玻璃界面会产生大量气泡影响套管质量。同时,在套管过程中要控制喷灯达到合适的温度,温度太高会导致整根预制棒呈椭圆形,温度太低会使套管界面无法闭合。最后,需要控制套管过程中芯棒与套管间隔的大小,以达到最佳套管条件。

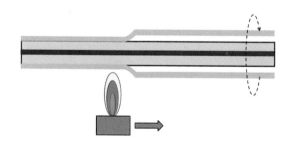

图 2.11　芯棒套管示意图

6. 光纤预制棒异型加工

套管后的光纤预制棒端面如图 2.12(a)所示,其为圆形端面,但是常规圆形端面预制棒拉出的双包层大模场掺镱光纤不利于控制泵浦光在光纤中传输而产生的螺旋光,造成泵浦光浪费和光纤激光器效率降低。因此,需要对光纤预制棒进行异型加工,以满足包层泵浦吸收的要求。采用玻璃砂轮磨床对圆形光纤预制棒进行异型打磨加工处理、大目数砂轮粗磨处理、小目数砂轮细磨处理,按设计要求尺寸实现对预制棒的打磨。打磨加工过程中,要控制打磨表面的粗糙度,避免打磨表面粗糙度过大造成的拉丝强度差。另外,打磨需要对边均匀打磨,避免单边过度打磨造成偏心,最终影响拉丝光纤的纤芯/包层同心度。图 2.12(b)～(d)展示了六边形、八边形和 D 形打磨光纤预制棒的端面图。

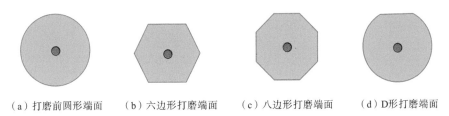

(a)打磨前圆形端面　　(b)六边形打磨端面　　(c)八边形打磨端面　　(d)D形打磨端面

图 2.12　光纤预制棒打磨端面结构示意图

打磨加工完成后的异型光纤预制棒需要用大量的水进行清洗,然后在 NaOH 强碱溶液中进行清洗,以除去预制棒经过机械加工过程在表面附着的油性磨削液。随后,在 HF 强酸溶液中进行清洗,以有效除去玻璃棒表面的金属和氧化物杂质,这类物质夹杂在预制棒表面将造成拉丝光纤强度差。在酸洗过程中,需要控制 HF 酸洗的时间,防止过度酸洗造成预制棒几何尺寸偏差。最后,对光纤预制棒进行高温火焰抛光,有效愈合预制棒表面存在的划痕等细小缺陷。

2.3.2　掺镱光纤拉丝技术

光纤拉丝就是将大尺寸的预制棒按照相同芯包比拉成微米量级的小尺寸光纤,然后对其进行涂覆保护,以满足激光器的使用要求。光纤拉丝同时也是一个复杂的过程,需对拉丝过程中的各个参数进行精确控制。光纤拉丝过程会影响光纤产品的截止波长、模场直径、损耗,以及光纤强度等,光纤的模场直径和截止波长主要由光纤预制棒决定,但在拉丝过程中会受光纤拉丝张力的影响。拉丝张力增大,加热炉功率降低,炉内温度降低,导致光纤的折射率在一定范围内变动,从而使得光纤的模场直径和截止波长发生变化。拉丝过程中产生的光纤丝径大小不均匀、光纤析晶等都会影响光纤的损耗。在拉丝过程中,高温使 Si—O 断裂,冷却过程会造成光纤应力分布不均,促进 Si—O 断链反应的进行,使光纤表面出现裂纹,引起光纤机械性能下降。光纤拉丝在光纤拉丝塔中完成,如图 2.13 所示。光纤拉丝塔一般由预制棒送棒、加热、线径测量、涂覆固化,以及收丝等系统组成,双包层大模场掺镱光纤主要的拉丝工艺过程为:预制棒挂棒→预制棒加热→预制棒拉丝(在高温下将预制棒拉丝至目标直径)→一次涂覆(使低折射率涂层附着在光纤表面并固化,以达到波导结构要求)→二次涂覆(使高折射率涂层附着在内涂层表面并固化,以达到光纤强度和起到保护光纤的作用)→收丝。

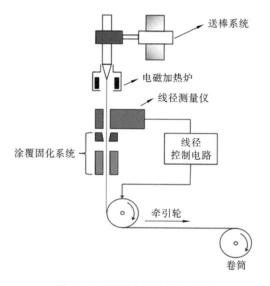

图 2.13　掺镱光纤拉丝示意图

拉丝过程中要严格控制拉丝温度,以达到所需拉丝张力的要求,控制炉子中氩气/氦气等气体的总量,控制炉子中各个方位进气口气体的单个流量,防止光纤丝径出现较大波动,控制进料速度和拉丝速度,以达到目标光纤直径,控制涂料压力和温度,在合适的压力与温度下,涂覆直径才能达到目标要求值。控制紫外固化灯固化功率,以达到最佳固化条件。

2.4　工业光纤激光器所用大模场增益光纤的新进展

2.4.1　低 NA 大模场掺镱光纤

常规商用的双包层大模场掺杂光纤纤芯的 NA 是 0.06,经过科研工作者的努力,现在可以通过改进制备工艺技术,制备具有超低数值孔径的双包层大模场掺镱光纤。当光纤纤芯与包层折射率差,也就是数值孔径过小时,光纤仅能支持单模传输,这有利于抑制光纤非线性效应,实现大功率激光输出。

2020 年,华中科技大学的刘锐在博士论文中介绍了低 NA 大模场掺镱光纤的进展情况[2]。如 2014 年,美国 Coherent 公司的 V. Khitrov 等人通过 NA 为 0.048 的双包层掺镱光纤,实现了 $M^2=1.15$ 的 3 kW 激光输出。2015 年,南安普敦大学光电研究中心的 Deepak Jain 等人制备了 NA 为 0.038、纤芯直径为 35 μm 的光纤,实现了 $M^2=1.1$ 的单模输出。2016 年,美国 Coherent 公司的 Vincent Petit 等人报道了 NA 为 0.025、芯径为 35 μm 的光纤,实现了 $M^2=1.04$ 的 1.6 kW 激光输出。同年,中国科学院上海光学精密机械研究所报道了采用溶胶-凝胶法制备 NA 为 0.02、纤芯直径为 50 μm 的光纤,但是光纤背景损耗高,效率不足 40%。2016 年,美国克莱姆森大学的 Dong Liang 等人制备了 NA 为 0.028 的 30/400 μm 和 40/400 μm 大模场光纤,分别实现了 $M^2=1.01$、$M^2=1.06$ 的激光输出。

值得一提的是,2019 年,武汉睿芯特种光纤有限责任公司制备了 NA 小于 0.05 的 25/400 μm 大模场光纤,实现了 $M^2<1.2$ 的激光输出。

2.4.2　纤芯部分掺杂光纤

纤芯部分掺杂也称为增益滤模,一般来说,增益光纤基模在光纤中心部分有最大增益吸收,图 2.14 所示的为阶跃型 20/400 μm 光纤 LP_{01} 模和 LP_{11} 模的模场强度沿光纤半径方向的分布,根据 LP_{01} 模的模场分布,从光纤纤芯到包层 LP_{01} 模的增益不断减小,在光纤中间增益最大。但高阶模在光纤远离中心区域有较大的增益。为有效抑制高阶模的产生,研究者提出在近包层区域不掺杂,从而减小 LP_{11} 的有效增益,降低 LP_{01} 模和 LP_{11} 模的模式耦合系数,有效抑制模不稳定性。2012 年,nLight 公司的 C. Ye 等人[5]通过直接纳米沉积技术制备了 41/395 μm 纤芯部分的掺杂光纤,其中,掺杂部分的纤芯直径为 27 μm,对比非部分掺杂光纤的光束质量 $M^2=4.05$,纤芯部分掺杂光纤的 $M^2=1.27$,光束质量得到明显改进。2019 年,华中科技大学的 F. Zhang 等人[6]制备了 33/395 μm 纤芯部分的掺杂光纤,其中,掺杂部分的纤芯直径为 23 μm,相比常规的 33/400 μm 光纤,所制备的部分掺杂光纤实现了 1.25 kW 的激光输出,模不稳定阈值提高了 1.74 倍。但是,纤芯部分掺杂会降低光纤的包层泵浦吸收,光纤使用长度的增加会增加非线性效应的抑制难度。

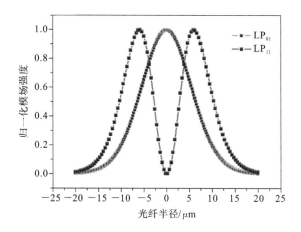

图 2.14　阶跃型 $20/400\ \mu m$ 光纤 LP_{01} 模和 LP_{11} 模的模场强度沿光纤半径方向的分布

2.4.3　3C 光纤

随着光纤激光器功率的提高,光纤中的光功率密度增大,受激拉曼散射(SRS)等非线性效应限制了光纤激光器输出功率的进一步提升。为解决该问题,通常采用大模场面积(LMA)光纤或光子晶体光纤(PCF)来实现激光器的大功率输出。然而,大模场面积光纤会导致高阶模传输,只有采用正确的激励或弯曲盘绕等模式控制方法才能实现单模传输,且对于纤芯直径超过 $25\ \mu m$ 的 LMA 光纤来说,模式控制的方法很不稳定;光子晶体光纤虽然能实现单模输出,但在弯曲时会引起极大的模式损耗,不利于系统的集成化。

针对上述问题,2007 年,美国密歇根大学超快光学研究中心提出了 3C 手性耦合纤芯光纤[7]这一新型光纤结构,它能够突破传统单模光纤归一化截止频率 $V_c=2.405$ 的限制,在大纤芯尺寸(大于 $30\ \mu m$)的情况下实现稳定的单模输出,且无需任何模式控制技术。这样既可达到提升光纤激光器输出功率的目的,又可以很方便地将光纤置于复杂系统中,实现光纤激光系统的集成化。此外,3C 光纤还具有模式无失真熔接和紧凑盘绕(盘绕半径小于 $15\ cm$)的优点[8],与采用标准光纤熔接与处理技术制备出的光学元件相匹配。3C 光纤为实现高峰值功率与高能量的光纤激光器系统提供了一种新的途径,其逐渐成为国内外研究人员关注的热点。

3C 光纤的结构图如图 2.15 所示,石英包层内有两条纤芯,一条是沿轴向分布的中央纤芯,芯径较大,一般在 $30\ \mu m$ 以上,用于信号光的传输;另一条是偏离中心轴、围绕中央纤芯螺旋分布的侧芯，其芯径比中央纤芯的小得多，只有十几微米，主要用于控制中央纤芯的模式，将高阶模耦合进侧芯并对其产生高损耗（大于 100 dB/m），使得中央纤芯中的基模以极低的损耗（小于 0.1 dB/m）传输。3C 光纤的主要参数包含两芯尺寸、侧芯偏移量 R 和螺旋周期 Λ，合理的 R 和 Λ 值能实现侧芯对中央纤芯的模式进行控制与选择[9]。

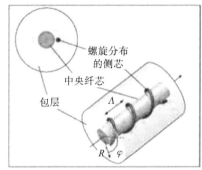

图 2.15　3C 光纤结构图

　　3C 光纤的制备过程与标准双包层光纤（DCF）的制备过程有两个基本区别。标准 DCF 是由玻璃预制棒拉制出来的，具有适当掺杂的中央纤芯，预制棒和纤芯的尺寸预先按比例搭配好，这样在光纤拉丝塔上加热和拉制预制棒时，预制棒就会缩小到所需要的光纤尺寸。3C 光纤的预制棒包括两根掺杂纤芯，一根纤芯在预制棒的中心轴上，另一根卫星纤芯略微偏离中心轴。当拉伸光纤时，同时旋转预制棒，这种旋转使得偏离中心轴的卫星纤芯螺旋围绕在中央纤芯周围，产生所需的螺旋，如图 2.16 所示。

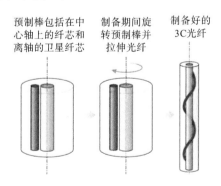

图 2.16　拉伸光纤的同时旋转预制棒

3C 光纤的一个重要属性是其性能不依赖于特定的弯曲度,这与标准大模场面积光纤正好相反。大模场面积光纤通过仔细盘绕,利用弯曲引起的基模和高阶模之间的损耗不同来获得单模性能,这种方法对于芯径小于 $25\ \mu m$ 的光纤有效。芯径越大,这种方法越没有效果。由于模式辨别并不依赖于光纤的弯曲度,因此,3C 光纤可以以笔直或弯曲的形态应用于有源或无源光纤结构。

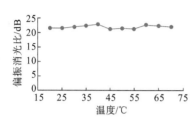

图 2.17　环形 3C 光纤的保偏性能

对 3C 光纤进行结构设计和生产控制可获得低双折射光纤。这些低双折射光纤可以非常稳定地保持输入光的偏振态(见图 2.17)[10]。将线偏振光入射到 4 米长的环形 3C 光纤中,并将光纤从 20 ℃加热到 70 ℃,同时对输出光的偏振态进行监测。结果表明,偏振轴没有旋转,且偏振消光比保持在 20 dB 以上。在显著的机械扰动和热扰动下,其保偏性能依旧很好。

2008 年,密歇根大学超快光学研究中心制备出双包层掺镱 3C 光纤,其中,中央纤芯直径为 33 μm,数值孔径(NA)为 0.06;侧芯直径为 16 μm,NA 为 0.1;侧芯螺旋周期 Λ 为 7.4 mm,两芯边到边距离为 4 μm。利用该有源光纤搭建激光器系统,实验装置采用法布里-珀罗(F-P)谐振腔,尾端的高反镜对反射光没有任何模式选择功能,光纤宽松盘绕,不会起到模式选择作用。用 915 nm 激光二极管泵浦有源光纤,在 1066 nm 处得到了 37 W 的激光输出,斜效率达 75%,输出光斑证实为基模[7]。该实验进一步验证了 3C 光纤可以像普通光纤一样作为激光器的增益介质使用,所构成的光纤激光器具有高斜效率和低阈值功率,且输出的光束质量相比 LMA 光纤得到了极大的改善[9]。

2009 年,S. Huang 等人[11]以双包层掺镱 3C 光纤搭建了放大系统以探究其放大特性。该实验得到了 250 W 的连续功率输出和平均功率 150 W 的脉冲输出,脉冲宽度为 10 ns,脉冲能量达到 0.6 mJ,峰值功率为 60 kW,放大的斜效率达到 74%。同样,在所有功率水平下,系统输出光斑均为单模。

2010 年,该团队将 3C 光纤应用于主振荡加功率放大(主振功放,MOPA)结构中来提升系统输出功率[12]。实验以 2.7 m 长的空气包层掺镱 3C 光纤作为功率放大器的增益介质,用 2.2 W 的信号光激励该光纤,实现了 511 W 的 MOPA 结构功率输出,放大器斜效率为 70%,同时观测到,输出光束为单频单横模的线偏振光,具有大于 15 dB 的消光比。

2012 年,密歇根大学超快光学研究中心的 T. Sosnowski 等人[13]通过 33/250 μm 的 3C 光纤实现了 257 W、200 kHz、8.5 ns、1.2 mJ 的脉冲,86.5 μJ、575 kW 峰值功率的脉冲;以及利用 55 μm 的 3C 光纤实现了 41 W、8.3 mJ、640 kW 的高能量脉冲输出。

2013 年,立陶宛物理科学与技术中心的 Želudevičius[14]通过搭建飞秒光纤啁啾脉冲放大(CPA)系统来提升输出功率,该系统中的功率放大装置采用 3C 光纤为增益介质。实验得到了 50 μJ 的脉冲能量、400 fs 的脉冲,输出光斑近似衍射极限,光束质量因子为 1.1。

2017 年,S. Timothy 等人[15]采用 nLight 公司生产的 3C 光纤,中央芯径为 33 μm,侧芯芯径为 3 μm,包层直径为 250 μm,泵浦吸收率为 1.8 dB/m@920 nm,实现了 2 mJ 脉冲能量和 300 kW 峰值功率输出,$M^2<1.15$,系统可运行 4500 h。

2.4.4 GT-Wave 光纤

GT-Wave 光纤最早是由英国南安普敦大学 ORC 实验室的 A. B. Grudinin 等人[16]提出的一种新型光纤,如图 2.18 所示。GT-Wave 光纤是由一根掺杂信号光纤和至少一根无芯泵浦光纤并列排列组成的,光纤被低折射率涂料包裹,泵浦光纤和信号光纤可以平行排布,也可以相互扭转。在两者接触良好或轻微分离的情况下,泵浦光纤包层中的泵浦功率可通过倏逝场耦合转移到信号光纤包层并被纤芯吸收。区别于端面泵浦,这种泵浦耦合是缓慢渐进的,因此可使得有源光纤中由于量子亏损带来的发热可以均匀沿轴向分布,更利于散热。

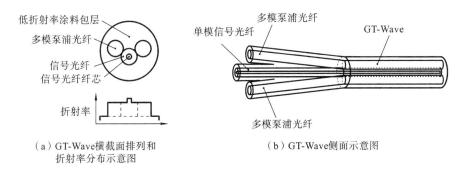

（a）GT-Wave横截面排列和　　　　　（b）GT-Wave侧面示意图
　　　折射率分布示意图

图 2.18　GT-Wave 光纤

该光纤采用双向泵浦方式,相比其他端面或者侧面泵浦的耦合器,GT-

Wave 光纤具有多个泵浦端口,可以获得足够的泵浦功率,实现泵浦功率均匀分布,激光在 GT-Wave 光纤中间的增益光纤中放大,采用双向泵浦方式和有效的热负荷分布有效抑制非线性效应和模式不稳定效应。这种结构采用的是沿光纤长度的侧面耦合而不是单点耦合,没有发生光纤损伤或形变,提高了泵浦吸收效率,可以实现很高的功率控制。此外,这种方法不需要为了提高耦合效率而设计特殊的几何排布来防止泵浦光通过泵浦光纤泄漏,降低了多余的泵浦损耗。

GT-Wave 的制作过程比较复杂,如图 2.19 所示。先准备一束光纤预制棒,将这些预制棒以一定的排列方式固定在光纤拉丝塔上,以一定的拉伸速度和拉力同时拉伸这束光纤预制棒,拉伸速度和拉力大小要能够使得两根相邻光纤互相接触,使光能穿透到相邻光纤中。虽然目前单根光纤拉制技术很成熟,但是多根光纤的同时拉制对光纤拉制工艺及控制条件提出了一定的挑战。GT-Wave 以多根泵浦光纤作为泵浦注入源,可以提高功率,同时,它还有一根信号输出端可以自由地熔接,因此可以将多个 GT-Wave 级联,构成主振荡功率放大结构。这种方式也可以有效地提升系统功率,已经商业化使用。

2018 年,中国工程物理研究院报道[17]的一个典型的(8+1) PIFL 光纤(泵浦增益集成功能激光光纤)的端面图如图 2.20 所示,其和 GT-Wave 结构光纤比较类似,采用 8 根泵浦光纤围绕在 1 个标准的芯径为 30 μm 的光纤上的结构,光纤紧凑地连接在一起,最终实现 10 kW 的激光输出。

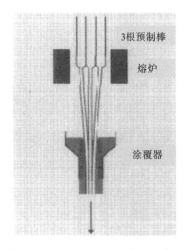

图 2.19　GT-Wave 制作方法示意图

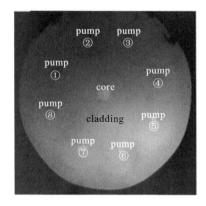

图 2.20　(8+1) PIFL 光纤(泵浦增益集成功能激光光纤)端面图

2.4.5　多芯掺镱光纤

多芯光纤的较大内包层中有多个完全相同的单模掺杂纤芯,纤芯间的距离很小。多芯光纤激光器比单芯光纤激光器的纤芯有效面积大,从而有效提高了诸如受激拉曼散射和受激布里渊散射等非线性效应的阈值功率,这对进一步提升大功率光纤激光器的输出功率非常有效。相对于单纤芯双包层掺镱光纤,尤其是脉冲光纤激光器来说,光纤激光器的主振功放结构可以获得窄线宽激光输出,但功率超过一定数值时,就会出现明显的受激布里渊散射等非线性效应,这限制了其向更大功率发展。多芯光纤激光器是解决这个问题比较好的方案之一。在多芯双包层掺镱光纤中,每个纤芯的掺杂浓度、直径等都相同,纤芯排列规则,纤芯间间距很小。振荡激光瞬时波的耦合使得各纤芯产生激光相互作用,达到同相位输出。图 2.21 所示的为 19 芯双包层掺镱光纤的结构图[18],每个纤芯中只传输单横模,其归一化频率小于 2.4。根据模式耦合理论,多芯将有 N 个超级模式,其中,N 为纤芯数目。由于所有的纤芯有相同的相位,因此光纤可以得到最好的光束质量(M^2 值接近 1)。图 2.22 所示的为这种 19 芯双包层掺镱光纤的三维近场和远场能量分布图,从图中可以清晰地看出,经过多个纤芯间激光的相互作用,产生的激光能量主要集中在中心部分。

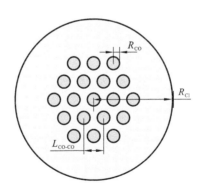

图 2.21　19 芯双包层掺镱光纤的结构图

对于多芯掺镱光纤,每根掺镱光纤纤芯均可以吸收包层泵浦光,从而实现粒子数反转形成激光,产生的激光在多个纤芯中传输,增加了纤芯的有效模场面积,从而降低了每个增益光纤纤芯的激光平均功率密度,进而有效抑制了非线性效应,解决了模式不稳定、光纤损伤等光纤问题。这对进一步实现更大功率的激光输出来说是一个可选的方案。

图 2.22　19 芯双包层掺镱光纤的三维近场和远场能量分布图

目前,多芯光纤制作技术主要有研磨法、打孔套管法、拉-排-拉堆叠法等。研磨法主要是对已有的光纤预制棒包层进行研磨,然后将多个研磨好的预制棒拼接起来进行拉丝。该方法比较适合 4 芯及 2 芯光纤预制棒的制作,不太适合其他芯的预制棒,特别是中央有芯的预制棒,且对研磨的精度要求比较高。打孔套管法是用铸造或打孔的方法制作出芯子的卡槽,然后将稀土掺杂芯子填充进去,该方法费用较高且工艺精度要求高。拉-排-拉堆叠法仿照了光子晶体光纤的制作方法,应用比较广泛,先将芯包比(光纤纤芯直径与光纤包层直径的比值)大的光纤预制棒拉成较细的实心预制棒,然后将这些细棒按设计要求排列好,最后套管拉丝。这些制备方法的一个关键共同点在于都需要制作大芯包比的光纤预制棒,对此问题已有相关的报道,主要是应用改进的化学气相沉积在线掺杂法[19]、粉末烧结压制法[20]、多孔玻璃法[21]、MCVD 掺杂法[22]制作大芯包比的光纤预制棒。其中,后三者比较容易用于制作大芯径的掺杂芯子,但是粉末烧结压制法对设备要求比较高,用多孔玻璃法制作光纤时背景损耗比较大,而用 MCVD 掺杂法制作的预制棒的前后均匀性有待提高。改进的化学气相沉积在线掺杂法虽然不能用于制作直径较大的芯棒,但是该方法具有均匀性好且简单易行的优点。多芯光纤制备前的仿真以及制备后与普通光纤的熔接也是一个需要考虑的问题。

2.4.6　台阶式镱掺杂磷硅酸盐二元光纤

目前关于镱掺杂磷硅酸盐光纤的研究相对比较少,尤其是关于用于短波长千瓦级输出的镱掺杂磷硅酸盐光纤的研究更少。相关文献研究表明,台阶式结构设计可以有效提高光纤围绕纤芯四周的包层折射率,在降低纤芯数值孔径的同时改善光束质量。为在实现短波长上大功率激光输出的同时保证高光束质量,可将磷硅酸盐光纤材料体系与台阶式结构设计相结合。

1. 台阶式镱掺杂磷硅酸盐光纤的制备

将 MCVD 与传统的溶液掺杂技术结合可制备台阶式镱掺杂磷硅酸盐光纤预制棒。第一步,在沉积管内壁沉积以一定厚度和折射率分布的锗掺杂硅酸盐玻璃;第二步,将第一步制备的石英管作为沉积管,在沉积管内壁上再沉积一定厚度的磷掺杂二氧化硅疏松层,随后将沉积有疏松层的基管浸泡在含镱乙醇溶液中并旋转,一定时间后将其取出并进行干燥和玻璃化;第三步,将第二步中玻璃化后的沉积管在高温下缩实成实心芯棒;第四步,将第三步中制备的实心芯棒套管、打磨,制备出满足设计芯包比(25/400 μm)的八边形预制棒。随后将预制棒在拉丝塔中(2050~2250 ℃)拉制成直径为 400 μm(边对边直径)的光纤,光纤采用低折射率涂层进行涂覆,低折射率涂层固化后可使包层数值孔径为 0.46。

2. 台阶式镱掺杂磷硅酸盐光纤的测试表征

用显微镜和光纤折射率分布测试系统对所制备的台阶式镱掺杂 25/400 μm 磷硅酸盐光纤的横截面与折射率分布进行测试表征,结果如图 2.23 所示。从图 2.23(a)中可以看出,所制备光纤的纤芯直径为 24.8 μm,包层直径为 400.3 μm(边对边),包层为常规的八边形结构。与常规商业化的八边形 25/400 μm 光纤相比,所制备的光纤在镱掺杂芯层外多了一个直径为 50.1 μm 的台阶层。从图 2.23(b)中可以看出,锗掺杂台阶层与二氧化硅包层之间的折射率差为 0.0077,镱磷掺杂芯层与锗掺杂台阶层之间的折射率差为 0.0010,

（a）端面图

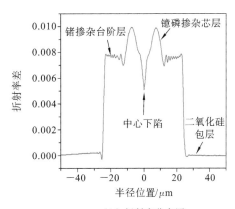

（b）折射率分布图

图 2.23　台阶式镱掺杂 25/400 μm 磷硅酸盐光纤的测试图

经过计算,镱磷掺杂芯层与锗掺杂台阶层之间的数值孔径为 0.054。从图 2.23(b) 中可以看出,在芯层中心存在折射率下陷,这主要是由芯棒缩实过程中的掺杂物挥发所致的[23,24],相关研究表明,这种中心下陷在一定程度上有利于少模光纤激光输出的控制[25,26]。

用截断法测量镱掺杂磷硅酸盐二元光纤包层的泵浦吸收光谱,结果如图 2.24(a) 所示。镱掺杂磷硅酸盐光纤在 915 nm 和 976 nm 处的包层泵浦光吸收系数分别为 0.61 dB/m 和 2.20 dB/m。图 2.24(b) 所示的为镱掺杂磷硅酸盐光纤的吸收和发射截面的光谱,发射截面利用 McCumber 公式根据测量的吸收光谱计算。值得注意的是,在 1006 nm 附近有一个小的发射峰,这表明磷硅酸盐二元体系相对于铝硅酸盐光纤 1030 nm 的发射峰表现出蓝移,发射峰蓝移对短波长光纤激光器更有利。根据第 6 章所述的光致暗化测试方法,以 976 nm 激光为泵浦源,633 nm 激光为检测光源,采用纤芯泵浦结构,测试光纤

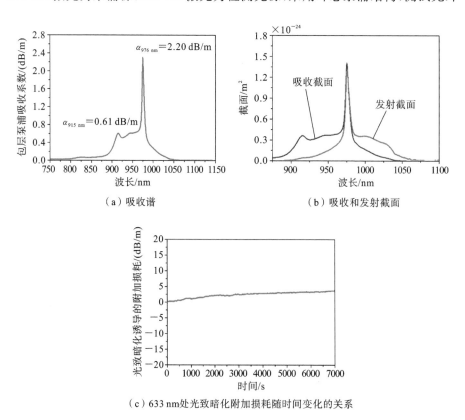

（a）吸收谱   （b）吸收和发射截面

（c）633 nm处光致暗化附加损耗随时间变化的关系

图 2.24 台阶式镱掺杂 25/400 μm 磷硅酸盐光纤的测试结果

长度为 50 mm。对镱掺杂磷硅酸盐光纤的光致暗化效应进行研究,在整个光纤测试过程中保持 50%的粒子数反转率。在 633 nm 处测得的光致暗化附加损耗随时间的变化如图 2.24(c)所示,这表明极低的光致暗化附加损耗大约为 3.7 dB/m,有文献报道,633 nm 波长处的光致暗化测试损耗比信号波长位置处的大 71 倍[27],这说明镱掺杂磷硅酸盐二元系统具有良好的光致暗化抑制效果。

图 2.25 所示的是所制备的台阶式镱掺杂 25/400 μm 磷硅酸盐光纤的纤芯损耗图,测试按照第 6 章所述的光纤损耗测试方法进行,从图中可以看出,所制备的光纤在 1200 nm 和 1300 nm 处的纤芯损耗分别为 3.7 dB/km 和 2.4 dB/km,较低的纤芯损耗说明在光纤制备过程中采用了良好的原料(纯度达标)和进行了严格的工艺控制。所制备的光纤在 1380 nm 位置处的损耗为 6.6 dB/km,较低的水分损耗归因于光纤制备过程中较好的水分控制。

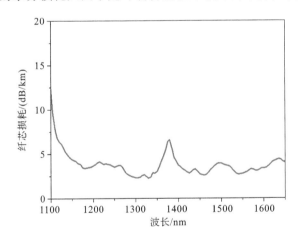

图 2.25　台阶式镱掺杂 25/400 μm 磷硅酸盐光纤的纤芯损耗图

3. 台阶式镱掺杂磷硅酸盐光纤 1046 nm 激光性能研究

用双向泵浦的全光纤放大器结构测试台阶式镱掺杂 25/400 μm 磷硅酸盐二元光纤的激光性能,如图 2.26 所示。

种子激光器是由光纤布拉格光栅控制的输出波长为 1046 nm 的单模连续全光纤激光器,输出功率约 500 W,光束质量因子 $M^2=1.2$。全光纤放大器由 12 台中心波长为 976 nm 的泵浦激光器(每台的输出功率约为 400 W)泵浦。半导体激光器采用 200/220 μm 的泵浦光纤,NA 为 0.22,直接与(6+1)×1 信号/泵浦耦合器的信号光纤熔接。从(6+1)×1 信号/泵浦耦合器的输入/输

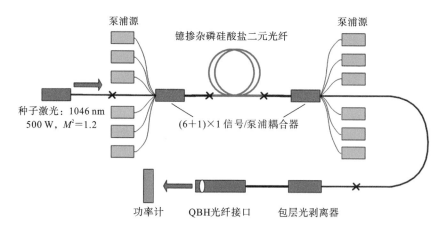

泵浦源　　　镱掺杂磷硅酸盐二元光纤　　　　　泵浦源

种子激光：1046 nm
500 W，$M^2=1.2$

(6+1)×1 信号/泵浦耦合器

功率计　　QBH光纤接口　　包层光剥离器

图 2.26　MOPA 激光性能测试图

出端将 8 m 长的镱掺杂磷硅酸盐二元光纤熔接在 2 根 25/400 μm 无源光纤之间。包层光剥离器在(6+1)×1 信号/泵浦耦合器和输出光纤接口之间熔接，去除包层泄漏的信号光和未吸收的泵浦光。光纤激光经 QBH 光纤接口和透镜准直输出，经分束器分束，衰减到 mW 量级，之后进行光谱和光束质量分析。光纤元件的熔接点损耗控制在 0.15 dB 或以下，并涂上了低折射率的丙烯酸酯，固化后的低折射率涂层在全光纤放大器系统中提供了 0.46 的包层泵浦 NA。实验中采用冷水机组对泵浦激光器和全光纤放大器系统进行冷却。

4. 台阶式镱掺杂磷硅酸盐光纤 1046 nm 激光性能测试结果

在 MOPA 系统中对光纤激光器的性能进行表征，如图 2.26 所示，种子激光器的输出波长 1046 nm 由光纤布拉格光栅控制。采用 8 m 台阶式镱掺杂 25/400 μm 磷硅酸盐光纤进行输出功率以及斜效率测试，结果如图 2.27 所示，在 1046 nm 处，最大激光输出功率为 3.2 kW，斜效率达到 85.8%（976 nm 泵浦），这表明所制备的台阶式镱掺杂 25/400 μm 磷硅酸盐光纤具有较低的背景损耗以及较高的光光转换效率（简称"光光效率"）。

采用图 2.26 所示的测试装置，用 500 W 种子源对睿芯公司制备的台阶式镱掺杂 25/400 μm 磷硅酸盐光纤和进口 Nufern 公司的镱掺杂 25/400 μm 铝硅酸盐光纤进行对比，结果如 2.28 所示。图 2.28(a)显示了 500 W 种子源的典型光谱曲线，半峰宽为 4.7 nm，种子光输出激光的中心波长为 1046 nm；也显示了镱掺杂 25/400 μm 磷硅酸盐二元光纤在 3.2 kW 下的激光光谱，输出激光的中心波长为 1046 nm，半峰宽为 11.3 nm，输出光谱中没有出现其他峰，

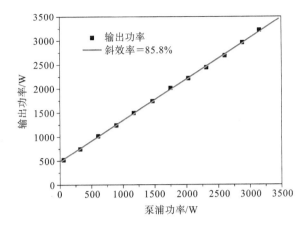

图 2.27 976 nm 泵浦功率注入时全光纤激光放大器的输出功率

说明所制备光纤可较好地抑制非线性效应。从图 2.28(b)中可看出,Nufern 公司商业化的镱掺杂 25/400 μm 铝硅酸盐光纤(NA 为 0.062,包层泵浦吸收系数为 2.20 dB/m@976 nm)达到 1.7 kW 的激光输出时,在 1017 nm 和 1075 nm 处出现了附加的峰,且随着输出功率增加到 2.2 kW,附加的峰强度增大,这类附加峰主要是由非线性四波混频和自相位调制所致的。从图 2.24(b)所示的发射截面图中可以看出,镱掺杂磷硅酸盐材料体系与铝硅酸盐材料体系相比,发射峰出现蓝移,这表明磷硅酸盐材料体系对短波长激光性能更有利,其更有利于控制激光输出非线性效应。

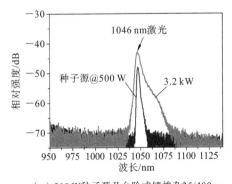

(a)500 W 种子源及台阶式镱掺杂 25/400 μm 磷硅酸盐光纤在输出功率为 3.2 kW 时的输出光谱

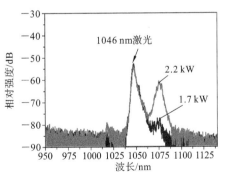

(b)Nufern 公司商业化的镱掺杂 25/400 μm 铝硅酸盐光纤在输出功率为 1.7 kW 及 2.2 kW 时的输出光谱

图 2.28 两种光纤的对比

用 Ophir 光束分析系统对输出激光的光束质量因子 M^2 进行测试,结果如图 2.29 所示。从图 2.29 中可以看出,所制备的台阶式镱掺杂 25/400 μm

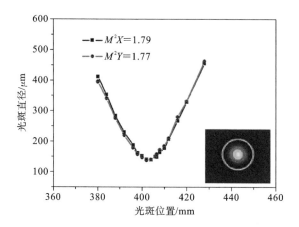

图 2.29　全光纤激光放大器在输出功率为 3.2 kW 时的光束质量因子

磷硅酸盐光纤在 X、Y 方向上的 M^2 分别为 1.79、1.77。在大功率输出时,信号光的光束质量非常优异,原因主要有两方面:一方面是光纤熔接损耗小,另一方面是台阶式结构设计使得纤芯数值孔径较小,镱掺杂光纤采用弯曲操作实现模式过滤后保证了光束质量,这说明台阶式结构设计可以有效控制光束质量。商业化的镱掺杂 25/400 μm 铝硅酸盐光纤在输出激光波长为 1046 nm、输出激光功率为 2.2 kW 时的光束质量因子 M^2 为 1.90,相比台阶式镱掺杂 25/400 μm 磷硅酸盐光纤的光束质量因子有所降低,这主要是由非线性效应引起的。

2.4.7　无光致暗化 Yb/Ce/P 共掺杂铝硅酸盐光纤

在双包层大模场掺镱光纤纤芯组分中加入共掺杂剂(Al[28,29]、P[30]、Ce[31] 等)可大大降低光致暗化效应。然而,目前的研究大多集中在 Al、P、Ce 单种物质的掺杂,或两种物质在石英玻璃中与 Yb 共掺杂,以改善光纤对光致暗化的抑制性能。很少有文献报道将 Ce、P 和 Al 共掺杂或制备 Yb/Ce/P 共掺杂的铝硅酸盐光纤,并研究其光致暗化和激光性能。

1. 光纤的测试表征

用将 MCVD 技术与传统的溶液掺杂技术相结合的方法制备 Yb/Ce/P 共掺 20/400 μm 铝硅酸盐光纤,Yb/Ce/P 共掺 20/400 μm 铝硅酸盐光纤的端面如图 2.30(a)所示,它的纤芯直径为 20.3 μm,包层直径为 400.8 μm(从边到边)。

通过折射率分布计算出掺 Yb 光纤纤芯相对于石英玻璃包层的有效数值

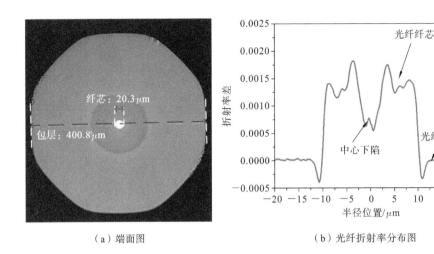

（a）端面图 　　　　　　（b）光纤折射率分布图

图 2.30 Yb/Ce/P 共掺 20/400 μm 铝硅酸盐光纤的参数图

孔径 NA 约为 0.064,纤芯与石英玻璃包层之间的折射率差约为 0.0014。从图 2.30(b)所示的折射率分布图可明显看出,光纤中心下陷,这是由高温缩棒过程中的掺杂剂挥发所致的。

将宽带光源注入 Yb/Ce/P 共掺 20/400 μm 铝硅酸盐光纤,通过截断法测试掺镱光纤包层泵浦吸收光谱,结果如图 2.31(a)所示。掺镱光纤在 915 nm 和 976 nm 处的包层泵浦吸收系数分别为 0.50 dB/m 和 1.92 dB/m。与传统的商用 20/400 μm 光纤相比,Yb/Ce/P 共掺 20/400 μm 铝硅酸盐光纤在 915 nm 处的包层泵浦吸收系数提高了近 25%,这主要是由掺 Yb 浓度增加造成的。

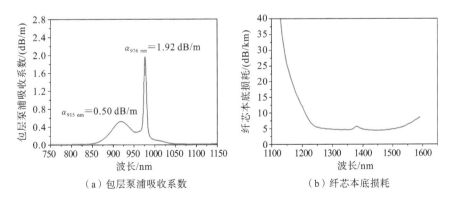

（a）包层泵浦吸收系数 　　　　　　（b）纤芯本底损耗

图 2.31 Yb/Ce/P 共掺 20/400μm 铝硅酸盐光纤的参数图

采用截断法测试 Yb/Ce/P 共掺 20/400 μm 铝硅酸盐光纤的纤芯本底损耗,结果如图 2.31(b)所示。Yb/Ce/P 共掺 20/400 μm 铝硅酸盐光纤在 1200 nm 和 1300 nm 处的纤芯本底损耗分别为 11.8 dB/km 和 4.8 dB/km。从 1300 nm 处的测试结果来看,所制备的光纤具有较低的纤芯背景衰减。此外,1380 nm 处的背景损耗为 5.8 dB/km,表明在光纤制备过程中进行了良好的水分干燥控制。光纤纤芯本底衰减值较低,说明共掺杂过程未给双包层大模场掺镱光纤带来附加损耗,这有利于大功率光纤激光器的低热负荷和高效率运行。

2. 光致暗化测试结果

采用光致暗化测试系统(第 6 章中所述)测试 Yb 掺杂、Yb/Ce 共掺和 Yb/Ce/P 共掺的 20/400 μm 铝硅酸盐光纤的光致暗化性能,测试均在相同的条件下进行。经过 7200 s 的光致暗化老化测试,测试结果如图 2.32 所示,Yb 掺杂 20/400 μm 铝硅酸盐光纤和 Yb/Ce 共掺 20/400 μm 铝硅酸盐光纤分别展现出 71.3 dB/m 和 18.5 dB/m 的光致暗化附加损耗衰减系数 α_1 和 α_2。值得注意的是,Yb/Ce/P 共掺 20/400 μm 铝硅酸盐光纤具有良好的光致暗化抑制效果。在目前的测试条件下,在 633 nm 处基本没有可检测到的光致暗化附加损耗 α_3。测试结果表明,Yb/Ce/P 共掺光纤组分更适合抑制双包层大模场掺镱光纤的光致暗化。

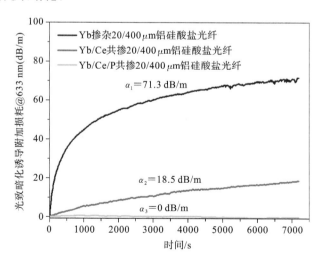

图 2.32 633 nm 下不同光纤的光致暗化诱导的附加损耗

与 Yb 掺杂 $20/400\ \mu m$ 铝硅酸盐光纤($\alpha_1 = 71.3\ dB/m$)相比,Yb/Ce 共掺 $20/400\ \mu m$ 铝硅酸盐光纤具有明显的光致暗化抑制性能($\alpha_2 = 18.5\ dB/m$),这是因为 Ce 离子存在两种价态,能有效地抑制空穴相关的色心,Ce 共掺杂能提高双包层大模场镱掺杂光纤的光致暗化抑制效果。与 Yb/Ce 共掺 $20/400\ \mu m$ 铝硅酸盐光纤($\alpha_2 = 18.5\ dB/m$)相比,Yb/Ce/P 共掺 $20/400\ \mu m$ 铝硅酸盐光纤具有进一步提高的光致暗化抑制性能($\alpha_3 = 0\ dB/m$)。这是因为磷具有更优异的镱离子团簇溶解性,这有效地改善了光致暗化性能。Yb/Ce/P 共掺 $20/400\ \mu m$ 光纤对光致暗化有较好的抑制效果($\alpha_3 = 0\ dB/m$)。结果显示,将 Al、P 和 Ce 结合来制备 Yb/Ce/P 共掺 $20/400\ \mu m$ 铝硅酸盐光纤,发挥了每个组成成分的光致暗化协同抑制作用。

3. 激光性能测试结果

用全光纤振荡器结构测试了 Yb/Ce/P 共掺 $20/400\ \mu m$ 铝硅酸盐光纤的激光性能,如图 2.33 所示。

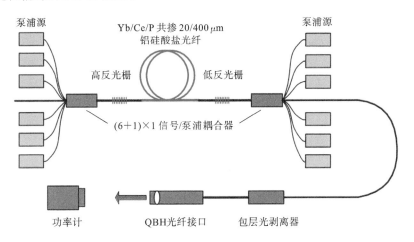

图 2.33　全光纤激光振荡器示意图

高反光栅和低反光栅的中心波长为 1080 nm,由 $20/400\ \mu m$ 无源光纤刻写。高反光栅的反射率约为 99.5%,低反光栅的反射率约为 10%。Yb/Ce/P 共掺 $20/400\ \mu m$ 铝硅酸盐光纤的增益光纤长度为 36 m,通过 $(6+1) \times 1$ 信号/泵浦耦合器,用 10 个中心波长为 915 nm 的 250 W 的泵浦激光二极管泵浦光纤激光器谐振腔。当 2.5 kW 的 915 nm 泵浦功率泵浦到振荡器系统中时,可得到 1.9 kW 的激光输出功率,对应的线性拟合斜效率为 77.1%,如图 2.34(a)所示。较高的激光效率表明 Yb/Ce/P 共掺 $20/400\ \mu m$ 铝硅酸盐光纤具有

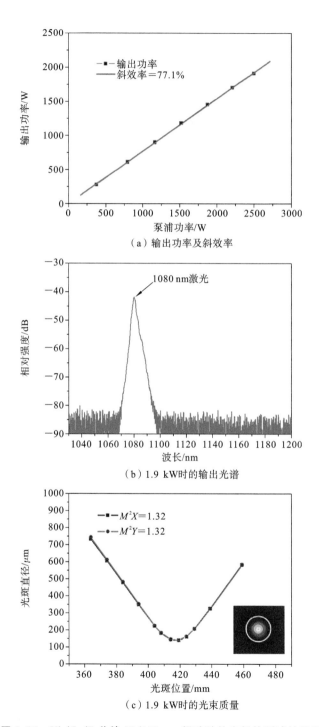

（a）输出功率及斜效率

（b）1.9 kW时的输出光谱

（c）1.9 kW时的光束质量

图 2.34　Yb/Ce/P 共掺 20/400 μm 铝硅酸盐光纤的测试结果图

较高的光光转换效率、较低的光纤背景损耗和熔接损耗。在满功率时,用光谱分析仪(OSA)对激光输出光谱进行测试分析,输出激光的特征峰中心在 1080 nm 处,如图 2.34(b)所示,杂散光和寄生激光的特征峰是不可见的,该光纤表现出良好的非线性抑制性能。Yb/Ce/P 共掺杂 20/400 μm 铝硅酸盐光纤的光束质量因子由 Ophir 公司的 Beam Squared 系统在最大激光输出功率下进行评价,结果如图 2.34(c)所示,测试结果表明,X 和 Y 方向的 M^2 值均为 1.32。光纤光束质量测试结果表明,Yb/Ce/P 共掺 20/400 μm 铝硅酸盐光纤可获得近单模激光输出。Yb/Ce/P 共掺 20/400 μm 铝硅酸盐光纤的低数值孔径制备和全光纤激光振荡器系统结构中弯曲滤模的设计,使其具有优异的光束质量。

激光装置保持 200 h 以上的连续激光输出,输出功率在 1893 W 到 1910 W 之间呈现相对较小的功率波动(功率变化为 0.9%),激光工作过程中的功率波动是由水循环制冷等工况的较小变化引起的,结果如图 2.35 所示。经过 200 h 的连续满功率拷机测试,光纤信号激光的功率没有明显降低,表明本研究制备的 Yb/Ce/P 共掺 20/400 μm 铝硅酸盐光纤具有良好的光致暗化抑制效果,能够满足工业光纤激光器的长期使用。

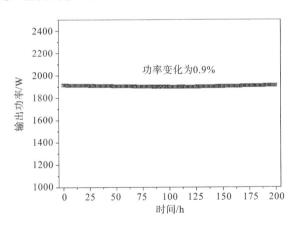

图 2.35　Yb/Ce/P 共掺 20/400 μm 铝硅酸盐光纤在 1.9 kW 时的长时间拷机图

2.4.8　圆形内包层改性大模场掺镱光纤

通过提高掺镱光纤包层泵浦光吸收系数来缩短增益光纤的长度被认为是提高光纤激光器非线性阈值的有效途径之一。对于相同的材料组成,为了提高增益光纤包层泵浦光吸收系数,相关人员提出了一系列具有非圆对称截面的方案,包括六边形、八边形、十边形、偏心形、矩形、保偏形、D形和螺旋形等。这些光纤设计通过消除和/或增加包层光与掺杂纤芯的交汇来提高包层泵浦光吸收。目前的商用有源光纤主要是具有八边形内包层的增益光纤。然而,具有非圆形包层的光纤需要额外复杂的制造工艺,并且玻璃外圆打磨会导致额外的纤芯/包层偏心。而且,异形有源光纤和圆形无源光纤之间不容易熔接,会增加熔接损耗,因为受分辨率和边缘角度影响,异形有源光纤和圆形无源光纤之间的熔接只能采用纤芯对准,而不能采用光纤包层对准。需要注意的是,任何过大的纤芯/包层同心度偏差和熔接损耗的增加都会降低光纤激光器大功率输出时的稳定性和输出光束质量。将掺硼应力部分引入内包层是提高保偏增益光纤包层泵浦吸收性能的有效方法之一,但硼棒的制备工艺复杂,这阻碍了其进一步发展。

为了降低传统非圆形有源光纤与圆形无源光纤的熔接损耗,提出了一种圆形有源光纤的设计方案。为了克服螺旋光纤与圆形光纤中的掺杂纤芯难交汇的缺点,通过插入模式扰乱部分对光纤内包层进行了内部改性。在这种设计中,内包层中嵌入了一些低折射率掺杂部分。这种方法有以下几个好处,第一,由于只是在光纤内包层内部进行了改性,因此它可以应用于任何精心设计的纤芯设计,而不会影响关键的纤芯性能,如光光转换效率、光致暗化和横模不稳定性等。第二,通过提高泵浦光与纤芯区域的重叠系数来提高泵浦光的吸收系数,提高掺杂芯区与泵浦波导区的比例。第三,这些嵌入区域还可以增强泵浦模式扰乱,以减少螺旋光的影响。第四,圆形掺杂光纤与圆形无源光纤之间可采用光纤包层对准进行熔接,达到最小的熔接损耗。

1. 两个氟掺杂的单元嵌入内包层结构掺镱光纤

用改进的化学气相沉积和传统的溶液掺杂工艺制备 Yb/Al 共掺磷硅酸盐芯棒。对于制备完成的合格芯棒,根据芯包比选择合适的套管进行套管处理,在套管后的预制棒棒芯周围包层区域的相反方向钻两个孔,并将两个掺 F 棒插入孔中。然后,在拉丝塔中(2050~2250 ℃下)将组合件拉丝成直径为 $400\ \mu m$ 的光纤,并在光纤包层外涂上一层低折射率涂层,固化后的低折射率涂层可以提供 NA=0.46 的包层泵浦。

所制备的两个 F 掺杂的单元嵌入内包层的圆形 $20/400\ \mu m$ 光纤的光纤端面和二维折射率分布如图 2.36 所示。由图 2.36(a)可知,所制备光纤的芯径为 $20.1\ \mu m$,圆包层直径为 $400.5\ \mu m$,与常规光纤不同的是,两个直径约为

119.3 μm 的低折射率单元对称地嵌入光纤内包层。与光纤端面测试结果一致,所制备的光纤对称地嵌入了两个单元,嵌入区相对于石英玻璃的折射率差约为−0.007。

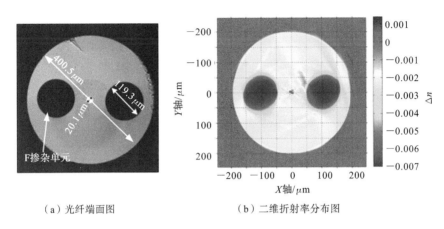

（a）光纤端面图　　　　　　　　　（b）二维折射率分布图

图 2.36　圆形 20/400 μm 光纤参数图

如图 2.37(a)所示,对所制备的两个 F 掺杂的单元嵌入内包层的圆形 20/400 μm 光纤的包层泵浦吸收系数与典型的商用八边形 20/400 μm 光纤进行比较。商用光纤在 915 nm 处的包层泵浦吸收系数为 0.40 dB/m,具有两个嵌入低折射率单元的圆形光纤的包层泵浦吸收系数为 0.49 dB/m,约为八边形光纤包层泵浦吸收系数的 1.23 倍。具有两个嵌入低折射率单元的圆形光纤的泵浦波导面积减小 21.2%,与计算结果吻合。两个氟掺杂的单元嵌入内包层的圆形 20/400 μm 光纤的斜效率为 76.1%,如图 2.37(b)所示,这反映了光纤具有良好的光光转换性能。

2. 四个氟掺杂的单元嵌入内包层结构掺镱光纤

对于圆形四个氟掺杂的单元嵌入内包层结构掺镱光纤(20/400 μm LCA-DCF),根据光纤预制棒测试方法,对前一步骤制备的芯棒进行预制棒直径和折射率分布测试,在套管系统中对芯棒用合适的石英套管进行套管处理,以达到设计的芯包比(1/20)。在套管后的预制棒的内包层区域对称地钻四个孔,并在孔中分别插入掺 F 的低折射率石英棒。然后,在 2050～2250 ℃ 的温度下,用拉丝塔将预制棒组件拉丝成具有圆形包层的 20/400 μm 光纤,并涂上低折射率涂层,固化后的涂层可提供 0.46 的包层泵浦 NA。

作为比较,同时制作八边形 20/400 μm DCF,八边形 20/400 μm DCF 的

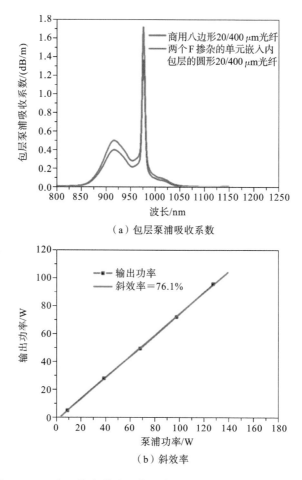

（a）包层泵浦吸收系数

（b）斜效率

图 2.37　两个 F 掺杂的单元嵌入内包层的圆形 20/400 μm 光纤

预制棒也是在相同的 MCVD 沉积和溶液掺杂条件下制备的,在芯棒中掺杂相同浓度的稀土并保持相同的数值孔径。芯棒经过套管后,打磨成具有 1/20 的芯包比的八边形预制棒,八边形预制棒被拉成具有八边形包层的 20/400 μm 光纤,并涂上低折射率涂层,固化后的涂层可提供 0.46 的包层泵浦 NA。四个氟掺杂的单元嵌入内包层的圆形 20/400 μm LCA-DCF 端面如图 2.38(a)所示,光纤纤芯直径为 20.1 μm,包层直径为 401.2 μm,光纤包层是圆形结构。与传统的商用八边形 20/400 μm 光纤不同,所制备的圆形 20/400 μm LCA-DCF 的内包层具有四个嵌入光纤内包层的单元。这些嵌入单元对称地位于掺杂纤芯周围,直径为 118.9 μm。圆形 20/400 μm LCA-DCF 的纤芯/包层同心度为 0.7 μm,同心度测试结果基本与套管后的计算结果一致,这不同于传统的打磨会导致光纤同心度变差,结果表明,在预制棒钻孔和嵌入单元过程没有引入额外的同心度偏差。20/400 μm LCA-DCF 的圆形包层结构和较好的纤芯/包层同心度控制有助于降低有源和无源光纤之间的熔接损耗,提高大功率光纤激光器的输出稳定性。图 2.38(b)给出了圆形 20/400 μm LCA-DCF 的二维折射率分布测试结果。结果表明,圆形 20/400 μm LCA-DCF 光纤内包层四个方向对称填充了四个低折射率单元,其结果与图 2.38(a)所示的光纤端面测试结果一致。

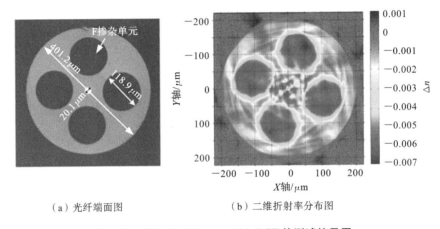

(a)光纤端面图　　　　　　　　(b)二维折射率分布图

图 2.38　圆形 20/400 μm LCA-DCF 的测试结果图

四个 F 掺杂石英棒在孔中的折射率明显低于二氧化硅包层的,能较好地减少进入孔内的泵浦光。F 掺杂石英棒与包层界面的折射率低于 F 掺杂石英棒中间部分的折射率,这是由高温拉伸过程中复合预制棒界面氟的挥发所致的。侧面注入的光经过四个 F 掺杂的低折射率石英棒被吸收,光很难进入纤芯并被探测到,所以在二维折射率分布图中没有发现纤芯。

所制备的光纤的包层泵浦吸收系数借助白光光源,结合光谱分析仪进行测量,将一段测试光纤缠绕在具有固定盘绕直径的芯轴上,包层泵浦吸收系数采用标准的截断法进行测试。测量的八边形 20/400 μm DCF 和圆形 20/400 μm LCA-DCF 的包层泵浦吸收谱如图 2.39 所示。八边形 20/400 μm 光纤在 915 nm 和 976 nm 处的包层泵浦吸收系数分别为 0.40 dB/m 和 1.36 dB/m,与常规的 20/400 μm 有源光纤类似。同时,在 915 nm 和 976 nm 处,20/400 μm LCA-DCF 的包层泵浦吸收系数分别为 0.60 dB/m 和 2.27 dB/m。915 nm 和 976 nm 处的特征吸收峰表明镱离子已成功掺入纤芯。

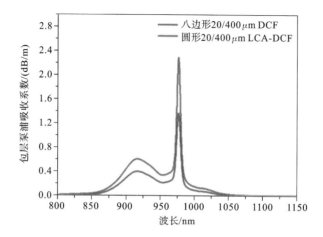

图 2.39 八边形 $20/400~\mu\mathrm{m}$ DCF 和圆形 $20/400~\mu\mathrm{m}$ LCA-DCF 的包层泵浦吸收系数

圆形 $20/400~\mu\mathrm{m}$ LCA-DCF 的包层泵浦吸收系数显著提高,为自制的八边形 $20/400~\mu\mathrm{m}$ DCF 的包层泵浦吸收系数的约 1.50 倍(915 nm)和 1.67 倍(976 nm)。对于传统光纤,可以估算包层对泵浦光的吸收效率,该估算大致取决于 $A_{\mathrm{core}}/A_{\mathrm{clad}}$。$A_{\mathrm{core}}$ 和 A_{clad} 分别指光纤纤芯和内包层的面积。内包层中嵌入的低折射率单元基本上减少了相对于纤芯的泵浦光波导面积,同时嵌入的低折射率单元不足以显著影响相对于外包层的泵浦光的 NA。因此,提出了一个修正模型

$$A_{\mathrm{core}}/(A_{\mathrm{clad}} - N \cdot \mathrm{PI} \cdot (D/2)^2) \tag{2.1}$$

来评估圆形 $20/400~\mu\mathrm{m}$ LCA-DCF 的包层泵浦吸收系数,该模型大致取决于嵌入石英棒的数量 N 和直径 D 的数值,其中 PI 为圆周率。A_{core} 在 $20/400~\mu\mathrm{m}$ DCF 中几乎是恒定的,典型的直径为 401.2 $\mu\mathrm{m}$ 的圆形光纤中,A_{clad} 为 0.126 mm^2。在 $20/401.2~\mu\mathrm{m}$ 光纤中,F 掺杂的低折射率石英棒嵌入内包层时,A_{clad} 为 0.082 mm^2,圆形 $20/400~\mu\mathrm{m}$ LCA-DCF 的有效包层泵浦面积比直径为 401.2 $\mu\mathrm{m}$ 的圆形光纤的减小了很多。显然,与圆形包层光纤相比,八边形包层有助于避免螺旋泵浦光的产生,从而提高了激光输出的泵浦吸收系数和斜效率。因此,与圆形包层光纤相比,圆形 $20/400~\mu\mathrm{m}$ LCA-DCF 的泵浦吸收系数明显大一些。

用美国 Photon Kinetics 公司的光纤分析系统 PK2500 对圆形 $20/400~\mu\mathrm{m}$ LCA-DCF 在 1100~1600 nm 范围内的纤芯背景损耗进行测试评估,结果如图 2.40 所示,使用光源自由空间耦合和标准光纤截断方法对光纤进行损耗

测量。1200 nm 和 1300 nm 处的纤芯背景损耗分别为 6.5 dB/km 和 4.3 dB/km。掺稀土光纤的低纤芯本底损耗有利于大功率光纤激光器的应用。从图 2.40 可以看出,当测试波长大于 1400 nm 时,开始出现逐渐增大的弯曲损耗,这是由所制备光纤的低纤芯数值孔径造成的。此外,八边形 20/400 μm DCF 在上述纤芯损耗测量条件下的纤芯损耗结果与圆形 20/400 μm LCA-DCF 的相似。

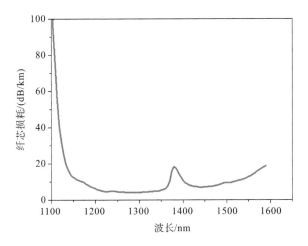

图 2.40 圆形 20/400 μm LCA-DCF 的纤芯损耗图

圆形 20/400 μm LCA-DCF 光纤的激光性能测试在后文(4.5.2 连续光纤激光器抑制非线性的实验研究)中介绍。

2.4.9 三包层掺镱光纤

随着工业大功率连续光纤激光器的快速发展,输出功率水平不断提高,数千瓦至万瓦级多模输出的大功率光纤激光器逐渐成为激光切割、激光焊接和激光熔覆市场的主力军。

市场竞争的加剧迫使光纤激光器制造商努力提高单根光纤的输出功率水平,进而降低数千瓦至万瓦级多模光纤激光器的成本。传统的大模场光纤输出功率水平受到诸多限制,例如,受限于光纤光栅腔镜,无法使用 30 μm 以上的低数值孔径光纤制作大功率光纤激光器谐振腔。光纤本身的横模不稳定性(TMI)阈值及其他非线性效应(如受激拉曼散射等)限制了大模场双包层掺镱光纤的输出功率水平。此外,大范围应用的双包层掺镱光纤以掺氟丙烯酸酯为外包层,难以承受更高的泵浦功率水平,随着光纤工作温度的增加,其散热能力及温度承受能力也日益受到挑战。目前,广泛用于谐振腔的大模场双包层掺镱光纤包括 14/250 μm 的、20/400 μm 的、25/400 μm 的等,其最高输出功率难以超过 4 kW。

采用 MOPA 技术是提升单根光纤输出功率水平的一条可行技术路线。近些年来,大模场双包层掺镱光纤开发商和制造商推出了多模三包层掺镱光纤,同时推出了匹配使用的无源三包层光纤,方便用于器件和传输光纤接口的制作。

多模三包层掺镱光纤适合于 MOPA 结构的大功率多模光纤激光器,能够实现高达 5 kW 甚至更高的输出功率水平,仅受限于泵浦激光的亮度。

多模三包层掺镱光纤的结构如图 2.41 所示,包括纤芯、覆盖在纤芯外面的第一包层、覆盖在第一包层外面的第二包层和覆盖在第二包层外面的涂覆层,第一包层的横截面形状可为正八边形或其他形状。覆盖在第一包层外面的第二包层大幅度减少了泵浦光对有机物涂覆层的损伤,而且可以降低纯石英的折射率,形成全反射的波导结构。三包层掺镱光纤的波导结构可以使大部分泵浦光在第二包层界面上进行反射,大幅度减少高功率密度的泵浦光在脆弱的有机物涂覆层界面上的反射,从而大大提高整个激光器光路的稳定性和可靠性。

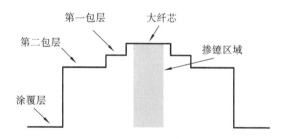

图 2.41　多模三包层掺镱光纤的结构图

图 2.42 所示的为采用武汉睿芯特种光纤有限责任公司(简称睿芯)生产的三包层掺镱光纤制作的 6000 W 大功率光纤激光器的输出功率曲线图。其中,种子源注入功率为 795 W,放大器的光光效率达 83.8%。三包层掺镱光纤的参数为 34 μm、460 μm、530 μm,对 915 nm 的泵浦光的吸收系数为 1 dB/m,纤芯的 NA 为 0.1,第一包层的 NA(50%)为 0.22,第二包层的 NA(5%)为 0.046。制作的三包层大功率光纤激光器的光纤器件为睿芯生产的与三包层掺镱光纤相匹配的三包层被动光纤。

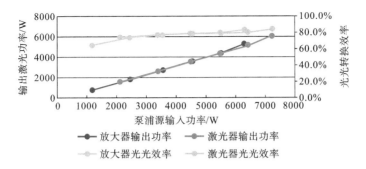

图 2.42　采用三包层掺镱光纤制作的 6000 W 大功率光纤激光器的输出功率曲线图

2.4.10　长锥形增益光纤

锥形(或称长锥形)双包层光纤(T-DCF)是使用专门的光纤拉伸工艺形成的双包层光纤,其在常规双包层光纤的基础上进一步提高了泵浦光吸收效率,图 2.43 所示的为锥形双包层光纤示意图(光纤的其中一头呈锥形)。

图 2.43　锥形双包层光纤示意图

锥形双包层光纤是基于大功率光纤的啁啾脉冲放大(CPA)系统有希望的替代方案之一,它可以最大限度地减少非线性影响。T-DCF 是使用特殊的光纤拉制工艺形成的双包层光纤,控制温度和拉力以沿着光纤形成锥形头,使用预包层的光纤预型件,以使纤芯及内包层的直径和厚度均沿光纤的全长变化。

形成锥形几何形状的双包层光纤的结果是引入细端的光在宽纤芯中传播,而不改变模式含量。众所周知,依次增加多个系列的圆柱形光纤放大器的直径通常会增加不必要的非线性效应的阈值,T-DCF 设计在单根光纤中融合了这一优势,结果,被放大的激光通过提高非线性效应(包括布里渊散射和拉曼散射)的刺激阈值来保持出色的光束质量。

T-DCF 可用于直接放大宽范围的脉冲信号:从短(数十皮秒)到长(高达数百纳秒)和从窄(几十皮米)到宽(几十纳米)线宽。相关人员使用具有 0.11 数值孔径的最大端芯、直径达 200 μm 的锥形光纤记录了峰值功率和能量放大水平,并记录了具有 300 μJ 能量的无非线性失真的 60 ps 脉冲。

光纤的双包层结构意味着其纤芯可以比仅在纤芯中传播的功率更高的功率被泵浦,与具有类似水平的活性离子掺杂的圆柱形光纤相比,在锥形光纤中,每单位长度的泵浦光的吸收效率和转换效率更高,这是由于改进的包层混合了多种模式,且包层更厚,而在锥的较厚端具有更高的吸收,这也意味着,稀土离子掺杂剂可以有效地集中在 T-DCF 的宽端。

控制温度和拉力以沿光纤形成锥形头,即纤芯、内包层、外包层的直径均沿光纤的长度渐变,这使得 T-DCF 能够吸收更多模式的泵浦光,泵浦光的利用率提高。T-DCF 可以等效看作是多个不同直径的多模光纤的组合(见图 2.44),与传统的恒定直径光纤相比,其有效改善了脉冲保真度。由于包层直径大,T-DCF 还可以由亮度较差的光源(例如激光二极管)泵浦,从而显著降低光纤激光器/放大器的成本。

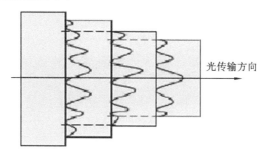

图 2.44 T-DCF 等效多模光纤组合体

长锥形光纤不同于常规均匀光纤,其纤芯直径会随着光纤位置的不同而逐渐发生变化,与均匀光纤相比,其纤芯内的模式、模场分布、模式传播常数等都会随光纤轴向位置发生改变。逐渐增加的纤芯直径使得纤芯内光场的模场面积逐渐增加,这给非线性效应的阈值提升带来好处,同时模场分布和传输常数的变化也会给模式不稳定效应带来影响。

主要的研究单位有丹麦技术大学(DTU)、俄罗斯科学院、芬兰坦佩雷理工大学(Tampere University of Technology,TUT)、加拿大国立光学研究所、中国国防科技大学等。

2008 年,TUT 的 V. Filippov 等人利用长锥形光纤为增益介质搭建了光纤激光器,得到了 84 W 的激光输出和 74 W 的超荧光光源输出[32]。实验中所使用的光纤长度为 10 m,光纤大端尺寸为 27/834/890 μm,拉锥比为 4.8,芯包比为 1∶31,获得了斜效率高达 92% 的 84 W 的 1080 nm 连续激光输出及 74 W 的超荧光光源输出。同样在 2008 年,TUT 的 V. Filippov 等人利用长锥形光纤搭建了一台输出功率为 212 W 的连续光纤激光振荡器[33],实验结构图如图 2.45 所示。振荡器的增益光纤为 20 m 的长锥形光纤,光纤的内包层芯径变化范围为 6.5/200 μm 至 26/800 μm,芯包比为 1∶31。915 nm 波长的泵浦激光通过空间耦合的方式从锥形光纤的大端以正向泵浦的形式注入锥形光纤中,在小端利用 4% 的菲涅耳反射构成谐振腔,最终得到了 212 W、波长为 1079 nm、$M^2 < 1.02$ 的单模激光输出。

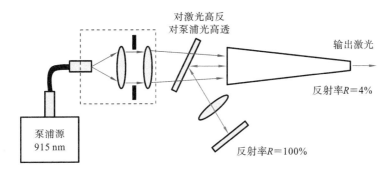

图 2.45 212 W 长锥形光纤振荡器结构图

2009 年,TUT 的 V. Filippov 等人将长锥形光纤振荡器的输出功率提升至了 600 W[34]。2010 年,他们利用相同的实验结构将振荡器的输出功率提升至了 750 W[35]。

2010 年,TUT 的 J. Kerttula 等人报道了使用长锥形光纤搭建调 Q 脉冲光纤振荡器的实验[36],实验装置如图 2.46 所示。实验中所使用的长锥形光纤长度为 6.3 m,拉锥比为 5.5,芯包比为 1∶10,小端和大端的纤芯直径分别为 15/150 μm 和 83/830 μm。915 nm 波长的泵浦激光使用空间耦合的方式从长锥形光纤的大端耦合。

2012 年,TUT 的 J. Kerttula 等人利用截断法测量了长锥形光纤中的模式演化情况[37]。测试中所使用长 7 m、拉锥比高达 18 的长锥形光纤,其大端纤芯直径达到 117 μm,大端的纤芯归一化频率 $V = 38$。测试结果表明,即使在如此大的拉锥比之下,长锥形光纤仍然很好地保持了光纤中的基模传输,这很好地说明了长锥形光纤在获得高光束质量激光输出方面的潜力。

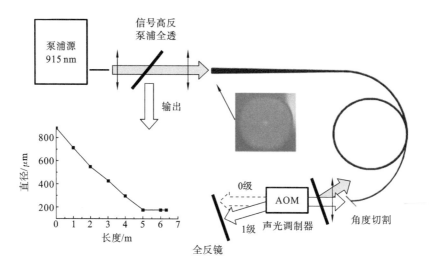

图 2.46 长锥形光纤调 Q 脉冲振荡器实验结构图

2012 年,TUT 的 J. Kerttula 等人报道了他们使用长锥形光纤所搭建的连续光纤激光放大器[38],使用的长锥形光纤的长度为 18 m,芯径变化范围为 7.5/120 μm～44/700 μm。最终得到了窄线宽种子 25.4 dB、宽线宽种子 38.9 dB 的激光输出,其中,窄线宽激光输出功率水平为 110 W,$M^2 = 1.06$。

2013 年,俄罗斯科学院的 A. I. Trikshev 等人使用长锥形光纤进行单频激光放大实验[39]。实验中所使用的种子激光器是一个输出功率为 20 mW、中心波长为 1062 nm、线宽为 3 MHz 的单频激光器,通过一级预放大器将功率提升至 3 W。主放大器所使用的长锥形光纤的长度为 18 m,拉锥比为 6,小端与大端的尺寸分别为 7.5/120 μm 和 44/700 μm。915 nm 波长的泵浦激光通过空间耦合的方式从大端反向耦合至长锥形光纤中。最终输出的信号光中,中心波长信号光含量为 130 W,反向回光功率为 0.3 W,$M^2 = 1.12$。

2015 年,俄罗斯科学院的 M. Y. Koptev 等人报道了基于长锥形光纤的 MW 峰值功率皮秒脉冲放大器[40],实验结构图如图 2.47 所示。实验中主放大器所采用的长锥形光纤的大端与小端尺寸分别为 45/430 μm 和 10/80 μm。种子部分采用了一个掺铒的 MOPA 结构获得 1.5 μm 的激光,通过非线性转换对 1 μm 激光进行放大,最终获得了脉宽为 7 ps、脉冲能量为 1 μJ、峰值功率为 2.5 MW 的脉冲激光输出。

2017 年,俄罗斯科学院的 K. K. Bobkov 等人使用类似的结构获得了惊人的 12.8 MW 的峰值功率输出[41],$M^2 = 1.24$。

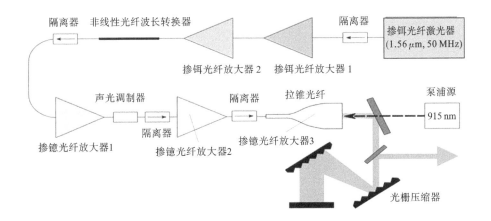

图 2.47 基于长锥形光纤的 MW 峰值功率皮秒脉冲放大器实验结构图

2016 年,国防科技大学的 H. Zhang 等人报道了基于长锥形光纤的随机激光器[42],获得了 26.5 W 的 1173 nm 随机激光输出。

2016 年,TUT 的 V. Filippov 报道了基于长锥形光纤的皮秒脉冲放大器[43]。实验中使用一个中心波长为 1040 nm、脉宽为 5~80 ps 可调、重复频率为 20~40 MHz 可调的皮秒种子源。种子源经过两级预放大器后注入基于长锥形光纤的主放大器,主放大器中的泵浦源通过空间耦合的形式反向耦合至主放大器,主放大器中长锥形光纤的大端直径为 100 μm。在 10 kHz 的重复频率下获得了峰值功率为 5 MW 的皮秒脉冲激光输出,$M^2=1.22$。

2017 年,加拿大国立光学研究所的 V. Roy 等人报道了百瓦量级的保偏长锥形光纤放大器[44]。实验中所使用的长锥形光纤长度为 2.8 m,大端与小端的几何尺寸分别为 56/400 μm 和 35/250 μm,泵浦源通过空间耦合从大端反向耦合进主放大器,最终获得了输出功率为 100 W、$M^2<1.2$ 的近衍射极限保偏连续激光输出。

2017 年,国防科技大学的史尘[45]对锥形光纤在放大器中的应用进行了实验研究,验证了其在 SBS 抑制和 TMI 抑制中的优点,利用等效纤芯直径为 25 μm(20/400 μm 到 30/600 μm)的锥形增益光纤,获得了最高 1.47 kW 的功率输出,与普通商用 25/400 μm 光纤相比,长锥形光纤的 TMI 阈值更具有优势。

长锥形光纤目前仍然以空间耦合结构居多,在集成度以及稳定性上都还有所欠缺,但是长锥形光纤光束质量优良,可支持高峰值功率大脉冲能量。长锥形光纤具有以下发展趋势:① 由空间耦合向全光纤化发展;② 由连续激光器向高峰值功率、大脉冲能量的脉冲激光器发展;③ 由非保偏结构向保偏结构发展;④ 由宽谱光源的放大向单频、窄线宽光源的放大发展。

2.5 光纤基本的技术指标

2.5.1 数值孔径

数值孔径是光纤的一个基本指标,用来反映最大受光角的大小,以及光纤端面的受光能力。数值孔径定义为以下计算公式:

$$NA = n_0 \sin a_{max} = \sqrt{n_1^2 - n_2^2} = n_1 \sqrt{2\Delta} \tag{2.2}$$

其中,n_0 为介质折射率;a_{max} 为光线最大入射角;n_1 为纤芯折射率;n_2 为包层折射率;Δ 为纤芯和包层的相对折射率差,通过以下公式计算:

$$\Delta = \frac{n_1^2 - n_2^2}{2n_1^2} \tag{2.3}$$

以 20/400 μm 双包层大模场掺镱光纤为例,F300 石英玻璃的折射率为 1.4573,相对折射率差 Δ 为 0.0014,纤芯数值孔径 NA 计算为 0.064。该公式也适合用于计算双包层光纤包层和涂覆层的数值孔径。一般而言,双包层光纤低折射率涂覆层的折射率为 1.38,经过公式计算,包层相对低折射率涂覆层的数值孔径为 0.47。

2.5.2 模场直径

光场能量并不完全局限在光纤的纤芯中,其中有部分能量在光纤包层,光纤中的电磁场强度在光纤中横向分布形成模场,光场能量是模场强度在空间分布集中程度的一种度量。模场直径的大小对光纤的连接、光的耦合、宏弯损耗、微弯损耗及非线性效应都有重要的影响。

近场模场直径就是文献报道的著名的"Petermann-Ⅰ"直径[46],它定义为近场功率在最大功率 $1/e^2$ 位置的直径,如式(2.4)所示。

$$d_n = 2\sqrt{2} \left(\frac{\int_0^\infty E^2(r) r^3 \, dr}{\int_0^\infty E^2(r) r \, dr} \right)^{1/2} \tag{2.4}$$

其中,$E(r)$ 是光纤模场分布。

远场模场直径就是文献报道的著名的"Petermann-Ⅱ"直径[46],它定义为远场功率在最大功率 $1/e^2$ 位置的直径,如式(2.5)所示。

$$d_{\mathrm{f}} = 2\sqrt{2}\left[\frac{\int_0^\infty E^2(r)r\mathrm{d}r}{\int_0^\infty (E'(r))^2 r\mathrm{d}r}\right]^{1/2} \tag{2.5}$$

其中，$E(r)$ 是光纤模场分布。有效模场面积通过式(2.6)进行计算，其中，$E(x,y)$ 是光纤模场分布[47]。

$$A_{\mathrm{eff}} = \frac{\left[\iint_{-\infty}^{\infty}\int_{-\infty}^{\infty} |E(x,y)|^2 \mathrm{d}x\mathrm{d}y\right]^2}{\int_{-\infty}^{\infty}\int_{-\infty}^{\infty} |E(x,y)|^4 \mathrm{d}x\mathrm{d}y} \tag{2.6}$$

$$d_{\mathrm{eff}} = \frac{2}{\sqrt{\pi}}\sqrt{A_{\mathrm{eff}}} \tag{2.7}$$

将式(2.6)代入式(2.7)，可得出有效模场直径计算公式(式(2.8))。

$$d_{\mathrm{eff}} = \frac{2\sqrt{2}\int E_i^2 r\mathrm{d}r}{\left[\int E_i^2 r\mathrm{d}r\right]^{1/2}} \tag{2.8}$$

在高斯分布条件下，模场直径 d_{MFD} 可近似地由归一化参数 V（V 的定义见71页）和纤芯直径 d_{core} 通过以下公式进行计算[48]：

$$d_{\mathrm{MFD}} = d_{\mathrm{core}}(0.65 + 1.619V^{-3/2} + 2.879V^{-6}) \tag{2.9}$$

以 20/400 $\mu\mathrm{m}$ 阶跃型光纤为例，采用光纤模拟仿真软件 OptiFiber 对具有不同纤芯数值孔径的光纤的有效模场直径进行模拟，结果如图 2.48(a)所示。当数值孔径为 0.065 时，LP_{01} 模的有效模场直径为 18.06 $\mu\mathrm{m}$，当数值孔径变小时，LP_{01} 有效模场直径增大，当数值孔径变大时，LP_{01} 有效模场直径减小，呈现近似线性关系，线性拟合为 $y = 24.06 - 91.71x$，其中，线性拟合度 $R^2 = 0.9956$，x 代表纤芯数值孔径，y 代表 LP_{01} 模的有效模场直径。图 2.48(b)所示的为在固定弯曲直径为 150 mm 时，用 20/400 $\mu\mathrm{m}$ 阶跃型光纤模拟的不同纤芯数值孔径对应的 LP_{01} 和 LP_{11} 模的弯曲损耗。由图可知，弯曲损耗随着光纤数值孔径的增大而逐渐减小，在相同数值孔径和弯曲直径下，LP_{11} 模的弯曲损耗大于 LP_{01} 模的弯曲损耗。

以光纤纤芯数值孔径为 0.065，包层直径为 400 $\mu\mathrm{m}$ 不变的阶跃型光纤为例，采用光纤模拟仿真软件 OptiFiber 对不同纤芯直径的有效模场直径进行模拟，结果如图 2.49(a)所示。光纤 LP_{01} 模的有效模场直径随着纤芯直径的增大而不断增大，线性拟合为 $y = 5.17 + 0.645x$，其中，$R^2 = 0.9999$，x 代表纤芯

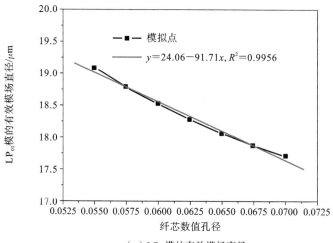

（a）LP$_{01}$模的有效模场直径

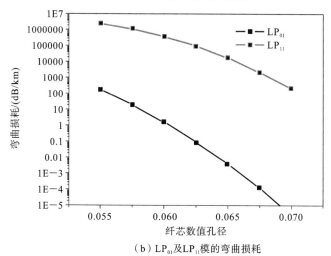

（b）LP$_{01}$及LP$_{11}$模的弯曲损耗

图 2.48　20/400 μm 阶跃型光纤在不同数值孔径下的模拟结果

直径，y 代表 LP$_{01}$ 模的有效模场直径。图 2.49(b)所示的为纤芯数值孔径为
0.065，包层直径为 400 μm 不变的阶跃型光纤在固定弯曲直径 150 mm 下，不
同纤芯直径对应的 LP$_{01}$ 及 LP$_{11}$ 模的弯曲损耗。由图 2.49(b)可知，弯曲损耗
随着纤芯直径的增大而逐渐减小，在相同纤芯直径和弯曲直径下，LP$_{11}$ 模的弯
曲损耗大于 LP$_{01}$ 模的弯曲损耗。对于纤芯直径为 18～25 μm，包层直径为 400
μm 的阶跃型光纤，当数值孔径为 0.065 时，LP$_{01}$ 模的弯曲损耗基本可以忽略
不计。

图 2.50 模拟了纤芯数值孔径为 0.065 的 20/400 μm 阶跃型光纤在不同

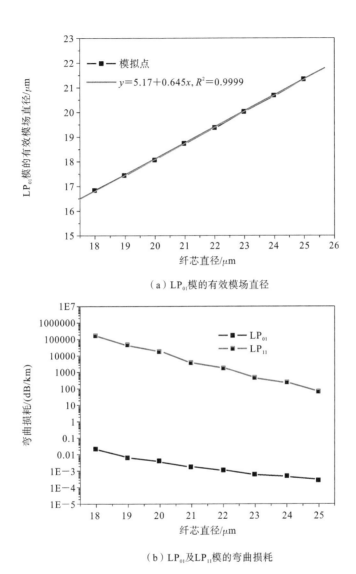

（a）LP_{01}模的有效模场直径

（b）LP_{01}及LP_{11}模的弯曲损耗

图 2.49 20/400 μm 阶跃型光纤在不同纤芯直径下的模拟结果

弯曲直径条件下对应的LP_{01}模和LP_{11}模的弯曲损耗。由图 2.50 可知，LP_{01}模和LP_{11}模的弯曲损耗随着弯曲直径的增大而逐渐减小，在相同条件下，LP_{11}模的弯曲损耗大于LP_{01}模的。

图 2.51 模拟了纤芯数值孔径为 0.065 的 20/400 μm 阶跃型和渐变型光纤的LP_{01}模的模场直径，20/400 μm 阶跃型光纤的模场直径为18.06 μm，高于 20/400 μm 渐变型光纤的模场直径 12.2 μm。进行进一步模拟，在弯曲直径为

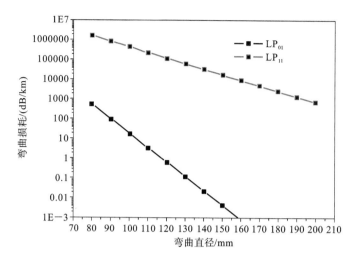

图 2.50　在不同弯曲直径下,20/400 μm 阶跃型光纤 LP_{01} 模和 LP_{11} 模的弯曲损耗

150 mm 固定不变的情况下,20/400 μm 渐变型光纤 LP_{01} 模的弯曲损耗为4.14 $\times 10^{-6}$ dB/m,20/400 μm 阶跃型光纤 LP_{01} 模的弯曲损耗为 1.07×10^{-9} dB/m,阶跃型光纤 LP_{01} 模的弯曲损耗明显大于渐变型光纤 LP_{01} 模的。

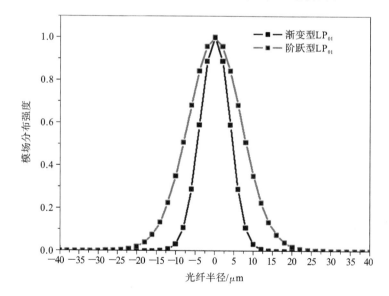

图 2.51　20/400 μm 阶跃型和渐变型光纤 LP_{01} 模的模场直径模拟图

以上关于 20/400 μm 阶跃型光纤的模拟结果,将为下一步制备 20/400 μm 光纤提供重要参考。

2.5.3　归一化频率

归一化频率是光纤最重要的结构参数,它能表征光纤中传播模式的数量,把采样频率设为 1,其他的频率按它的百分比表示。有时频率的范围会非常大,使用时会很不方便,将之归一化后就转换到[0,1]范围内。这样做实现了一个统一的标准,有利于比较各个频率的分布情况。归一化的另一个目的是防止数据溢出。

光纤中传输的光必须同时满足全反射条件和驻波条件。全反射条件与光纤纤芯和包层的相对折射率差有关,也就是与前面所提到的数值孔径 NA 有关,相对折射率差越大,数值孔径越大,则最大孔径角越大。驻波条件与光纤纤芯直径和数值孔径有关,纤芯直径越大,数值孔径越大,则允许的模式数量越多,因此我们可以用归一化频率 V 来概述光纤的结构特性:

$$V = \frac{2\pi}{\lambda} a \sqrt{n_1^2 - n_2^2} = \frac{2\pi}{\lambda} a n_1 \sqrt{2\Delta} \qquad (2.10)$$

式中,a 是光纤纤芯半径。根据式(2.10),V 越小,则光纤限制光泄漏的能力越弱,光纤允许的模式数量越少。当 $V < 2.4048$ 时,光纤中只有一个模式存在(两个偏振态),称为基模。

2.6　工业光纤激光器用的光纤涂料

2.6.1　常用的光纤涂料

工业光纤激光器常用的光纤涂料有低折射率的和高折射率的两种。低折射率光纤涂料是指固化后涂膜的折射率≤1.41 的涂料,主要用于双包层光纤的涂覆层和熔接点裸纤的再涂覆。由于该涂覆层本身参与泵浦光的传输,涂层的折射率性能直接决定了激光器的功率等级及光纤的质量等级。

紫外光固化低折射率光纤涂料大多依赖于进口,价格昂贵,如帝斯曼化学有限公司(DSM)开发的 Desolite Supercoatings 系列低折射率光纤涂料等。国内也有一些科研院所对此进行过深入研究,王国志等人[49]通过在有机硅聚合物中引入含氟丙烯酸酯单体,制备了折射率低于 1.385 的 UV 光纤涂料。肖健等人[50]将含氟丙烯酸酯单体引入光固化体系中,制备了折射率低于 1.387 的 UV 光纤涂料。冯术娟等人[51]公布了一种低折射率光纤涂料的制备方法,利用全氟丙烯酸酯、聚氨酯丙烯酸酯、乙氧基硅油等原料制备了低折射率光纤涂料。

双包层掺镱光纤示意图如图 2.52 所示,光纤工作时,当泵浦光输入光纤内包层后,在内包层与内涂覆层的界面间不断地发生全反射从而实现传递,泵浦光多次穿过掺杂纤芯并被吸收产生激光。光纤激光器的输出功率与光纤内包层的数值孔径有关,数值孔径越大,输出功率越高。而光纤内包层的数值孔径直接取决于内包层和内涂覆层的折射率大小,设内包层的折射率为 n_1、低折射率涂覆层的折射率为 n_2,则 $NA = (n_1^2 - n_2^2)^{1/2}$。目前,常用的石英内包层折射率约为 1.457,因此,通过降低低折射率涂覆层的折射率可制备更大功率的光纤激光器。

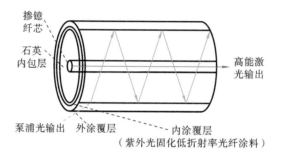

图 2.52 双包层掺镱光纤示意图

而高折射率涂覆树脂则用在包层光剥离器、模场适配器等大功率光纤器件上。利用所添加的高折射率涂覆层的折射率高于光纤包层折射率的特点,将包层光折射出光纤包层之外,其剥离效果与相对折射率差相关。

常用涂覆树脂技术参数信息如下。

(1) 高折射率胶水 DSM950-200:折射率为 1.55。

(2) 低折射率胶水 DF-016:具有低折射率和非常低的雾度,液态折射率为 1.363,固化折射率为 1.370。

(3) 低折射率光纤胶水树脂 UV 胶 PC373:折射率可低至 1.37~1.40。

(4) Kincaid 低折射率光纤涂覆树脂:含氟光纤涂料,折射率可低至 1.36~1.41。

(5) OPPC 系列紫外线圆化聚合物涂层:低折射率下限可达 1.350,在紫外光到可见光,再到近红外光的范围内,透射率超过 90%,同时在硅表面拥有优异湿润性。

(6) UV 低折射率光纤涂覆树脂(KG300 系列):低折射率,折射率范围为

1.36～1.40。

2.6.2　改性的低折射率光纤涂料

目前,在大功率光纤激光器的长时间工作下,低折射率光纤涂料的涂覆层会出现老化现象,会影响激光输出功率,甚至会导致光纤烧损。图 2.53 所示的是进口 A 厂家和 B 厂家的 20/400 μm 掺镱光纤用 85 ℃热水老化,在 1095 nm 的波长下,光纤包层的损耗(dB/km)情况。老化数据显示,B 厂家的 20/400 μm 掺镱光纤用 85 ℃热水老化,在 1095 nm 的波长下,光纤包层的损耗(dB/km)在 200 h 时超过 75 dB/km。A 厂家的 20/400 μm 掺镱光纤用 85 ℃ 热水老化时,在 1095 nm 的波长下,光纤包层的损耗(dB/km)在 600 h 时接近 80 dB/km。

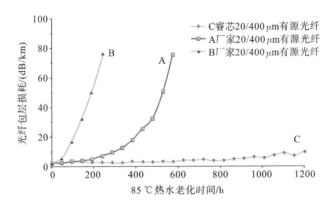

图 2.53　低折射率涂覆层老化数据

经过研究发现,在低折射率光纤涂料中增加添加剂,可以改进低折射率涂覆层的老化问题,图 2.53 中的 C 曲线是在低折射率涂覆树脂中增加添加剂制作的 20/400 μm 掺镱光纤在 85 ℃热水老化下的老化数据,在 1095 nm 的波长下,光纤包层的损耗(dB/km)在 1200 h 接近 10 dB/km,解决了低折射率涂覆层不满足大功率光纤激光器长期使用的问题。

2.7　晶体材料

晶体材料是工业光纤激光器的核心材料之一,主要应用于制作声光调制器、相位调制器、声光锁模器、光纤耦合隔离器等。目前工业光纤激光器应用的晶体材料主要有电光晶体、磁光晶体和声光晶体。

1. 电光晶体

电光晶体是指具有电光效应的晶体材料。在外电场的作用下,晶体的折射率发生变化的现象称为电光效应。电光效应分为两种,一种是泡克尔斯效应,产生这种效应的晶体通常是不具有中心的各向异性晶体;另一种是克尔效应,产生这种效应的晶体通常是具有任意对称性质的晶体或各向同性介质,例如原来为光学各向同性的立方晶系的晶体在外加电场作用下,具有单轴晶体的性质,变成了光学各向异性晶体,而有些单轴晶体则变为具有双轴晶体的性质。

电光晶体在工业光纤激光器中主要用作 Q 开关、光强度调制器、光相位调制器、光束偏转器、激光锁模等。

常用的电光晶体有 KDP 型晶体、ABO_3 型晶体、AB 型晶体及杂类晶体。虽然电光晶体品种很多,但性能优良的并不多,实际上得到应用的只有为数不多的几种。

2. 磁光晶体

在外磁场的作用下,线偏振光通过晶体时,光的偏振面发生旋转的现象称为法拉第效应,此种晶体称为磁旋光晶体,简称磁光晶体,这种效应称为磁光效应。磁光效应是指处于磁化状态的物质与光之间发生相互作用而引起的各种光学现象。包括法拉第效应、磁光克尔效应、塞曼效应和科顿-穆顿效应等。这些效应均起源于物质的磁化,反映了光与物质磁性间的联系。

磁光晶体在工业光纤激光器中最实际、最广泛的应用是用于制作光隔离器。

常用的磁光晶体有具有磁性元素的铁氧体、稀土铁石榴石和钇镓石榴石等。

3. 声光晶体

当超声波注入介质时,介质中便有声弹性波传播,在声传播过程中,组成介质的粒子将随超声波的起伏而产生压缩或伸张,这相当于介质中存在着随时空作周期性变化的弹性应变。这种弹性应变通过弹光效应使介质各点的折射率随该点的弹性应变而发生相应的周期性变化,从而对光在该介质中的传播特性产生影响,光束在通过这样的介质时将发生衍射或散射现象,这就是声光效应。

利用声光效应产生的衍射可以改变光束的强度、方向和频率,因此可设计制造光强调制器、光束偏转器和激光 Q 开关等器件。声光效应和电光效应的应用领域几乎是相同的,但两者各有优缺点。例如,电光器件是通过镀在晶体表面上的电极直接驱动的,其响应速度几乎可与电子运动速度相比拟,故电光器件具有响应速度快、调制频带宽、信息容量大等优点,但是,电光晶体是各向异性的,晶体的半波电压一般较高,器件的驱动功率也较高,使得制造成本较高。声光器件所需的驱动功率较低,但声光器件是通过压电换能器将信号施于声光介质的,以在介质中激励超声弹性波,所以声光器件在响应速度、信息容量和调制带宽等方面有它的局限性。

应用于可见光波段的声光晶体主要有二氧化碲(TeO_2)、氯化汞($HgCl_2$),钼酸铅($PbMoO_4$);应用于红外光波段的声光晶体主要有硫砷银(Ag_3AsS_3)、硒砷铊(Tl_3AsSe_3),以及锗(Ge)单晶和碲(Te)单晶。表 2.2 所示的是声光晶体 TeO_2 的参数。

表 2.2　声光晶体 TeO_2 的参数

声光晶体材料	TeO_2
超声模式	纵波
声速	4200 m/s
中心频率	100 MHz
压电换能器电极尺寸	0.7×14(mm×mm)
衍射效率	80%以上
晶体透过率	99.5%以上
上升时间	80 ns(光束大小为 0.5 mm)
驱动功率	1.8 W
调制方式	TTL
RF 接口方式	SMA
输入阻抗	50 Ω
调制频率	<1.5 MHz

参考文献

[1] 张炳涛,陈月娥,赵兹罡,等.有源光纤的进展与应用[J]. Applied Physics,

2018，8(5)：256-268.

[2] 刘锐.高功率光纤激光器用掺镱光纤的设计、制备和性能研究[D].武汉：华中科技大学，2020.

[3] J. C. Knight. Photonic crystal fibers[J]. Nature，2003，424(6950)：847-851.

[4] 郑一博.多芯光子晶体光纤激光器及光子晶体光纤表面等离子体共振传感研究[D].天津：天津大学,2012.

[5] C. Ye，J. Koponen，T. Kokki，et al. Confined-doped ytterbium fibers for beam quality improvement：fabrication and performance[J]. Proceedings of SPIE, 2012, 8237(72)：1-7.

[6] F. Zhang，Y. Wang，X. Lin，et al. Gain-tailored Yb/Ce codoped aluminosilicate fiber for laser stability improvement at high output power[J]. Optics Express，2019，27(15)：20824-20836.

[7] M. C. Swan，C. H. Liu，D. Guertin，et al. 33 μm core effectively single-mode chirally-coupled-core fiber laser at 1064-nm［C］. San Diego：OFC，2008.

[8] A. Galvanauskas，M. C. Swan，C. H. Liu. Effectively-single-mode large core passive and active fibers with chirally-coupled-core structures[C]. San Jose：CLEO,2008.

[9] 赵楠,李进延.手性耦合纤芯光纤简介及研究进展[J].激光与光电子学进展.2014,(4)：16-19.

[10] P. Amaya. 3C 结构的独特光纤提升短脉冲激光器的性能[EB/OL].（2010）https://laser. ofweek. com/2010-10/ART-240002-8300-28430771. html.

[11] S. Huang，Z. Cheng，C. H. Liu，et al. Power scaling of CCC fiber based lasers[J]. IEEE,2009.

[12] Z. Cheng，I. N. Hu，X. Ma，et al. Single-frequency and single-transverse mode Yb-doped CCC fiber MOPA with robust polarization SBS-free 511W output[C]. Istanbul：2011.

[13] T. Sosnowski，A. Kuznetsov，R. Maynard，et al. 3C Yb-doped fiber based high energy and power pulsed fiber lasers[C]. SPIE,2013.

[14] J. Želudevičius, R. Danilevičius, K. Viskontas,et al. Femtosecond fiber CPA system based on picosecond master oscillator and power amplifier with CCC fiber[J]. Optics Express,2013,21(5).

[15] S. Timothy,D. McCal,R. Farrow,et al. High-Peak power, flexible-pulse parameter, chirally coupled core (3C) fiber-based picosecond MOPA systems[J]. Proceedings of SPIE,2017.

[16] A. B. Grudinin, J. Nilsson, P. W. Turner. New generation of cladding pumped fibre lasers and amplifiers[C]. IEEE Conference on Lasers and Electro-Optics Europe，2000.

[17] H. Zhan, K. Peng, L. Shuang, et al. Pump-gain integrated functional laser fiber towards 10 kW-level high-power applications[J]. Laser Physics Letters, 2018, 15(9).

[18] 李进延,李海清,蒋作文,等. 双包层掺镱光纤研究进展[J]. 激光与光电子学进展,2006,(7).

[19] A. S. Webb,A. J. Boyland,R. J. Standish,et al. MCVD insitu solution doping process for the fabrication of complex design large core rare-earth doped fibers[J]. Journal of Non-Crystalline Solids,2010.

[20] A. Benoit,R. D. auliat,K. Schuster,et al. Optical fiber microstructuration for strengthening single-mode laser operation in high power regime[J]. Optical Engineering,2014,53(7):071817.

[21] Y. Chu,Y. Yang,L. Liao,et al. Enhanced green upconversion luminescence in Yb^{3+}/Tb^{3+}-codoped silica fiber based on glass phase-separated method[J]. Applied Physics A,2015,120(4):1315-1322.

[22] A. J. Boyland,A. S. Webb,S. Yoo,et al. Optical fiber fabrication using novel gas—phase deposition technique[J]. Journal of Lightwave Technology,2011,29(6):912-915.

[23] D. S. Lipatov, A. N. Guryanov, M. V. Yashkov, et al. Fabrication of Yb_2O_3-Al_2O_3-P_2O_5-SiO_2 optical fibers with a perfect step-index profile by the MCVD process[J]. Inorganic Materials, 2018, 54(3):276-282.

[24] Y. Y. Wang, C. Gao, X. Tang,et al. 30/900 Yb-doped aluminophospho-

silicate fiber presenting 6. 85 kW laser output pumped with commercial 976 nm laser diodes[J]. Journal of Lightwave Technology, 2018, 36 (16): 3396-3402.

[25] S. Liu, K. Peng, H. Zhan, et al. 3 kW 20/400 Yb-doped alumino-phosphosilicate fiber with high stability[J]. IEEE Photonics Journal, 2018, 10(4): 1-8.

[26] J. W. Dawson, R. Beach, I. Jovanovic, et al. Lae-flattened mode optical fiber for reduction of nonlinear effects in optical fiber lasers[J]. Proceedings of SPIE, 2004.

[27] J. J. Koponen, M. J. Söderlund, H. J. Hoffman, et al. Measuring photodarkening from single-mode ytterbium doped silica fibers[J]. Optics Express, 2006, 14(24): 11539-11544.

[28] F. H. Xie, C. Y. Shao, M. Wang, et al. Photodarkening-resistance improvement of Yb^{3+}/Al^{3+} co-doped silica fibers fabricated via sol-gel method[J]. Optics Express, 2018, 26(22): 28506-28510.

[29] S. Jetschke, S. Unger, A. Schwuchow, et al. Efficient Yb laser fibers with low photodarkening by optimization of the core composition[J]. Optics Express, 2008, 16(20): 15540-15545.

[30] T. Oeschamps, N. Ollier, H. Vezin, et al. Clusters dissolution of Yb^{3+} in codored SiO_2-Al_2O_3-P_2O_5 glass fiber and its relevance to photodarkening[J]. J. Chem. Phys. ,2012,136(1):014503.

[31] S. Jetschke, S. Unger, A. Schwuchow, et al. Role of Ce in Yb/Al laser fibers: prevention of photodarkening and thermal effects[J]. Optics Express, 2016, 24(12): 13009-13022.

[32] V. Filippov, Y. Chamorovskii, J. Kerttula, et al. Double clad tapered fiber for high power applications[J]. Optics Express, 2008, 16(3): 1929-1944.

[33] V. Filippov, Y. Chamorovskii, J. Kerttula, et al. Single-mode 212W tapered fiber laser pumped by a low-brightness source[J]. Optics Letters, 2008, 33(13): 1416-1418.

[34] V. Filippov, Y. Chamorovskii, J. Kerttula, et al. 600W power scala-

ble single transverse mode tapered double-clad fiber laser[J]. Optics Express, 2009, 17(3):1203-1214.

[35] V. Filippov, J. Kerttula, Y. Chamorovskii, et al. Highly efficient 750W tapered double-clad ytterbium fiber laser[J]. Optics Express, 2010, 18(12): 12499-12512.

[36] J. Kerttula, V. Filippov, Y. Chamorovskii, et al. Actively Q-switched 1. 6-mJ tapered double-clad ytterbium-doped fiber laser[J]. Optics Express, 2010, 18(18):18543-18549.

[37] J. Kerttula, V. Filippov, V. Ustimchik, et al. Mode evolution in long tapered fibers with high tapering ratio[J]. Optics Express, 2012, 20 (23): 25461-25470.

[38] J. Kerttula, V. Filippov, Y. Chamorovskii, et al. Tapered fiber amplifier with high gain and output power[J]. Laser Physics, 2012, 22(11): 1734-1738.

[39] A. I. Trikshev, A. S. Kurkov, V. B. Tsvetkov, et al. 160W single-frequency laser based on active tapered double-clad fiber amplifier[J]. Laser Physics Letters,2013.

[40] M. Y. Koptev, E. A. Anashkina, K. K. Bobkov, et al. Fibre amplifier based on an ytterbium-doped active tapered fibre for the generation of megawatt peak power ultrashort optical pulses[J]. Quantum Electronics, 2015, 45(5): 443.

[41] K. Bobkov, A. Levchenko, S. Aleshkina, et al. 1. 5 MW peak power diffraction limited monolithic Yb-doped tapered fiber amplifier[J]. Proceedings of SPIE, 2017.

[42] H. Zhang, X. Du, Z. Pu, et al. Tapered fiber based high power random laser[J]. Optics Express, 2016, 24(8): 9112-9118.

[43] V. Filippov, Y. K. Chamorovskii, K. M. Golant, et al. Optical amplifiers and lasers based on tapered fiber geometry for power and energy scaling with low signal distortion[J]. Proceedings of SPIE, 2016.

[44] V. Roy, C. Paré, B. Labranche, et al. Yb-doped large mode area tapered fiber with depressed cladding and dopant confinement[J]. Pro-

ceedings of SPIE，2017.

［45］史尘.高功率长锥形掺镱光纤放大器研究［D］.长沙：中国人民解放军国防科技大学，2017.

［46］M. Artiglia，G. Coppa，P. D. Vita，et al. Mode field diameter measurements in single-mode optical fibers［J］. Lightwave Technology，1989，7(8)：1139-1152.

［47］G. P. Agrawal. Nonlinear fiber optics［M］. London：A Harcourt Science and Technology Company，1995.

［48］饶云江. 光纤技术［M］. 北京：科学出版社，2006.

［49］王国志，胥卫奇，刘文兴，等. UV 固化低折射率光纤涂料的研制［J］. 现代涂料与涂装，2010,13(9):19-22.

［50］肖健,鲁钢,冯述娟,等.传能光纤表面低折射率光固化涂层的制备［J］.表面技术,2013,42(6):97-100.

［51］冯术娟,黄本华,苏武,等.一种传能光纤:中国,102721998A［P］.2012-10-10.

第3章
工业光纤激光器的关键器件

3.1 高亮度大功率半导体激光泵浦源

光纤耦合半导体激光器作为泵浦源是工业光纤激光器的重要组成器件，随着大功率光纤激光器的快速发展，对光纤耦合半导体激光器的亮度、功率提出了更高的要求。此外，高亮度大功率半导体激光器作为直接光源在工业加工领域具有广泛应用。随着半导体激光器性能的不断提高、成本的不断降低，其应用范围也越来越广。如何提高大功率的半导体激光器的输出功率和亮度一直以来都是研究的前沿和热点。

光纤耦合高功率半导体激光器主要包括激光芯片和激光器系统。激光芯片方面包含材料生长、晶圆流片、芯片封装；激光器系统方面包含光束整形、高能合束耦合等。

光纤耦合高功率半导体激光器的制备工艺流程是：芯片设计、MOCVD（外延）、光刻、解理/镀膜、封装测试、光纤耦合等。其关键技术是外延生长技术、腔面钝化技术、器件制作和高功率高亮度光纤耦合等。

3.1.1 高功率半导体激光芯片

高功率半导体激光芯片是工业光纤激光产业的基石与源头，是实现光纤激光器系统体积小型化、重量轻质化和功率稳定输出的前提和保证。目前工业光纤激光器中的泵浦源所用的激光芯片主要为单管 915 nm 和 976 nm 的。芯片的条宽为 90 μm、190 μm 或 220 μm。单管芯片输出功率达到 30 W,普通的激光芯片的电光转换效率为 40%～60%。

1. 激光芯片的波段及主要材料[1]

(1) 0.8～1.8 μm:In-Ga-Al-As-P/(GaAs,InP)。

(2) 780～980 nm (1.06 μm):InGaAlAs/GaAs,AlGaAs/GaAs,InGaAsP/GaAs。

(3) 1.1～1.3 μm、1.55～1.62 μm:InGaAlAs/GaAs,InGaAsN/GaAs,InGaAsP/InP。

(4) 1.8～1.9 μm:InGaAsP/InP。

(5) 1.9～4.5 μm:InGaAsSb/AlGaAsSb/(GaSb,InP,GaAs)。

(6) 长波段(约 8 μm):AlGaAs 量子级联材料和结构。

(7) 中远红外波段(约 30 μm):Ⅱ/Ⅵ族半导体材料。

(8) 可见光波段:InGaAlAs/GaAs。

(9) 短波可见光波段、蓝光波段、紫光波段、紫外光波段(约 400 nm):GaN、In(Al)GaN。

2. 激光芯片输出特性

(1) 半导体激光器输出光波长的主要决定因素是半导体材料和温度,发射波长是由导带的电子跃迁到价带时所释放出的能量决定的。

(2) 输出光功率主要取决于驱动电流、阈值电流,以及外微分量子效率。

(3) 对温度很敏感,其输出功率随温度变化而变化。温度变化将改变输出光功率。

(4) 激光束的空间分布用近场和远场来描述:近场和远场是由谐振腔(有源区)的横向尺寸,即平行于 PN 结平面的宽度和垂直于 PN 结平面的厚度所决定的。

3. 激光芯片关键技术

1) 三种非对称波导结构[2]

激光芯片的发展与其外延及芯片结构的研究设计紧密相关。结构设计是高功率半导体激光芯片的基础。激光芯片设计的三个基本原则问题是:电注入和限制、电光转换、光限制和输出。分别对应电注入设计、量子阱设计、波导结构的光场设计。激光芯片的结构研究改进就是从这三个方面进行不断优化,发展非对称宽波导结构,优化量子阱、量子线、量子点,以及光子晶体结构,促进激光器技术水平的不断提升,使得激光芯片的输出功率、电光转换效率越来越高,光束质量越来越好,可靠性越来越强。

半导体激光芯片的 p 型限制层载流子迁移率比较低,为了减小串联电阻,对 p 型限制层施以较高的掺杂浓度,光吸收正比于掺杂区的掺杂浓度。实验研究发现:p 型材料中空穴对自由载流子的吸收率比 n 型材料中电子的吸收率大。这样,在对称结构中,p 型高掺杂区自由载流子的光吸收成为主要的损失因素。解决上述问题的方法是采用非对称波导(AW)结构,即改变波导区的折射率分布和波导宽度等参数,将光学模从激光芯片 p 型材料侧推入 n 型材料,从而使自由载流子的吸收最小化。相对于对称渐变波导结构(见图 3.1(a)),通过减薄 p 型材料,同时对 p 型材料的结构进行一些变化,形成如图 3.1(b)~(d)(d 为厚度,n 为折射率)所示的三种非对称波导结构。

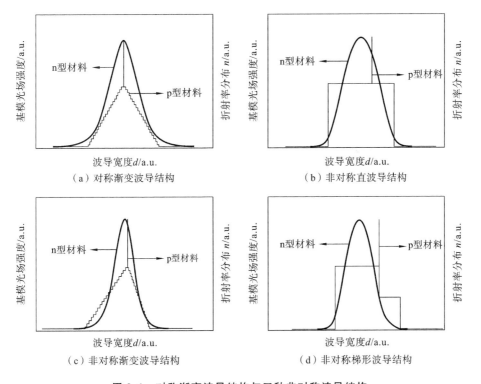

（a）对称渐变波导结构　　　　　（b）非对称直波导结构

（c）非对称渐变波导结构　　　　（d）非对称梯形波导结构

图 3.1　对称渐变波导结构与三种非对称波导结构

非对称波导结构的 p 面波导层减薄,具有更低的串联电阻,可降低工作电压,加快热耗散,降低热阻,减少光迭加,得到更大的光点尺寸,改善出光功率。

2）高质量的外延材料生长技术

激光芯片外延材料生长技术是激光芯片研制的核心。高质量的外延材料生长工艺、极低的表面缺陷密度和体内缺陷密度是实现高峰值功率输出的前提和保证。另外,杂质在半导体材料中也起着重要的作用,没有精确的半导体外延掺杂工艺,就没有高性能的量子阱激光器。通过对掺杂曲线进行优化,减少光场与重掺杂区域的重叠,可减少自由载流子吸收损耗,提高器件的转换效率。

以 976 nm 外延片为例[3]。976 nm 高功率半导体激光器的材料外延一般采用 MOCVD 技术,外延条件(如温度、压力等)的不同将会直接影响外延材料的质量。评价外延材料质量最直接的方法是在不同外延条件下进行材料生长,然后制备器件,通过器件的性能来评价不同外延条件下材料的质量。但是,这种方法的周期长、成本高,并且会受到器件制备工艺各因素的影响。所以,一般利用 PL 谱来表征不同外延条件下材料的质量,该方法简单、快捷、可靠。

976 nm 外延主要材料的结构如表 3.1 所示。量子阱为 7 nm 的 InGaAs,势垒为 InGaAs 材料,波导层的总厚度为 1.6 μm。

表 3.1 976 nm 外延主要材料的结构

材料的结构	厚度/μm	描述	掺杂类型
GaAs	0.200	欧姆接触	P++
Al$_{0.31}$GaAs	1.200	上包层	P
Al$_{0.21}$GaAs	0.500	上波导	I
In$_{0.16}$GaAs	0.007	量子阱	I
Al$_{0.21}$GaAs	0.700	下波导	I
Al$_{0.21}$GaAs	0.400	下波导	N
Al$_{0.27}$GaAs	1.000	下包层	N

掺杂对器件效率的影响十分显著,因为掺杂不但影响芯片的串联电阻,而且影响激光谐振腔的光损耗。计算表明,对于采用大光腔的 976 nm 高功率激光结构,外延层掺杂引起的光损耗 α 可以减小到 0.2 cm^{-1} 以下,而器件的电阻率可以降低到 6.5×10^{-5} Ω/cm^2。

3）腔面处理技术

高功率半导体激光芯片的应用通常要求芯片输出功率高且有较好的可靠

性。而制约半导体激光芯片输出功率的主要瓶颈就是高功率密度下腔面退化导致的光学灾变损伤(COD,亦称为突变性光学镜面损伤 COMD)。激光芯片的腔面区域由于解理、氧化等原因存在大量的缺陷,这些缺陷成为光吸收中心和非辐射复合中心。光吸收产生的热量使腔面温度升高,温度升高造成带隙减小,因而在腔面区域与激光芯片内部区域之间形成了一个电势梯度,引导载流子向腔面区域注入,更重要的是带隙减小后带间光吸收增强,两者都会使腔面区域的载流子浓度升高,增强非辐射复合,使腔面温度进一步升高。另一方面,高功率半导体激光器较大的电流注入也增强了腔面非辐射复合。光吸收、非辐射复合、温度升高和带隙减小的正反馈过程使腔面的温度快速升高,最终腔面烧毁,即发生 COMD。

腔面问题的根源是腔面缺陷的存在,包括腔面的污染、氧化、材料缺陷等,这些腔面缺陷首先影响 COMD 的一致性,其次会导致器件的退化,影响长期稳定性。一般可以通过各种腔面钝化和镀膜技术,减少或者消除腔面的缺陷和氧化,降低腔面的光吸收,提高腔面的 COMD 值,从而实现高峰值功率输出。

腔面 COMD 阈值提高的典型方法[4]如下。

(1) 腔面处制备载流子非注入区。在激光器前、后腔面附近采用电绝缘层制备方法分别引入电流非注入区,使腔面电流注入近似为零。这样腔面处的载流子浓度减少,非辐射复合速率降低,限制了腔面温度的升高。电流非注入区制备方法主要有:沉积 Si_3N_4、AlN、SiO_2 等薄膜作为电流阻挡层;离子、质子轰击形成高阻区等。

(2) 真空解理镀膜技术。在高真空($P<10^{-6}$ Pa)环境下,将外延片解理成条,接着进行腔面钝化层处理,然后对镀腔面膜进行保护。整个工艺环境均为高真空,避免了氧或者其他杂质对腔面的污染,可以获得可靠性较高的器件。

(3) 量子阱混杂技术。量子阱混杂技术也是控制腔面载流子复合的有效方法,该方法效果明显,COMD 阈值提高显著。量子阱混杂技术使宽禁带材料向窄禁带的有源区扩散,增大了腔面有源层的带隙宽度,使其对输出光透明。通常量子阱混杂采用在腔面处镀 SiO_2 薄膜,通过高温退火诱导腔面量子阱组分无序互扩散的方法来实现。但该方法工艺烦琐,特别是高温过程易带来器件的材料内部损伤,使器件发光效率受到影响。

(4) 真空离子辅助清洗与薄膜钝化技术。对于在空气中解理的外延片,腔面处会被氧化形成一层氧化层。该氧化层能形成深能级缺陷,非辐射复合效应明显。氧化形成的杂质缺陷在外加强电磁场的作用下会迅速蔓延,增大非辐射复合速率,进一步降低发光效率,造成器件快速退化。另外,腔面处容易吸附杂质污染腔面,例如碳污染能够改变腔面的反射率,造成输出功率不稳,另外碳污染也增加了对光的吸收作用,使腔面温度增高。因此,镀膜前对激光器腔面采用 Ar、N、H 等离子处理成为一种有效的腔面处理工艺,在一定的工艺条件下既可以去除表面有机杂质污染,也可以对激光器腔表面进行化学改性,改善腔面的化学稳定性。

(5)腔面化学溶液钝化技术。常用的湿法表面钝化主要包括硫钝化、氮钝化。用含硫的化合物来钝化 GaAs 半导体激光器的方法较多,但目前仍然没有统一的硫钝化理论。多数硫钝化研究倾向于 S 与 GaAs 表面形成 Ga—S 及 As—S 化学键的结论。但硫钝化工艺不同,其成键的种类也不一样。普遍的研究认为,在形成硫化物的 GaAs 样品表面上,起钝化作用的是 Ga—S 化学键。硫钝化形成的表面硫化物中 Ga—S 和 As—S 的热稳定性差别较大,利用退火工艺能够使 As—S 键消失,仅剩下对腔面有利的 Ga—S 钝化保护层。研究认为,硫钝化在 GaAs 表面形成含 S 钝化层的结构为:表面每一个 S 原子结合两个 Ga 原子的悬挂键,抑制了 Ga 原子与氧原子结合而形成深能级表面态,降低了表面非辐射复合速率,从而改善了 GaAs 的表面特性。

常用的 GaAs 硫钝化工艺方法主要有硫溶液湿法钝化、硫化物 CVD 沉积法、含硫等离子体钝化法、电化学法、分子束外延(MBE)技术、紫外光致硫化技术等。

硫溶液湿法钝化工艺简单、性价比高,其成为研究广泛的硫钝化技术。硫溶液湿法钝化的一般工艺过程如下。表面清洗,对 GaAs 样品进行丙酮、酒精、去离子水超声清洗,随后用氮气吹干。钝化,选择合适的钝化液(如 $(NH_4)_2S$),优化工艺条件,对清洁后的 GaAs 样品进行钝化处理。去除残留钝化液,对经过钝化的样品,进行丙酮、酒精、去离子水清除,去除表面多余的含硫钝化液。

目前常用的钝化液有 $Na_2S \cdot 9H_2O$、$(NH_4)_2S$、$(NH_4)_2S_x$($x=1\sim3$)、$(NH_4)_2S_x/P_2S_5$、CH_3CSNH_2/H_2、H_2S 水溶液等。这些钝化液都能起到提高 GaAs 材料表面物化性质的作用,但也有各自的缺点。比如 $Na_2S \cdot 9H_2O$ 在溶液中引入的钠离子易污染腔面。$(NH_4)_2S$ 存在反应过程缓慢、钝化工艺可控性差等问题。目前,硫溶液湿法钝化工艺的不足之处在于,样品在空气中不稳定,长时间放置容易使钝化效果退化。因此,硫钝化效果的稳定性亟待解决。

湿法钝化采用的是一种较新颖的钝化溶液——强碱性肼溶液。肼溶液钝化过程较为缓和,操作简单,钝化后形成的氮化物钝化层稳定可靠。因此,在湿法钝化中,肼溶液具有其他湿法硫钝化所缺少的稳定性效果。从以上提高COMD 的方法可以看出,多数工艺的重点在于减少表面态带来的负面影响。而等离子体处理和腔面薄膜钝化处理方法由于能够有效地降低解理后的半导体激光器腔面的表面态浓度,同时不易引入污染或缺陷,而成为改善半导体激光器 COMD 特性的重要研究方向。

(6) 离子铣及腔面钝化技术[5]。离子铣腔面钝化首先用等离子体轰击裸露的激光器腔面,达到溅射去除残余气体及有机沾污,同时部分去除氧化层的目的。离子铣后立即在干净的腔面蒸镀一层高纯度 Si,Si 容易被氧化,因而成为还原层,对腔面残存的自体氧化物进行还原。Si 还原层同时还具有隔绝外界与腔面,防止腔面受到再次沾污或氧化的作用。随后即可以进行常规的腔面膜的镀制,如图 3.2 所示。

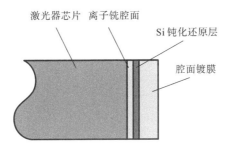

激光器芯片　离子铣腔面　Si 钝化还原层　腔面镀膜

图 3.2　半导体激光器腔面离子铣钝化原理

确定工艺参数的原则是既要有效地去除腔面沾污,又不能对激光器材料造成损伤。如果离子能量过大,离子就会注入激光器材料内部,或将表面的体材料原子溅射出来形成缺陷,这样不但起不到抑制腔面退化的作用,反而会由于缺陷的增多加剧激光器的退化。残余气体和有机沾污的结合能在1 eV 以下,100 eV 以下的 Ar 离子即对此类沾污有很大的溅射产额。实验表明,GaAs 材料在 50 eV 的 Ar 离子轰击下已有刻蚀速率。因此通常采用小于 100 eV 的离子能量即可以有效去除腔面氧化和沾污,且能够避免引入大量的损伤。

4) 激光芯片的评估

首先把激光芯片制成 COS(chip on submount),然后进行全面的表征评估。

(1) 15 W 976 nm 半导体激光芯片。

该芯片腔长为 4 mm、发光区宽度为 190 μm、芯片宽度为 500 μm。前后腔面膜的反射率分别为 98% 和 2.5%。为了保证芯片的可靠性,使芯片能够在高电流下以连续波的形式工作,将芯片以 P 面朝下的方式焊接在双面覆铜的 AlN 陶瓷热沉上(AlN 陶瓷厚度为 350 μm,上下铜层厚度为 70 μm,焊料为预镀在热沉上的 AuSn),制成 COS,并对该类器件进行全面的表征评估。图 3.3 为在 20 ℃和 40 ℃下以持续电流方式(CW)测得的功率-电流和效率-电流特性曲线。在 20 ℃环境温度下测试时,阈值电流为 1.05 A,斜效率为 1.12 W/A,电光转换效率最高值为 68.5%;电流为 20 A 时的输出功率为 21.3 W,对应的电光转换效率为 65%;达到 15 W 工作功率时需要的电流为 14.1 A,对应的电光转换效率为 67%。在 40 ℃环境温度下测试时,阈值电流为 1.2 A,斜效率为 1.04 W/A,电光转换效率最高值为 65%;电流为 20 A 时的输出功率为 19.5 W,对应的电光转换效率为 60%;达到 15 W 工作功率时需要的电流为 15.1 A,对应的电光转换效率为 63%。

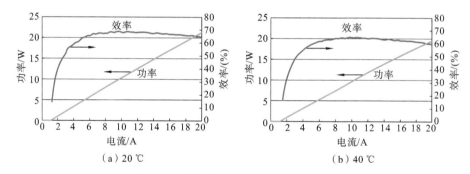

图 3.3 功率-电流和效率-电流特性曲线

(2) 30 W 915 nm 高偏振半导体激光芯片。

该芯片发光区宽度为 220 μm,腔长 4.5 mm,芯片宽度 430 μm。通过显微镜检测芯片外观、COS 封装外观,采用自动测试台加电至 30 A,测试 30 W 915 nm COS 的功率、波长、发散角等光电特性如下。

COS 封装外观。COS 封装外观如图 3.4 所示,30 W 芯片腔长由 4 mm 增加至 4.5 mm,需要考查芯片贴片状态及芯片是否有划伤、异色、镀膜脱落等不良状态。低倍观察焊料层,其为均匀黑色,无白点、异色等融化不充分状态;高倍观察正面焊料层,其熔融充分,无凸起、融化不良等问题;芯片 N 面为抛光面,金层致密光亮;出光面表明侧壁焊料熔融良好,芯片与热沉间隙均匀,无虚焊、上溢等不良现象,表征芯片 P 面与焊料润湿良好;芯片出光面镀膜颜色均匀,无脏污、膜层鼓泡、膜层脱落等不良现象。

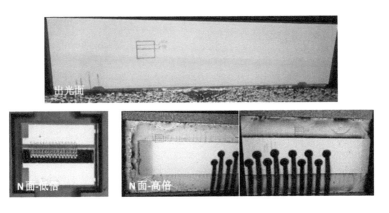

图 3.4 COS 封装外观

光谱拟合。光谱拟合的目的在于确认芯片光谱是否有双峰、杂波、模式跳变等异常现象,间接反映芯片设计及工艺能力,图 3.5 给出了锐晶 30 W 915 nm 芯

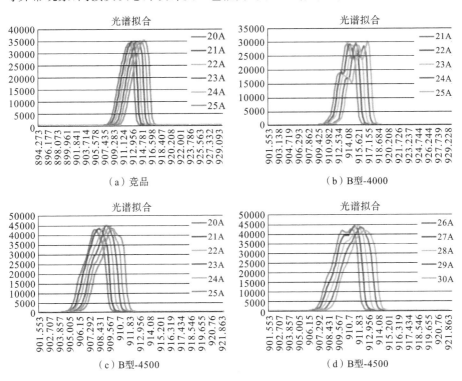

图 3.5 30 W 915 nm 芯片光谱拟合

片光谱拟合。拟合结果表明:新版设计 B 型-4500 相对于竞品,光谱曲线有凹凸不平的地方,相对于 B 型-4000,光谱曲线较为平顺,次峰、杂波有所减少。

阈值电流。测试结果表明:B 型-4500 阈值电流增加 0.1 A,这主要是因为腔长变长,需要的注入电流更大。结果如图 3.6 所示。

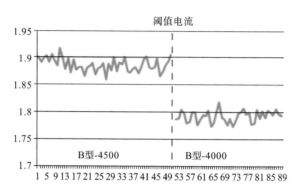

图 3.6 30 W 915 nm 芯片阈值电流

功率分布。电流要求增加至 30 A,图 3.7 给出了 25 A 功率分布,结果表明:B 型-4500 的功率值比 B 型-4000 的低 0.4 V 左右,其原因在于阈值电流升高,芯片功率曲线整体偏移。为了更加直观地表征芯片 *P-I*、*U-I* 曲线斜率变化,拟合 *P-I-U* 曲线,如图 3.8 所示。结果表明:新版设计 B 型-4500 芯片 *P-I* 曲线与 B 型-4000 的基本保持一致;新版设计 B 型-4500 芯片 *U-I* 曲线斜率明显低于 B 型-4000 的。这表明 B 型-4500 在保证 *P-I* 曲线没有大幅度变化的情况下,有效降低了芯片的工作电压,从而有效提升了芯片的电光转换效率。图 3.9 给出了芯片的电光转换效率曲线,图 3.10 给出了芯片的电压分布,结果表明新版设计不仅电压低了 0.12 V,并且电压分布更集中,芯片一致性也更好。

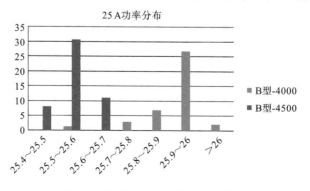

图 3.7 30 W 915 nm 芯片功率分布

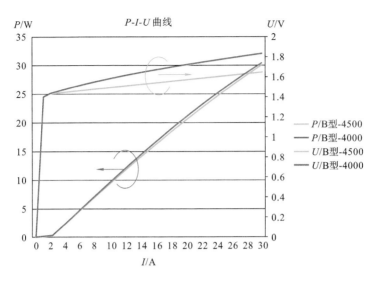

图 3.8 30 W 915 nm 芯片 *P-I-U* 曲线

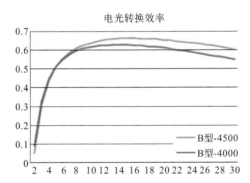

图 3.9 30 W 915 nm 芯片电光转换效率分布

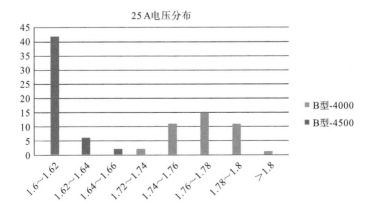

图 3.10 30 W 915 nm 芯片电压分布

波长测试。同一支器件要求芯片波长波动为±1 nm,因此波长分布越集中,越有利于器件筛选制作,图 3.11 给出了 30 W 915 nm 芯片的波长分布。新版设计 B 型-4500 芯片间的波动更小,并且冷波长设计更小,波长分布状态有所提升。图 3.12 给出了芯片的波长漂移曲线对比,结果表明:新版设计 B 型-4500 冷波长较小,随着电流增大,芯片波长漂移略小于 B 型-4000 的,这与芯片腔长变长,散热面积变大有一定关系。为了进一步表征芯片漂移情况,图 3.13 给出了芯片波长差对比。波长差分析结果表明:新版设计 B 型-4500 的波长差更短,整个 COS 的热特性更好。

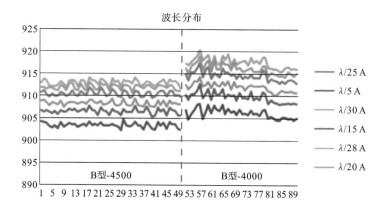

图 3.11　30 W 915 nm 芯片波长分布

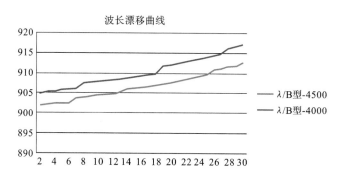

图 3.12　30 W 915 nm 芯片波长漂移曲线对比

　　发散角。发散角测试选取 5 个 COS,电流点为 25 A、30 A,测试其慢轴和快轴不同能量 FWHM、86%、95%下的发散角,如表 3.2 所示。

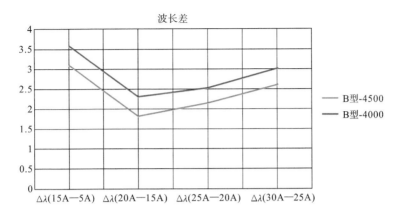

图 3.13 30 W 915 nm 芯片波长差对比

表 3.2 30 W 915 W nm 芯片发散角对比

发散角测试							
芯片类型	电流	半高全宽/快轴	角度/快轴	角度/快轴	半高全宽/慢轴	角度/慢轴	角度/慢轴
B 型-4500	25 A	8.3458	7.728	9.1534	29.6336	43.6026	59.8626
	30 A	9.336	8.482	10.1432	29.8626	43.511	60
B 型-4000	25 A	8.6172	8.1428	9.8502	30	43.6026	60.1832
	30 A	10.6178	9.5732	11.0448	29.664	43.5806	60.0612

测试结果表明,新版设计 B 型-4500 的慢轴发散角比 B 型-4000 的略小一些,因此其慢轴光束质量有所提升;快轴方向与 B 型-4000 的基本保持一致,为 60°左右。目前量产的快轴发散角为 51°左右。

图 3.14 给出了 25 A 和 30 A 对应的快慢轴光强拟合,目的在于考查芯片是否存在负光斑,导致器件耦合效率低。测试结果表明:芯片快轴正常近似高斯分布,慢轴正常近似平顶分布,无异常。

偏振度。为了提高泵浦源的亮度,偏振合束成为设计的主流选择,因此偏振度成为芯片必须考查的指标,偏振度测试电流点选取 25 A,样品选取 5 个,功率用功率计测量,表 3.3 给出了偏振度测试数据。偏振合束要求芯片偏振度高于 95%,测试结果表明锐晶芯片无论新版还是旧版均无异常。

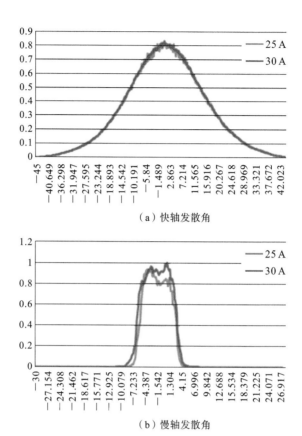

（a）快轴发散角

（b）慢轴发散角

图 3.14　发散角强度拟合曲线

表 3.3　30 W 915 nm 芯片偏振度测试

偏振度@15 A			
芯片类型	芯片出光功率/W	通过偏振合束后的光功率/W	偏振度
B 型-4500	14.77	14.35	97.16％
B 型-4000	14.68	14.4	98.09％

3.1.2　光纤耦合及封装

为了提高激光器的亮度，最有效的方法是采用高亮度半导体激光芯片及使用合束技术提高半导体激光器的输出功率。主要的合束方法有空间合束、偏振合束及波长合束技术。通常高亮度半导体激光器采用空间合束与偏振合束相结合的方法。高亮度半导体激光器所采用的激光芯片有三类：单管、mini-bar 和 cm-bar。使用 bar 泵浦模块时，器件热互扰、光纤耦合效率低，平均无故障时间只有 1 万～2 万小时。而使用单管芯半导体激光泵浦模块时散热好，且平均无故障时间超过 10 万小时，这大大提高了半导体激光器的使用寿命。作为工业光纤激光器的泵浦源，采用寿命较长的单管激光芯片的方式进行合束、光纤耦合和封装。单管激光芯片的独特优势有：① 单管发光点的功率和亮度比 bar 结构的更高，能达到更高的亮度；② 单管的热量可以快速向热沉传导，芯片的工作温度较低，可靠性更高；③ 单管可以进行老化筛选，可保证每个单管都具有高性能和可靠性；④ 单管结构半导体激光器结构不需要水冷管道，结构紧凑、体积小。

1. 多管芯、空间和偏振光纤耦合

为了提高光纤耦合半导体激光器的亮度，同时保持较高的耦合效率，必须使激光光束参量积与光纤参量积相匹配。光束参量积与光纤参量积应满足下式[6]：

$$BPP_{fiber} < BPP_f + BPP_s \tag{3.1}$$

式中，BPP_{fiber} 为光纤参量积；BPP_f 为激光器在快轴方向的参量积；BPP_s 为激光器在慢轴方向的参量积。

在不考虑光学系统像差时，激光光束经过光学系统的参量积不变。参量积的定义为

$$BPP = \omega\theta \tag{3.2}$$

式中，ω 为光束束腰半径，θ 为光束远场发散角。

下面介绍芯径为 200 μm 的 480 W 976 nm 非锁波长高亮度半导体激光器。

对于芯径为 200 μm、数值孔径为 0.22 的光纤，其参量积为 0.1 mm×220 mrad=22 mm·mrad。

使用条宽 200 μm 的大功率单管芯作为光源，其快慢轴方向的发散角为 32×10°。为减小准直像差影响，达到良好的准直效果，使用非球面柱面镜作为快轴准直透镜。准直之后光束质量如表 3.4 所示，快轴发散角为 2.5 mrad，光束尺寸为 0.3 mm。激光芯片的慢轴发散角较小，采用普通柱面镜就可以达到较好的准直效果。慢轴准直后，光束发散角为 4.55 mrad，光束尺寸为 4.08 mm。

表 3.4　准直前后半导体激光器光束质量

时间	ω/mm	θ/mrad	BPP/mm·mrad
快轴准直前	0.00075	280	0.21
快轴准直后	0.15	2.5	0.375
慢轴准直前	0.1	87	8.7
慢轴准直后	2.04	4.55	9.282

由以上计算可知,半导体激光器的光束快轴方向和慢轴方向的参量积相差较大,快轴参量积远小于光纤参量积。为获得高亮度的半导体激光器,可采用空间合束技术,提高半导体激光器包含的单管数量,即在快轴方向叠加多束激光束,使得合束之后的光束参量积与光纤参量积相匹配。由于半导体激光器出射的光束具有较好的偏振度,可以采用偏振合束的方式将两束激光合为一束。两列阶梯载体并排放置,出射的光束具有相同的偏振态。在其中一束光束中加入一个半波片,使光束的偏振态旋转90°。偏振棱镜实现 P 光透射,S 光反射,合束前后光斑尺寸不变,功率增加一倍,理论上光束质量不变,但由于实际存在调试误差等原因,合束之后的光束光斑尺寸变大,导致光束质量稍差。图 3.15 所示的为空间和偏振合束之后的光路图,图 3.16 所示的为机械设计图。

图 3.15　空间和偏振合束之后的光路图

为保证模块具有较高的耦合效率,应当选择合适的聚焦透镜。聚焦光束形状近似为矩形,沿对角线方向的光斑尺寸应当小于光纤芯径。同理,光斑的最大发散角应当小于光纤的接收角。聚焦透镜焦距应满足以下公式:

$$\frac{\omega}{\mathrm{NA}} \leqslant f \leqslant \frac{D_{\mathrm{fiber}}}{2\tan\theta} \tag{3.3}$$

式中,f 为聚焦透镜焦距;ω 为光束尺寸;θ 为光束远场发散角;D_{fiber} 为光纤直径;

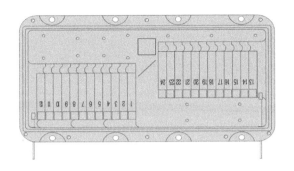

图 3.16　半导体激光器偏振合束机械设计图

NA 为光纤数值孔径。可采用光学分析软件优化聚焦透镜的参数以获得最大的耦合效率。图 3.17 所示的为光束经聚焦后，在光纤端面处的光斑分布，由图可知，光斑的尺寸和发散角均满足光纤的接收要求，耦合效率可达 98%。

图 3.17　光斑尺寸和 NA 空间

2. 封装

半导体激光器的电光转换效率为 40%～60%，意味着有 40%～60% 的热量需要及时散掉，否则会引起有源区温度升高，导致波长红移、阈值电流增大、输出功率和电光转换效率降低、寿命缩短，甚至失效等一系列问题。因此，低热阻封装是大功率半导体激光器合束模块的关键技术。主要可采用三种方法降低模块热阻：① 采用金锡硬焊料封装，降低芯片与氮化铝（AlN）载体之间的热阻；② AlN 载体表面覆铜；③ 采用高热导率的无氧铜作为热沉，并使用热分析软件设计优化模块热沉结构，降低模块的热阻。图 3.18 所示的为激光器正常工作时，内部温度场分布情况。结果表明，在正常工作中，半导体激光器芯片的结温小于 55 ℃，激光器总的热阻为 0.0625 K/W。

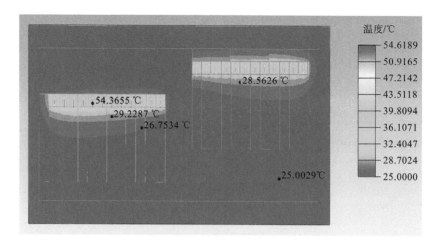

图 3.18 内部温度场分布图

图 3.19 封装好的器件图

3. 测试结果

封装好的器件如图 3.19 所示。在室温下测试激光器的光电特性得到激光器的 $P\text{-}I$ 特性曲线和电光效率曲线,如图 3.20 所示。当驱动电流为 24 A 时,激光束的输出光功率为 480 W,电光效率 $>50\%$,亮度为 $10.26\ \mathrm{MW/(cm^2 \cdot sr)}$。

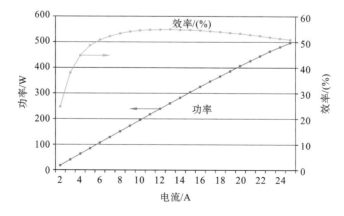

图 3.20 半导体激光器的 $P\text{-}I$ 特性曲线和电光效率曲线

3.1.3 锁波长 976 nm 技术

半导体激光泵浦源的光谱随温度和工作电流的变化比较大,光谱线宽比较宽,这限制了它在泵浦光纤激光器、直接材料加工等领域的广泛应用。因此,稳定半导体激光的发射波长、压缩光谱线宽成为人们研究的一个重要课题。

近年来,体布拉格光栅(VBG)被用于大功率半导体激光器的波长稳定和光谱压缩,取得了明显的效果。当光波沿着该方向传输时,如果满足布拉格衍射条件,就会发生选频反射。将其垂直光束安置在半导体激光器芯片的外部,构成一个外腔。

外腔反馈稳定波长是利用光栅等的光反馈来控制半导体激光器的频率特性的。光栅将要锁定的波长的一级衍射光反回腔内形成振荡,零级衍射光作为激光输出,反射光栅引入锁定波长的反馈光,与芯片后腔面形成新的谐振腔,即外腔。由于外腔光栅反射率较高,外腔的损耗也远低于内腔的,使得外腔在与内腔进行模式竞争时形成优势,起到波长锁定的作用。同时,光栅反射镜与半导体激光器端面形成外腔结构,既相当于增长腔长,也可起到压窄激光器线宽的作用。在外注入锁定的调整过程中,激光束的准直和反馈光的准直调节是极为重要的。同时外腔反馈激光器的腔长稳定性十分重要,必须对腔体进行精度较高的温控。

1. 光纤耦合 410 W 976 nm 锁波长半导体激光器内部结构

光纤耦合 410 W 976 nm 锁波长半导体激光器内部结构如图 3.21 所示,它是由 30 个 15 W 单管芯片通过空间、偏振合束和锁波长实现的。输出光纤为 NA＝0.2 的 200/220 μm 多模光纤。

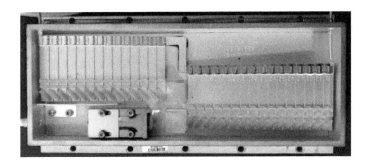

图 3.21　光纤耦合 410 W 976 nm 锁波长半导体激光器内部结构

整个器件的耦合是通过一种斜面式多管半导体激光器耦合装置自动进行的[7],装置中的多个激光二极管固定在底板的具有高平整度的不同倾斜台阶面上,工作时激光二极管发出高度不同的光,光通过快轴准直透镜 FAC、慢轴准直透镜 SAC 的准直后变为平行光束,再经过反射镜的转向,集成在一个区域内。集成后的光束经过准直透镜后,聚焦进入光纤。

2. 不同工作电流下激光器的波长锁定

在非锁波长的情况下,即构成 VBG 外腔前,水温控制在 20 ℃时,该产品的光谱随工作电流的变化如图 3.22 所示。工作电流从 5 A 上升到 18 A 时,峰值波长从 972.2 nm 增加到 981.1 nm,红移 8.9 nm。显然,波长随工作电流红移。

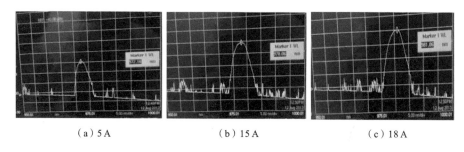

$$(a) 5 A \qquad (b) 15 A \qquad (c) 18 A$$

图 3.22　20 ℃下锁波前不同电流下的光谱

在加 VBG 形成外腔后,即锁波长后,该产品的光谱随工作电流的变化如图 3.23 所示,峰值波长稳定在 VBG 的布拉格波长处。

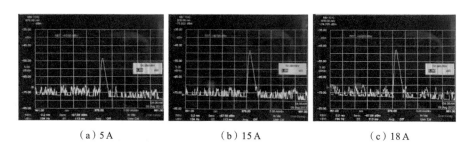

$$(a) 5 A \qquad (b) 15 A \qquad (c) 18 A$$

图 3.23　20 ℃下锁波后不同电流下的光谱

3. 不同工作温度下外腔激光器的波长锁定

在 18 A 的工作电流下,构成 VBG 外腔前,水温从 20 ℃上升到 30 ℃时,该产品的光谱随工作电流的变化如图 3.24 所示。峰值波长从 981.1 nm 增加到 984.4 nm,红移 3.3 nm。

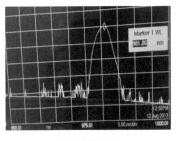 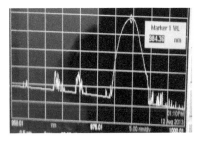

（a）20 ℃,18 A　　　　　　　（b）30 ℃,18 A

图 3.24　18 A 下锁波前不同温度的光谱

在加 VBG 形成外腔后,该产品的光谱随温度的变化如图 3.25 所示,峰值波长稳定在 VBG 的布拉格波长处。

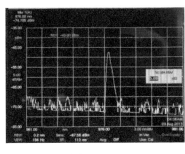 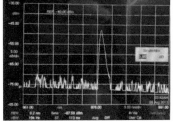

（a）20 ℃,18 A　　　　　　　（b）30 ℃,18 A

图 3.25　18 A 下锁波后不同温度的光谱

3.1.4　半导体激光泵浦源失效的主要机理

在生产和研制半导体激光器的过程中,暴露出许多影响成品率、早期失效和寿命的失效现象与模式,对高功率半导体的主要失效模式及机理进行研究[8],作为工业光纤激光器的泵浦源,保证工业光纤激光的稳定性和可靠性极为重要。

1. 主要失效模式及机理

随着工作时间的增加,激光芯片的工作性能将会劣化,最明显的变化是在保持电流不变的情况下,发射功率和效率都会下降,有时还会发生突然失效的灾变性损坏。对半导体激光芯片来说,除了使用温度、工作条件等环境因素会影响其工作可靠性和寿命外,其本身的、内部的因素也是造成其退化的根本原因。

1) 暗线缺陷

暗线缺陷是激光器工作时形成的位错网络,这些缺陷一旦侵入光腔-有源区,就会增加载流子非辐射复合速率,形成强烈的光吸收,使阈值电流不断增加,光转换效率下降,发射功率下降。暗线缺陷除了会从材料衬底、外延生长和工艺过程中引入外,还与非辐射电子-空穴复合引起的结构微观变化有关,非辐射复合产生的能量可传递给其他电子或以声子的形式释放,引起缺陷中心附近的晶格构造发生改变,促使缺陷发生攀移或滑移,最终形成暗线缺陷。因此,暗线缺陷的形成过程与温度有很大的关系,它所引起的退化速率强烈地依赖于温度。

2) 腔面损伤退化

一般引起退化的腔面是指半导体激光器谐振腔面的解理面,它是激光器的重要组成部分。腔面的损伤退化一般有灾变性腔面损伤退化和腔面的化学腐蚀损伤退化。在高功率密度激光,特别是在激光脉冲工作条件下的高峰值功率密度的作用下,近场的不均匀、局部过热、氧化、腐蚀、介质膜的针孔和杂质等因素会使腔面遭受损伤,增加表面态复合或光吸收,使注入电流密度增加,局部大量发热,造成解理面局部熔融、分解,而且温度的增加又使吸收系数加大,形成恶性循环,最终导致灾变性的损伤,使器件完全失效。腔面的化学腐蚀是指光化学作用使腔面表面发生氧化,并在腔面上形成局部缺陷,这会导致腔面局部的反射系数变化,从而影响激射光丝位置的稳定性,增加非辐射复合速率。特别是对于含 Al 的 GaAs/GaAlAs 材料半导体激光芯片,Al 元素吸附水汽和氧而使端面氧化形成局部缺陷,影响表面对光的吸收,导致局部大量发热,使激光芯片性能退化甚至失效。

3) 电极退化

高功率半导体激光芯片的欧姆接触退化和热阻退化与其他电子器件的电极退化类似,电极金属和半导体材料之间存在互扩散,在烧结的部位,孔洞和晶须的生长现象是常见的退化模式。对于Ⅲ-Ⅴ簇复合半导体,对电极材料间热膨胀和热匹配的要求是很高的,热应力导致的损伤比在其他电子器件中更常见。由于电极远离器件的有源区,电极退化对器件特性的影响一般在老化或工作一定时间后再表现出来。

2. 失效与芯片烧结工艺的关系

半导体激光器的工作性能对温度非常敏感,温度升高将加速暗线曲线的产生和生长、腔面氧化等失效机理的失效进程,严重影响激光器的寿命。由于半导体激光器转换效率在 40%～60% 之间,自身的功耗很大,因此,降低热阻是提高激光器寿命和可靠性的主要方法之一。芯片电极烧结的质量不但会影响热阻的大小,而且还关系到电极的电阻,激光器在正常工作时,其工作电流一般为几十至上百安培,即使很小的电极电阻,也将产生很大的热功耗,减小电极电阻可以减小激光器本身的热功耗。所以电极的烧结质量与半导体激光器的性能、稳定性和可靠性紧密相关。

1) 功率退化与电极烧结空隙分析

通过对实验后样品进行电子显微镜微观形貌分析和实验前后功率变化对比分析,可得到功率退化与烧结质量的正相关关系。功率退化较小的样品,其烧结质量较好,芯片与热沉间烧结良好,无明显的空隙,典型形貌如图 3.26 所示[8]。功率退化较大的样品,其芯片与热沉间的烧结界面存在不同程度的较大的空隙,在空隙处常常伴随有腔面烧毁的痕迹,典型形貌如图 3.27 所示[8]。另外,烧结时焊料与芯片或热沉浸润情况与芯片、热沉表面情况和工艺条件有关,但焊料与芯片的浸润情况比热沉的情况好,典型形貌如图 3.28 所示[8],说明必须加强热沉表面的光洁度、平整度及烧结前热沉表面的清洁处理。

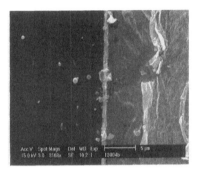

图 3.26　芯片与热沉间烧结
良好的典型形貌

图 3.27　烧结界面有空隙处
的腔面烧毁形貌

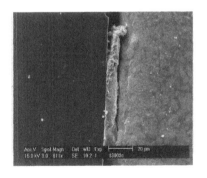

图 3.28　焊料与芯片和热沉
的不良浸润形貌

2）功率退化与焊料沾污分析[8]

通过对实验后样品进行电子显微镜微观形貌分析和实验前后功率变化对比分析,可发现功率退化样品的腔面 PN 结均有不同程度的局部损坏退化或熔融烧毁,功率退化少的样品的损伤面积或部位少,且程度轻微,功率退化很大的样品的损伤面积或部位就多得多,部分样品有近半的激光器单元呈明显损伤,其中,与芯片烧结密切相关的失效模式是焊料沾污腔面、焊料导致 PN 结短路和烧结应力导致芯片损伤。焊料引起 PN 结短路的典型形貌如图 3.29 所示。在烧结过程中,焊料严重沾污腔面的典型形貌如图 3.30 所示,烧结界面应力引起的损伤的典型形貌如图 3.31 所示。

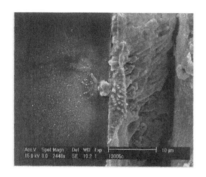

图 3.29　焊料引起 PN 结短路的典型形貌

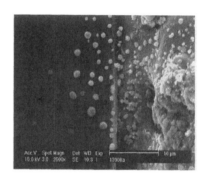

图 3.30　焊料严重沾污腔面的典型形貌

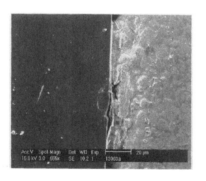

图 3.31　应力引起的损伤的典型形貌

对于高功率半导体激光器,在芯片烧结装配过程中,腔面上会引入损伤或沾污等,这将使腔面表面增加对光的吸收,导致局部大量发热,造成腔面局部熔融、分解应力引起的损伤典型形貌很大,形成恶性循环,而且温度的增加又使吸收系数增加,最终导致灾变性的损伤,使激光器性能退化甚至失效。同时,为了提高半导体激光器的功率,每个单 bar 由数十个单元组成,每个单元间由腐蚀形成的隔离槽隔离,因此槽内的结是裸露的,在芯片烧结时焊料易被挤入隔离槽内而导致 PN 结短路,使部分单元光功率输出降发生在测试或老化初期,短路的 PN 结接触电阻较大,因此分流的电流引起的压降也较大,故其他的 PN 结还能被驱动而正常发光。但在老化过程中,在高电流密度和局部高温条件下,电场偏压和电子流的相互作用影响了金属离子的热激活能,它们会迁徙到半导体-金属界面而形成共晶,或因局部焦耳热引起金属渗透,形成良好的接触而使大部分电流被短路的 PN 结旁路掉,其他的单元所能通过的电流减小或达不到光激发的电流阈值条件,从而使光功率输出下降或使激光器失效。

3.2 信号/泵浦耦合器

信号/泵浦耦合器有两种类型:一是侧面泵浦的信号/泵浦耦合器,其特点是输入、输出信号光纤为同一根双包层 GDF 光纤,且不切断,多根多模泵浦光纤拉锥后紧贴着或缠绕着信号光纤,然后熔融并稍微拉锥;二是端面泵浦的信号/泵浦耦合器,其特点是经过预处理后的信号光纤和多根多模泵浦光纤熔融拉锥制成输入光纤束,然后与输出双包层信号光纤熔接。

3.2.1 侧面泵浦耦合技术

在光纤激光器发展的初期,由于半导体激光泵浦源不具有抗激光信号背向反射的功能,如果采用端面泵浦,激光信号的背向反射很容易损伤激光芯片发光面的膜层。所以,人们关注的是测面泵浦技术,以减少激光信号的背向反射功率。目前,工业光纤激光器上实用的侧面泵浦耦合技术有 GT-Wave 技术、IPG 侧面耦合技术、熔锥型侧面泵浦耦合技术和缠绕熔融侧面泵浦耦合技术。

1. GT-Wave 技术

GT-Wave(增益/泵浦一体化光纤)技术属于光纤侧面耦合技术,最早是由 SPI 公司提出的[9]。GT-Wave 技术是由一根掺杂信号光纤和至少一根无芯泵浦光纤并行排列组成的,并被共同的低折射率涂料所包裹,如图 3.32 所示。泵浦光纤和信号光纤可以并行排布,也可以相互扭转。在两者接触良好或轻微分离的情况下,泵浦光纤包层中的泵浦功率可通过倏逝场耦合转移到信号光纤包层并被纤芯所吸收。

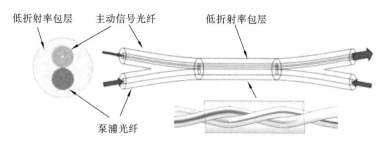

图 3.32　GT-Wave 并行排列侧面泵浦[10]

此泵浦方法的优点有：① 可采用多端口泵浦实现高功率耦合；② 可实现对激光信号非常小的插入损耗；③ 具有高可靠性,背向反射的激光信号不会耦合进入泵浦光路。其缺点是泵浦光耦合到掺杂信号光纤的效率比其他侧面耦合或端面耦合技术的低。

GT-Wave 技术的制作过程比较复杂,需要将预先准备的一束光纤预制棒以一定的排列方式固定在光纤拉丝塔上,按照一定的拉伸速度和拉力同时拉伸它们,拉伸速度和拉力大小要能够使得两根相邻光纤互相接触,使泵浦光能够穿透到相邻光纤中。理论计算和实验表明[11],GT-Wave 技术的泵浦功率分布特性为,光纤间距深刻影响泵浦功率分布,在 1 μm 间距内泵浦功率分布几乎无差异,但间距越大,信号光纤中泵浦功率越低,且分布越均匀。在相同损耗下,以及光纤紧贴的条件下,信号光纤功率分布主要与芯包比有关,芯包比越大的光纤泵浦功率变化越剧烈。说明有光纤间距条件下,功率分布还与光纤尺寸有显著关联,间距对大尺寸 GT-Wave 泵浦功率分布影响可能更大。泵浦模式会影响激光效率,高阶模泵浦可以有效提升大间距 GT-Wave 光纤激光效率,当然这属于被动提升。高阶模泵浦最常见的做法就是增大泵浦注入模式的发散角。GT-Wave 的温度特性如下:通过拉制多泵浦光纤型 GT-Wave 可提升激光效率,从而降低常规 GT-Wave 光纤对间距控制的严格要求。在保证激光效率的前提下,有意增加光纤间距反而能优化 GT-Wave 光纤温度特性。

2. IPG 侧面耦合技术

在光纤激光器发展的早期,为了克服激光信号的背向反射对泵浦源的损害,IPG 提出了一种侧面耦合技术[12]。如图 3.33 所示,双包层信号光纤上剥去一小段涂覆层,泵浦光纤拉锥后缠绕于信号光纤上并与之熔融结合。固定好两光纤的相对位置,信号光纤不存在拉伸或截断。该发明专利的主要保护

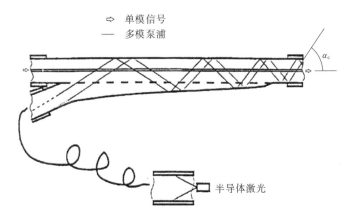

图 3.33   IPG 侧面耦合技术

点是:泵浦光纤是熔融在信号光纤上的。

这种技术的优点是耦合效率高,泵浦通道与信号通道具有很高的隔离度。该技术要求泵浦光纤的 NA 必须小于目标光纤(双包层光纤)的。

这种技术适用于小功率工业光纤激光器,而对于中、大功率工业光纤激光器,如图 3.34 所示,IPG 公司也提出了类似 GT-Wave 技术的泵浦结构[12]。

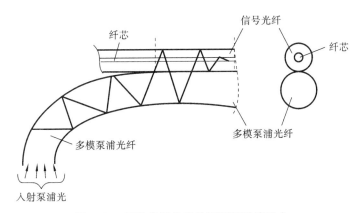

图 3.34   IPG 公司并行排列侧面泵浦耦合

3. 熔锥型侧面泵浦耦合技术

采用熔融拉锥法制备侧面泵浦$(N+1)\times 1$信号/泵浦耦合器[13]。该制备方法基于锥形光纤束技术,采用的装备是 Vytran GPX 系列光纤处理平台。下面以侧面泵浦$(2+1)\times 1$信号/泵浦耦合器为例,介绍其制作方法和步骤。耦合器的结构如图 3.35 所示。

第一步,分别在两根多模泵浦光纤的中间位置剥除一段 5～8 cm 的涂覆

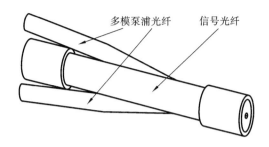

图 3.35 熔锥型侧面泵浦耦合器的结构

层,并对剥除后的光纤进行清洗,然后根据目标拉锥参数,选择合适的位置将两根多模泵浦光纤放入特制的光纤夹具的泵浦光纤固定槽中。第二步,设定合适的拉锥参数对两根多模泵浦光纤进行拉锥。锥区长度和锥腰半径的大小要满足低传输损耗条件,拉锥完成后,将光纤在锥腰的目标位置处截断。第三步,选择合适的信号光纤,可以是双包层结构或三包层结构的信号光纤,并在信号光纤上剥除一段 6～10 cm 的涂覆层,形成一个内包层窗口,并对剥除后的光纤进行清洗。然后将信号光纤放入特制光纤夹具的信号光纤固定槽中。确保放置完成后的两根泵浦光纤对称、平行地处于信号光纤的两侧。第四步,为了使光纤更好地贴合在一起,需要对泵浦光纤施加一点外力。另外,为了防止泵浦光纤由于重力原因产生弯曲而无法平行地贴合在信号光纤两侧,在实验过程中,可以将 Vytran GPX 光纤熔接设备侧立放置,使得光纤呈竖直方向放置。最后,对光纤贴合处进行加热并做轻微拉锥,使泵浦光纤和信号光纤紧密熔接在一起。另外,为了获得较高的耦合效率和较低的信号光插损,可以在光纤熔接时加入主动光源监测。

以上制作步骤中,如何将泵浦光纤与信号光纤紧密贴合是光纤耦合器制作成败的关键。如图 3.36 所示,熔融过程中发现,熔锥深度与加热功率有关,石墨灯丝功率越大(温度越高),熔锥深度越大,从而耦合效率也越高。拉锥熔融侧面耦合器存在一个临界熔锥深度。

用熔融拉锥法制备侧泵(N+1)×1 信号/泵浦耦合器只能实现(1+1)×1 或(2+1)×1 型耦合器的产品化,其通常应用于小功率光纤激光器。

4. 缠绕熔融侧面泵浦耦合技术

基于缠绕式熔融加热技术的侧面泵浦耦合器[14]的制作主要分以下几个步骤:剥除泵浦多模光纤中间的涂覆层,然后将其放到拉锥机上,并根据设定的拉锥参数拉成锥状;信号纤中间的涂覆层剥除后,将拉锥后的泵浦光纤与信号

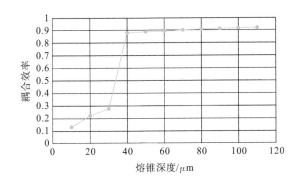

图 3.36　熔锥深度对耦合效率的影响

光纤缠绕紧贴;将紧贴部分的信号光纤与泵浦光纤在拉锥机上加热熔融在一起。整个制作过程如图 3.37 所示。

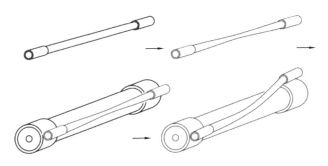

图 3.37　侧面泵浦耦合器制作步骤图

泵浦光纤是均匀紧密地贴合在信号光纤周围的。由于拉锥后的泵浦光纤锥腰非常细,直径最小时约为 10 μm,因此在进火的瞬间,泵浦光纤锥区和均匀区会受热不均,泵浦光纤会向锥腰处卷曲,造成贴合长度即耦合长度大大缩短,进而影响泵浦耦合效率,如图 3.38 所示。

因此,在熔融过程中,要对光纤进行非常缓慢、轻微的拉锥(拉锥速度为 1 μm/s),这样做的目的有两个:使泵浦光纤一直保持有一定的横向应力,使其均匀地紧贴在信号光纤的周围,从而保证确定的耦合长度;使信号光纤一直承受一定的纵向拉力,不会因为火头加热软化变形。而这一过程对信号光纤的影响不大,从而由此导致的信号传输效率的变化也是可以忽略的。泵浦光纤拉锥过程对光纤拉锥形状的控制要求很高,进而对火焰的温度、光纤加热的均匀度要求很高。熔融贴合的过程对火焰覆盖范围要求比较广,要能一次性覆盖泵浦光纤和信号光纤,并进行均匀加热。

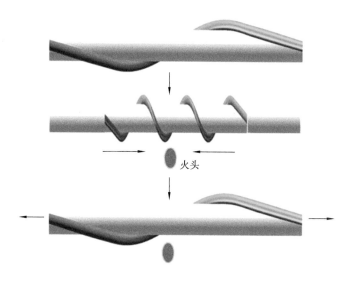

火头

图 3.38   拉细的泵浦光纤在熔融时向锥腰处卷曲

为了进一步提高泵浦耦合器的泵浦耦合效率,需要对器件的参数进行精确控制,该侧面泵浦耦合器的参数中最重要的就是泵浦光纤的参数,包括泵浦光纤的数值孔径和锥腰直径,其耦合长度也与泵浦光纤的锥区长度紧密相关。因此,对泵浦光纤参数的精确控制是进一步提高器件泵浦耦合效率的关键。

由于 GPX-3400 型光纤拉锥机的火头价格昂贵且使用寿命有限,因此,需要设定光纤拉锥机的参数,如表 3.5 所示[14]。拉锥速度为变加速时,锥区形状不容易控制,容易导致锥区突变严重,泵浦光从泵浦光纤中泄漏得太快,不容易耦合进双包层光纤内包层,造成泵浦耦合效率不高,所以需要对泵浦光纤进行匀速拉锥。

表 3.5   光纤拉锥机参数的设定对光纤形状的影响

拉锥参数	对光纤拉锥形状的影响
H_2、O_2 的流量	直接决定火焰温度,对光纤形状影响不大
火头复扫速度	决定光纤受热均匀度和受热时间,从而决定光纤形状均匀性
火头复扫宽度	决定锥区长度
火头复扫增量	决定锥区形状,根据其他参量设定特定参量时,锥区可成线性
拉锥速度	决定锥区长度和锥区形状
拉锥加速度	决定锥区形状
拉锥距离	决定锥区长度和锥腰直径

采用实时监测的方法,在熔融过程开始之前,就将泵源接入,监测双包层光纤的输出功率。

先对中心的信号光纤周围的泵浦光纤进行独立拉锥,然后再将它们扭转以与信号光纤紧贴,再利用高温将之熔接在信号光纤上,这样便不必进行光纤熔接的过程,提高了稳定性,但是工艺难度较大。这种改进的光纤耦合器被称为侧泵($N+1$)×1 信号/泵浦耦合器,如图 3.39 所示。

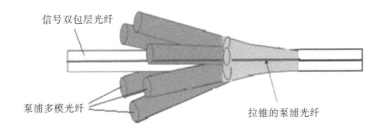

信号双包层光纤

泵浦多模光纤

拉锥的泵浦光纤

图 3.39　侧泵($N+1$)×1 信号/泵浦耦合器

缠绕熔融侧泵($N+1$)×1 信号/泵浦耦合器目前产品化的也只有($1+1$)×1 或($2+1$)×1 型耦合器,增大 N 的难度很大,其通常应用于小功率光纤激光器。

3.2.2　端泵($N+1$)×1 信号/泵浦耦合器

随着泵浦源抗激光信号背向反射能力和亮度的提高,端泵($N+1$)×1 信号/泵浦耦合器得到大力推广。随着市场对大功率工业光纤激光器的需求提高,如何提高泵浦功率成为一个研究热点。目前工业光纤激光器的泵浦方式形成两大主流,一是以 IPG、SPI 为主采用侧泵 GT-Wave 光纤方式,二是以 Raycus、nLight 等为主采用端泵($N+1$)×1 信号/泵浦耦合器方式。商用端泵($N+1$)×1 信号/泵浦耦合器目前主要有($6+1$)×1、($18+1$)×1 方式等。

传统的($N+1$)×1 光纤端泵信号/泵浦耦合器的制作方法是将信号光纤和泵浦光纤一起进行拉锥,这种方法在使光纤束拉锥变小的同时也会使得信号光纤的包层直径和纤芯变小,这会破坏信号光纤的结构,造成输入信号光纤与输出光纤的纤芯模场不匹配,从而引起信号光的传输损耗增加和模式退化等问题,这些问题不仅会降低信号/泵浦耦合器的耦合效率,限制信号/泵浦耦合器的承载功率(损失的光能量转化成热能量而使激光器的热管理难以控制),同时也将引起输出激光的光束质量下降,降低光纤激光器的性能。

近几年,端泵($N+1$)×1 信号/泵浦耦合器技术得到很大进步和提高,在信号光纤的处理上,出现了过渡光纤、氢氟酸腐蚀和激光刻蚀等新技术,信号插入损耗小于 0.2 dB,单臂承受泵浦功率可达千瓦级,耦合效率超过 95%。

端泵($N+1$)×1 信号/泵浦耦合器的制作分为组束、拉锥、切割和熔接四个步骤。端泵($N+1$)×1 信号/泵浦耦合器所用的光纤包括信号光纤、泵浦光纤和输出光纤。其核心是信号光纤和泵浦光纤的组束,即输入光纤束的制作。

1. 输入光纤束的制作

输入光纤束制备的基本步骤包括光纤组束、熔融拉锥、切割(研磨)。将一根预处理过的信号光纤和多根预处理过的泵浦光纤通过套管或夹具方式紧密排布组成光纤束,对其加热后在高温熔融状态下同时向相反方向拉伸,直到光纤束锥腰直径变化到接近输出光纤时停止拉锥,然后在锥腰处切割。常见的组束方式有如下几种。

(1) 金属丝缠绕法[11]。在两端被夹持处采用热缩套管固定光纤束,然后在显微镜下对裸纤束形状进行整形,保证光纤位置尽量对称后使用较为柔软和耐高温的金属丝在间隔 30~40 cm 距离的对称位置将其缩紧固定,如图 3.40 所示。

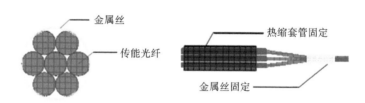

图 3.40　金属丝缠绕法组束方式示意图

(2) 玻璃套管法[15]。玻璃套管法是最常用的组束方式,将预处理过的信号光纤和泵浦光纤去除涂覆层后的裸纤部分插入玻璃套管,并要求裸纤束直径接近但小于玻璃套管内径,然后将玻璃套管与光纤束一起熔融拉锥。根据玻璃套管的不同,具体的组束方式也略有差别。如图 3.41 所示,从四种常见的玻璃套管组束方法中可见,套管可作为熔融光纤束的一部分(见图 3.41(a)、(b)),也可起到固定光纤束尾端的作用(见图 3.41(c)、(d))。

(3) 模具法[16]。所谓模具法就是通过特定的模具将光纤束排列成相应形状。以($N+1$)×1 信号/泵浦耦合器制备为例,中心位置为输入信号光纤,泵浦输入光纤需对称排布在中心光纤周围,如图 3.42(a)所示。先准备一段中心挖贯通孔的玻璃柱,孔直径略大于光纤外直径,孔位置与图 3.42(a)中的光纤位置对应。然后用金刚刀将玻璃柱从正中间一分为二后将其分开一定距离。

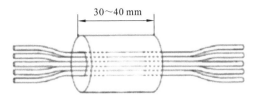

（a）套管与光纤直接拉锥

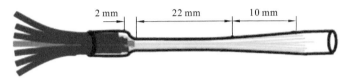

（b）套管一次拉锥后再插入光纤，光纤与套管再一起拉锥

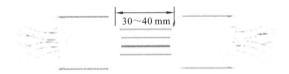

（c）将套管一分为二后拉开，起固定作用，裸纤部分直接拉锥

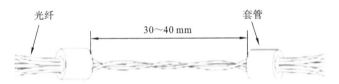

（d）将套管一分为二后拉开，扭转打结后拉锥

图 3.41 玻璃套管组束方法示意图

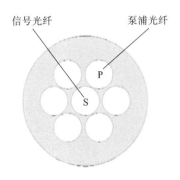

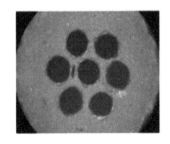

（a）信号光纤、泵浦光纤位置示意图

（b）实物图

图 3.42 玻璃柱模具

但这种组束方法会使得裸纤束之间空隙较大,因此通常还需要借助热缩套管将裸纤固定缩紧,以便熔融拉锥,如图 3.43 所示。

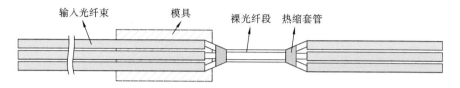

图 3.43　模具法组束方式示意图

2. 泵浦光纤及预处理

端泵$(N+1)\times1$信号/泵浦耦合器所用的泵浦光纤通常有 105/125 μm、200/220 μm 和 220/242 μm 泵浦光纤等。105/125 μm 泵浦光纤可直接围绕预处理过的输入信号光纤周缘紧密排列。而 200/220 μm 或 220/242 μm 泵浦光纤需预先拉锥到设定的直径,然后围绕输入信号光纤周缘紧密排列。

3. 信号光纤及预处理

信号光纤的选择及预处理是端泵$(N+1)\times1$信号/泵浦耦合器制备的关键,涉及耦合器的技术指标和性能。通常采用的信号光纤有 20/125 μm、20/130 μm、40/125 μm、20/250 μm、40/255 μm、20/400 μm、25/400 μm、30/400 μm、50/800 μm 光纤等。信号光纤的预处理方法有以下几种。

(1) 不拉锥。信号光纤直接和多根泵浦光纤紧密排列,然后熔融拉锥形成输入光纤束,如 20/125 μm、20/130 μm、40/125 μm、25/250 μm 信号光纤等。

(2) 预先拉锥。把信号光纤预先拉锥到设定的直径,然后和多根泵浦光纤紧密排列,再熔融拉锥形成输入光纤束,如 40/250 μm 信号光纤等。

(3) 过渡光纤法。例如对于 20/400 μm 信号光纤,通过熔接一段 20/130 μm 信号光纤作为过渡光纤,用 20/130 μm 信号光纤和多根泵浦光纤制作输入光纤束。

(4) 腐蚀包层法。例如对于 20/400 μm、25/400 μm、30/400 μm 和50/800 μm 信号光纤,用氢氟酸将信号光纤的末端一段腐蚀到设定的圆锥台,然后和末端拉锥成圆锥台的多根泵浦光纤紧密排列,再熔融烧结形成输入光纤束。

(5) 激光刻蚀。这是目前能够承受高功率且插入损耗最小、耦合效率最高的制作方法。采用 CO_2 激光器将 20/400 μm、25/400 μm、30/400 μm 和 50/800 μm 信号光纤等的末端一段刻蚀到设定的圆锥台,然后将它们和末端拉锥成圆锥台的多根泵浦光纤紧密排列,再熔融烧结成输入光纤束。

4. 输出光纤及预处理

输出光纤是双包层光纤,其参数是由输入光纤束中信号光纤的芯径和要熔接的增益光纤的芯径、包层直径来决定的。目前常用的有 20/400 μm、25/400 μm、30/400 μm 光纤等。一般地,选择与要熔接的增益光纤相匹配的被动光纤。输出光纤与输入光纤束熔接时,通常采用直接熔接方式,如图 3.44 所示[17]。但为了过滤高阶模和保证高的光束质量,可对输出光纤与输出光纤束的熔接端进行拉锥,切割后与输入光纤束熔接,如图 3.45 所示[18]。

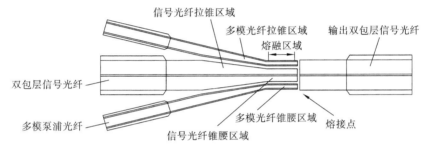

图 3.44 直接熔接

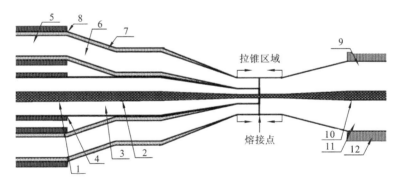

图 3.45 拉锥后熔接

1—输入信号光纤;2—信号光纤纤芯;3—信号光纤包层;4—输出光纤涂覆层;5—输入泵浦光纤;6—泵浦光纤纤芯;7—泵浦光纤包层;8—泵浦光纤涂覆层;9—输出光纤;10—输出光纤纤芯;11—输出光纤内包层;12—输出光纤涂覆层。

3.3 激光功率光纤合束器

激光功率光纤合束器可用于提高光纤激光器输出功率,其主要用于单模块光纤激光器输出功率的合束和半导体激光器输出功率的合束。合束后的输出激光直接用于激光制造和增材制造。激光功率光纤合束器分为两类,一类是光纤信号光合束器,另一类是光纤泵浦光合束器。

光纤信号光合束器将多路单模或少模光纤激光合束到一根多模光纤(大芯径双包层或三包层光纤)中输出,用来提高光纤激光器的输出功率。其难点是在提高单纤输出功率的同时,提高输出激光的亮度。

光纤泵浦光合束器将多个光纤耦合半导体激光合束到一根多模光纤中输出。其难点也是在提高单纤输出功率的同时,提高输出激光的亮度。

如图 3.46 所示,激光功率光纤合束器主要包括三个部分:输入光纤、熔锥光纤束和输出光纤。

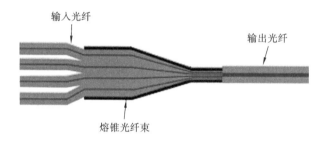

图 3.46　激光功率光纤合束器示意图

3.3.1　光纤泵浦光合束器

制作光纤泵浦光合束器必须要遵循的设计原则和约束条件是亮度守恒原则和输入-输出光纤 NA 值匹配原则。光纤束的拉锥过程中要满足绝热拉锥条件。

对光纤泵浦光合束器来说,要满足亮度守恒原则[19],即

$$\sqrt{N} \cdot d_{ini}^{MM} \cdot NA_{ini}^{MM} \leqslant d^{DCF} \cdot NA^{DCF} \tag{3.4}$$

式中,N 为泵浦光纤的根数,d_{ini}^{MM} 和 d^{DCF} 分别是多模泵浦光纤纤芯直径和输出光纤包层直径,NA_{ini}^{MM} 和 NA^{DCF} 分别是输入光纤和输出光纤对应的数值孔径。

由于光束在传输过程中的亮度是守恒的,即光纤直径和数值孔径的乘积为常数,因此,拉锥光纤的最大拉锥比将由光束的 NA 值与光纤的 NA 值决定。光纤合束器的 NA 值匹配条件为

$$TR = \frac{d_{ini}^{MM}}{d_{tap}^{MM}} = \frac{NA_{tap}^{MM}}{NA_{ini}^{MM}} \leqslant \frac{NA^{DCF}}{NA_{ini}^{MM}} \tag{3.5}$$

式中,d_{tap}^{MM}、NA_{tap}^{MM} 分别是拉锥后多模光纤的纤芯直径和数值孔径。不等式

(3.5)意味着拉锥比不能过大,过大的拉锥比将导致光束发散角超过输出光纤所允许的范围,产生泄漏。

根据以上两个设计原则,针对几种不同结构的 $N \times 1$ 型光纤泵浦光合束器来分析它们的可行性,结果如表 3.6 所示[13]。

表 3.6　几种 $N \times 1$ 型光纤泵浦光合束器制作的可行性分析

合束器类型	输入光纤		输出光纤		最大拉锥比(理论值)	实际拉锥比	可行性
	纤芯/包层 /μm	NA	纤芯/包层 /μm	NA			
3×1	200/220	0.22	20/400	0.46	2.1	2.0	可行
7×1	105/125	0.15	200/220	0.22	1.5	1.9	不可行
	105/125	0.22	200/220	0.22	1.0	1.9	不可行
19×1	105/125	0.15	400/440	0.22	1.5	1.6	不可行
	200/220	0.22	20/400	0.46	2.1	2.8	不可行
61×1	105/125	0.12	20/400	0.46	3.8	2.8	可行
	105/125	0.15	20/400	0.46	3.1	2.8	可行
	105/125	0.22	20/400	0.46	2.1	2.8	不可行

由表 3.6 发现,当实际拉锥比大于理论值时,要获得高耦合效率的合束器是不可行的。例如,采用 105/125 μm、NA=0.22 的光纤作为输入光纤制作 61×1 合束器时,实际拉锥比为 2.8,大于理论值 2.1,因此理论上不可行,而数值孔径为 0.15 的多模光纤满足 NA 匹配条件,因此是可行的。

对 $N \times 1$ 型光纤泵浦光合束器来说,通常的制备方法主要有两种,一种是石英套管法[20,21],另一种是光纤扭转法[22]。以上这两种方法大多是采用氢氧焰加热方式实现的。氢氧焰加热方式具有无污染的优点,但是其工艺不易掌握,且对工作环境要求较高。另外,还可基于 Vytran GPX 系列光纤处理平台,采用石墨灯丝加热的方式制备光纤泵浦光合束器。

石英套管法制备 $N×1$ 型光纤泵浦光合束器的原理如图 3.47 所示。该方法的制作过程包括以下几个步骤:光纤组束、光纤束拉锥、光纤束切割与端面研磨、光纤束与输出光纤熔接、散热设计及封装。

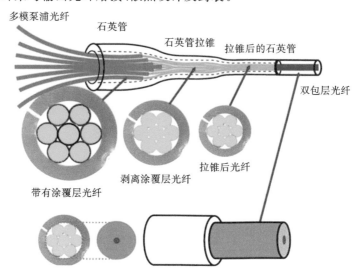

图 3.47 $N×1$ 型光纤泵浦光合束器的原理图[11]

1. 光纤组束

首先,为了使光纤束熔融拉锥后能够与输出光纤很好地熔接,要求光纤束的横截面为圆形,并且泵浦光纤按照一定的几何方式紧密排列,通常光纤是按照正六边形的方式紧密排列的。可以选择内径大小与带涂覆层的光纤束直径匹配的石英管,该石英管除了起合束作用之外,其本身也是最终封装结构的一部分。一般来说,石英套管(简称"石英管")的内径要比光纤束的直径略大,以保证光纤能够顺利插入。然后,将选好的石英管拉锥出一段合适长度的锥腰区,锥腰区的内径要与剥除了涂覆层后的光纤束直径匹配,在预熔接处将多模光纤涂覆层去除适当长度,用超声波去除光纤表面残留涂料及灰尘,清洗后用酒精或丙酮溶液擦拭干净,密闭保存。合束器的输出光纤也采用同样的处理过程。最后,把预处理好的光纤整齐排列,穿入已拉锥好的石英套管中。

2. 光纤束拉锥

将组束完成的光纤束放置到特制的光纤夹具中固定,精确调节热源高度、拉锥速度、拉锥长度及拉锥比等各项参数,确保拉制出满足要求的熔锥区结构和尺寸。拉锥后的石英管锥腰处的外径应略小于输出光纤的包层直径,或与其匹配,以保证最终能够获得较高的耦合效率。

3. 光纤束切割与端面研磨

通常会在拉锥好的光纤束的锥腰部分对其切割,但往往切割端面的平整度不是很好。因此,还要对切割端面进行研磨处理,再用超声波清洗研磨合格的光纤端面 1～2 min,取出干燥。

4. 光纤束与输出光纤熔接

根据锥形光纤束的结构和尺寸选择合适的夹具,将其放到光纤熔接机上精确对准,并设定合适的熔接参数,使其与输出光纤完美熔接。

5. 散热设计及封装

在前面的制备过程中,不可避免地将产生拉锥损耗和熔接损耗,这些损耗将在合束器上积累少量的光和热。因此,必须设计出一种合适的封装和散热结构,以确保合束器能够长时间稳定工作。通常我们会选择导热率高的金属铜或铝作为封装和散热的壳体,必要时还会在金属封装上设计水冷结构。

3.3.2　光纤信号光合束器仿真

光纤信号光合束器是大功率光纤激光器的关键光纤器件之一,对光纤信号光合束器的仿真,可以为光纤信号光合束器的制作提供理论指导,同时有利于减少实验成本,提高研发效率。

该仿真以实际研发生产的光纤信号光合束器为依据,提取关键性参数,建立理论模型,分析光纤信号光合束器输出激光的模场分布、光束质量等。仿真中所用的参数如下:输入光源为 ASE 光源;输入光纤为 25/400 μm 光纤;输出光纤为 50/400 μm 光纤;光纤信号光合束器的类型为 3×1,即 3 根 25/400 μm 输入光纤制作成输入光纤束。将拉锥后的输入光纤束与 50/400 μm 的输出双包层光纤熔接。

1. 理论模型

M^2 因子由光纤的结构参数决定,其可直接由光纤的模场分布 $R_0[r]$ 精确计算,也可由实际可精确测量的远场衍射频谱分布 $S[\theta]$ 精确计算[23]:

$$M^2 = \frac{\left(\int_0^\infty R_0[r]^2 r^3 dr \int_0^\infty \left(\frac{dR_0[r]}{dr}\right)^2 r dr\right)^{\frac{1}{2}}}{\int_0^\infty R_0[r]^2 r dr}$$

$$= \frac{\left(\int_0^{\pi/2} S[\theta]^2\, \theta^3\, \mathrm{d}r \int_0^{\pi/2} \left(\frac{\mathrm{d}S[\theta]}{\mathrm{d}\theta} \right)^2 \theta \mathrm{d}r \right)^{\frac{1}{2}}}{\int_0^{\pi/2} S[\theta]^2\, \theta \mathrm{d}r} \tag{3.6}$$

在实际仿真过程中,模场分布无法使用确定的函数 $R_0[r]$ 来表示,但可以容易得出模场分布矩阵 $\boldsymbol{R}_0[i]$ 及对应的半径矩阵 $\boldsymbol{r}[i]$,那么上述 M^2 计算矩阵可以表示为

$$M^2 = \frac{\sqrt{\sum_i \boldsymbol{R}_0[i]^2\, \boldsymbol{r}[i]^3 \Delta r \times \sum_i \left(\frac{\boldsymbol{R}_0[i+1]-\boldsymbol{R}_0[i]}{\Delta r} \right)^2 \boldsymbol{r}[i] \Delta r}}{\sum_i \boldsymbol{R}_0[i]^2 \boldsymbol{r}[i] \Delta r} \tag{3.7}$$

同一根光纤中,光束质量 M^2 与模场半径的平方成正比,因此,应先求解 $50/400\ \mu m$ 输出光纤中基模的光束质量及其模场半径。然后根据仿真得到的输出光纤中混合模的模场分布,利用二阶矩求解混合模的模场半径。最后根据光束质量 M^2 与模场半径的平方成正比这一特性,计算混合模的光束质量。

2. 3×1 光纤信号光合束器仿真

(1) 光纤及合束器参数。

输入光纤为 $25/400\ \mu m$ 光纤,输出光纤为 $50/400\ \mu m$ 光纤,由此制作 3×1 光纤信号光合束器。光纤参数如表 3.7 所示。

表 3.7 光纤参数

光纤直径/μm	25/400	50/400
n_2(包层折射率)	1.44963	1.44963
n_1(纤芯折射率)	1.45109	1.46336
Δn(折射率之差)	0.0034	0.0137
V(归一化频率)	7.38	29.53

(2) 对所有仿真截面的模场分布进行叠加,得出总的模场分布。

图 3.48 所示的为当输入光束的光束质量不同时,对应的输出光纤 ($50/400\ \mu m$) 中模场的分布情况。从图中不难看出,当高阶模(LP_{02})所占的比例逐渐增加的时候,模场半径也有随之增加的趋势。

当高阶模(LP_{11})所占的比例逐渐增加时,模场半径的变化情况如图 3.49 所示。图 3.48、图 3.49 中第一幅图像有区别的原因是,两者的仿真长度不一样,图 3.49 中第一幅图像的仿真长度更长,因而精度更高。

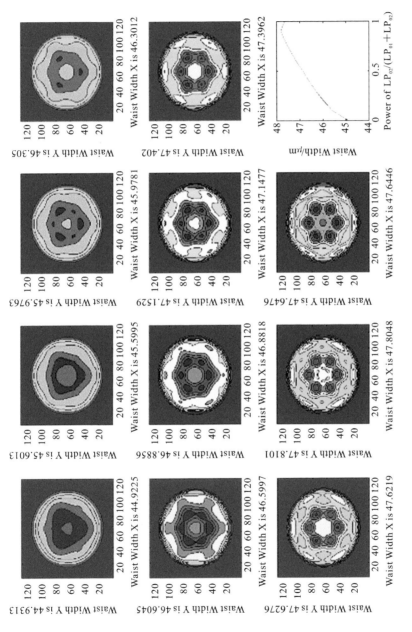

图 3.48　当输入光束的光束质量不同时，对应的输出光纤（50/400 μm）中模场的分布

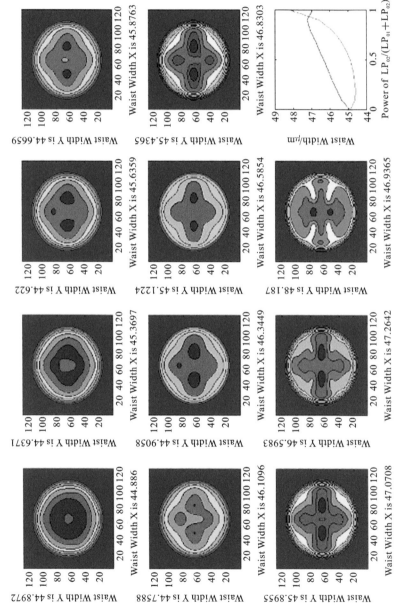

图 3.49　当高阶模（LP₁₁）所占的比例逐渐增加时，模场半径的变化情况

（3）测量基准光束质量 M^2。

对于同一根光纤，光束质量与其模场半径平方的比值是一个定值。经过实验测定，当一根 $25/400~\mu\mathrm{m}$ 光纤与 $50/400~\mu\mathrm{m}$ 光纤进行轴对称熔接时，光束质量为 2.525，准直后的束腰直径为 $4154~\mu\mathrm{m}$；当一根 $25/400~\mu\mathrm{m}$ 光纤与 $50/400~\mu\mathrm{m}$ 光纤进行衰减熔接（偏移 $13.5~\mu\mathrm{m}$）时，光束质量为 2.755，准直后的束腰直径为 $4238~\mu\mathrm{m}$。则有

$$\frac{4154^2}{2.525} \approx 6833947 \tag{3.8}$$

$$\frac{4238^2}{2.755} \approx 6519290 \tag{3.9}$$

上述两结果之间相差 2.35%（使用公式 $(\mathrm{Max}-\mathrm{Min})/(\mathrm{Max}+\mathrm{Min})$ 计算），满足推论。尤其是对于这种 $50/400~\mu\mathrm{m}$ 光纤的输出激光光束，其模场半径变化范围较小的情况，透镜像差对测量结果的影响更为平均，因而推论与实际测量结果更为吻合。

图 3.50 所示的为对应的轴对称熔接和衰减熔接的仿真图。从图中可以看出，轴对称熔接的模场直径为 $42.99~\mu\mathrm{m}$，衰减熔接的模场直径为 $45.23~\mu\mathrm{m}$，那么可知

$$(42.99/45.23)^2 \approx 0.903 \approx 0.916515 \approx 2.525/2.755$$

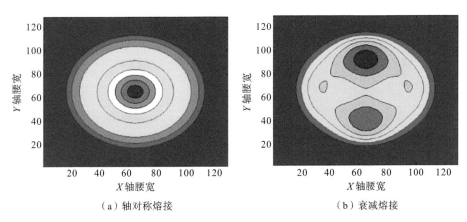

（a）轴对称熔接 　　　　　　　　（b）衰减熔接

图 3.50　对应的轴对称熔接和衰减熔接的仿真图

实际测量结果如图 3.51 所示。使用 CCD 在聚焦镜焦点处测得模场的分布情况，对比图 3.50 可知，仿真结果与实际测量结果基本近似。由于测量使用的激光光纤传输接口有损伤，因此测量结果不是特别完美。

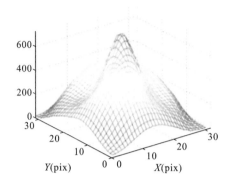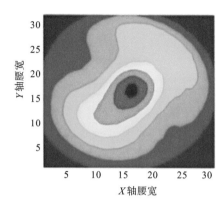

（a）轴对称熔接

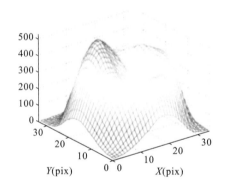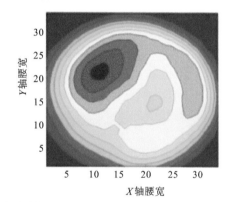

（b）衰减熔接

图 3.51 实际测量结果

（4）计算光纤信号光合束器输出激光的光束质量。

随着高阶模比例的增加,输出激光的光束质量的变化情况如表 3.8 和图 3.52 所示。在此需要说明的是,不同的准直/聚焦系统对不束腰直径的光斑的影响不同,因此,此处得出的光束质量是基于特定测量系统的光束质量。更需要说明的是:仿真结果是基于宽带光源实现的,对于带宽很窄的激光器,其模场分布无法确定,因此无法仿真出来确切的光束质量;仿真结果是基于实际测量值的,根据实际情况,25/400 μm 光纤输入单模光源的时候,测量其光束质量为 1.10;50/400 μm 光纤输入单模光源的时候,测量其光束质量为 2.53;根据研究,透镜的像差等因素会影响光束质量的测量结果,因此不同系统的测量结果可能有所差别。

表 3.8　输入光束的光束质量与输出光束的光束质量的关系

高阶模比例	输入光束的光束质量	输出光束的光束质量
10%	1.1	2.706
20%	1.11	2.750
30%	1.12	2.790
40%	1.14	2.826
50%	1.17	2.860
60%	1.21	2.892
70%	1.25	2.923
80%	1.29	2.951
90%	1.35	2.974
100%	1.43	3.000

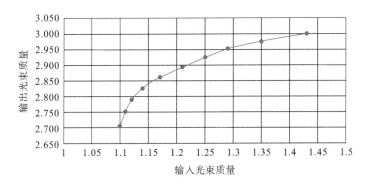

图 3.52　输出激光的光束质量的变化

（5）光纤信号光合束器（3×1）光束质量的深度分析。

建立输入光束的光束质量与输出光束的光束质量之间的对应关系，在一定程度上可以反映其变化趋势，但是这种关系式不是十分严谨。实际的关系式通过表 3.9 建立。

由表 3.9 可以看出，随着输入光纤内部模式变化，输出端模场直径、光束质量也发生变化，但是两者没有绝对的联系。同时，实际光纤中还存在包层模的影响，因而，建立输入/输出光束质量之间的关系是极其复杂的，难以采用简单的公式/曲线图来描绘这种关系。根据输入模式和输出模式的关系，指导3×1 光纤信号光合束器的各个参数的设计（光纤参数、拉锥参数、熔接参数等),是该仿真比较合适的一种用途。

表3.9　输入光束的光束质量与输出光束的光束质量之间的对应关系

输入模式	输入端			输出端		
	模场直径/μm	光束质量	模场分布	模场直径/μm	光束质量	模场分布
参考	23.068	1.100	—	42.991	2.525	—
LP_{01}	23.068	1.100		44.174	2.666	
LP_{01} LP_{02}	24.969	1.289		46.307	2.930	
LP_{01} LP_{02} LP_{03}	35.720	2.637		46.727	2.983	
LP_{02}	28.033	1.624		48.303	3.188	

3. 7×1光纤信号光合束器仿真

以实际研发生产的光纤信号光合束器为依据,提取关键性参数,建立理论模型,分析光纤信号光合束器输出激光的模场分布、光束质量等。所述的光纤功率合束器具有如下特征:① 输入光源为 ASE 光源;② 输入光纤为 25/400 μm 光纤;③ 输出光纤为 100/480 μm 光纤;④ 光纤信号光合束器类型为 7×1;⑤ 由 7 根输入光纤制成光纤束;⑥ 将拉锥后的光纤束与 100/480 μm 输出光纤熔接。

计算光纤信号光合束器输出激光的光束质量。

表 3.10 和图 3.53 给出了随着高阶模比例的增加,输出激光的光束质量的变化情况。在此,需要说明的是,不同的准直/聚焦系统对不束腰直径的光斑的影响不同,因此,此处得出的光束质量是基于特定测量系统的光束质量。

表 3.10　随着高阶模比例的增加,输出激光的光束质量的变化情况

高阶模比例	输入光束的光束质量	输出光束的束腰直径/μm	输出光束的光束质量
参考	1.10	90.28005	8.800000
0%	1.10	94.34649	9.610602
10%	1.10	95.76084	9.900907
20%	1.11	96.55212	10.06521
30%	1.12	97.23651	10.2084
40%	1.14	97.86441	10.34067
50%	1.17	98.45577	10.46602
60%	1.21	99.01563	10.58538
70%	1.25	99.53811	10.69739
80%	1.29	100.0121	10.79951
90%	1.35	100.3958	10.88253
100%	1.43	100.0568	10.80917

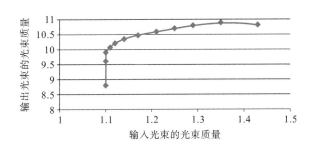

图 3.53　输入光束的光束质量与输出光束的光束质量

3.3.3　光纤信号光合束器的制作

1. 输入信号光纤处理

1) 拉锥

单根光纤的拉锥通常采用正拉锥。正拉锥先加热光纤使其达到熔融状态,然后同时在光纤两端施加大小相同、方向相反的力,将光纤向两边拉伸,从

而使光纤包层和纤芯直径等比例地减小,最终得到锥形光纤。在单模块光纤激光器输出功率的合束中,对输入双包层信号光纤进行拉锥,根据 NA×直径＝常数,输入光纤的 NA 变大,则需要具有大芯径的输出光纤,造成合束后的输出是多模的,且光束质量很差。通常单模块光纤激光器输出功率的合束不采用拉锥的方法处理输入光纤。在半导体激光器输出功率的合束中,由于输入和输出光纤都是多模的,输入和输出光束质量也都是多模的,且输入光纤的 NA 小于输出光纤的,通常采用拉锥的方式处理输入光纤束。关于光纤的拉锥将在模场适配器章节详细介绍。

2) 氢氟酸腐蚀

利用浓度为 40％的氢氟酸或其他能够腐蚀光纤包层的溶液对输入光纤进行浸泡,利用氢氟酸与二氧化硅产生的化学反应使包层变薄,浸泡不同时间会使包层直径有不同程度的减小,氢氟酸腐蚀的步骤如下。① 去除双包层光纤的涂覆层,在室温下将腐蚀段的双包层光纤浸没在浓硫酸中去除涂覆层。② 包层腐蚀,将去掉涂覆层的双包层光纤固定在耐腐蚀的结构件上,把结构件和去掉涂覆层的光纤置于腐蚀浆(腐蚀浆由氢氟酸、缓冲剂和增稠剂混合组成)中,并保持光纤垂直于腐蚀浆的液面。将双包层光纤及光纤固定结构件以每小时 1～500 mm 的速度匀速上提,当上提到剥除涂覆层及外包层的光纤部分还剩余一部分未露出腐蚀浆液面时停止,经过一段时间后整体拿出,形成锥状结构。腐蚀后的光纤的直径是一个关键参数,需要通过实验和数值模拟来确定。③ 清洗光纤,先用离子水冲洗腐蚀后的光纤,然后再把腐蚀后的光纤放在装有乙醇或丙酮的超声池内清洗数秒。

3) 激光刻蚀

光纤拉锥造成合束后的光束质量变差。化学腐蚀容易使腐蚀后的光纤表面受损,难以承受大功率。采用激光刻蚀光纤包层是一种新方法,可以克服上述两种方法的不足之处,其是实现高光束质量大功率合束输出的有效方法。

如图 3.54 所示,将一根输入光纤末端放置在二氧化碳激光器加工平台上,使二氧化碳激光器输出激光焦点控制在需要加工的输入光纤表面,旋转输入光纤并均匀刻蚀,通过相机查看加工输入光纤的包层直径,达到要求后停止刻蚀。

输入光纤末端通过激光刻蚀后的包层直径应大于纤芯直径。

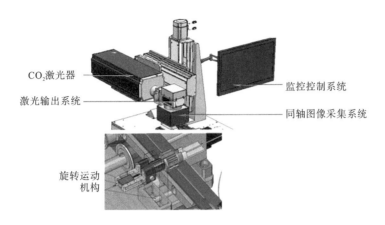

图 3.54　激光刻蚀光纤包层示意图

例如对于输入 $25/400~\mu m$、输出 $50/400~\mu m$ 的双包层光纤的光纤信号光合束器,如图 3.55 所示,使用图 3.54 所示的激光刻蚀光纤平台加工输入光纤,输入光纤经过激光刻蚀后,其包层直径为 $30~\mu m$,纤芯直径为 $25~\mu m$。

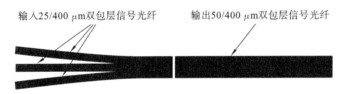

图 3.55　激光刻蚀 3×1 光纤信号光合束器示意图

4）过渡光纤

对于 $20/400~\mu m$、$25/400~\mu m$ 的双包层光纤,可以采用上面介绍的氢氟酸腐蚀和激光刻蚀法去除包层,保持芯径和 NA 不变。这里介绍另一种方法,就是过渡光纤法。使用过渡光纤是减小光纤束占空比的有效方法之一。目前大部分光纤激光器的输出光纤是 $20/400~\mu m$ 的双包层光纤,这种光纤组成的光纤束占空比过大,一方面会影响光束质量,另一方面还会致使熔融合束拉锥时需要大的拉锥比例,导致要实现绝热拉锥所需的拉锥长度过长,不利于安全使用。但是,由于光纤激光器所输出的能量均在直径为 $20~\mu m$ 的纤芯内传输,而 $20/130~\mu m$ 光纤的纤芯直径与其相同,通过特殊的熔接参数选择,完全可以实现两光纤间的低损耗熔接,因此在制作光纤信号光合束器的过程中可以选择 $20/130~\mu m$ 的大模场面积光纤作为光纤信号光合束器的输入光纤,这就有效降低了光纤信号光合束器输入光纤束的占空比。

2. 熔锥光纤束的制作

目前制作光纤信号光合束器的主流方法可以归纳为两种：扭转法和套管法。

（1）扭转法：在完成对处理过的输入光纤进行组束之后，通过扭转的方法使光纤与光纤之间紧贴在一起，再对光纤进行加热拉锥，从而得到熔锥光纤束。对熔锥光纤束进行切割并将其与输出光纤熔接，就得到了应用扭转法制作的光纤合束器，如图 3.56 所示。

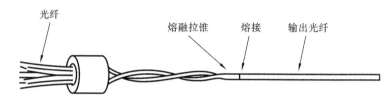

图 3.56　扭转法示意图

扭转法具有操作相对简单、光纤排列标准等优点。但是在加热过程中，如果各路光纤被施加的应力不均匀，在加热区域就会出现弯曲，额外引入损耗。还应该注意火头移动速度与拉伸平台向两侧拉伸速度之间的相对关系，应使光纤束的拉锥区域均匀受热。另外，扭转法并不能保证每次排列都能达到要求，这严重依赖于操作人员的经验与手感，当光纤束两端的夹具转动的速度不同或角度不一致时，就会出现光纤束排列不标准、形状不对称的情况，这会给接下来的切割及熔接环节增加难度，并且将全部输入光纤穿过夹具时，很容易污染"窗口"部分，则在拉锥的过程中就会产生气泡，如图 3.57 所示。

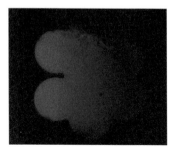

（a）光纤束排列不规则　　　　　（b）熔锥光纤束(TFB)中有气泡

图 3.57　扭转法缺点

（2）套管法：在输入光纤组束时，将处理过的输入光纤一起插入内径略大于光纤束等效直径的玻璃管（低折射率玻璃管对输入光纤的包层进行束缚）

中,然后对玻璃管和其内的光纤束一起进行拉锥得到熔锥光纤束。对熔锥光纤束进行切割并将其与输出光纤熔接,就得到了应用套管法制作的光纤合束器,如图 3.58 所示。相比于扭转法,用套管法来制作合束器有着自身的优势:由于不需要扭转,各路输入光纤都保持顺直的状态,这就避免了由于光纤扭转造成的模场变化,有利于保持光束质量。另一方面,光纤束与石英管融合到一起有利于夹持与施加应力,因此在切割与熔接的过程中操作起来比较方便。但是套管法也有着自身的劣势,一是石英管的材质对合束器的性能有着严重的影响,二是制作过程中会造成切割位置处端面直径偏大,这对切割时进刀量与切割拉力的选择提出了更高的要求。

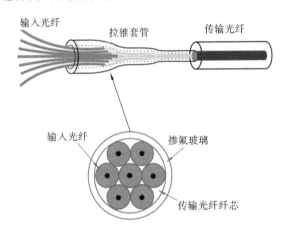

图 3.58　套管法示意图

这两种制作方法各自可以在细节上进行改变,以适应不同种类拉锥机的应用。为了制作出能在大功率激光器中安全稳定工作的光纤信号光合束器,还需要对各种方法进行不断改进。光纤信号光合束器应具备的基本性能之一是使合束后的直径可控,此外,其传输损耗应越小越好。在拉锥过程中,拉锥机各项参数的设定也是关键所在,如移动拉伸台的拉伸速度、火头复扫的速度、火头温度等,适当增大或减小这些参数会使 TFB 直径产生相应变化,对实验结果产生不同程度的影响。尤其是火头温度的调节,拉锥时的温度应在1300 ℃左右,这个温度下能够使二氧化硅达到熔融状态,而多根光纤的熔融合束拉锥需要将这个温度适当升高。若火头为氢氧焰,则应酌情增大氢气或氧气的流量。当室内温度为 30 ℃,环境相对湿度为 30% 时,可采用热电偶测量不同流量下氢氧焰的温度,并参考温度的变化规律,根据光纤直径的变化来适当调整气体流量。另外,拉锥机的各项实验参数对实验室环境的变化十分敏感,尤其是氢氧焰火头温度的变化对环境湿度与温度的要求十分严格。在同样的实验参数下,当环境湿度或温度不同时,拉锥结果有着天差地别的变化,这就造成了实验结果的重复性较差。夏季与冬季的温度差别、晴天与阴雨天气的湿度变化,都对实验的正常开展造成了极大的困扰。为此,可以工业级温度湿度计为衡量标准,以空调和工业级除湿机为调节手段,尽可能地保证每次实验环境的相似性,这取得了较为明显的效果。

3. 熔锥光纤束与输出光纤熔接

将熔锥光纤束与输出光纤熔接,从而完成光纤信号光合束器的制备。

3.3.4 影响激光功率光纤合束器性能的因素

对激光功率光纤合束器而言,其损耗主要来自两个方面:拉锥损耗和熔接损耗。拉锥过程引入的损耗主要包括光纤污染、锥区的流变缺陷和锥区形状三个因素。合理控制这些因素可以将拉锥过程引入的损耗降到很低。

1. 光纤污染

在拉锥过程中,如果光纤表面有灰尘或杂质,则在加热过程中,光纤表面会形成一层碳化的物质,严重影响光纤拉锥的效果,同时环境中的灰尘、火焰燃烧残留物都会增大拉锥光纤的损耗。所以在拉锥之前必须将光纤清洁干净,利用脱脂棉蘸酒精擦拭涂覆层碎屑和灰尘,而且拉锥最好在超净间中进行。为了消除火焰燃烧残留物,以防污染光纤,可以选用氢气作为加热燃料。

2. 锥区的流变缺陷

如果在拉锥过程中加热的温度或者拉锥速度不当,锥区的表面将出现流变缺陷[24,25]。石墨灯丝的温度和拉锥速度都会影响拉锥效果。石墨灯丝的温度为 1300~1700 ℃,火焰中心温度变化较小(5 ℃以内),边缘温度变化较大(300 ℃以内)。根据黏弹理论,熔融状态下二氧化硅的温度越高,黏性越小。这样在拉锥过程中拉锥的速度就必须很快,否则光纤将因为重力作用而在垂直方向上出现变形。正常拉锥得到的光纤的表面应该和未拉锥的光纤的一样均匀,图 3.59 给出了一种典型的拉锥后的光纤束图像。如果拉锥速度控制不当,将在锥区表面出现流变缺陷,包括表面节瘤、锥区微裂纹,以及熔区析晶等会引起高损耗的因素。表面节瘤是由拉锥过程中拉锥温度不够或者不稳定,以及拉锥速度不稳定导致的,在光纤表面形成的表面堆积和点状节瘤等不平滑不均匀的波导结构。

图 3.59 锥形光纤束侧面显微图像

研究表明,拉锥速度越快,表面的微裂纹越严重。但同时拉锥速度越慢,熔区表面析晶也越严重。因此必须在这两个矛盾中寻找平衡,使得拉锥速度最佳,同时控制微裂纹和析晶,得到表面均匀光滑的拉锥光纤,达到最佳的拉锥效果。

3. 锥区形状

在拉锥过程中,光纤的纤芯和包层都在变化,当纤芯直径减小到一定程度时,纤芯内的光场将扩散到包层中,由纤芯内的基模变为包层中的多模。模场的变化不能跟上波导形状的变化。损耗随着锥区角度增大而增大。所以原则上只要拉锥过程中锥区角度足够小,就可以将损耗控制在任意小。但是锥区角度越小,拉锥光纤的过渡区越长,对于由拉锥光纤构成的器件来说,过长的过渡区对器件的封装、小型化和稳定都极为不利,因此需要找到一个实现低损耗拉锥的基本条件,即能实现低损耗要求的最小长度的锥区形状。熔接损耗主要来自两方面:一是输入光纤与输出光纤熔接时会引起角度、轴向或面积失配,从而会导致光束散射[26];二是由于输入光纤与输出光纤在熔接点处的波导结构差异较大,导致光束模场失配,引起模场失配损耗。这两种损耗的直接影响是无法在波导结构中稳定传播高阶模式光束,这部分光束直接散射到空气中或被光纤结构中的聚合物介质层吸收,从而引起聚合物介质层的温度迅速升高。其危害非常大,可能导致合束器毁坏,甚至殃及整套光纤激光系统,并且,其也限制了合束器的耐受功率的提升。因此,进行合束器封装时应着重考虑降低合束器的温度,提高合束器的散热性能。

3.3.5 高亮度的万瓦光纤信号光合束器

采用激光刻蚀法,制备了高亮度的万瓦光纤信号光合束器。3 根输入光纤为 25/400 μm GDF 光纤,将每根的一端去掉涂覆层后,应用上述 CO_2 激光光纤包层刻蚀机将包层刻蚀到 35 μm 左右(芯径直径为 25 μm),然后插入低折射率玻璃管进行熔融微拉。当切割后的光纤束要与输出 50/400 μm 光纤熔接时,采用图 3.60 所示的在线实时监控设备进行熔接。

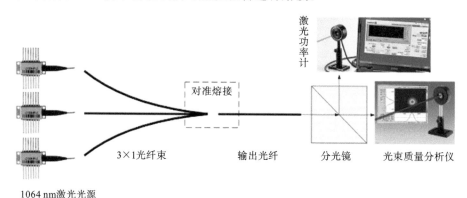

图 3.60 3×1 光纤信号光合束器制作过程

为了验证 3×1 光纤信号光合束器的性能,把 3 根 25/400 μm 输入光纤与 3 个输出光纤为 25/400 μm GDF 的 3500 W 单模块熔接,3500 W 单模光纤激光器的输出光束质量为 $M^2X = 1.22$、$M^2Y = 1.27$(详见第 7 章)。输出 50/400 μm GDF 光纤与锐科激光 50/400 μm QBH 光纤接口熔接,测得合束效率如图 3.61 所示,达到 99.2%;测得输出功率为 10.1 kW;测得光束质量如图 3.62 所示,$M^2X = 2.774$,$M^2Y = 2.991$,这是目前万瓦功率光纤信号光合束器在世界范围内达到的最好水平之一。

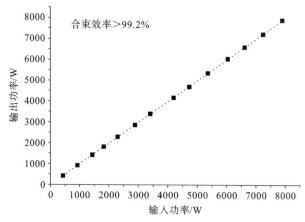

图 3.61 合束效率

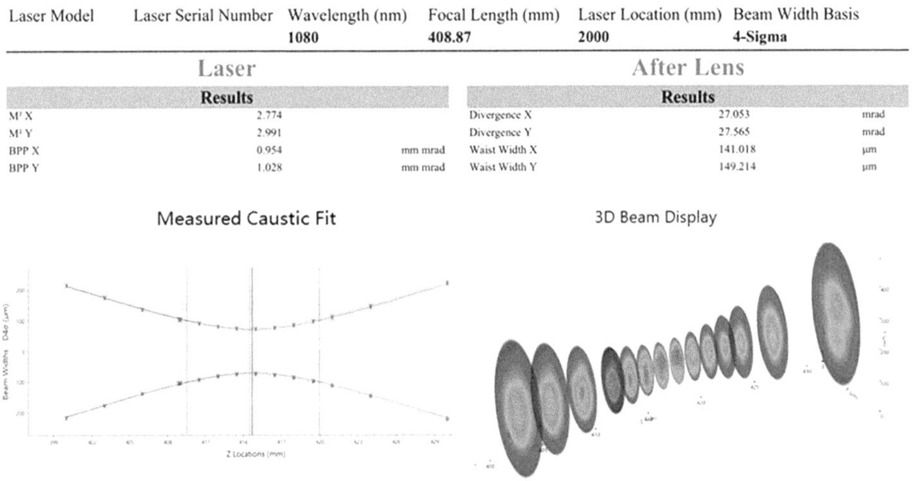

Laser Model	Laser Serial Number	Wavelength (nm) 1080	Focal Length (mm) 408.87	Laser Location (mm) 2000	Beam Width Basis 4-Sigma

Laser			After Lens		
Results			Results		
M² X	2.774		Divergence X	27.053	mrad
M² Y	2.991		Divergence Y	27.565	mrad
BPP X	0.954	mm mrad	Waist Width X	141.018	μm
BPP Y	1.028	mm mrad	Waist Width Y	149.214	μm

Measured Caustic Fit   3D Beam Display

图 3.62　光束质量

3.4　模场适配器

大模场光纤的推出和应用使光纤激光器输出功率得到迅速提升。大模场光纤的应用需要解决两个问题，一是如何实现大模场光纤和普通单模光纤的低损耗熔接，二是如何使得大模场光纤保持基模传输。解决这两个问题的方法主要是采用模场适配器。

3.4.1　光纤加热扩芯技术

对于包层直径相近的大模场光纤和单模光纤，模场适配器只需要增大单模光纤的模场直径就可以实现二者的模场匹配，而不需要对大模场光纤进行任何处理。增大单模光纤模场直径的技术主要是加热扩芯技术。

加热扩芯技术是通过加热光纤使得纤芯区域的高掺杂粒子向包层扩散，增大光纤有效纤芯直径，从而实现增大光纤模场的一种方法。对于普通单模光纤，当受到高达上千度的高温加热时，纤芯中的掺杂物质会发生扩散。结合光纤的结构特点，扩散主要发生在横截面上，也就是主要向包层扩散，使得纤芯折射率降低，包层折射率升高，数值孔径减小，有效纤芯直径增大，由此带来光纤的模场直径增大。通过改变加热时间和加热温度，可以得到不同模场直径的单模光纤。加热扩芯技术能够有效降低熔接损耗。

1. 光纤加热扩芯技术的理论模型和数值分析

普通单模光纤的掺杂物质为锗,当光纤温度超过 1200 ℃ 时,纤芯中的锗会向包层扩散,纤芯的折射率降低,数值孔径变小,等效纤芯直径变大。如图 3.63 所示,扩芯光纤可以分为三部分:原始光纤、渐变扩芯区和均匀扩芯区。d_0 为原始光纤的纤芯直径,d 为均匀扩芯区的等效纤芯直径。

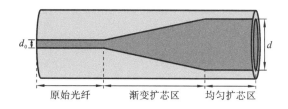

图 3.63 扩芯光纤示意图[27]

光纤中掺杂物的扩散分布函数 $N(r,t)$ 可以表示为[28]

$$N(r,t) = \frac{N_0}{2}\left[\operatorname{erf}\left(\frac{r+d}{2\sqrt{Df}}\right) - \operatorname{erf}\left(\frac{r}{2\sqrt{Df}}\right)\right] \tag{3.10}$$

式中,N_0 为加热扩散前纤芯的掺杂浓度;d 为纤芯直径;D 为 GeO_2 的扩散速率;t 为 GeO_2 的扩散时间;r 为径向距离;erf 为误差函数。光纤中掺杂浓度的分布反映了折射率的分布,掺杂物加热扩散后的浓度分布与高斯分布一致,折射率的高斯分布函数为[29]

$$n^2(r) = n_p^2 + (n_0^2 - n_p^2)\exp\left(\frac{-r^2}{A_d^2}\right) \tag{3.11}$$

$$A_d = \sqrt{\frac{d^2}{4} + 4D_t} \tag{3.12}$$

式(3.11)中,n_0 为扩散后纤芯中心的折射率;A_d 为掺杂浓度最高值 $1/e$ 处半宽。纤芯直径为 6 μm、数值孔径为 0.14 的单模光纤 1060-XP 在扩散时间为 0 s、5 s、10 s、15 s、20 s 时的横截面折射率分布如图 3.64 所示。随着扩散时间的增加,纤芯的掺杂粒子不断向包层扩散,光纤的等效纤芯半径逐渐增加,模场直径增加,数值孔径减小。

2. 单模保持特性

归一化频率 V 是光纤的一个重要参数,它决定了光纤可以传导的模式。一般而言,当 $V < 2.405$ 时,光纤满足单模传输条件。对于渐变折射率光纤,光纤归一化频率 V 为

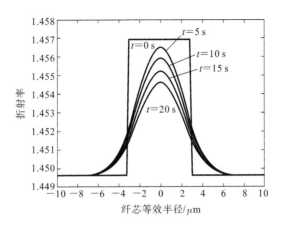

图 3.64 扩散后光纤横截面折射率分布[30]

$$V^2 = k_0^2 \int_0^{+\infty} \left[n(r)^2 - n_{\mathrm{p}}^2 \right] 2r\mathrm{d}r \qquad (3.13)$$

式中，k_0 为自由空间波数，$k_0 = 2\pi\lambda$；$n(r)$ 为距离纤芯中心 r 处的折射率。在加热扩散过程中，单模光纤忽略了锗在光纤轴向的扩散，则每一个光纤截面的锗总数量或锗含量守恒，由式(3.13)可以得到，加热扩芯光纤的归一化频率 V 不变。由于原始光纤为单模光纤，因而加热扩芯光纤也能够保持单模特性，只支持基模传输。

3. 加热扩芯光纤用于制作模场适配器的理论分析[27]

图 3.65 所示的为基于加热扩芯技术的模场适配器原理示意图。图中，左侧为 $4/125~\mu\mathrm{m}$ 单模光纤，右侧为 $15/130~\mu\mathrm{m}$ 大模场光纤，对单模 $4/125~\mu\mathrm{m}$ 光纤进行加热扩芯切割后与 $15/130~\mu\mathrm{m}$ 光纤熔接。熔接点处为单模光纤的均匀扩芯区，其模场直径和大模场光纤的模场直径刚好相等，二者实现模场匹配。加热扩芯增大单模光纤的模场直径可以通过改变加热条件精确控制，可以通过不断调节加热参数实现最佳模场匹配。

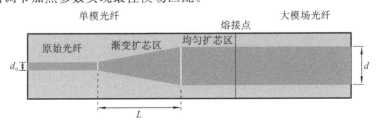

图 3.65 基于加热扩芯技术的模场适配器原理示意图

传输损耗是单模光纤和大模场光纤模场适配器的一个重要衡量标准。其中,模场失配损耗可以利用如下公式进行计算[31]:

$$Loss = -20\lg\left(\frac{2\omega_{SMF}\omega_{LMA}}{\omega_{SMF}^2 + \omega_{LMA}^2}\right) \qquad (3.14)$$

式中,ω_{SMF} 为单模光纤的模场直径;ω_{LMA} 为大模场光纤的模场直径。

利用 BeamPROP 软件对 15/130 μm 大模场光纤和 4/125 μm 单模光纤的传输损耗进行了数值模拟,其中,对 4/125 μm 光纤的加热扩芯是在温度为 1500 ℃ 的条件下进行的,结果如图 3.66 所示。图中,实线代表的是数值模拟的传输损耗变化情况,虚线表示的是通过式(3.12)计算得到的模场失配损耗。比较两条曲线可以发现,4/125 μm 单模光纤和 15/130 μm 大模场光纤的传输损耗主要由模场失配损耗决定,且损耗值可以利用式(3.12)进行估计。同时,损耗变化曲线也反映出加热扩芯技术能够有效减小单模光纤和大模场光纤之间的传输损耗。当加热时间为 25 min 左右时,二者的传输损耗达到最小,几乎实现无损耗传输。

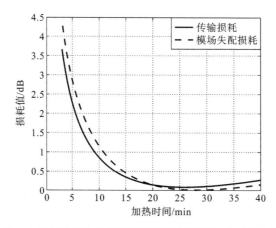

图 3.66　大模场光纤和扩芯光纤的传输损耗随加热时间变化曲线

3.4.2　光纤拉锥技术

包层直径较大的大模场光纤与单模光纤熔接时存在两个新的问题:一是它们的模场直径要比普通单模光纤的大很多;二是它们的包层直径和普通单模光纤的包层直径相差很大。如果不对它们进行处理,很难进行熔接,即使能够熔接,损耗也很大。制作这种大模场光纤的模场适配器,需要用到光纤拉锥技术。

通常意义上的光纤拉锥指的是正拉锥,拉锥的过程是通过熔融型光纤拉锥机实现的。光纤拉锥机利用 H_2—O_2 焰对光纤进行加热,H_2 流量为 100 mL/s 时在空气当量中燃烧的温度大约为 1400 ℃,在这个温度条件下,二氧化硅处于熔融状态,此时对光纤两端施加一定的拉力,就可以将光纤拉长拉细。二氧化硅的熔点大约为 1723 ℃,拉锥过程中的温度远低于这个温度,因而拉锥光纤只是外径发生了改变,其他的光学参数保持不变。

图 3.67 所示的为拉锥光纤示意图,拉锥光纤可以分为三个部分:原始光纤、过渡区和锥腰区。锥腰区是一段均匀的直径变小的光纤,长度可以根据需要设定,由于锥腰区实际上也是一种光纤,只是包层直径和纤芯直径等比例变小,所以锥腰区可以和普通光纤一样实现低损耗传输。

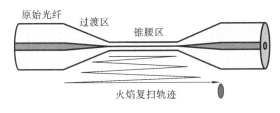

图 3.67　拉锥光纤示意图[27]

1. 拉锥光纤的低损耗渐变条件

拉锥光纤的损耗主要存在于过渡区,为了实现低损耗,过渡区必须满足渐变条件。从原始光纤到锥腰区,光纤的纤芯经历了一个从大到小的过程,模场直径会逐渐由大变小,如果模场的变化跟不上光纤波导形状的变化,纤芯中的模式就可能转化为包层模式,带来很大的损耗。过渡区的长度越长,光场变化越缓慢,越容易实现低损耗,原则上只要拉锥光纤的过渡区足够长,就能保证损耗很小。但是太长的过渡区在实际中会带来使用上的不便,对器件的封装和小型化及稳定性都极为不利。为了解决这一问题,需要找到实现低损耗拉锥的过渡区长度,也即是满足渐变条件的最短长度。

光能在光纤中稳定传输,主要取决于两方面的作用:一是受到有限纤芯截面的衍射效应,二是受到波导结构的集光效应,正是在这两种效应的共同影响下,光场得以不断向前传播。这两种效应的强弱关系是由归一化频率 V 来决定的,V 值越大,光纤的集光效应越明显,反之,V 值越小,光纤的衍射效应越明显。对拉锥光纤而言,由于只考虑纤芯直径和包层直径的等比例减小,V 值在过渡区会经历由大到小的过程,随着 V 值的逐渐减小,衍射效应会变得越来越强,如果没有控制好过渡区的形状,纤芯中的基模光将转变为高阶模式耦合进包层里。光纤中基模光场的衍射可以近似为模场半径为 a 的高斯光束的衍射,基模光场的衍射角为[32]

$$\theta_d(x)=\frac{\lambda}{\pi n_0 a}=\frac{2\mathrm{NA}}{n_0 V} \tag{3.15}$$

式中,n_0 为光纤纤芯折射率;a 为光纤的模场半径;NA 为纤芯数值孔径。由光纤的波导结构特点,光在纤芯里传输必须在纤芯和包层界面上满足全反射条件,常常用数值孔径 NA 来描述光纤的集光能力:

$$\mathrm{NA}=n_0\sin\theta_c\cong n_0\theta_c \tag{3.16}$$

式中,θ_c 为光纤的临界入射角。结合式(3.15)和式(3.16)可以得到光场衍射角和光纤临界入射角的关系:

$$\frac{\theta_d}{\theta_c}=\frac{2}{V} \tag{3.17}$$

根据式(3.17)可以得出,当 $V>2$ 时,衍射效应小于集光效应;当 $V<2$ 时,衍射效应大于集光效应。由于拉锥光纤会使得 V 值逐渐变小,因而在研究光纤低损耗拉锥时,必须避免过渡区内纤芯模因为衍射效应而耦合进包层形成包层模。

拉锥光纤的过渡区结构如图 3.68(a)所示,对于过渡区的每个位置 x,都对应着一个锥角 $\theta_t(x)$:

$$\theta_t(x)=\frac{\mathrm{d}r(x)}{\mathrm{d}x} \tag{3.18}$$

式中,$r(x)$ 为坐标 x 处的光纤纤芯半径。在研究拉锥光纤时,考虑对于过渡区的每一个光纤截面,都存在着与之对应的规则光波导,如图 3.68(b)所示。所谓的规则光波导,就是指具有这个位置处的纤芯直径和包层直径,并且数值孔径与原始光纤相同的光纤。

这样,研究拉锥光纤的过渡区的光场特性,就转变为研究沿着轴向纤芯直径逐渐减小的一系列光纤的光场特性。根据 J. D. Love 等人[33]建立的模型,要实现低损耗拉锥,就必须保证拉锥过渡区的纤芯基模不会耦合到临近模式上,因而渐变条件可以表示为

$$\theta_t(x)<\theta_m(x)=\frac{r(x)(\beta_1-\beta_2)}{2\pi} \tag{3.19}$$

式中,$\theta_m(x)$ 为两种模式之间的模式耦合角,反映的是光能量从一个模式耦合

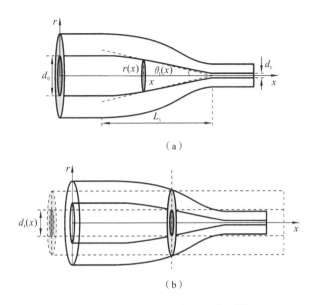

（a）

（b）

图 3.68　拉锥光纤过渡区示意图[27]

到另外一个模式时对应的光纤锥角；β_1 和 β_2 分别为纤芯基模和临近模式的传播常数。根据上述分析，并结合过渡区的正弦模型，对 $20/400~\mu m$ 的锥角和模式耦合角分别进行了计算，得到的结果如图 3.69 所示，其中，（a）和（b）分别代表的是光纤包层直径从 $400~\mu m$ 拉锥到 $160~\mu m$（对应纤芯直径从 $20~\mu m$ 到 $8~\mu m$）和从 $400~\mu m$ 拉锥到 $100~\mu m$（对应纤芯直径从 $20~\mu m$ 到 $5~\mu m$）。由于拉锥大模场光纤的光耦合主要发生在纤芯基模和包层模之间，因而 β_1 和 β_2 分别表示纤芯基模和包层基模的传播常数，这在计算过程中是通过 BeamPROP 软件数值模拟得到的。

　　为了方便对不同拉锥长度的情况进行比较，图中的横坐标选取的是拉锥位置与拉锥长度的比值。另外，图中的实线代表纤芯基模和包层基模之间的模式耦合角，虚线代表在拉锥过渡区各个位置处的锥角。由渐变条件可知，为了实现低损耗拉锥，需要确保在任何位置处的锥角都要小于该处的模式耦合角。由于过渡区的形状为正弦型分布，因而锥角的大小随着拉锥位置的变化也呈现正弦型，而模式耦合角的大小只由该位置处的纤芯直径和包层直径决定，与拉锥长度无关。对于包层直径拉锥到 $160~\mu m$ 的情况，从图 3.69（a）中可以看出，当拉锥长度只有 3 mm 时，在靠近锥腰区的一段区域里，锥角大于模式耦合角，这就意味着纤芯基模的能量能够很容易地耦合进包层形成包层基

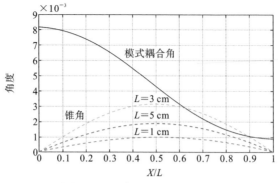

（a）光纤包层直径从 400 μm 拉锥到 160 μm

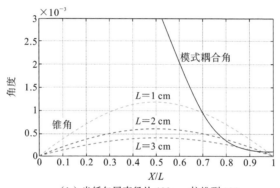

（b）光纤包层直径从 400 μm 拉锥到 100 μm

图 3.69 20/400 μm 锥角与模式耦合角的关系[27]

模。由于在实际的拉锥处理过程中往往需要对拉锥长度留有一定的余量，因而通常情况下的拉锥长度要大于 1 cm。对于包层直径拉锥到 100 μm 的情况，随着纤芯进一步变小，衍射效应更加明显，使得纤芯基模很容易耦合进包层基模。从图 3.69（b）中可以看出，即使在拉锥长度为 3 cm 的情况下，仍然不能满足渐变条件，这也意味着当需要将光纤拉锥到很小的直径时，光能量耦合进包层将无法避免。由于制作模场适配器需要保证光能量限制在纤芯中，因而必须综合考虑拉锥光纤的纤芯直径和拉锥长度。

2. 拉锥大模场光纤的模场特性[27]

对大模场光纤进行拉锥的过程中，纤芯和包层材料特性保持不变，只考虑包层直径和纤芯直径等比例缩小，则 V 值必然逐渐减小，大模场光纤模场特性也会发生显著变化。对大模场光纤而言，拉锥大模场光纤传导模式下 V＞2.405，这表明光纤可以支持一定数量的高阶模式，根据纤芯和包层直径的变化规律,可以将大模场光纤拉锥区域的模场分布分为四个阶段:纤芯多模阶段、纤芯单模阶段、包层多模阶段和包层单模阶段。对于前两个阶段,光被约束在纤芯里面传播,与普通光纤的导光机制相同。后两个阶段是指当拉锥光纤纤芯直径小于一定值时,由于纤芯衍射效应的逐渐增强,光场逐渐变为包层模,包层导光的原理和纤芯导光的原理相同,只是此时的包层二氧化硅材料可以看作是等效纤芯,而空气可以看作是此时的等效包层。

利用 BeamPROP 软件对 20/400 μm 光纤的拉锥进行数值模拟,具体参数设定为:空气折射率 $n_0=1$,包层折射率 $n_{c1}=1.46$,纤芯折射率 $n_{c0}=1.4612$,对应纤芯数值孔径 NA=0.06,拉锥区域的纤芯从 20 μm 变至 0.1 μm,包层从 400 μm 变至 2 μm,拉锥区域长度为 2 cm,入射光为基模高斯光,波长为 1060 nm。计算步长设定为:横向网格为 0.05 μm,纵向网格为 0.1 μm。图 3.70 给出了拉锥区域基模场直径随纤芯直径的变化规律。数值模拟中选用的入射光为基模高斯光,在拉锥开始部分对应纤芯模阶段,光纤模场直径随着纤芯直径减小而变小。而光在进入包层模阶段以后,光纤模场直径先增大后减小。图 3.71 给出的是拉锥光纤在各个位置上的光场分布。图 3.71 中的(a)~(b)反映的是纤芯模阶段,随着纤芯直径的减小,模场直径也减小。在图 3.71 中的(c)~(d)阶段,纤芯中的光开始向包层里扩散,模场直径随着纤芯直径的减小而增大。同时可以注意到,这个阶段的光场分布受到包层和纤芯的共同影响,因而光场分布可以看作是两个高斯光的叠加。图 3.71 中的(e)~(f)反映的是包层模阶段,这个阶段的光场可以忽略纤芯作用。此时的导光机制是包层和

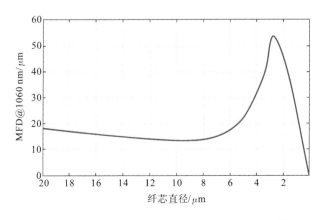

图 3.70 20/400 μm 拉锥区域模场直径变化规律[27]

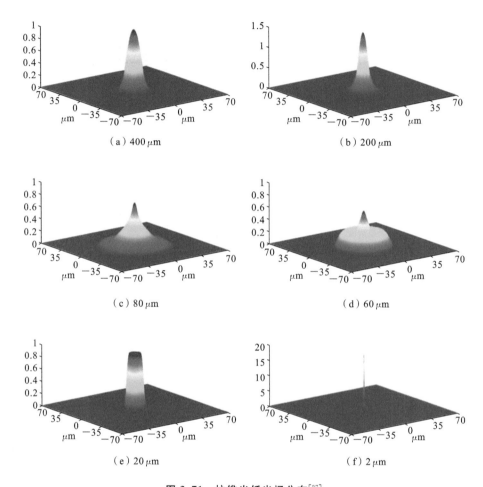

（a）400 μm

（b）200 μm

（c）80 μm

（d）60 μm

（e）20 μm

（f）2 μm

图 3.71　拉锥光纤光场分布[27]

空气组成的波导,对应的数值孔径和 V 值都非常大,这意味着此时对应的规则光波导支持的模式很多,因而得到的光场是很多模式的叠加,如图 3.71 中的(e)所示。图3.71中的(f)对应的拉锥光纤包层直径只有 2 μm,属于微纳光纤的研究范围。

3. 拉锥大模场光纤模场直径的变化规律[27]

在制作光纤模场适配器的过程中,对大模场光纤进行拉锥主要有两个目的:一是减小大模场光纤的模场直径,使得它能够和模场直径较小的光纤实现模场匹配;二是减小大模场光纤的包层直径,使得在与普通单模光纤熔接时更容易操作。在光纤拉锥到一定程度之后会出现包层模的情况,这对于减小模场是不利的,为了确保拉锥光纤中的光能量主要限制在纤芯区域,需要限制拉锥程度在一定范围之内。一般而言,在拉锥光纤的纤芯小到一定程度之后,模场直径将会逐渐由小变大,因而考查拉锥光纤模场直径的变化规律有十分重要的意义。

从 20/400 μm 光纤的数值模拟可以看出,对大模场光纤进行拉锥,并不意味着光纤的模场直径会一直越来越小。在拉锥大模场光纤的纤芯小于某个值之后,模场直径反而会随着光纤的继续拉锥而逐渐变大。一个与拉锥大模场光纤模场直径相关的重要参数为纤芯数值孔径 NA,图 3.72 给出的是通过 BeamPROP 软件数值模拟得到的拉锥大模场光纤模场直径与纤芯直径的关系曲线。此处主要研究拉锥光纤模场直径与纤芯直径之间的关系,在模拟中忽略了包层直径的限制,图中分别给出了 NA=0.06、NA=0.075、NA=0.08 和 NA=0.12 时对应的模场直径。从图 3.72 中可以看出,对于拉锥大模场光纤,模场直径随着纤芯直径的减小先减小后增大。在拉锥开始阶段,光纤模场直径大致线性减小,在纤芯直径小到一定程度之后,光纤模场直径开始逐渐增大,并且增大的趋势超过减小的趋势,定义这个转折点为拉锥大模场光纤的模场极小点。模场极小点反映了拉锥光纤衍射效应与集光效应之间的关系:在该点之前,光纤的集光效应比衍射效应更明显,因而光能量主要集中在纤芯区域;在该点之后,光纤的衍射效应比集光效应更明显,因而光能量开始向包层区域扩散。比较不同 NA 值的光纤类型可以发现,在纤芯直径相等的情况下,

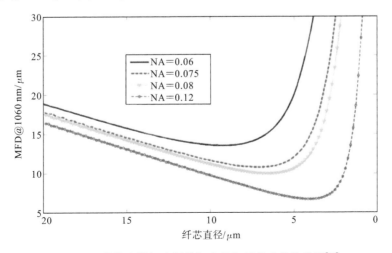

图 3.72　拉锥大模场光纤模场直径与纤芯直径的关系[27]

NA 值越大的光纤模场直径越小,同时,NA 值越大的光纤的模场极小点对应的纤芯直径越小。这就意味着如果希望通过拉锥来改变大模场光纤的模场直径,NA 值大的光纤模场直径变化范围更大。由于大模场光纤为了限制光纤传导的高阶模式数量,一般会设计成较小的 NA 值,因而对于大模场光纤,通过拉锥减小光纤模场直径需要考虑到拉锥能够实现的最小值,过度拉锥不会减小反而会增大模场直径。例如,对于 NA=0.06 的光纤,如图 3.72 所示,模场极小点处对应的模场直径为 13.6 μm 左右,此时的纤芯直径为 8~10 μm。

3.4.3 加热扩芯技术制作模场适配器

1. 熔接机放电加热扩芯法制作大模场光纤模场适配器

所用大模场光纤是 10/130 μm 无源双包层光纤,其芯径为 10 μm,NA=0.08。单模光纤采用 6/125 μm 光纤,其芯径为 6 μm,NA=0.14。普通光纤熔接机为 Fujikura-60S,其利用电弧放电时能够产生 2000 ℃的高温,从而可对模场直径较小的单模光纤进行加热扩芯,实现和双包层光纤的模场匹配。

在制作过程中,需要选择合适的熔接模式,并适当调整熔接参数。首先,设定端面间隔位置,使电极的放电位置偏移到小模场直径光纤一侧,电极放电产生的高温区域主要对模场直径较小的光纤产生影响。其次,增加电极的放电时间,使得电极放电的区域在长时间里处于高温状态,纤芯中的掺杂物质向包层扩散,从而增大光纤的模场直径。熔接机的放电时间参数调节范围限制在 30 s 以内,在大于 30 s 的情况下只能通过重复放电的方式来进一步增加放电时间。

2. 光纤拉锥机加热扩芯法制作大模场光纤模场适配器

通过光纤拉锥机实现单模光纤加热扩芯的原理示意图如图 3.73 所示。火焰中心处的温度最高,且温度变化较小,形成的是一段均匀扩芯区域,在远离中心处,随着离火头距离增加,温度逐渐下降,形成一定长度的渐变区域。均匀扩芯区域的长度主要由火头的直径决定,可分别采用直径为 0.5 cm 和 1.5 cm 的两种火头。在加热过程中,只对光纤进行加热而不拉伸,因而加热过程中包层直径的改变可以忽略。在实现了加热扩芯之后,接下来就是将扩芯光纤与大模场光纤进行熔接。用切割刀在光纤均匀扩芯区域中点位置处将光纤切断,此处的光纤模场直径增大,能够实现和大模场光纤的模场匹配,将切割后的端面放置到熔接机上,另一端为切割后的大模场光纤,然后借助熔接机并选用普通光纤的熔接模式就可以方便地实现熔接。

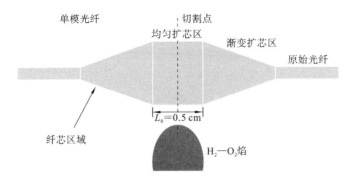

图 3.73　单模光纤加热扩芯原理图[27]

3. 模场分布和熔接损耗检验[27]

模场分布和熔接损耗检验采用如图 3.74 所示的测试装置,为了排除包层光的影响,在测量功率的过程中通过加匹配液的方法进行包层光功率剥离。

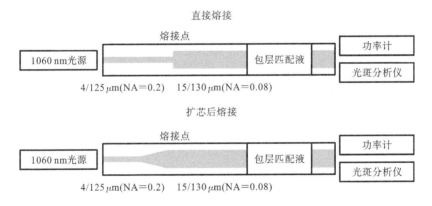

图 3.74　大模场光纤和单模光纤模场适配器损耗测试示意图

图 3.75(a)给出的是 $4/125~\mu m$（NA＝0.2）单模光纤直接与 $15/130~\mu m$（NA＝0.08）大模场光纤熔接在 $15/130~\mu m$ 大模场光纤输出端得到的输出光斑图像。可以看出,在没有进行加热扩芯处理时,由于模式的不匹配,大模场光纤里面产生了高阶模。图 3.75(b)所示的是扩芯后,在模场适配的情况下,大模场光纤里保持着基模传输。

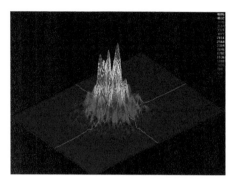
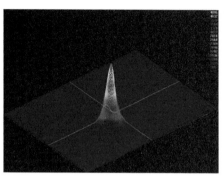

（a）直接熔接　　　　　　　　　　（b）扩芯后熔接

图 3.75　大模场光纤输出光斑图像[27]

表 3.11 给出的是直接熔接与扩芯后熔接的损耗,可以确定制作的模场适配器实现了单模光纤和大模场光纤的模场匹配。

表 3.11　直接熔接与扩芯后熔接的损耗[27]

光纤类型	4/125 μm—15/130 μm	15/130 μm—4/125 μm
直接熔接损耗/dB	3.2	3.8
扩芯后熔接损耗/dB	0.15	0.15

3.4.4　拉锥技术制作模场适配器

如图 3.76 所示,拉锥技术首先可以用来解决包层直径不等的大模场光纤之间的模场失配问题。例如 15/130 μm(NA=0.08)光纤和 20/400 μm(NA=0.06)光纤的包层直径分别为 130 μm 和 400 μm,模场直径分别为 13.6 μm 和 18.2 μm。通过对 20/400 μm 光纤进行拉锥,可以得到的最小模场直径为13.6 μm,与 15/130 μm 光纤的模场直径刚好相等,因而可以通过拉锥技术实现 15/130 μm—20/400 μm 模场适配器的制作。

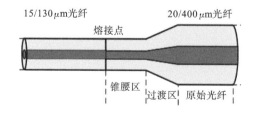

图 3.76　15/130 μm—20/400 μm 模场适配器的制作

3.4.5 拉锥＋加热扩芯技术制作模场适配器

对于光纤纤芯相差太大的情况,如大模场 25/250 μm(NA＝0.06)光纤与单模 4/125 μm(NA＝0.2)光纤熔接,单纯用加热扩芯技术达不到所需的结果时,可采用光纤拉锥结合加热扩芯的方法进行模场适配器制作,即将大模场光纤的直径采用拉锥方法变小,将小模场光纤的直径采用加热扩芯技术变大,使两者更接近,然后熔接,从而得到更小的熔接损耗。制作方法如图 3.77 所示。

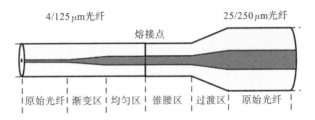

图 3.77 拉锥＋加热扩芯技术制作模场适配器

具体步骤如下:① 粗光纤拉锥及切割;② 细光纤的加热扩芯及切割;③ 拉锥后粗光纤及加热扩芯细光纤熔接。对于大纤芯的大模场光纤,拉锥过程中纤芯会随包层等比例变小,但数值孔径会增大。对于采用拉锥方法结合加热扩芯技术制作的模场适配器,拉锥后光纤的 NA≥扩芯后光纤的 NA。

3.4.6 拉锥＋过渡光纤＋加热扩芯技术制作模场适配器

对于光纤纤芯相差太大的情况,如大模场 25/400 μm(NA＝0.06)光纤与单模 4/125 μm(NA＝0.2)光纤熔接时,用加热扩芯技术、拉锥＋加热扩芯技术达不到所需的结果时,还可以采用拉锥＋过渡光纤＋加热扩芯技术的方法进行模场适配器的制作,过渡光纤为 15/130 μm(NA＝0.08)光纤。

如图 3.78 所示,具体步骤如下:① 4/125 μm 光纤加热扩芯及切割;② 4/125 μm 加热扩芯端与 15/130 μm 光纤的一端熔接;③ 25/400 μm 光纤拉锥及切割;④ 15/130 μm 光纤的另一端与 25/400 μm 光纤拉锥端进行熔接。

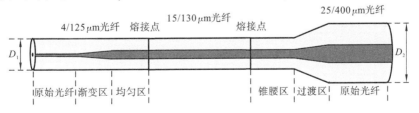

图 3.78 拉锥＋过渡光纤＋加热扩芯技术制作模场适配器

3.5　包层光剥离器

在大功率全光纤激光器中,双包层光纤的包层结构中不可避免地含有残余泵浦光、放大自发辐射,以及因非理想熔接或光纤弯曲等因素泄漏的信号光,这些包层光会恶化输出激光的光束质量,甚至损坏半导体泵浦源和激光器系统中的其他光纤器件,例如准直器、信号/泵浦耦合器等,严重影响激光器的稳定性。因此,如何将包层光可靠、高效地从包层波导中剥离是研制大功率全光纤激光器的关键问题之一。包层光剥离器(也称包层剥离器)是一种用来滤除光纤包层光的无源器件,其基本工作原理是破坏包层光传输的全反射条件,从而使包层光折射或散射出内包层。近年来,许多国家的研究人员均开展了包层光剥离器制备技术的研究,通过设计多种剥离结构或提出不同的制备方法,实现器件温度场分布优化,提高器件的剥离功率水平,并且在高包层光功率衰减下保持纤芯中信号光的高效率高光束质量传输。孙静等人[34]就高功率包层光剥离器最新研究进展进行了介绍。

3.5.1　基于折射效应的剥离技术

添加高折射率层的制备方法的研究开展较早,高折射率层的折射率高于光纤包层的折射率,使包层光折射出光纤包层之外,其剥离效果与折射率差值相关。最常用的是采用涂覆高折射率胶的方法,基于此,研究者提出了不同的剥离结构设计以优化器件的温升性能。

加拿大 ITF 实验室 Alexandre Wetter 等人在 2008 年首次针对包层光剥离器进行了报道[35],为了解决器件严重的局部热效应问题,降低器件温升,他们提出了使用两种折射率光胶涂覆裸纤段的方案,涂覆总长度为 50 mm。输入包层光78 W 时,获得了 30 dB 的衰减系数,器件温升至 55 ℃,温升系数为 0.4 ℃/W。

高数值孔径的包层光会在同种折射率的材料中很快衰减掉,而低数值孔径的包层光往往更难剥离,因此,可采用材料折射率沿剥离方向逐渐增加的方法,实现表面散射和吸收热量的均匀分布。例如国防科技大学的 W. Guo 等人[36]在 2014 年提出了一种级联式包层光剥离器结构,将 50 mm 的 30/250 μm 光纤分为五部分,去除其中三部分的涂覆层(第一部分去除 1/4,第三部分去除 1/2,第五部分全部去除),分别涂覆折射率为 1.42、1.46、1.56 的光胶以完成剥离器的制作,并嵌入铜制热沉中进行散热,其原理图如图 3.79 所示,在

150 W 包层光输入下,获得了 18 dB 的功率衰减系数,局部温度小于 64 ℃。在 Alexandre Wetter 等人报道的剥离器结构的基础上,加入剥离有效区域变化的设计,提高了器件的温度分布均匀性。

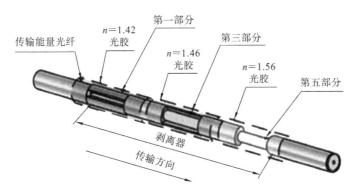

图 3.79　分段剥离不同涂覆层区域的级联式剥离器制作原理图[36]

美国 OFS 实验室 L. Bansal 等人在 2015 年提出了一种利用硅硼酸毛细玻璃管改进器件温升性能的剥离结构设计[37]。首先使用氢—氧焰作为热源将折射率匹配的透明石英套管均匀收缩固定在包层光剥离的裸纤区域上,然后沿石英套管表面涂覆高折射率光胶,使包层光在较大的表面上被导出,其原理图如图 3.80 所示。剥离区长度为 50 mm,获得了 20 dB 的最大衰减。在 100 W 的包层光功率下,表面最高温度达 98 ℃,温升系数为 0.75 ℃/W。这种光纤裸纤与较大直径折射率匹配,但直径稍大于裸纤的玻璃套管,增加了光剥离区域的光纤内包层直径,形成了一个附加包层,增大了传热面积,减小了散射光的功率密度,可以有效降低光剥离区域的温度,并提高剥离器的稳定性。

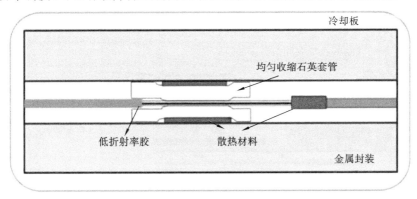

图 3.80　剥离器横截面原理图

2016 年,华中科技大学朱晓教授课题组[38]针对石英套管模式剥离器仿真分析了紫外固化光学胶在不同折射率及排布组合下对模式剥离器的工作特性的影响,特别地,对于胶体内存在气泡的问题,理论推导了单个气泡的散射分布计算公式,模拟了胶体折射率、气泡大小和形状对剥离特性的改变。结果发现,胶体内部气泡有利于包层光剥离,不必刻意消除。同时,利用朗伯散射模型研究了散射点间的光强叠加关系,给出了散射点排布的设计参考原则。通过组合不同匹配材料能够改善散射分布不均匀的问题。如图 3.81 所示,分段长度的大小变化主要影响光功率下降速度的快慢程度,组合使用匹配材料可有效平衡不同数值孔径光的散射分布。这种模式剥离器至少需要三种折射率的匹配材料才能达到较好效果。

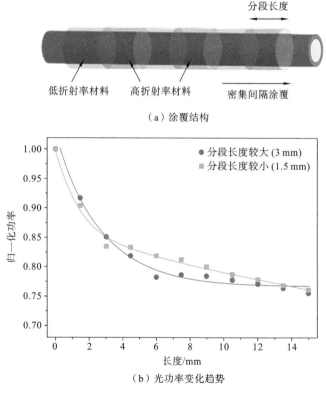

（a）涂覆结构

（b）光功率变化趋势

图 3.81　高低折射率的匹配材料间隔涂覆

3.5.2　基于吸收效应的剥离技术

在光纤包层表面包裹软金属材料是制备包层光剥离器的另一种技术方案。该方案利用金属对包层光的吸收特性产生包层光衰减。金属与包层的接触面积是决定剥离器衰减系数和热扩散能力的重要因素。A. Babazadeh 等人在 2014 年分别对用硒、金、铟、铝等材料制作剥离器的方法进行了研究,器件性能测试表明金属铟能够有效地剥离包层光[39]。两片厚度为 120 μm 的铟片分别放置于裸纤上下,利用 100 μm 厚的石墨片填充铟片之间的间隙,最后利用螺栓挤压石墨片使光纤与铟片接触良好,其原理图如图 3.82 所示。基于 4 个器件级联的结构,有效剥离区长度为 280 mm,获得了最大 12.4 dB 的金属铟制剥离器衰减系数。在 150 W 的包层光输入下,表面最高温度为 36 ℃,热分布均匀。

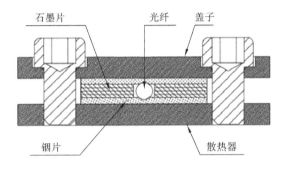

图 3.82　铟制剥离器横截面原理图

3.5.3　基于散射效应的剥离技术

对于大功率光纤激光器,光纤内包层中残余的泵浦光可达数百瓦,这对剥离器温度特性提出了更高的要求。其原理为:破坏原本平滑的光纤包层表面,使包层光在包层与空气界面处发生散射,产生包层光衰减。其制备方法主要包括光纤表面腐蚀、激光微加工等。

1. 采用光纤表面腐蚀工艺

A. Kliner 等人在 2013 年制作了基于全腐蚀结构的包层功率剥离器[40],如图 3.83 所示,其利用刻蚀胶(包含氢氟酸和酸性氟化物)作用于光纤包层表面,二者化学反应生成的氟硅酸盐晶体牢牢附着在光纤包层表面,使其表面发生随机光散射,将包层光导出。有效剥离区域长度为 180 mm,在输入包层光数值孔径分别为 0.05、0.13、0.44 时,分别获得了 6 dB、14 dB、27 dB 的功率衰减。无主动冷却条件下,该器件在最高测试功率为 500 W 时的情况下可稳定运行 6 h。这种制备方案预示了腐蚀方法在提升器件剥离功率性能方面的巨大潜力。

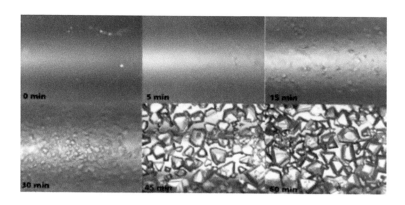

图 3.83　光纤表面腐蚀光学显微镜图

2012 年，R. Poozesh 等人利用氢氟酸(HF)对光纤包层表面进行腐蚀[41]，实现了 90 W 注入泵浦光被衰减到 16.7 dB、温度维持在 53 ℃的良好效果。相比于传统的涂胶方法，其表面粗糙化、锥形腐蚀等处理方式直接针对光纤包层本身，免去了多余的涂覆或熔接步骤，从某种角度来讲有很大优势。但光纤包层较薄时，这种酸腐蚀工艺制作的模式剥离器件可能会影响到纤芯光的正常传输。

国内 T. Li 等人在 2015 年提出利用石英玻璃管制作腐蚀型包层光剥离器[42]，其优势在于增强了该类型器件的机械强度并优化了器件温升性能，其原理图如图 3.84 所示，其在 200 W 的包层光功率下，获得了最大 20 dB 的衰减，最高温度为 39 ℃。

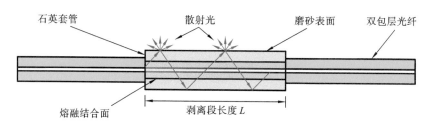

图 3.84　石英玻璃管腐蚀型包层光剥离器原理图

2. 采用激光器进行光纤表面微加工

S. Boehme 等人在 2014 年提出了一种利用脉冲激光沉积工艺改变光纤表面结构的剥离器制作方法[43]。实验装置原理图如图 3.85 所示，将 500 μm 无芯光纤外包层剥离 80 mm，固定于移动光纤夹持器上，在待加工光纤下方放置排气装置和熔融石英基质。首先，CO_2 激光聚焦于熔融石英基质上，使其蒸发并沉积于光纤表面。沿水平方向移动并旋转光纤，重复上述过程，使熔融石英在待加工光纤表面均匀沉积。其次,利用 CO_2 激光形成环形激光光束,局部融化光纤上的熔融石英沉积物,在其表面形成特殊结构以制作剥离器。该器件在无主动冷却的条件下进行测试,在 200 W 的光功率下进行两小时的稳定性测试,获得了最大 10 dB 的衰减,表面温度达 135 ℃。

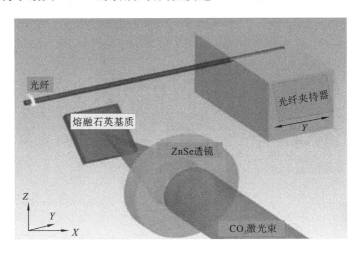

图 3.85　实验装置原理图

2016 年,M. Berisset 等人利用紫外激光对光纤进行微加工,在其表面形成纹理来实现包层光剥离[44],如图 3.86 所示。对包层全表面实施微加工处理,对条纹深度为 7.5 μm 的器件进行了测试,获得了最大 15.2 dB 的衰减,其温升系数为 1 ℃/W。剥离功率约为 11 W 时,器件升温至 38 ℃。

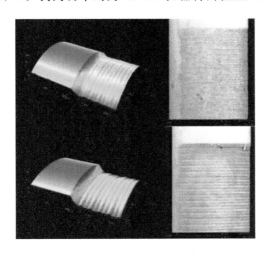

图 3.86　光纤表面纹理结构电子显微图(上:7.5 μm 深;下:28.8 μm 深)

K. Boyd 等人在 2016 年报道了使用 CO_2 激光在光纤包层表面生成周期消融沟道的方案来制作包层光剥离器[45,46]。20/400 μm 光纤涂覆层剥除 60 mm 并固定于垂直步进电机上,用直径为 25.4 mm、焦距为 50 mm 的 ZnSe 透镜将激光聚焦于光纤表面,通过改变 CO_2 激光脉冲宽度控制光纤表面消融深度实现对包层光的剥离。其实验原理及处理后光纤结构形态如图 3.87 所示。对熔断深度为 35 μm、熔断间隔为 620 μm、总长为 60mm 的剥离器进行测试,在输入功率为 300 W 时,衰减系数提高到 20 dB,表面温度为 80 ℃。

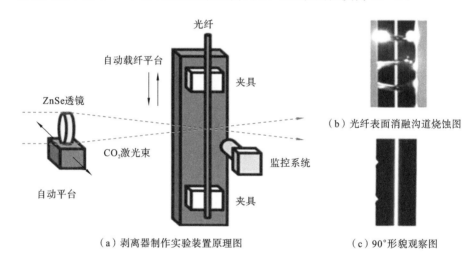

（a）剥离器制作实验装置原理图　　　　（c）90°形貌观察图

图 3.87　剥离器制作实验装置原理及处理后光纤结构形态

3.5.4　基于折射效应结合散射效应的剥离技术

R. Poozesh 等人在 2012 年提出了结合腐蚀法与高折射率胶涂覆法来制作包层光剥离器的方案[41]。器件剥离结构如图 3.88 所示。首先使用氢氟酸将裸纤腐蚀成 20 mm 的锥形区和 30 mm 的直区(直径为 160 μm);然后用氢氟酸蒸汽毛化锥形区表面,形成微孔结构;最后在锥形区和直区上分别涂覆折

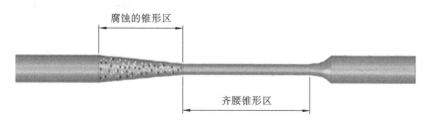

图 3.88　锥形光纤原理图

射率为 1.37、1.56 的紫外光固化胶并嵌入铜热沉中通水冷却。最高测试功率为 90 W,包层光功率衰减系数为 16.7 dB,最高温度不超过 52.7 ℃。

闫平等人在 2016 年展示了一种将腐蚀工艺与涂覆高折射率层结合的级联式包层光剥离器制作方案[47]。器件由 4 级组成,总长为 1.5 m,如图 3.89 所示。经 HF 和酸性氟化物腐蚀处理并涂覆有低折射率紫外光固化胶($n<$ 1.4)的裸纤作为剥离结构的第 1 级(长度 80 mm),用来均匀剥除一部分包层光。使用高折射率紫外光固化胶($n=1.44\sim1.451$)涂覆的裸纤作为剥离结构的第 2、3 级,使用高折射率紫外光固化胶($n>1.48$)涂覆的裸纤作为剥离结构的第 4 级,每一级长度均为 200 mm,用来剥除其余部分的包层光,使用 4 块通水热沉分别对 4 级剥离区域进行高效散热。在 1187 W 的包层光下,获得了最大 26.59 dB 的衰减,器件整体最高温度为 35 ℃。

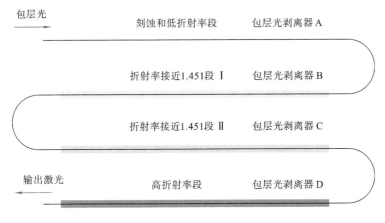

图 3.89　千瓦级剥离器结构原理图

3.5.5　大功率光纤激光器用的包层光剥离器

为了配合大功率光纤激光器的研发和生产,相关人员研制和生产出了适用于大功率光纤激光器的各种包层光剥离器。表 3.12 给出了大功率包层光剥离器光学性能指标要求。

1. 光纤内包层湿法处理

光纤内包层的湿法处理为整个制作过程的核心,石英光纤与处理液接触,表面发生反应 $SiO_2+4HF\rightarrow SiF_4+2H_2O$,$SiF_4$ 在一般情况下为气态,生成后迅速与溶液中的 HF 反应,$SiF_4+2HF\rightarrow H_2SiF_6$,生成络合物,$SiF_4$ 和溶胶 H_2SiF_6 聚集使光纤表面变得粗糙。无规则的粗糙表面可以很好地形成漫反射,使包层光

表 3.12 光学性能指标要求表

序号	项目	指标值
1	工作波长	1080 nm
2	剥离效率	＞97％
3	纤芯损耗	＜0.1 dB
4	最大耐受包层功率	100 W
5	最大耐受纤芯功率	3500 W
6	壳体表面温度	＜65 ℃
7	光纤类型	25/400 μm

从光纤中剥离出去。只有选择合适的组分、浓度、时间、温度等因素才能在内包层表面形成稳定的无规则鳞片状形貌,从而达到将包层光剥离出去的目的。

经过对处理液配方进行调制,最终光纤内包层被处理后的表面形貌如图 3.90 所示,可以看出光纤表面形貌较粗糙、鳞片状结构较致密且均匀,很好地达到了漫反射的要求。

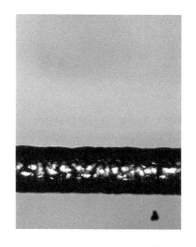

图 3.90 自制湿法处理剥离器示意图

湿法处理的光纤表面,相对其他方法处理的光纤表面更加不规则,所有的表面缺陷不是有规律性地顺向排布的,因此其不仅具备较高的剥离效率,而且可最大限度地避免某种特殊模式的光无法剥除的现象,提供了更好的输出光斑。同时,剥离区将包层光无规则地剥除,避免了剥离器盖板壳体集中区域的发热,提高了长期工作的可靠性。

2. 刻蚀剥离器

使用 CO_2 激光器对光纤进行物理刻蚀的方法利用凸透镜聚焦原理来刻蚀不同深浅、不同宽度的凹槽。剥离器直接在光纤上刻蚀凹槽,能量以光的形式散射,有很好的散热效果;剥离器使用的激光刻蚀方式更安全,而且可以通过调节激光器功率的大小来调整刻蚀的深度、长度和密度,能够精准达到剥除的效果。在实际应用中,包层光剥离器输入端由于光强较强,大部分光从输入端剥离出来,使得器件一端发热会明显大于另一端。设计使用渐变的刻写速度,计划降低输入端的剥离率,使得光比较均匀地从整个器件剥离出来,使发热分散。由此,相关人员设计了刻写速度渐变的包层光剥离器,降低了输入端的刻写深度。此样品在包层光损耗测试中的包层光剥离率及发热情况如表 3.13 所示。样品清洗封装在玻璃管中,经过了纤芯信号光损耗测试。

表 3.13　大功率剥离器测试的光学性能指标

样品	包层光剥离率	热像图片(>100 W 包层光)	产品图片
参数 1	98.3%		
参数 2	96.7%		

从热像图片上看,刻写速度渐变的包层光剥离器温度最高部位从刻写开始的一端向刻写中间区域移动,但是温度分布并没有像设想的那样均匀。从红外观测仪上也能得到类似的结论,刻写速度渐变的包层光剥离器通光时,包

工业光纤激光器

层光并不是集中从输入端散出的,但也不像设计的那样均匀分布。

同时,对于相同长度的剥离区域,刻写速度渐变实际上减小了单位长度上包层光的剥离能力,所以样品 2 的包层光剥离率小于样品 1 的。100 W 的包层光剥离的情况下,测量到的光纤温度远远在光纤能承受的温度范围内,由于大部分光从输入端剥离出来造成的温度集中并不影响此器件,所以仍然使用均匀的刻写速度。

3. 封装壳体

在某些大功率激光器中,包层光含量可能较多,设计之初考虑的最大剥离功率为 100 W,当包层光几乎全部剥离出去照射在壳体上时,温度迅速升高不利于光束质量的稳定。需要采取合理的导热、散热手段,使壳体表面最高温度在可控范围内。为了增加机械强度和保证气密性,需要采取玻璃管加金属外壳的封装方式。为了加强散热需要,设有间接水冷散热措施。剥离器产品照片如图 3.91 所示。

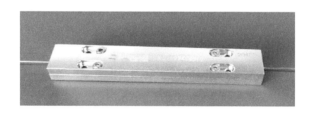

图 3.91　剥离器产品照片

3.6　双包层光纤光栅

双包层光纤光栅是工业光纤激光器的关键光纤器件之一,它是在双包层光敏光纤上刻写光栅制成的。光纤光栅具有体积小、波长选择性高、频谱特性丰富、易于与光纤系统连接、损耗小、便于使用和维护等优点。光纤光栅作为一种低损耗器件,具有非常好的波长选择特性,采用光纤光栅做谐振腔大大简化了激光器的结构,同时提高了激光器的信噪比和可靠性,有利于制造高光束质量、大功率光纤激光器。

3.6.1　刻写光纤光栅的激光光源

光纤光栅的制备经历了从传统紫外光刻写法到飞秒激光刻写法的发展阶段。对于紫外光刻写法而言,光纤的光致折射率变化主要体现在锗对 244 nm

的紫外光有很强的吸收峰,依据色心模型的解释,由于石英材料的吸收特性发生了改变,导致光纤的折射率发生变化。成栅的紫外光源激发波长均小于 400 nm。大部分成栅方法利用了激光束的空间干涉条纹,因此成栅光源的空间相干性显得特别重要。当前,主要的成栅紫外光源有准分子激光器、倍频氩离子激光器、倍频染料激光器等。其中,准分子激光器是目前用来制作光纤光栅最为适宜的光源,典型的曝光光源有 248 nm KrF 准分子激光、193 nm ArF 分子激光和 244 nm 倍频氩离子激光,它们均被证明是对光纤材料光折变效应敏感的光源。随着光栅刻写技术的不断成熟,光敏性对刻制光栅的束缚已经有所减弱了。飞秒刻写法采用了高强度的飞秒脉冲激光,可以在非光敏光纤上制备光纤布拉格光栅和长周期光纤光栅,并且相对于紫外光刻写法只能在掺锗光敏光纤上刻写光栅的局限性而言,飞秒激光刻写法突破了对光纤材料的限制,几乎可以在任何光纤材料中写入不同强度的光纤光栅。所采用的飞秒激光光源主要有掺钛蓝宝石 800 nm 飞秒激光、倍频 400 nm 飞秒激光等。

3.6.2 光纤载氢和光栅退火

1. 光纤载氢

载氢是增强光纤光敏性的一种非常有效的方法,将光纤在高压氢气环境中放置一段时间后,氢分子逐渐扩散到光纤的包层和纤芯中,当用特定波长的紫外光(一般是 248 nm 或 193 nm)照射载氢光纤时,纤芯中被照部分的游离态 H_2 会立即与锗发生反应生成 Ge—OH、Ge—H 键,这部分光纤材料的吸收特性发生改变,从而引起纤芯的折射率永久性增加。对于普通单模光纤,室温下载氢 15 天左右,纤芯的折射率变化幅度可以从 10^{-5} 提高到 10^{-2}。但由于大芯径双包层光纤的包层直径比常规光纤的大得多,因此载氢敏化的时间大大延长。光纤的载氢时间和环境温度有关,温度越高越有利于氢的扩散。为了提高载氢增敏的效率,有必要提高载氢装置的温度。载氢光纤的光敏性经过一段时间后会变得很差,这是由光纤中 H_2 的逃逸导致的。但在低温环境下,光敏性可以保持较长的一段时间。

2. 光栅退火

退火是光纤光栅制备中必须进行的工序,其作用是在高温下加速未被紫外激光作用的氢气的外扩散,使光纤材料的折射率尽快回到稳定值。同时也可利用退火消除工艺中产生的其他缺陷。显然,要获得同样的退火效果,大模场双包层光纤光栅需要更长的时间。此外,双包层光纤的外包层一般采用聚合物材料,它对退火温度也提出了限制,一般不能超过 120 ℃,更高的温度将会使光纤外包层变黄。

1)实验方法

实验中使用恒温恒湿机对光纤光栅进行加热,恒温恒湿机设定温度为 90 ℃,光纤光栅自然放置,并保持高温 8 个小时,然后进行自然冷却。在退火测试前后分别测试光纤光栅的中心波长与反射带宽,对比其性能的稳定性。

光纤光栅的反射特性按照本书中介绍的测试方案进行。根据测试实验方案图搭建实验系统,宽带光源的输出光谱范围为 1020~1120 nm,将输出光注入待测的光纤光栅,光栅反射相应波长的光,由光谱仪扫描并记录光栅的反射光谱,计算并标记光栅的中心波长及反射带宽。测试过程中,实验室温度约为 20 ℃,湿度为 23%,避免温度因素对光栅中心波长测试的影响。

2)测试数据

实验中分别对中心波长为 1080 nm 和 1064 nm 的两种光纤光栅进行退火测试实验。按照实验步骤,首先对波长为 1080 nm 的光纤光栅进行光谱特性测试,同时记录测试数据,进行退火处理后,再对光纤光栅进行光谱特性复测,对比退火前后的反射波长及反射带宽的情况。图 3.92 所示的为 1080 nm 波长的光纤光栅退火前后中心波长与反射带宽的对比,图 3.93 所示的为 1064 nm 波长的光纤光栅退火前后中心波长与反射带宽的对比。

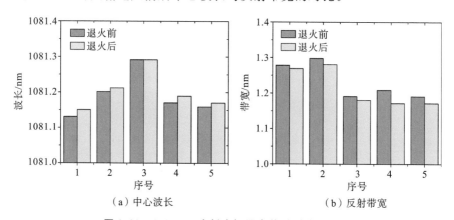

（a）中心波长　　　　　　　（b）反射带宽

图 3.92　1080 nm 光纤光栅退火前后测试对比图

根据实验测试数据,反射波长为 1080 nm 和 1064 nm 的光纤光栅在退火前后的中心波长偏离量均小于 0.1 nm,反射带宽(FWHM)也均小于 0.1 nm,

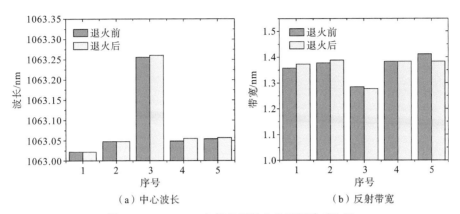

（a）中心波长　　　　　　　　　　（b）反射带宽

图 3.93 1064 nm 光纤光栅退火前后测试对比图

具有稳定的反射特性,这证实了该类型光纤光栅能够满足光纤激光器的应用需求,而且它们将有助于提高光纤激光器谐振腔的稳定性与可靠性。

3.6.3 全息干涉法刻写光纤光栅

全息干涉法利用两束相干紫外光束在掺锗光纤的侧面相互干涉的原理,以及光纤材料的光敏性形成光栅。栅距周期由两束光的夹角决定:

$$\Lambda = \frac{\lambda}{\sin 2\theta} \tag{3.20}$$

式中,λ 为入射紫外光的波长;θ 为两束光夹角的 1/2。相干光束制作光栅的方法非常灵活,通过调整反射镜可以得到不同夹角 θ,从而得到不同栅距周期 Λ。全息干涉法具有明显的优点,如:① 通过调节两束光的夹角,可以灵活调节栅距周期,进而调节布拉格波长;② 实验装置简单,便于操作。但该方法同时也存在一些不能克服的缺点,如:① 对光源的空间相干性和时间相干性要求很高;② 对周围的工作环境要求严格,此法需要一定的曝光时间,这要求在曝光时间内光路保持稳定;③ θ 稍有偏离,中心波长就会有很大的偏离,要得到准确的布拉格中心反射波长,对光路的调整有着极高的精度要求。

3.6.4 相位掩模法刻写光纤光栅

相位掩模法利用光刻蚀技术在硅质玻璃上刻出凹凸不平的矩形周期性条纹。它具有抑制 0 级衍射、凸显 ±1 级衍射的作用,一般要求零级衍射光小于等于 5%,±1 级衍射光为 40% 左右。紫外激光准直后垂直照射掩模板而产生衍射,在每一段掩模板下,0 级衍射光受到抑制,±1 级衍射光相互干涉,在近场形成明暗相间的干涉条纹状光强分布,干涉条纹的周期相同,为掩模板周期的一半。这样的干涉条纹照射到光敏光纤上,就制作出周期与干涉条纹周期相同的布拉格光栅。相位掩模法的优点:① 光栅周期由掩模板的结构决定,与光源的波长无关;② 曝光入射角与光栅周期无关,对实验装置的精度要求较全息干涉法有所降低;③ 对光源相干性要求降低,可以使用相干性不好的准分子激光器;④ 可以使用小光速扫描的方法实现长光栅的制作。但该法同时也存在一些不可克服的缺点:① 每块模板只能制作固定周期的光纤光栅;② 对模板的制作要求较高,造价相对较高。上述两种方法均采用紫外光作为光源,需要光敏光纤,光纤增敏、相位模板的制作等准备过程耗时长,光栅的刻写需要较长的制作周期。特别是此类光栅的存在依赖于光纤内部的点缺陷,高温状态下,这种点缺陷将会被削弱,光栅的反射效果降低。光栅制作系统如图 3.94 所示。

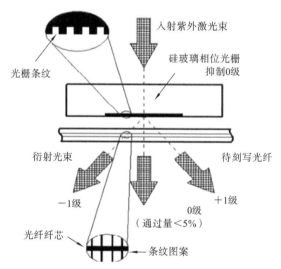

图 3.94 相位掩模法刻写光纤光栅[48]

输出波长为 248 nm,重复频率为 29 Hz,单脉冲能量为 120 mJ。相位掩模板的周期为 744.6908 nm,它能使 0 级衍射光受到抑制(<5%),而 ±1 级衍射光的能量最大(>35%)。在刻写开始前,需要先对双包层光纤进行高压载氢处理 2 个月以上,以提高其光敏性。准分子激光器出射光斑的面积较大,边缘区域的光束质量会有所下降,由此采用一个矩形光阑来获取光束质量较好的光斑,光束经过柱面镜会聚到掩模板上。把去除涂敷层的双包层光纤紧贴相位掩模板放置,透过掩模板的 ±1 级衍射光在光纤的纤芯区域发生干涉,形成周期为 372.25 nm 的光纤光栅。

　　直接刻写的光纤布拉格光栅在其反射谱中存在严重的旁瓣,为了抑制反射谱的旁瓣使得光栅的光谱看起来整体比较平滑,在刻写双包层光纤光栅的过程中引入 Sinc 函数切趾和反切趾操作,具体操作是:在矩形光阑之后放入一个 Sinc 函数切趾的振幅模板,并把振幅模板固定在一个一维可升降的微移动平台上,由计算机控制微移动平台的移动速度和距离,这样就使得经过矩形光阑输出的光强在空间上受到调制,光纤纤芯的曝光强度也就受到了空间调制,于是所形成的光纤光栅折射率调制幅度在空间上不再均匀,中间的折射率调制幅度最大,并向两边按 Sinc 函数的形式过渡减小,形成切趾光纤光栅。然后需要把固定在一维移动平台上的 Sinc 函数切趾的振幅模板换成相应的共轭振幅模板,并把相位掩模板拿掉,让准分子激光器的出射光斑自由辐照到光纤的纤芯上,重复上述切趾过程中的操作,并使切趾和反切趾过程中的光纤纤芯区的曝光时间相同,这样就得到了反切趾光纤光栅,反切趾的目的在于填平光栅两端的平均折射率。在光栅刻写的过程中,需要实时监测光栅的反射谱变化。

3.6.5　飞秒激光刻写双包层光纤光栅

　　利用飞秒激光光源在双包层光纤内刻写光纤光栅引起了人们极大的研究兴趣。该方法不需要光敏光纤,在普通光纤内也能制作出性能较好的光纤光栅。这是因为飞秒激光刻写法与其他传统方法的物理机制不同,传统方法基于光纤的光敏性,而飞秒激光刻写方法是由非线性吸收和多光子电离引起的,形成的光栅折射率调制大、热稳定性高。光纤激光器的增益介质一般都是掺稀土离子的光纤,而这些光纤一般采用的都是具有较低光敏特性的铝硅酸盐玻璃,这对传统光纤光栅的制作方法有一定的限制。因此,飞秒激光微加工方法更适合于制作双包层光纤光栅。

　　1. 飞秒激光刻写光纤光栅的理论机理

　　飞秒激光微加工制作光纤光栅的主要作用机理是非线性吸收和多光子电离。在非线性吸收过程中,"光致电离"和"雪崩电离"这两种类型的非线性激发机制扮演了重要的角色。在透明电介质材料中,边界价电子产生电离所需的能量大于激光光子的能量。由于材料内均存在一定浓度的掺杂,这些杂质为雪崩电离提供了种子电子。这些种子电子在激光脉冲形成的电场中来回摆动,从整个光学周期来看,自由电子并没有得到能量。然而通过和价电子、晶格碰撞,自由电子速度相位发生变化,这是焦耳加热过程,即反韧致辐射。通过这种方式,自由电子能够得到超过边界价电子产生电离所需能量的动能。在下一次与价电子的碰撞中,将会形成两个自由电子。这个过程不断重复就被称为雪崩电离。当形成的自由电子浓度达到一个临界点时,透明材料就被破坏了。

超短脉冲激光与物质相互作用时所形成的场强非常高,透明材料中的价电子通过吸收多个光子直接发生电离。一个价电子同时吸收多个光子的能量高于电离边界价电子所需的能量,从价带被提升到导带,这个过程被称为多光子电离。如果足够的激光能量通过这些非线性吸收机制沉积到材料中,材料就会产生永久性损伤。

研究结果表明,多光子吸收发生概率与光电场的高次项大小成正比,因此,只有能量密度极高的光束才能表现出多光子吸收现象。石英材料的损伤阈值为[49]

$$F_{\text{th}} = \tau^{\frac{k-1}{k}} \left(\frac{n_\sigma}{\sigma_k} \right)^{\frac{1}{k}} \left(\frac{\pi}{\ln 2} \right)^{\frac{k-1}{2k}} \left(\frac{1}{2} \right)^{\frac{k-1}{k}} k^{\frac{1}{2k}} \tag{3.21}$$

将熔融石英的参量 $\sigma_k = 1.599 \times 10^{-16} \text{ cm}^{-3} \text{ pm}^{-1} (\text{cm}^2/\text{TW})^6$,$k=6$,$n_\sigma = 1.7 \times 10^{21} \text{ cm}^{-3}$ 代入式(3.21)进行计算,在激光脉冲宽度 $\tau = 45 \text{ fs}$ 时,熔融石英的损伤阈值 $F_{\text{th}} = 0.635 \text{ J/cm}^2$。高斯光束的强度与半径 r 之间的关系满足:

$$F_{\text{th}} = F_{\max} \exp \left[-2 \left(\frac{r}{\omega_0} \right)^2 \right] \tag{3.22}$$

因此,可以根据单脉冲能量与激光功率、重复频率之间的关系得到刻写光栅所需要的单脉冲能量。

2. 逐点刻写法

飞秒激光逐点刻写光纤光栅实验装置如图 3.95 所示,经过预处理的光纤被放置于精密可调的三维移动加工平台上,移动精度为 1 μm,由计算机控制平台的移动。飞秒光源为再生放大 Ti：Al$_2$O$_3$ 飞秒激光器,输出波长为 800 nm,脉冲宽度为 120 fs,重复频率为 1 kHz,平均功率为 600 mW,光束直径约为 6 mm,将光束引到光纤上,经过聚焦物镜在光纤纤芯上聚焦。通过快门控制飞秒光源的开关,整个制作过程通过 CCD 和监视器进行实时监测。飞秒激光经过衰减片后,单脉冲能量为 0.5～1 μJ,由 20×(NA 为 0.45)的物镜聚焦到纤芯进行逐点刻蚀,通过移动三维平台制作各种周期的长周期光纤光栅。

与其他方法相比,飞秒激光逐点刻写法制作双包层光纤光栅具有的优点

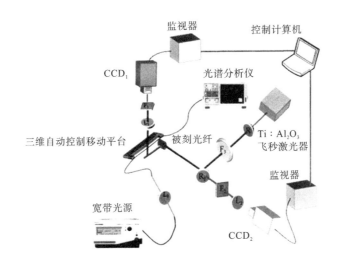

图 3.95　飞秒激光逐点刻写光纤光栅实验装置[50]

如下。

（1）灵活性较高。当脉冲频率不变时，通过控制三维移动平台的速度来实现所需的光栅周期的刻写，可以灵活控制光栅长度。

（2）不需要光敏光纤。传统的紫外光刻在实验前一般需要掺杂或高压氢载对光纤进行增敏。飞秒激光脉冲具有高强度，与光纤相互作用形成光栅的过程是一个非线性过程，光纤材料无须氢载和增敏，可以直接在一般通信单模光纤内写入光栅。通常光纤的增敏过程耗时较长，因此，飞秒逐点刻写光纤光栅的方法大大提高了工作效率。

（3）刻写过程耗时较短。当飞秒脉冲的重复频率设定为 1 kHz 时，完成一支周期数 $N=10000$ 的光纤光栅的刻写只需十秒钟的时间。较快的刻写速度避免了由刻写系统的不稳定带来的影响。

（4）不需要价格昂贵的相位掩模板。装置简单，操作方便，光路调节简单，适合在微细加工领域中应用。

3. 相位掩模的飞秒激光刻写法

基于相位掩模法的飞秒激光刻写光纤光栅系统的结构图如图 3.96 所示。

（1）刻写光路。飞秒激光进入用于进行光栅刻写的光路系统。该系统主要由一个平凸柱透镜、一个相位掩模板和一对光纤调整架组成。另外还有一些辅助性器件，例如用于连续调节光强的半波片和格兰棱镜组合，用于对光束方向进行微调的一对介质膜反射镜。具体结构如图 3.96 所示，起初是圆形的

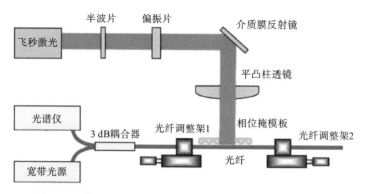

图 3.96　基于相位掩模法的飞秒激光刻写光纤光栅系统[51]

飞秒激光光斑经过平凸柱透镜聚焦之后变成了一条线状光斑,光纤上刻写光栅的区域必须和线状光斑重合。最重要的环节是,线状光斑在聚焦到光纤上之前必须经过这个系统的核心器件——相位掩模板,并进行分光。正负一级光束会在光栅处形成周期性的干涉场,用于对光纤在纵向上进行折射率调制。因此,聚焦到光纤上的线状光斑其实是在竖直方向上经过压缩的干涉场。使用的平凸柱透镜的焦距不同,分别为 50 mm、60 mm、150 mm,不同焦距的透镜可以把光斑在竖直方向上压缩到各种不同尺寸,从而改变聚焦之后的光强;一般情况下,透镜焦距应使得竖直方向上的光斑尺寸和光纤的纤芯直径相吻合,因为是在纤芯中刻写光纤光栅。

　　(2) 光谱监测系统。为了判断光纤当中是否已经写入了光栅,并实时监测相应光栅的动态"生长"情况确定光栅的反射率和半高全宽等性能参数,必须设一套光栅光谱实时监测系统。根据观测的是反射谱还是透射谱,会有不同的光路连接方式。该监测系统的核心组成部分是光谱仪。另一个关键的仪器是宽带光源。宽带光源的光先经过一个 2×2 的 3 dB 耦合器分成两路,其中一路连接光栅,被光栅反射的一部分光再次经过 3 dB 耦合器,其中一路光连接光谱仪。这样就实现了对光栅反射谱的实时监测。

　　(3) 光路调节。调节光路的前提是确定基准光的方向,这一步通过两个光阑和两个介质膜反射镜实现。先将等高的两个光阑一前一后固定在一条直线上,然后通过调节两个介质膜反射镜的方向使激光光束通过前后两个光阑。飞秒激光具有危险性,因此,在调节光路的过程中,需要带上防辐射眼镜进行规范操作或者使用衰减片将光强减弱。确定基准光之后,将相位掩模板放到一个三维倾角可调的基座上,放置的时候要注意把相位掩模板的有效区域对准光斑的中心区域,以确保能够刻写最大长度的光栅。将相位掩模板放置到合适位置以后,需要对其进行微调,使其和光束的传播方向垂直。调节倾角三维可调的基座,通过一个挡光片在前方实时观察,当反射光斑和入射光斑重合时,相位掩模板就已经和入射光束垂直了。与此同时,还要注意观察正负一级两个光斑的高度是否一致。可以通过上面标记有水平线条的挡光屏来判断。如果高度不一致,则要调节到一致。这一步骤是和调节相位掩模板垂直光束同时进行的。至此,针对相位掩模板的调节已经结束。此时将一段去除涂覆层的光纤加载到光纤调整架上。调节光纤调整架的上下和前后位置使光纤与相位掩模板的距离保持为 1～2 mm,并与相位掩模板平行,可以通过观察光纤的投影相对于正负一级光斑的位置来进行判定。当光纤的投影分别上下均分正负一级光斑时,表明光纤已经粗调到了指定位置。以上步骤完成之后,通过调节升降平台使相位掩模板降低到低于光束的高度。同时把光纤取下,此时,把平凸柱透镜加载到光学夹具上,按照凸面迎着光的位置把平凸柱透镜加到底座上固定。观察透镜后面光斑相对于基准光阑的高度,将平凸柱透镜调节到合适的高度。在这个步骤中要注意调节平凸柱透镜和光束垂直。平凸柱透镜加载完毕后,将待刻写的、已经去除涂覆层的光纤加载到光纤调整架上。观察光纤后侧的光斑形状,把光纤调整到合适高度。在这个过程中,最重要的原则是对称性原则(上下对称),即当调节到使光栅后侧观察到的光斑上下对称时,光纤才处于焦斑的中心位置。进行这一步调节之前,一定要先把激光强度降下来,否则会将光纤打坏,同时也可以保护眼睛。一般使用一个半波片和格兰棱镜的组合来对光强进行衰减,不要使用普通衰减片,因为普通衰减片各处对光相位的延迟不是很均匀。通过调节平凸柱透镜的前后位置,并不断调节光纤调整架,使聚焦后形成的线状光斑和光纤重合。此时,飞秒激光光束聚焦在光纤上会形成淡淡的紫色,这就表明已经调节到了合适的位置。紧接着就可以把相位掩模板上升到原来的高度。由于光束被分成了正负一级两束,相应地也会有两组光斑。一般情况下,单个光斑的形状和未加相位掩模板之前一样,只需要进行一些微调。但如果正一级两个光斑的高度不一致,那就要调整相位掩模板基座对应的旋钮将其矫正过来,此时还需要小幅调节平凸柱透镜的前后位置,使光纤再次出现微弱的紫色。至此,已经完成了所有的调节步骤,可以开始刻写光纤光栅,只要旋转半波片将光强调节到足够大,就会开始刻写光纤光栅。

3.6.6 相位掩模法制作双包层光纤光栅实验

1. 光栅制作设备

相位掩模法光栅刻写及测试系统如图 3.97 所示。系统采用 Lumonic 公司生产的 PM844 型 KrF 准分子激光器,输出波长为 248 nm,重复频率为 20 Hz,单脉冲能量为 120 mJ。相位掩模板的周期为 744.6908 nm,它能使 0 级衍射光受到抑制(<5%),而 ±1 级衍射光的能量最大(>35%)。所使用的光纤为 Nufern 公司生产的 LMA-DCF-20/400 μm 双包层光纤,该光纤的内包层为圆形,纤芯和内包层的直径分别为 20 μm 和 400 μm,数值孔径分别为 0.06 和 0.46。在刻写开始前,需要先对双包层光纤进行高压载氢处理 2 个月以上,以提高其光敏性,这是因为光敏性是决定紫外光刻写双包层光纤光栅能否成功的一项关键因素。由于准分子激光器出射光斑的面积较大,边缘区域的光束质量会有所下降,在光路系统中,采用了一个矩形光阑来获取光束质量较好的光斑,然后令光经过柱面镜会聚到掩模板上,并把去除涂敷层的双包层光纤紧贴相位掩模板放置,透过掩模板的 ±1 级衍射光在光纤的纤芯区域发生干涉,形成周期为 372.25 μm 的光纤光栅。

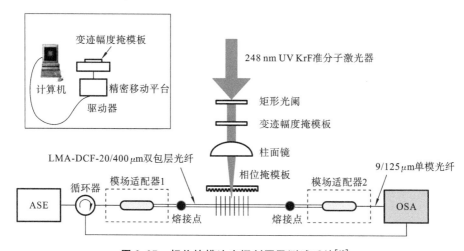

图 3.97 相位掩模法光栅刻写及测试系统[49]

2. 实验结果

首先研究了未作切趾处理时,双包层光纤光栅的反射谱和透射谱随紫外曝光时间的变化,如图 3.98 和图 3.99 所示。由图 3.98 和图 3.99 可知,随着曝光时间的延长,光栅的反射谱深度和透射谱深度都有变大的趋势,光谱的带

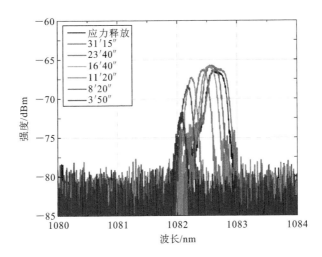

图 3.98　双包层光纤光栅的反射谱随紫外曝光时间的变化[49]

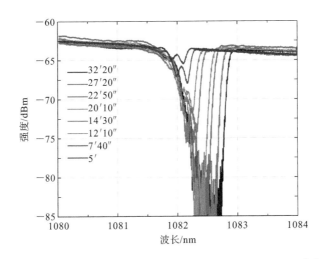

图 3.99　双包层光纤光栅的透射谱随紫外曝光时间的变化[49]

宽在变宽,同时中心波长的位置也在向长波方向移动。在曝光约 30 min 后,光栅的光谱变化不再明显,得到的光栅透射谱深度约为 20 dB,反射率超过 99%。在把光栅从光纤夹具上松开后,光栅的反射中心波长向短波方向发生移动,这是由光纤中的应力得到释放、光栅的周期变小导致的。可以看出,双包层光纤光栅的刻写时间要远远大于普通单模 FBG 的刻写时间,并且前期应保证双包层光纤更长的载氢增敏时间。

3.7 光纤耦合声光调制器

3.7.1 声光调制器基本原理

超声波是一种能够纵向传播的机械波,当晶体介质中有超声波通过时,会导致晶体发生变化,产生相应的弹性形变,该形变随时间产生周期性变化,进而使它的折射率发生相应的周期性变化,超声波作用的整个晶体介质就相当于一个"相位光栅",入射激光通过被超声波改变的晶体时会产生衍射现象,称此现象为声光效应。所有晶体无论是否包含对称中心,都可以具有声光效应。通过控制超声波的频率和强度,可达到对激光的强度、频率和偏转方向进行控制的目的,可借此制作声光调制器和声光偏转器等。声光效应按声光互作用长度和声波频率可分成拉曼奈斯衍射效应和布拉格衍射效应两类。

(1)拉曼奈斯衍射效应:声光互作用距离比较短,声波频率比较低,对入射光方向要求不严格,光波平行于声波面入射(即垂直于声场传播方向)、垂直于声波面入射或斜入射都可以,并且能产生多级衍射光,声光晶体相当于一个"平面光栅",产生拉曼奈斯衍射,如图 3.100 所示。

(2)布拉格衍射效应:声波频率较高时,声光相互作用的距离较长,此时对入射光方向要求严格,当光束与声波面间以一定的角度斜入射时,即光波的入射方向不垂直于声波的传播方向而与声波的传播方向成一定角度入射到介质中时,进入介质的光波需要穿过许多声波面,入射到介质中的光在声柱中会发生偏转而不再沿着直线传播,也就是说此时的入射光既受到相位调制又受到振幅调制,称具有上述特性的介质为具有"体光栅"性质的介质。当入射光与声波面间成一定的角度,且该角度满足某些特性条件时,介质内各级衍射光会相互干涉,随入射光方向的不同,只会出现 0 级和 +1 级(或 −1 级)衍射光,即产生布拉格衍射,如图 3.101 所示。

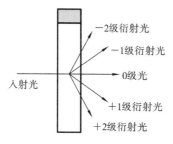

图 3.100 拉曼奈斯衍射效应

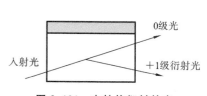

图 3.101 布拉格衍射效应

布拉格衍射具有更高的效率,有

$$\Delta\phi = \frac{2\pi}{\lambda}\Delta\eta d = \frac{2\pi}{\lambda}\left(2\,\frac{d}{H}MP\right)^{2} \tag{3.23}$$

$$\frac{I_1}{I_i} = \sin^2\left(\frac{\Delta\phi}{2}\right) \tag{3.24}$$

式中,$\Delta\phi$ 是经长度为 d 的位相光栅后光波相位变化的长度;$\Delta\eta$ 是介质折射率变化的幅值;d 与 H 分别为换能器的长度与宽度;M 是声光介质的品质因数;P 是超声驱动功率。提高超声驱动功率可得到较高的衍射效率。

由于布拉格衍射方式效率较高,所以要断开较高的连续激光功率多采用该种衍射方式的声光开关。声光调制是利用声光开关器件的声光衍射效应而造成光束的偏折来实现谐振腔值突变的技术。声光调制器件具有重复频率高、调制电压低(一般需要 24 V 左右的驱动电压)、开关时间短(10～100 ns)、性能稳定等优点,适用于中小功率、高频率的脉冲器件及连续器件。

3.7.2　光纤耦合声光调制器简介

光纤耦合声光调制器的系统结构图如图 3.102 所示,其包括三个部分:驱动部分、声光调制部分(包括声光介质、电声换能器及吸声装置)和一对用于耦合的光纤准直器。

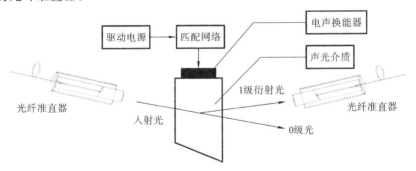

图 3.102　光纤耦合声光调制器的系统结构图

声光介质是指声光相互作用的区域。当一束光通过变化的声场时,由于光和超声场的相互作用,其出射光就具有随时间而变化的各级衍射光,利用衍射光的强度随超声波强度的变化而变化的性质,就可以制成光强度调制器。

电声换能器(又称超声发生器)可以利用某些压电晶体(如石英、$LiNbO_3$ 等)或压电半导体(如 CdS、ZnO 等)的反压电效应,在外加电场作用下产生机械振动而形成超声波,因此它起着将调制的电功率转换成声功率的作用。

吸声(或反射)装置放置在超声源的对面,用以吸收已通过介质的声波(工作于行波状态),以免返回介质产生干扰,但要使超声场为驻波状态,则需要将吸声装置换成反射装置。

驱动电源用以产生调制电信号施加于电声换能器的两端电极上,驱动声光调制器(换能器)工作。

光纤准直器作为一种光无源器件,由光纤和透镜(lens)组成,如图 3.103 所示。

从光纤中出射的光束直接进行耦合,其对光纤之间的间距特别敏感,加上准直器后可以减小光束对轴向间距的容差。在满足准直器工作距离的范围内,两个 G-lens 之间的准直区域内,可插入各种光学元器件,比如声光调制器等各种功能性光学元器件。因此,光纤准直器的选取将直接影响整个调制器的工作性能。

输入光纤准直器和输出光纤准直器的光纤芯径和外包层直径取决于光纤激光器谐振腔中增益光纤的芯径和外包层直径。通常,光纤耦合声光调制器的光光效率可达 85%。图 3.104 所示的是 G-lens 光纤准直器的结构图,图中1、2、3 分别为各个端面,根据传输矩阵理论,可以得到光纤准直器出射光的光束直径和光束发散角。从光纤的端面发出的基模高斯光束的发散角比较大,出射的光束不是近平行光,可以通过透镜对光纤中出射的光束进行扩束准直处理。

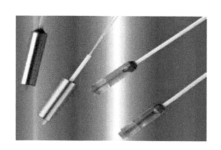

图 3.103　光纤准直器

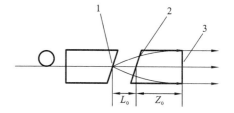

图 3.104　G-lens 光纤准直器的结构图

3.7.3　插入损耗和消光比

光纤耦合声光调制器有两个关键技术指标,一是插入损耗,二是消光比。消光比指的是光纤耦合声光调制器在开通与关断时输出激光的比值。

1. 插入损耗

声光调制器用在调 Q 脉冲光纤激光器中,其插入损耗影响着脉冲光纤激光器的输出功率。分析图 3.102,从光路部分看,损耗包括三个部分:通过声光介质时的透射损耗;由声光互作用所导致的衍射损耗;输入/输出端激光需要耦合进入光纤准直器的耦合损耗。透射损耗指的是声光晶体无加载驱动信号时,有激光通过晶体时的损耗,其是一种静态损耗。没有镀增透膜的经过普通抛光的 TeO_2 晶体的光学透射率为 70% 左右,可以通过给晶体镀上增透膜来提高它的透过率,减少损耗。可以镀单层增透膜,也可以镀双层增透膜,使得光学透过率能达到 99%。对于给定的声光晶体,它的透过率是一定的,可以通过参数表查到。衍射损耗表征的是声光互作用时的损耗,衍射损耗与超声功率有关,而超声功率的获得又与驱动信号的功率能否较好地传到压电换能器上,电声换能器能否很好地把电功率转化为超声功率有关,即与换能器带宽和声光晶体的布拉格带宽有关。在光纤耦合声光调制器的实际装配过程中,光纤准直器之间实际的耦合损耗占了插入损耗相当大的一部分。

2. 消光比

在脉冲光纤激光器中,光纤耦合声光调制器相当于一个光开关,把输出的激光耦合进入光纤准直器中。消光比指的就是光纤耦合声光调制器在开通与关断时输出激光的比值。我们利用 Bragg 衍射产生 0 级光和 1 级光,当超声功率合适,入射激光的能量能够全部转移到 1 级光方向时,能增大消光比,所以我们采用 1 级光来耦合输出,即主要讨论 1 级光的消光比。当光纤耦合声光调制器加上稳定的 100 MHz 正弦波射频信号后,光开关开通,输出激光一定,消光比主要指的是 0 级光及一些杂散光对调制器输出的影响,设计目标是减小基底噪声对器件的不利影响。同时,为了提高消光比,可以减小在调制器关断时超声功率对 1 级光衍射的影响。

3.7.4 驱动电路

驱动电路提供一定射频功率(100 MHz、120 MHz、150 MHz)的正弦波,通过 50 Ω 的阻抗线传到具有逆压电效应的介质制成的电声换能器上,产生相应频率的超声波,其传入到声光互作用介质中,使得介质发生弹性形变,形成具有一定周期性的疏密程度分布,相应的折射率也呈周期性,构成折射率光栅。当具有一定波长的激光通过透镜入射到声光互作用介质时,通过声光相互作用,可形成光衍射。随着加载的驱动信号发生变化,衍射光的频率、方向、强度也发生相应的变化。通过给驱动射频信号加载一个调制信号,可以控制 1 级衍射光方向的有无,从而达到控制谐振腔内品质因数 Q 的大小的效果,形成光束质量较好的脉冲输出激光。

图 3.105 所示的为所要设计的驱动电路的方案。驱动电路的电源为 24 V,先要将其转换为 5 V 的电压,以便为整个电路的有源芯片提供所需电压。内部设计 100 MHz 高频振荡电路。外部输入的 TTL 信号经过电平转换电路,提高驱动带负载的能力,对 100 MHz 高频信号进行调制,同时可以调节电脉冲包络的上升时间。然后进行功率放大,达到功率要求,经过滤波匹配网络,最后通过 50 Ω 阻抗线,给声光晶体提供所需信号。

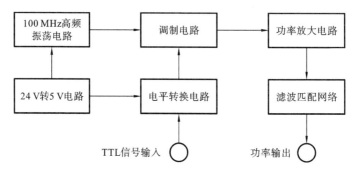

图 3.105　驱动电路方案原理图

1. 各单元电路

(1) 24 V 转 5 V 电路。

24 V 转 5 V 电路如图 3.106 所示,采用的是 7805 三端稳压集成电路,产生 5 V 电压,用于向 74LS00D 和有源晶振提供电压。构成稳压电源所需的外部元件很少,其中,电容 C_1 和 C_3 约为 1 μF,用于滤去低频噪声,大电容一般采用电解电容器,而电解电容器在高频时存在很大的感抗,不能用来滤去高频噪

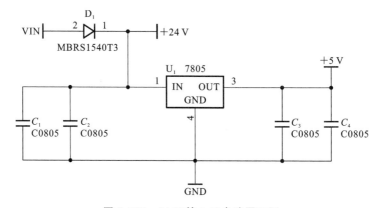

图 3.106　24 V 转 5 V 电路原理图

声；C_2、C_4 约为 10 nF，并联小电容，可以滤去高频噪声。大电容和小电容配合使用能够有效滤去高低频电磁波噪声。而且 78/79 系列稳压芯片价格便宜，使用起来方便。

（2）100 MHz 高频振荡电路。

由于提供的声光晶体的频率为 100 MHz，在 100 MHz 下衍射效率可以达到 80% 以上，因此驱动电路要产生的载波频率为 100 MHz。

在没有外加输入信号的情况下，依靠电路自己振荡而产生正弦波输出电压的电路就是正弦波振荡电路，如图 3.107 所示，其包括四个部分：放大电路、选频网络、正反馈网络和稳幅环节。根据选频网络的不同，电路分为 RC 振荡电路和 LC 振荡电路，晶体振荡电路属于 LC 振荡电路中特殊的一种。

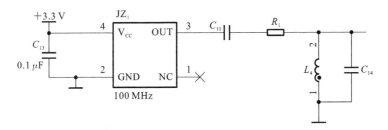

图 3.107　100 MHz 信号晶振的产生

RC 振荡电路：由电阻、电容组成谐振回路，一般用于产生 1 MHz 以下的正弦波。结构简单，比较容易起振。

LC 振荡电路：由电容、电感组成谐振回路，用于产生几十 kHz 到几百 MHz 的正弦波信号。

晶体振荡电路：是 LC 振荡电路的一种特殊形式，晶体可以等效为电容、电感，组成谐振回路，适用于频率稳定度高的场合，集成度较高。

驱动电路要求输出 100 MHz 的正弦波，且稳定度要求比较高，这里选择用 100 MHz/7050/3.3 V 有源晶振来产生振荡信号。

（3）调制电路。

调制方式分为很多种，有数字调制方式和模拟调制方式。其中，数字调制方式又分为 ASK（幅移键控）、FSK（频移键控）、PSK（相移键控）。电路的调制信号为 TTL 电平信号，根据总体指标要求，采用 ASK 数字调制方式。对于输入的调制信号 TTLIN，通过 74LS00D 进行 1 次反相和后级反向放大，可提高带负载能力。PULSE_IN 为图 3.108 输出的 100 MHz 正弦波信号，通过电位

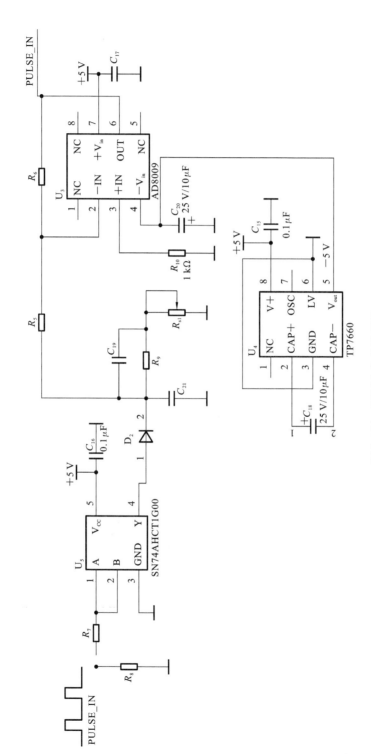

图 3.108 调制电路的原理图

器 R_{s1} 可以调节电脉冲包络的上升时间。

（4）功率放大电路。

由表 2.2 可知，当驱动功率为 1.8 W 时，衍射效率才可达 80％，因此需要对经过调制的信号进行功率放大。图 3.109 中，使用 1 个 MMRF1015N 功放芯片进行功率放大。MMRF1015N 芯片是 n 沟道增强型功率场效应晶体管，频率可达 450～1500 MHz。

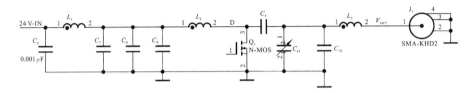

图 3.109　功率放大电路

（5）滤波匹配网络。

声光晶体的输入阻抗为 50 Ω，所以驱动电路的输出阻抗设计为 50 Ω，以实现匹配。

根据 MRF158 芯片手册查找 S 参数，并推导出芯片的输出阻抗，可得图 3.110。图 3.111 是用 Advanced Design System（ADS）软件仿真得到的，进行阻抗匹配时采用的是 π 型结构，匹配网络同时也是滤波网络，可减小谐波分量。

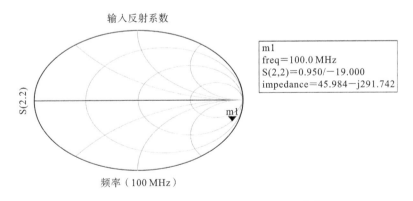

m1
freq＝100.0 MHz
S(2,2)＝0.950/－19.000
impedance＝45.984－j291.742

图 3.110　MRF158 输出阻抗(100 MHz)[52]

3.8　光纤耦合隔离器

光隔离器是利用磁光晶体的法拉第效应来隔离反射光，只允许光以单一方向传输的无源磁光器件。光纤耦合隔离器是指光纤输入、自由空间输出；或

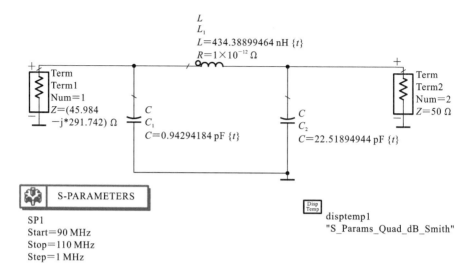

图 3.111　阻抗匹配网络[52]

光纤输入、光纤输出的光隔离器。在工业光纤激光器中,光纤耦合隔离器用于防止光源受到由背向反射信号光产生的不良影响,背向反射信号光可能损坏激光器或使之产生跳模、振幅变化或频移。在高功率应用中,背向反射信号光还能引起激光输出功率的不稳定和功率尖峰。

3.8.1　光隔离器的类型及工作原理

文献[53]详细介绍了光隔离器的类型和工作原理。根据出射光偏振态的不同,光隔离器可以分为偏振相关型与偏振无关型。

1. 偏振相关型自由空间光隔离器

自由空间光隔离器是指没有输入和输出光纤准直器的隔离器。偏振相关型自由空间光隔离器的特点是,不考虑入射光的类型,偏振相关型光隔离器的输出光均为线偏振光。

如图 3.112 所示,该类型的光隔离器的整体结构主要由三部分组成:偏振器 P_1、法拉第旋转器、偏振器 P_2。其中,P_1 与 P_2 的透光轴呈 45°角。当光正向传播时,首先进入偏振器 P_1,经由 P_1 输出后,入射光变为偏振方向在偏振器 P_1 透光轴方向的线偏振光;线偏振光经由法拉第旋转器后,在磁光晶体与外磁场的共同作用下,其偏振态旋转 45°;输出光继续进入偏振器 P_2,由于偏振器 P_2 的透光轴与偏振器 P_1 的透光轴之间存在 45°角,光可以顺利通过偏振器 P_2 成为出射光。由此正向光可以通过隔离器传播。当光反向传播时,首先进入偏

振器 P_2，出射光的偏振态与偏振器 P_2 透光轴的方向相同，能够正常通过偏振器 P_2，经由偏振器 P_2 输出的光的偏振态不变；光继续传播，再次进入法拉第旋转器，由于法拉第旋转本身具有不可逆的特性（即偏振光的旋转与光的传播方向无关，只与磁场有关），反射光通过旋转器时，其旋转方向与光正向传播时相同，继续旋转 45° 角；当反射光继续进入偏振器 P_1 时，其偏振方向与偏振器 P_1 的透光轴垂直，即光的偏振态与偏振器 P_1 的透光轴呈 90° 角，所以，不能够通过偏振器 P_1 继续向前级传播，这样就抑制了光的反射。

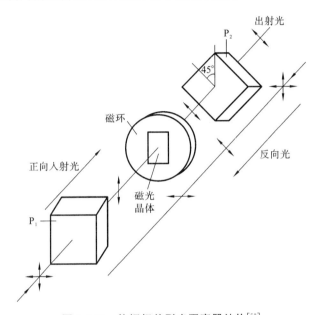

图 3.112　偏振相关型光隔离器结构[53]

2. 偏振无关型光纤耦合隔离器

偏振无关型光纤耦合隔离器的出射光不是线偏振光并且是光纤输入，光纤输出。根据应用场景的不同，如果需要经由光隔离器出射的光不为线偏振光（例如输出的光需要在光纤中传输时），则需要采用偏振无关型光纤耦合隔离器。偏振无关型光纤耦合隔离器分为平行平板形和楔形的等。

（1）平行平板形偏振无关型光纤耦合隔离器。

平行平板形的结构有两种，第一种结构如图 3.113 所示，其主要由下面几部分构成：准直器 1、平行平板形偏振器 P_1、平行平板形偏振器 P_2、平行平板形偏振器 P_3、法拉第旋转器 FR、准直器 2。其中，三个偏振器的厚度满足如下关系：

$$L_{P1} = \sqrt{2} L_{P2} = \sqrt{2} L_{P3} \tag{3.25}$$

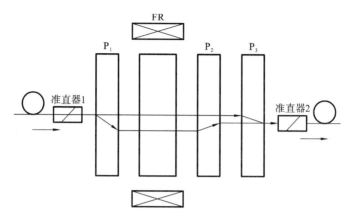

图 3.113 平行平板形偏振无关型光纤耦合隔离器结构一[53]

P_1 与 P_2 的光轴呈 45°角,P_2 与 P_3 的光轴呈 90°角。

当光正向传输时,首先进入准直器 1,出射后的光为准直光;准直光继续传播至平行平板形偏振器 P_1,在 P_1 中分为两种光(o 光与 e 光),两种光的传播途径不同,前者方向不变出射,后者偏离一定距离出射,出射时两光平行;平行光随后入射到 FR,在磁光晶体与外磁场的共同作用下,两种光的偏振态均向相同方向旋转 45°;由 FR 出射的光继续传播到 P_2,由于在光轴上 P_1 与 P_2 呈 45°角,此时两种光的偏振态并未发生变化,前者继续方向不变出射,后者继续偏离一定距离出射;经由 P_2 出射的光继续传播进入 P_3,由于在光轴上 P_2 与 P_3 呈 90°角,此时,两光的偏振态会发生变化,由 o 光变为 e 光或由 e 光变为 o 光,再按照前者继续方向不变出射,后者继续偏离一定距离出射的规则出射;这时,出射光为会聚的平行光,该平行光被准直器 2 准直后,进入光纤继续传播。当光反向传播时,光首先进入 P_3,类似地,在 P_3 中分为两种光(o 光与 e 光)传播,按照前者方向不变出射,后者偏离一定距离出射的原则出射;出射后的两种光继续传播至 P_2,由于 P_2 与 P_3 呈 90°角,此时发生一次偏振态的变化,由 o 光变为 e 光或由 e 光变为 o 光,经由 P_2 出射后的两种光都有一次偏离;再经由法拉第旋转器后,在磁光晶体与外磁场的共同作用下,两种光的偏振态均向相同方向旋转 45°,旋转方向与正向传输时相同(基于法拉第旋转本身所具有的特性,即偏振光的旋转与光的传播方向无关,只与磁场有关);输出光继续传输,进入 P_1,此时,两种光的偏振态再次发生变化,由 o 光变为 e 光或由 e 光变为 o 光;经由 P_1 输出的 o 光与 e 光不再会聚;这样,光在进入准直器 1 耦合时会因为角向失配而无法耦合,即完成了对反向光的隔离。

第二种结构如图 3.114 所示,光纤耦合隔离器主要由下面几部分构成:准直器 1、平行平板形偏振器 P_1、平行平板形偏振器 P_2、半波片 RR、法拉第旋转器 FR、准直器 2。其中,P_1 与 P_2 相同,RR 的旋转角为 45°。

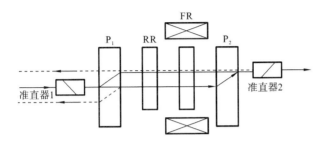

图 3.114 平行平板形偏振无关型光纤耦合隔离器结构二[53]

当光正向传输时,经由准直器 1 准直的光在 P_1 中分为两种光(o 光与 e 光),前者继续方向不变出射,后者继续偏离一定距离出射;两种光分别经由半波片与法拉第旋转器各旋转 45°,经过 P_2 后,其偏振态偏转了 90°;由于 P_1 与 P_2 的光轴相同,此时,两种光在偏振态上发生了变化,由 o 光变为 e 光或由 e 光变为 o 光,在 P_2 内,两光按照前者继续方向不变出射,后者继续偏离一定距离出射的原则出射;出射光为会聚的平行光,该平行光被准直器 2 准直后,进入光纤继续传播。当光反向传输时,光首先进入 P_2,类似地,在 P_2 中分为两种光(o 光与 e 光)传播,按照前者方向不变出射,后者偏离一定距离出射的原则出射;出射后的两种光在磁光晶体与外磁场的共同作用下,偏振态均向相同方向旋转 45°,旋转方向与正向传输时相同(基于法拉第旋转本身所具有的特性,即偏振光的旋转与光的传播方向无关,只与磁场有关);接着出射光在 RR 中继续旋转 45°,但是 RR 中的旋转是互易的,光经过 P_1 时,其偏振态并未发生改变;经由 P_1 出射的光不再会聚,这样,光在进入准直器 1 耦合时会因为角向失配而无法耦合,即完成了对反向光的隔离。这种类型的光隔离器对双折射晶体的尺寸要求较高,容易对反射光的隔离不彻底,影响光隔离器的性能;同时,由于器件较多,不利于整体结构的小型化,也对整体的装配要求较高。

(2)楔形偏振无关型光纤耦合隔离器。

楔形偏振无关型光纤耦合隔离器的结构如图 3.115 所示,其主要由以下几部分组成:准直器 1、楔形双折射晶体 P_1、法拉第旋转器、楔形双折射晶体 P_2、准直器 2。其中,楔形晶体 P_1 与 P_2 的光轴呈 45°角。

当光正向传播时(见图 3.116),首先进入准直器 1,经由准直器 1 输出后,

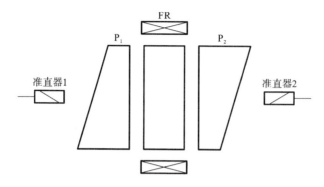

图 3.115　楔形偏振无关型光纤耦合隔离器结构[53]

入射光变为准直光;准直光继续传播进入 P_1,由于双折射晶体的特性,光在 P_1
中分为 o 光与 e 光两种光传播;两种光继续传播,经由法拉第旋转器后,在磁
光晶体与外磁场的共同作用下,偏振态均向相同方向旋转 45°;输出光继续进
入 P_2,此时,由于楔形晶体 P_1 与 P_2 的光轴呈 45°角,因此,两种光的偏振态不
发生改变:经由 P_2 后输出的两种光为平行光,该平行光被准直器 2 准直后,进
入光纤继续传播。经由该种光隔离器后,输出的光存在横向的位移 Δh,并且
由于两光在双折射晶体中的折射率不一样,会存在细小间距 δ。

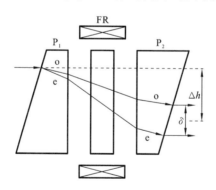

图 3.116　楔形偏振无关型光纤耦合隔离器正向光路图[53]

当光反向传播时(见图 3.117),首先进入 P_2,类似地,在 P_2 中分为两种光
(o 光与 e 光)传播;两种光继续传播,再次经由法拉第旋转器后,在磁光晶体与
外磁场的共同作用下,两种光的偏振态均向相同方向旋转 45°,旋转方向与正
向传输时相同(基于法拉第旋转本身所具有的特性,即偏振光的旋转与光的传
播方向无关,只与磁场有关);输出光继续传输进入 P_1,此时,两种光的偏振态
发生了变化,由 o 光变为 e 光或由 e 光变为 o 光;经由 P_1,输出的 o 光与 e 光不

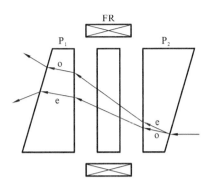

图 3.117　楔形偏振无关型光纤耦合隔离器反向光路图[53]

再会聚,而是分别向上或向下偏折;这样,在进入准直器 1 耦合时会因为角向失配而无法耦合,完成了对反向光的隔离。

该结构所需元件较少、结构简单,因此其实际应用较多。它的缺点是,经由其传播的出射光会有 Δh 的横向位移,并且 o 光与 e 光之间存在着细小的间距 δ。

(3) 楔形双级偏振无关型光纤耦合隔离器。

由上节分析可知,单级楔形光纤耦合隔离器的结构简单,在对隔离度要求不是很高的情况下应用广泛。它的缺点在于经由其传播的出射光会有 Δh 的横向位移,并且 o 光与 e 光之间存在着细小的间距 δ。为了解决这两个问题,获得性能更优良的光隔离器,需要采用图 3.118 所示的双级结构。

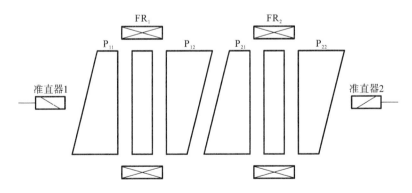

图 3.118　楔形双级偏振无关型光纤耦合隔离器结构[53]

双级结构分为第一级与第二级,每一级都是一个单级光隔离器。P_{11} 与 P_{12}、P_{21} 与 P_{22} 的光轴夹角都为 $45°$,P_{12} 与 P_{21} 的光轴夹角为 $90°$。现在分析光的正向传输。经准直器准直后出射的平行光束正向传输时,传播示意图如图

3.119所示,进入楔角片 P_{11} 后,基于双折射的原理,其分为两束光:o光与e光。当出射光接着通过法拉第旋转器 FR_1 时,o光和e光的偏振面被旋光晶体逆时针旋转 $45°$,由于楔角片 P_{12} 的光轴相对于楔角片 P_{11} 正好逆时针呈 $45°$ 角,所以前级的o光与e光在后级中依然是o光与e光,然后经由 P_{12} 出射,此时o光与e光变成平行光,二者之间存在细小位移 δ;该平行光进入楔角片 P_{21} 后,由于 P_{21} 与 P_{12} 的光轴正好逆时针呈 $90°$ 角,o光与e光的偏振态发生变化,o(e)光变成e(o)光;同理,出射光接着通过法拉第旋转器 FR_2 时,o光与e光的偏振面被旋光晶体逆时针旋转 $45°$,由于楔角片 P_{22} 的光轴相对于楔角片 P_{12} 正好逆时针呈 $45°$ 角,所以前级的o光与e光在后级中依然是o光与e光。由上分析,正向光的偏振态变化为o光→o光→e光→e光或e光→e光→o光→o光,这样,对于单级结构存在的偏振模色散PMD与细小位移 δ,o光与e光的转换正好实现了补偿。

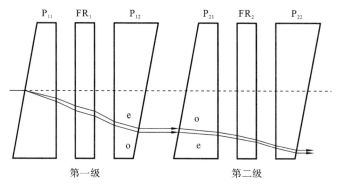

图 3.119　正向传输光路示意图[53]

下面分析反向光的传输,如图 3.120 所示,反射光进入 P_{22} 晶体后,被分为o光和e光两束传播,基于法拉第旋转的特性,反射光偏振方向的旋转保持逆时针方向,这样o光和e光在进入楔角片 P_{21} 后成了e光和o光。出射光不再合成两束间距很小的平行光,而是向不同的方向折射;光继续进入楔角片 P_{12},由于 P_{21} 与 P_{12} 的光轴正好逆时针呈 $90°$ 角,此时o光与e光再次变成了e光与o光,经由法拉第旋转器 FR_1 时,o光与e光再次逆时针旋转 $45°$ 光进入 P_{11} 后,由于 P_{11} 与 P_{12} 的光轴夹角为 $45°$,偏振态再次发生转变。由上分析,反向光的偏振态变化为o光→e光→o光→e光或e光→o光→e光→o光。由此,反向光不断发散,对反向光起到很好的隔离作用。

在该光纤耦合隔离器前后两级中,o光与e光发生了偏振态的倒换,因此,

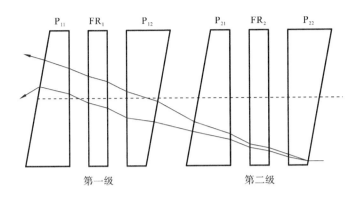

图 3.120　反向传输光路示意图[53]

理论上,双级光隔离器能消除单级中存在的横向位移 Δh,并解决了两光之间存在细小间距 δ 的问题,使光纤耦合隔离器的性能得到提高。

3.8.2　光纤耦合隔离器关键器件和材料选择

1. 光纤准直器

光纤准直器由光纤与耦合透镜组成,耦合透镜的作用是将光纤出射的光准直成平行光或者将接收到的平行光耦合进光纤中。

常用的耦合透镜有两种:自聚焦透镜(GRIN-lens)与球面透镜(C-lens)。

自聚焦透镜的折射率存在渐变性,这就使得当折射率发生变化时,端面容易因为热量堆积发生灼伤,当光纤耦合隔离器工作在功率较高情况下时更是如此。由此,自聚焦透镜(GRIN-lens)只适用于功率较低的光纤耦合隔离器中。

C-lens 的成本较低,其折射率为常数,能够很好地解决 GRIN-lens 因为折射率渐变导致的容易产生灼伤的问题,C-lens 的两个端面由倾角为 8°的斜面与球面组成,这可以减少回波损耗;改变 C-lens 的参数比改变 GRIN-lens 的参数要容易。

2. 双折射晶体

用在高功率光纤耦合隔离器中的双折射晶体应折射率稳定、对于相应波段的透过率好、遇热不容易热膨胀,且不容易潮解;考虑到成本因素,晶体的成本最好低廉。

表 3.14 给出了几种双折射晶体的参数[53]。YVO_4 晶体具有的双折射率、离散角比较大,硬度适中,热膨胀系数比较小,并且不容易潮解。TiO_2 晶体的双折射率在 4 个晶体中最大,c 轴热膨胀系数与离散角较小,从原理上来说是

表 3.14　几种双折射晶体的比较

晶体		YVO$_4$	TiO$_2$	CaCO$_3$	LiNbO$_3$
反射系数	n_o	1.9447@1550 nm	2.454@1530 nm	1.6346@1497 nm	2.2151@1440 nm
	n_e	2.1486@1550 nm	2.710@1530 nm	1.4774@1497 nm	2.1413@1440 nm
双折射率(n_e-n_o)		0.2039@1550 nm	0.256@1530 nm	−0.1572@1497 nm	−0.0738@1440 nm
离散角(45°)ρ		5.67°	4.33°	5.63°	1.96°
透光范围/μm		0.4～5	0.4～5	0.35～2.3	0.4～5
热膨胀系数/(/℃)	c 轴	11.4×10^{-6}	9.2×10^{-6}	26.3×10^{-6}	16.7×10^{-6}
	a 轴	4.4×10^{-6}	7.1×10^{-6}	5.4×10^{-6}	7×10^{-6}
潮解性		无	无	弱	无
莫氏(Mohs)硬度		5	6.5	3	5

比较优良的晶体,但是由于其硬度过大,因此实用性不强;CaCO$_3$ 晶体的双折射率小,硬度最小,容易加工,但是其 c 轴热膨胀系数在 4 个晶体中最大并且容易潮解,光纤耦合隔离器在高功率下工作时,温度上升不可避免,晶体吸收热量,容易导致旋转角度发生变化,造成损耗,同时温度的上升也会导致系统工作性能的降低。LiNbO$_3$晶体的双折射率与离散角在 4 个晶体中最小,这会导致所需晶体尺寸变大,不利于光纤耦合隔离器整体结构小型化,而其热膨胀系数又较大,同样会导致光纤耦合隔离器性能下降或损坏。

3. 磁体

磁体通常有两种选择:电磁铁与永磁铁。

电磁铁在使用时需要经常励磁,需要供电系统,而且励磁线圈体积和重量都比较大。在需要电磁感应器运动时,由于其体积大、重量大,会影响运动速度的提高。

采用永磁铁组成磁路系统不需要线圈,系统结构简单,体积相对较小,可以顺利地解决这个问题。

采用永磁铁磁路是一种节能的方法。由于永磁铁磁路可靠性好、易于维修,因此具有广阔的应用前景。

4. 磁光晶体

在选取光纤耦合隔离器的磁光晶体时,应尽量选取维尔德常数大的晶体,这对光纤耦合隔离器整体结构的小型化有很大的帮助。通常选择 TGG 晶体作为磁光晶体。表 3.15 给出了 TGG 晶体的参数。

表 3.15　TGG 晶体的参数

磁光常数	35 RadTm^{-1}
透射损耗	$<0.1\%$/cm
导热率	7.4 Wm^{-1}K^{-1}
抗激光损伤阈值	>1 GW/cm^2

3.8.3　光纤耦合隔离器主要参数及测试方法

（1）插入损耗及测试。

插入损耗是光在光纤耦合隔离器中正向传输时，出射光的功率与入射光的功率相对比。记光正向传输时入射光的功率为 P_1，出射光的功率为 P_2，则插入损耗为

$$插入损耗 = 10\lg\frac{P_1}{P_2} \tag{3.26}$$

由式（3.26）可得到插入损耗，测试插入损耗的方法如图 3.121 所示。

图 3.121　光纤耦合隔离器插入损耗测试图

（2）隔离度及测试。

与插入损耗相反，隔离度是光在光纤耦合隔离器中反向传输时，出射光的功率与入射光的功率相对比。

测量隔离度时，与测量插入损耗相反，把光纤耦合隔离器倒个方向，如图 3.122 所示，入射光的功率为 P_1，出射光的功率为 P_2，则隔离度为

$$隔离度 = 10\lg\frac{P_1}{P_2} \tag{3.27}$$

与图 3.121 的区别是光纤耦合隔离器的接入方向不同。

图 3.122　光纤耦合隔离器隔离度测试图

（3）回波损耗及测试。

回波损耗（return loss）是指光在光纤耦合隔离器中正向传输时，入射光的功率与返回正向端的反射光的功率之比。记光正向传输时，入射光的功率为 P_1，反射光的功率为 P_r，则回波损耗为

$$回波损耗 = 10\lg\frac{P_1}{P_r} \tag{3.28}$$

由于 P_r 不方便测量，通常采用如图 3.123 所示的方法来测试。

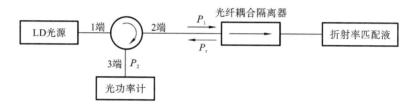

图 3.123　光纤耦合隔离器回波损耗测试图

这里使用到了一个光环形器。环形器可保证光反射回来时能被光功率计接收到。此时，回波损耗为

$$回波损耗 = 10\lg\frac{P_1}{P_2} - 插入损耗_{2\text{-}3} \tag{3.29}$$

其中，插入损耗$_{2\text{-}3}$是接入的环形器从相应端带来的损耗。

（4）偏振模色散及测试。

偏振模色散（PMD）主要是由在晶体中传播的 o 光与 e 光的折射率不同引起的。测试 PMD 时，通常采用图 3.124 所示的方法。

图 3.124　偏振模色散测试图

3.9　激光光纤传输接口

激光光纤传输接口，是光纤熔接石英柱（光纤端帽）再加上机械件封装，对光纤光斑扩束或准直输出，降低功率密度的一个器件，常用于中功率和大功率光纤激光器。激光光纤传输接口与切割头或焊接头连接，用于金属切割或焊接加工。常见的激光光纤传输接口有 QBH 接口、QD 接口、QCS 接口和

LLK 系列接口等。

3.9.1　QBH 接口

QBH 是 Quartz Block Head 的缩写,代表一种接口标准,其是 Optoskand 公司激光光纤传输接口的标准,对应通快公司的 LLK-Q 接口、IPG 公司的 HLC-8 接口,以及 Highyag 公司的 QBH 接口,这几款接口均可相互替换。表 3.16 列出了各厂家的 QBH 接口(或可以与之互换的接口)。

表 3.16　各厂家的 QBH 接口

厂家	对应接口	图片
Optoskand	QBH	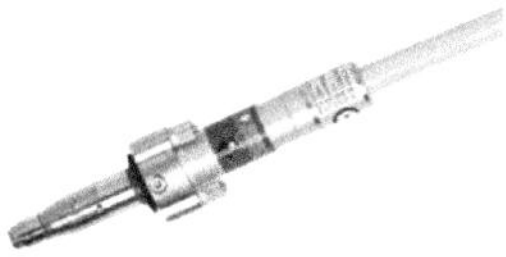
IPG	HLC-8	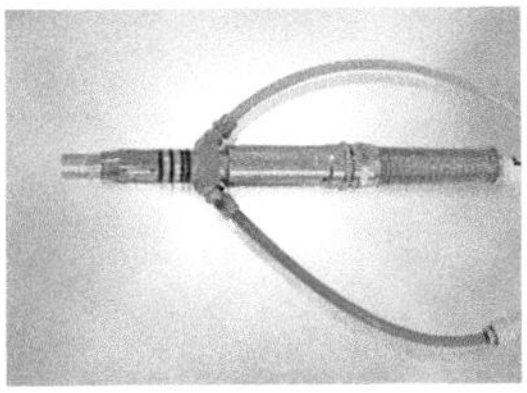
Highyag	QBH	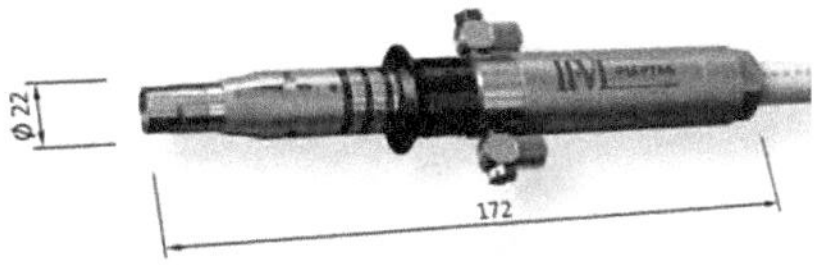

QBH 接口为国际标准型号,输出的激光为发散光,需要与准直系统配套使用,把 QBH 插入准直系统即可。此发散光的出光点(FEP,或称为虚拟出光点)的位置有一定的规定,具体如图 3.125 所示。

目前 QBH 接口最高耐受激光功率为 10 kW,主要用于千瓦级的激光加工应用。

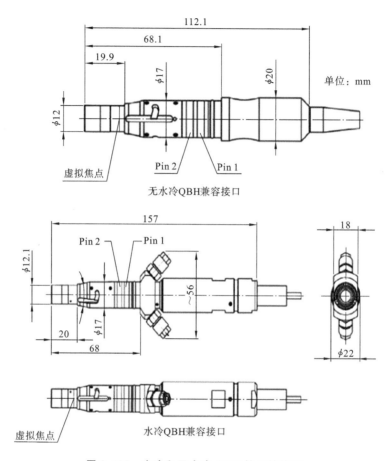

图 3.125　水冷和无水冷 QBH 接口结构图

3.9.2　QD 接口

QD 接口是 Optoskand 公司激光光纤传输接口的另一标准,对应于通快公司的 LLK-D 接口、Highyag 公司的 LLK-Auto 接口和 IPG 公司的 LCA 接口。表 3.17 列出了各厂家的 QD 接口。

QD 接口是指一种激光输出头(或输入头)与其他光学器件(如切割头、焊接头等)机械配合的一种类型,其与 QBH 接口有着不一样的机械尺寸。激光从 QD 输出头输出发散光,此发散光的出光点(FEP,或称为虚拟出光点)的位置与机械壳体之间的位置有一定的规定(规定有别于 QBH 接口),具体如图 3.126 所示。

表 3.17 各厂家的 QD 接口

厂家	对应接口	图片
Optoskand	QD	
IPG	LCA	
Highyag	LLK-Auto	

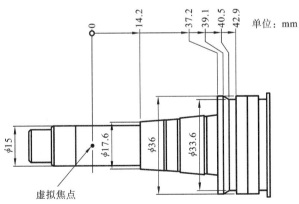

图 3.126 QD 机械壳体之间的规定

目前 QD 接口最高耐受激光功率为 20 kW(进口厂商数据),比 QBH 接口的更高,主要用于万瓦级的激光加工应用。

3.9.3　QCS 接口

QCS 接口来源于 Optoskand 公司早期的一种准直光输出接口,目前已不再销售。其他主流外国公司没有类似的接口,锐科激光推出的类似的 QCS 接口标准为 R-QCS 接口。QCS 接口的主要光学特征在于 FEP 或虚拟出光点位置位于无穷远处,不同于 QBH 或 QD 接口输出发散光的形式,QCS 接口输出的光为准直光。准直光斑大小没有特定标准。图 3.127 所示的是锐科激光的 R-QCS 接口的尺寸图。

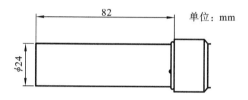

图 3.127　锐科激光 R-QCS 接口尺寸图

QCS 接口的耐受功率一般不超过千瓦,主要用于百瓦级激光应用。相比 QBH 和 QD 接口配合不同准直器可以对准直焦距进行更换而言,QCS 接口的准直焦距无法进行更改,所以主要应用于单模激光器特定板材厚度的切割,适应性较 QBH 和 QD 接口差,但是可省去用户自己选择切割头中准直器的麻烦。

3.9.4　LLK 系列接口

LLK 不是某种激光连接器的接口标准,其是 Highyag 公司的一些系列接口的前缀。除此之外,Highyag 公司还有其他 LLK 系列的接口,但是它们主要与其自制激光加工头配合,如 Highyag 公司的 LLK-HP 接口(最高耐受 6 kW)、LLK-LP 接口(最高耐受 250 W),两种接口的外形图如图 3.128 和图 3.129 所示。

图 3.128　LLK-HP 接口

图 3.129 LLK-LP 接口

3.10 工业光纤激光焊接头、切割头

工业光纤激光焊接头和工业光纤激光切割头是工业光纤激光器两种应用领域比较重要的两个部件,区别在于:光纤激光焊接头装在光纤激光焊接机上,主要对薄壁材料、精密零件进行焊接,可实现点焊、对接焊、叠焊、密封焊等,深宽比高,焊缝宽度小,热影响区小,变形小,焊接速度快,焊缝平整、美观,焊后无须处理或只需要简单处理,焊缝质量高,无气孔,可精确控制,聚焦光点小,定位精度高,易实现自动化。光纤激光切割头装在激光切割机上,利用高能量密度的激光束加热工件,使工件温度迅速上升,在非常短的时间内使温度达到材料的汽化点,材料开始汽化,形成蒸汽。这些蒸汽的喷出速度很大,蒸汽喷出的同时,在材料上会形成切口。

3.10.1 工业光纤激光焊接头

光纤激光焊接头是融合了光学、机械、传感、影像、控制、通信、态势感知和算法等多种功能集于一体的、具备前端智慧的子系统[54]。先进的光纤激光焊接头成为智慧化加工系统的重要基础。先进的光纤激光焊接头应具备以下 3 个重要特征。① 具备对激光聚焦光斑的多维度控制能力,包括自动对焦、光斑摆动、平顶光束等现代手段。② 当加工状态偏离设定目标时,具备快速应变能力,例如由于定位误差导致焊缝偏离、加工中材料的变形等时,具备快速应变能力,从而减轻主机系统的执行负担。③ 具备可拓展的通信能力。光纤激光焊接头只是一个末端组件,因此需要与主机系统进行大量的数据交换,包括实时影像、焊接头的工作状态,以及主机系统发过来的动作参数等。在一个中等规模的加工生产线上,可能有 3~10 台不同的激光焊接机同时工作,因此焊接头需要具备寻址功能、双向缓存功能和适应不同拓扑结构的多种通信接口。

典型的光纤激光焊接头的结构如图 3.130 所示,它包含了大多数先进焊接头的功能,而实际的激光焊接头是这个结构的一个合理裁剪版。按照每个功能模块的相对重要性的顺序,这些结构的作用和组成如下。

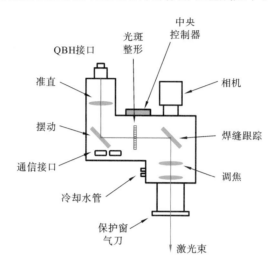

图 3.130　光纤激光焊接头典型结构

（1）光学准直和聚焦。将光纤激光器输出的激光束准直、聚焦到工作面上。由于大功率激光会使激光焊接头发热,激光焊接头必须具备焦点的热补偿能力。

（2）窗口保护。在焊接过程中会产生大量烟雾等污染物,合理的气门设计和具备防污染性能的窗口片,可以降低生产线的停工时间,并有效地控制配件更换的成本。

（3）光斑摆动和扫描轨迹控制。扫描路径可编程和每分钟大于 1 万转（>10000 rpm）的摆动速度,对于防止飞溅、提高工艺稳定性至关重要,尤其是对于某些难焊材料的焊接。

（4）传感系统。用于探测焊接头的温度、内部气压和镜片的污染等实时使用状况。其中,比较特殊的高度传感器和防撞传感器用于检测焊接头与加工面的距离,以及出现误运动时,及时发出警报信号。在与机械手配合工作时,传感系统会发挥很大作用。

（5）实时影像和分析。捕捉焊接的工作影像,并提供初步的数据分析,例如用于观测是否出现严重漏焊等错误。

（6）光学调焦和补偿。在焊接复杂 3D 曲面时,尤其是存在快速变化的曲线、热变形导致的工件起伏等情况时,利用焊接头本身的快速调焦和补偿功能,可以有效地减缓中控系统的运算负荷,提高补偿速度和效率。

（7）光斑整形。在遇到难加工的材料,如铜铝时,可以根据焊接件的特性进行光斑强度分布的调整。

（8）焊缝跟踪。焊缝跟踪无疑是减轻前期处理步骤的有用功能。另一方面,对于小批量、多品种的焊接加工,其可极大地降低焊接编程的工作量。

（9）控制中心。基于微芯片和处理器的中控系统的功能越来越强大,其具有很大的提升价值。

（10）通信接口。高速通信接口适应多拓扑网络结构。

3.10.2　工业光纤激光切割头

激光切割头是激光切割设备中的重要组件,是影响金属切割质量与效果的重要因素。光纤激光切割头的基础原理如下。使用经过聚焦的高密度激光束照射金属材料,使金属材料迅速熔化、汽化、烧蚀或达到燃点,同时借助与光束同轴吹出的高速气流(氧气、氮气、氩气、压缩空气、混合气体等)吹走熔融状态的材料,从而实现分离金属的切割工艺。但在切割不同金属材料时,它的原理有所区别。比如切割不锈钢:使用激光束照射不锈钢表面,使此处发生熔化,然后通过同轴吹气吹走熔融状态的不锈钢,从而切割不锈钢。切割碳钢:使碳钢发生熔化,使用氧气作为辅助气体,不仅可以吹走熔融状态的碳钢,还可使碳钢发生氧化反应,同时放出大量的热,使其熔化速度加快。因此,碳钢的切割速度远远大于不锈钢的。

1. 光纤激光切割头的组成

光纤激光切割头的组成如图 3.131 所示,其主要由光纤连接块、准直组件、聚焦组件、保护镜盒、非接触式电容传感器及控制盒、喷嘴组成。

（1）光纤连接块:光纤导入切割头的接口部分,常见的有 QBH 接口、QD接口、QCS 接口、RK 接口等。

（2）准直组件:将来自光纤接口的发散光准直,准直组件还包括准直对中部分和水冷却部分。

（3）聚焦组件:置于本体内,将准直后平行的激光束聚焦,以切割工件。通过聚焦组件的调焦部分可以改变焦点位置,以满足切割不同材料和不同厚度板材的需求。

（4）保护镜盒:用于将外界与切割头内部光路隔绝,保证光路密封,防止

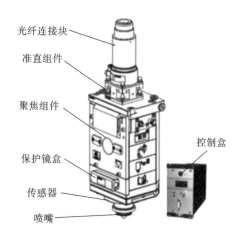

光纤连接块

准直组件

聚焦组件

控制盒

保护镜盒

传感器

喷嘴

图 3.131 光纤激光切割头的组成

灰尘和杂质进入光路,延长光纤切割头的使用寿命。

(5)传感器及控制盒:能使切割头与工件表面之间的距离长期、可靠地保持稳定,为获得最佳的切割质量提供保证。

(6)喷嘴:安装在切割头前端,是激光束和辅助气体的排出通道。辅助气体经过割嘴内腔后形成高速气流。将融熔材料吹走,达到切割的目的。

2. 光纤激光切割头的关键技术[55]

(1)喷嘴的形状及其产生的流场特征是影响激光切割效率的关键因素之一。合理的辅助气体类型与流场不仅能提高加工能力,而且能使热影响区限制在一个很小的范围内,保证切割质量。这就要求喷嘴承受较高的气体压力,而且要求气体压力能全部转为气体的动能将熔融金属和部分热量从切口中吹走。

一般喷嘴与激光切割头同轴,而且形状多样,如图 3.132 所示,有圆柱形、锥形、缩放形等。

喷嘴的选取原则如下。其口径必须大于聚焦后的光束,也就是说,激光光束通过喷嘴时不能碰其壁。喷嘴的口径尺寸是不相同的,大口径的喷嘴对聚焦的激光束没有很严苛的要求;而口径较小的喷嘴对聚焦后的光束要求较高,要保证激光束的准直性,光束直径应能够完美贴合喷嘴口径。在实际应用过程中,由于辅助气体的出口也在喷嘴部分,因此选择合适的口径至关重要。如若口径过小会造成喷嘴气场紊乱,反之,喷嘴会因为高温导致部分形变。

喷嘴距子料高度过大会使激光部分能量损耗达不到预期的切割效果;反

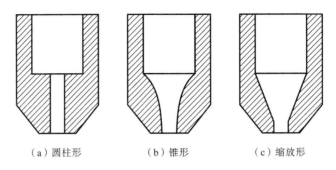

（a）圆柱形　　　（b）锥形　　　（c）缩放形

图 3.132　常用的光纤激光切割头的喷嘴类型

之,会使吹出的熔渣容易进入切割头内部,这不仅会损坏镜片,而且还会使流场紊乱,影响焦点位置。但是现在一般都会配有激光头高度跟踪器（LVDT 高度传感器和电容高度传感器）来调节高度。

（2）如图 3.133 所示,把激光聚焦到焦点时,形成的光斑直径是计算被加工物上能量密度的重要数值,与激光切割质量有着重要联系。光纤的光斑直径取决于准直单元焦距、聚焦单元焦距、光纤芯径。如图 3.134 所示,焦点深度是指在焦点附近能得到与聚焦点处光斑直径大小基本相同光斑的范围,变化范围为±5%。

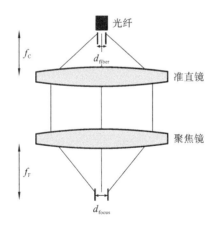

图 3.133　光纤激光切割头光路原理图

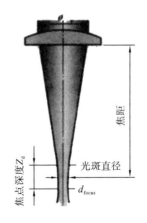

图 3.134　焦点深度

（3）为使激光切割机切割板材精度高且断面光滑无毛刺,切割头的焦点控制非常关键。在切割过程中,喷嘴和工件间的距离为 0.5～1.5 mm,可以看作一个固定值,这样就不能通过整体升降切割头的方式来调节焦点位置。通常调焦有三种方法:移动聚焦镜调焦（F 轴调焦）、变曲率发射镜（VRM）调焦、准直调焦。

① F 轴调焦：如图 3.135 所示，F 轴调焦就是改变聚焦镜的位置来改变焦点位置，聚焦镜下降，焦点位置就下降；反之，焦点位置上升。如果采用电机驱动聚焦镜上下运动就可实现自动调焦。

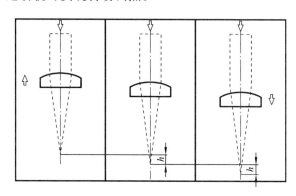

图 3.135　F 轴调焦

② 变曲率发射镜调焦：在光束进入聚焦镜之前放置一个变曲率发射镜，通过改变变曲率发射镜背面冷却水的压力来改变它的曲率，进而改变光束的发散状况，达到焦点上下移动的效果。当水压增加时，变曲率发射镜向外弯曲，平行光束经变曲率发射镜后变得发散，焦点位置向下移动（相对于零焦点）；反之，光束变得收敛，焦点位置向上移动，如图 3.136 所示。调焦控制过程如下：用计算机系统对光电检测系统和压力传感系统反馈的数据进行处理，将处理后的数据作为变曲率发射镜的输入控制信号输入计算机，对反馈的信号进行实时闭环监控，实现对光束质量和聚焦特性的自适应调控，达到调焦效果。

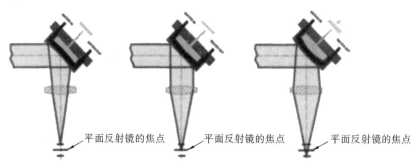

图 3.136　变曲率发射镜调焦

③ 准直调焦:通过改变准直单元中的调节透镜来改变焦点位置。透镜在光轴上的位置可通过电机驱动,也可手动调节。

为了改变焦点位置,将准直单元沿光轴方向(z 方向)移动,这将导致光斑不再被准直。当准直单元向光纤端(z 轴方向)移动时,光束将变得发散,导致焦点位置将接近工件(向 z 轴负方向移动)。反之,光束变得收敛,偏离工件方向(向 z 轴正方向移动)。如图 3.137 所示,焦点位置发生变化,光斑直径也会略微变化。

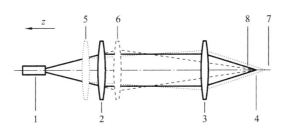

图 3.137 z 轴方向的焦点位置

1—光纤;2—零位时的准直单元;3—聚焦单元;4—准直单元零位时的焦点位置;
5、6—准直单元的端部位置;7、8—准直单元(5、6)处对应的焦点位置。

如图 3.138 所示,改变准直单元透镜的位置,可改变聚焦光斑的直径。

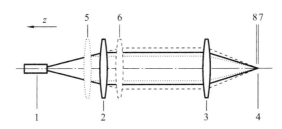

图 3.138 光斑直径调节

1—光纤;2—零位时的准直单元;3—聚焦单元;4—准直单元零位时的光斑直径;
5、6—准直单元的端部位置;7、8—准直单元(5、6)处对应的光斑直径。

根据光斑直径计算公式,当准直焦距变小时,光斑直径变大;反之,光斑直径变小。同样,当光斑直径变化时,焦点位置也略微发生变化。

光斑直径调节(变焦)的应用意义主要体现在厚板穿孔和厚板切割上。脉冲穿孔时可以合理采用调焦和变焦技术来提高穿孔效率。目前,智能切割控制系统具备高速穿孔功能,可节省能量,提高穿孔效率。穿孔是激光切割进行前必须准备的工作。对于传统的定时穿孔工艺,在效率和安全性上有一定矛盾,要保证穿孔快速且可靠地完成,通常会在穿孔时间上留有一定余量,但为了防止穿孔过程中熔池发生爆孔进而污染镜片,又会限制穿孔功率,从而影响穿孔效率。而智能切割控制系统可以在线监测并控制穿孔状态,其可预测熔池爆孔并控制各种工艺参数,最终可使激光器在满功率状态下高速度、高质量地完成穿孔,并且能够自动判断穿孔过程的结束,穿孔结束后立即执行后续切割工作,可大大缩短加工时间,保证加工质量,同时也可极大地减少多余的穿孔能量对床身产生的烧蚀和热变形等影响。

切割薄板时调小光斑直径可使切缝窄、热输入少、能量密度高、熔融能力强。切割厚板时调大光斑直径,切缝宽度将增加,有利于熔融金属顺利流淌;可以获得较大的焦深,使切割断面垂直度好(即切缝坡度小),这可大大提高切割质量。

一般而言,短焦距聚焦镜(小光斑直径)适用于薄板切割;长焦距聚焦镜(大光斑直径)适用于厚板切割。然而,通过变焦技术可以兼顾短焦距和长焦距的特点,使激光切割机无须人工干预,可切割不同厚度和种类的板材,这将大大提高生产率。图3.139所示的是某切割头利用变焦技术实现不同板厚切割的实例。

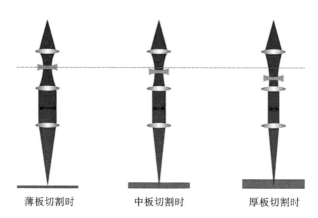

薄板切割时　　　　　中板切割时　　　　　厚板切割时

图 3.139　利用变焦技术实现不同板厚切割的实例

(4)传感器:激光切割过程中,切割头与工件之间的距离是极其重要的因素,直接影响着切割质量。在切割过程中要避免切割头与工件突起处发生碰撞,造成割嘴、切割头或工件损坏,就必须在切割头上安装专门的传感器,自动检测到距离变化并依此自动调节,使切割头与工件的距离保持一定,从而保证切割质量稳定,提高切割过程的安全性。

参考文献

[1] 刘国军,薄报学,曲轶,等.高功率半导体激光器技术发展与研究[J].红外与激光工程,2007.

[2] 林琳,陈宏泰,徐会武,等.976 nm 非对称波导结构高效率半导体激光器[J].微纳电子技术,2013,50(5),281-297.

[3] 胡海,仇伯仓,何晋国,等.高性能 976 nm 宽条半导体激光芯片[J].中国激光,2018,45(8).

[4] 许留洋.高功率半导体激光器腔面钝化及器件特性研究[D].长春:长春理工大学,2013.

[5] 彭海涛,家秀云,张世祖,等.大功率半导体激光器的腔面钝化[J].微纳电子技术,2009,46(10).

[6] M. M. Hao, H. B. Zhu, Q. Li,et al. Research on high brightness fiber coupled diode laser module with hundred watts class output power[J]. Chinese Journal of Luminescence,2012, 33(6):651-659.

[7] 胡慧璇,卢昆忠,王文娟.一种斜面式多管半导体激光器耦合装置及方法:中国,CN201310322539.4[P].

[8] 黄云,安振峰.半导体激光器的主要失效机理及其与芯片烧结工艺的相关性[J].电子产品可靠性与环境试验,2002,(5).

[9] A. B. Grudinin, D. N. Payne, P. W. Turner, et al. Multi-fibre arrangement for high power fibre lasers and amplifiers:美国,US7660034[P].

[10] 肖起榕,张大勇,王泽晖,等.高功率光纤激光泵浦耦合技术[J].中国激光,2017,44(02):0201012.

[11] 贺兴龙.高功率掺镱全光纤激光器关键单元技术研究[D].武汉:华中科技大学,2018.

[12] V. P. Gapontsev, V. Fomin, N. Platonov. Powerful fiber laser system:美国,US7593435[P].

[13] 董繁龙.高功率全光纤激光器光纤耦合关键技术研究[D].北京:北京工业大学,2016.

[14] 易博凯.基于缠绕式熔融加热的侧面泵浦光纤耦合器的研制[D].长沙:

国防科学技术大学,2014.

[15] 李杰. 基于光纤合束器的模式转换和控制研究[D]. 长沙：国防科学技术大学,2013.

[16] 吴娟. 低损耗泵浦合束器技术研究[D]. 绵阳：中国工程物理研究院,2014.

[17] 史伟,房强,齐亮. 一种基于光纤腐蚀的$(N+1) \times 1$光纤端面泵浦合束器:中国,CN201410224237.8[P].2016-05-18.

[18] 周旋风,陈子伦,王泽锋,等.高阶模滤除光纤端面泵浦耦合器及其制作方法:中国,201610179051.4[P].2016-03-28.

[19] B. Sévigny, P. Poirier, M. Faucher. Pump combiner loss as a function of input numerical aperture power distribution[J]. Proceedings of SPIE,2009.

[20] K. K. Jun, H. Christian, D. Thomas, et al. Monolithic all-glass pump combiner scheme for high-power fiber laser systems[J]. Optics Express, 2010, 18：13195-13202.

[21] K. Andrey, T. Valery, F. Mahmoud, et al. Tapered fiber bundles for combining high-power diode lasers[J]. Applied Optics, 2004, 43(19)：3893-3900.

[22] Q. Xiao, P. Yan, J. He, et al. Tapered fused fiber bundle coupler capable of 1kW laser combining and 300W laser splitting[J]. Laser Physics, 2011, 21(8)：1415-1419.

[23] 郭福源,林斌,陈钰清,等.光纤端面衍射场光束的特征参数[J].浙江大学学报(工学版),2004,38(3):281-285.

[24] 帅词俊,段吉安,蔡国华. 熔融光纤器件熔锥区的形貌和微观结构研究[J]. 光学学报,2006, 26(1):121-125.

[25] 帅词俊,段吉安,钟掘. 熔锥型光纤耦合器流变成形的工艺敏感性研究[J]. 光学精密工程, 2005,13(1):40-46.

[26] F. Séguin, A. Wetter, L. Martineau, et al. Tapered fused bundle coupler package for reliable high optical power dissipation[J]. Proceedings of SPIE, 2006, 6102：1-10.

[27] 周旋风. 光纤模场适配器的制作研究[D]. 长沙：国防科学技术大

学，2012.

[28] R. Marek. Analysis of loss of single mode telecommunication fiber thermally diffused core areas[J]. Proceedings of SPIE,2007.

[29] 李榴,李毅,郑秋心,等.基于热扩芯光纤的光纤准直器特性研究[J]. 激光与光电子学进展,2012,49:060602.

[30] 李坤,薛竣文,苏秉华,等. 光纤熔接机加热扩芯制作模场适配器的研究[J]. 光学技术,2016,42(5):450-452.

[31] D. Marcuse. Loss analysis of single-mode fiber splices[J]. The Bell System Technical Journal, 1977,56(5):703-718.

[32] A. W. Snyder, J. D. Love. Optical Waveguide Theory[M]. New York:Chapman & Hall, 1983.

[33] J. D. Love, W. M. Henry. Tapered single-mode fibres and devices. I. Adiabaticity criteria[J]. IEEE Proceedings Part J, 1991, 138(5): 343-354.

[34] 孙静,邹淑珍,陈寒,等.高功率包层光剥离器最新研究进展[J].激光与光电子学进展, 2017, 54(11): 110001.

[35] A. Wetter, M. Faucher, B. Sévigny. High power cladding light strippers[J]. Proceeding of SPIE,2008.

[36] W. Guo, Z. Chen, H. Zhou, et al. Cascaded cladding light extracting strippers for high power fiber lasers and amplifiers[J]. IEEE Photonics Journal, 2014, 6(3): 1-6.

[37] L. Bansal, V. R. Supradeepa, T. Kremp, et al. High power cladding mode stripper[C]//SPIE LASE. International Society for Optics and Photonics, 2015.

[38] 邱禹力.光纤包层石英套管模式剥离技术研究[D]. 武汉:华中科技大学, 2016.

[39] A. Babazadeh, R. R. Nasirabad, A. Norouzey, et al. Robust cladding light stripper for high-power fiber lasers using soft metals[J]. Applied optics, 2014, 53(12): 2611-2615.

[40] A. Kliner, K. C. Hou, M. Plötner, et al. Fabrication and evaluation of a 500W cladding-light stripper[J]. Moems & Miniaturized Systems

Ⅻ,2013.

[41] R. Poozesh, A. Norouzy, A. H. Golshan, et al. A novel method for stripping cladding lights in high power fiber lasers and amplifiers[J]. Journal of Lightwave Technology, 2012, 30(20): 3199-3202.

[42] T. Li, J. Wu, Y. Sun, et al. An improved method for stripping cladding light in high power fiber lasers[J]. Proceedings of SPIE—the International Society for Optical Engineering, 2015.

[43] S. Boehme, K. Hirte, S. Fabian, et al. CO_2-laser-based coating process for high power fiber application[C]// SPIE LASE. International Society for Optics and Photonics, 2014.

[44] M. Berisset, L. Lebrun, M. Faucon, et al. Laser surface texturization for high power cladding light stripper[C]//SPIE LASE. 2016.

[45] K. Boyd, N. Simakov, A. Hemming, et al. CO_2 laser-fabricated cladding light strippers for high-power fiber lasers and amplifiers[J]. Applied Optics, 2016, 55(11):2915.

[46] K. Boyd, J. Daniel, E. Mies, et al. Advances in CO_2 laser fabrication for high power fibre laser devices[C]//SPIE LASE. 2016.

[47] Y. Ping, J. Sun, Y. Huang, et al. Kilowatt-level cladding light stripper for high-power fiber laser[J]. Applied Optics, 2017, 56(7): 1935-1939.

[48] O. K. Hill, B. Malo, F. Bilodeau, et al. Bragg gratings fabricated in monomode photosensitive optical fiber by UV exposure thorough a phase mask[J]. Applied Physics Letters, 1993, 62:1035-1037.

[49] 刘刚. 大模场双包层光纤光栅的刻写与特性研究[D]. 上海:中国科学院研究生院,2012.

[50] 张亚妮,刘思聪,赵亚,等. 800 nm 高能量飞秒激光脉冲刻写长周期光纤光栅机理[J]. 光子学报,2018,41(7).

[51] 施佳炜. 双包层光纤光栅制备及其特性研究[D]. 武汉:华中科技大学,2011.

[52] 杜旭涛. 光纤耦合声光调制器的理论和实验研究[D]. 石家庄:河北工业大学,2014.

[53] 杜伟.高功率光隔离关键技术研究[D].北京:北京信息科技大学,2015.

[54] https://www.sohu.com/a/404705342_671576.

[55] 蔡诚,朱鹏程,董香龙.光纤激光切割机切割头关键技术及应用前景[J].
锻压装备与制造技术,2017,52(3):45-48.

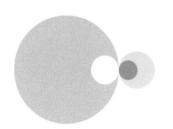

第 4 章 工业光纤激光器的核心技术

4.1 光纤激光器中非线性效应现象和产生机理

光纤激光器的非线性效应分为两类:非弹性过程和弹性过程。非弹性过程是由受激散射引起的,电磁场和极化介质有能量交换,如受激拉曼散射(SRS)和受激布里渊散射(SBS)。弹性过程是由非线性折射引起的,电磁场和极化介质没有能量交换,包括自相位调制(SPM)、交叉相位调制(XPM)和四波混频效应(FWM)。其中,受激拉曼散射、受激布里渊散射对工业光纤激光器的性能影响比较大。

4.1.1 受激拉曼散射

1. 受激拉曼散射机理

受激拉曼散射是一种非线性光学现象[1]。当一束光波通过光学介质时,产生的散射光相对于入射光频率 ω_p 存在一定的频移量 $\omega_v = \omega_p - \omega_s$,其中,频移成分 ω_s 为拉曼散射光频率。当入射光频率 $\omega_p > \omega_s$ 时,这种散射即为斯托克斯散射;当 $\omega_p < \omega_s$ 时,这种散射则为反斯托克斯散射。图 4.1 所示的为自发拉曼散射的能级图,当入射光频率为 ω_p 的光子被处于基态 $\nu = 0$ 的分子吸收后,

分子被激发到振动能级 $\nu=1$ 上,同时产生一个斯托克斯光子,$\omega_s=\omega_p-\omega_v$;分子处于激发态 $\nu=1$ 时,入射光子被其吸收后,会产生一个反斯托克斯光子 $\omega_{as}=\omega_p+\omega_v$,同时分子跃迁到基态 $\nu=0$ 上。

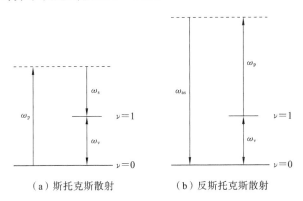

（a）斯托克斯散射　　　　　　（b）反斯托克斯散射

图 4.1　拉曼散射能级示意图

一般情况下,光波入射介质后出现的拉曼散射光为自发辐射,是非相干的散射光。而在一定的条件下,当使用强激光入射某些介质时,会产生相干的散射光,具有受激辐射的性质,即为受激拉曼散射。受激拉曼散射不同于自发拉曼散射,受激拉曼散射光具有与入射激光相似的光学性质,如高定向性、高单色性等,同时也具有阈值性,即只有当介质中的激光功率密度达到一定的阈值时,才会出现受激拉曼散射现象。

当出现受激拉曼散射现象时,入射光子主要被介质中的受激声子散射,其基本原理描述如图 4.2 所示。当最初的一个入射光子与一个热振动声子相碰时,在产生一个斯托克斯光子的同时,会增添一个受激声子;入射光子与新增添的受激声子相碰时,同样会产生一个斯托克斯光子,同时又再增添一个受激声子,以此继续,在介质中便形成一个产生受激声子的雪崩过程。由于入射到介质中的激光是相干的,受激声子产生的声波是相干的,因此在此过程中产生的斯托克斯光也是相干的。

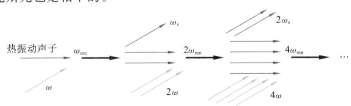

图 4.2　受激声子产生的雪崩过程示意图

2. 拉曼增益谱

在光纤中传播的连续或准连续激光,在一定条件下会出现拉曼散射,其斯托克斯光强可以用下式表示[2]:

$$\frac{\mathrm{d}I_s}{\mathrm{d}z} = g_R I_p I_s \tag{4.1}$$

式中,I_s 为斯托克斯光强;I_p 为泵浦光光强;g_R 为拉曼增益系数。拉曼增益系数在不同介质中不同,其主要与入射的泵浦光和斯托克斯光的频率差(频移)ω_v 有关,ω_v 是描述受激拉曼散射的一个重要参量。

在光纤中,拉曼增益系数 $g_R(\omega_v)$ 主要取决于光纤的成分,尤其是光纤中不同的掺杂成分,图 4.3 所示的为石英光纤中 g_R 与频移 ω_v 之间的函数曲线。当入射泵浦光波长 $\lambda_p = 1\ \mu m$ 时,拉曼增益系数 $g_R \approx 1 \times 10^{-13}\ m/W$;当入射泵浦光为多波长时,$g_R$ 与波长 λ_p 成反比。在石英光纤中,拉曼增益系数 $g_R(\omega_v)$ 可以扩展到 40 THz 的频移范围,当频移约为 13 THz 时,其对应最大的增益系数,这在大功率光纤激光器及放大器的研究中具有重要的参考意义。

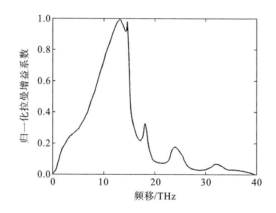

图 4.3 石英光纤中拉曼增益系数与频移的函数关系

3. 受激拉曼散射的阈值

受激拉曼散射具有一定的阈值,在设计大功率光纤激光器时,可通过估算功率阈值降低受激拉曼散射效应对激光器的影响。经典的受激拉曼阈值 P_{th} 的计算公式为[3]

$$P_{th} = 16 \cdot \frac{A_{eff}}{g_R L_{eff}} \tag{4.2}$$

式中,A_{eff} 为光纤的有效模场面积;g_R 为光纤拉曼增益系数;L_{eff} 为光纤的有效长度,且 $L_{eff}=(1-e^{-\alpha_p L})/\alpha_p$,其中,$\alpha_p$ 为传输损耗。从受激拉曼阈值的计算公式(4.2)可以看出,P_{th} 与光纤的有效模场面积成正比,与光纤的有效长度成反比。对于大功率光纤激光器,由于主动光纤通常为掺杂光纤,受激拉曼阈值的大小不仅与 A_{eff}、L_{eff} 有关,还与光纤激光器的泵浦方式、种子激光功率大小及光纤掺杂离子浓度等参数相关,计算相对复杂。

在式(4.2)的基础上,结合光纤放大系统中的速率方程,对受激拉曼阈值计算公式进行改进,对于正向泵浦方式的光纤放大器,受激拉曼阈值的近似计算公式为[4]

$$P_{th} \approx \frac{\left(\dfrac{16A_{eff}}{g_R L} - P_{s0}\right) L \cdot \alpha_s}{\dfrac{\alpha_s}{\zeta}(e^{-\zeta \cdot L} - 1) - (e^{-\alpha_s \cdot L} - 1)} \tag{4.3}$$

对于反向泵浦方式的光纤放大器,受激拉曼阈值的近似计算公式为

$$P_{th} \approx \frac{\left(\dfrac{16A_{eff}}{g_R L} - P_{s0}\right) L \cdot \alpha_s}{\left[\dfrac{\alpha_s}{\zeta}(e^{\zeta \cdot L} - 1) + (e^{-\alpha_s \cdot L} - 1)\right] e^{-\zeta \cdot L}} \tag{4.4}$$

式中,$\zeta = -\Gamma_p N \dfrac{\sigma_{se}\sigma_{pa} - \sigma_{sa}\sigma_{pe}}{\sigma_{se} + \sigma_{sa}}$;$P_{s0}$ 为入射到光纤放大器的信号光功率;α_s 为信号光的传输损耗;L 为光纤长度;Γ_p 为泵浦光在掺杂区域的填充因子;N 为光纤的掺杂离子浓度;σ_{pa} 和 σ_{pe} 为泵浦光的吸收和发射截面面积;σ_{sa} 和 σ_{se} 为信号光的吸收和发射截面面积。对于大功率光纤放大器,通过式(4.3)和式(4.4)能够估算受激拉曼散射的功率阈值。例如使用纤芯直径大于 $20~\mu m$ 的大模场掺杂光纤,注入激光功率约为 $1~kW$,图 4.4(a)和(b)分别为正向泵浦方式和反向泵浦方式的光纤放大器中,受激拉曼阈值与光纤长度及掺杂离子浓度的关系曲线。可以看出,在相同的注入种子激光功率下,受激拉曼阈值与光纤长度及掺杂离子浓度呈反比。

图 4.5 所示的为在使用相同长度的光纤和同类型的掺杂光纤时,正向与反向泵浦方式的光纤放大器受激拉曼散射的功率阈值对比图,图中曲线 P_{th} 和 P_{th2} 分别为正向泵浦和反向泵浦方式的受激拉曼散射功率阈值。从图中可以看出,反向泵浦方式的光纤放大器的受激拉曼阈值比正向泵浦方式的要高,这主要是由于采用反向泵浦方式时,光纤放大器增益光纤内的信号光功率分布与采用正向泵浦方式时的不同,激光在光纤的末端几米获得较高的激光功率,

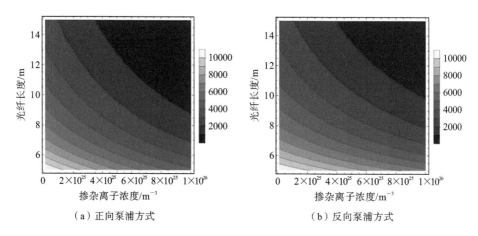

（a）正向泵浦方式   （b）反向泵浦方式

图 4.4　光纤放大器中受激拉曼阈值与光纤长度及掺杂离子浓度的关系曲线

较高功率的激光与光纤的相互作用长度相对较短,而正向泵浦方式的大功率激光则与光纤相互作用的长度相对较长,因此反向泵浦方式的光纤放大器在相同条件下的受激拉曼散射功率阈值相对较高。

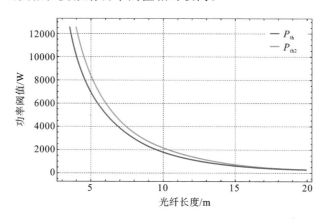

图 4.5　受激拉曼阈值与光纤长度的关系曲线(P_{th} 和 P_{th2} 分别为正向和反向泵浦方式)

4. 受激拉曼散射对光纤激光系统的影响

在大功率光纤激光系统设计中,由于受激拉曼散射的影响,当激光功率达到受激拉曼阈值时,会出现受激拉曼散射光。光纤激光系统中的信号光将成为受激拉曼光的泵浦光,将信号光的能量转移到拉曼光中,从而限制信号激光功率的增加,对特定波长的光纤激光系统带来潜在的危害。大功率光纤放大器中的种子激光器如果与光纤放大器之间没有光纤耦合隔离器,当出现受激拉曼散射时,由于反向传输的拉曼光的波长与种子激光器的光纤光栅波长不同,其会直接耦合进种子激光器,并沿激光器光纤穿过整个激光器光纤系统泄漏出去,这部分拉曼光不仅会消耗种子激光器中的泵浦光和信号光能量,而且会对光纤信号/泵浦耦合器带来一定的发热,根据光纤信号/泵浦耦合器的结构与设计,其对特定信号波长的激光插损较小,而拉曼光的波长与信号光的波长不同,其插损要大于正常信号光的损耗,因此拉曼光在经过信号/泵浦耦合器时,会产生更多的功率损耗,导致信号/泵浦耦合器发热,影响其可靠性与稳定性。

在光纤放大器的激光输出系统中,激光从光纤中以一定的发射角输出,需要对输出透镜的端面进行镀膜处理,以降低激光的损耗。一般镀膜设计仅针对信号激光的波长镀高透膜层,当出现拉曼光后,由于波长不同,其透过膜层时的透过率低于信号激光的,会产生一定的能量损耗而发热,影响膜层对信号光的透过率的稳定性,加速其老化甚至烧毁膜层。

4.1.2　受激布里渊散射

受激布里渊散射是影响光纤激光器主振荡级和放大级输出功率提高的主要因素之一,它是一种在光纤内发生的非线性过程,达到阈值之后,它能将大部分泵浦能量转移到 Stokes(斯托克斯)波上,从而限制光纤激光器输出功率。

SBS 的阈值泵浦功率与泵浦光的谱宽有关,当光纤激光器输出激光谱线较宽时,SBS 的阈值泵浦功率很高,SBS 几乎不会发生。但对于谱线较窄的光纤激光器,如窄线宽光纤激光器,SBS 的阈值泵浦功率可能会很低。

在大功率光纤激光器中,激光阈值一般比布里渊阈值低,泵浦光能量转化为激光输出,随着泵浦光功率加大,激光输出功率也增大,一旦达到布里渊阈值,激光会将一部分功率转移到 Stokes 波上,激光器的光光转换效率就降低了。

1. 布里渊散射的物理过程[5]

布里渊散射可以看作是在泵浦光功率不太高的情况下所产生的一种非线性自发光散射过程。声波由材料分子的无规则热运动产生,可以视为大量具有不同频率、不同传播方向的声波的叠加。由于布里渊散射需要满足动量和能量守恒,只有一小部分声波对布里渊散射有贡献,所以自发布里渊散射很弱,散射光波的强度很小。如果泵浦光功率足够高,使转移到散射光的功率远大于它的衰减,SBS 就会发生。

SBS 过程可描述为泵浦光、Stokes 光通过声波进行的非线性相互作用,泵浦光通过电致伸缩产生声波,然后引起光纤介质折射率的周期性调制,泵浦光引起的折射率光栅通过布拉格衍射散射泵浦光,使散射光产生频率下移。泵浦光功率越高,光纤介质中产生的声波强度也越大,被散射的 Stokes 光功率也越强。在量子力学中,这个散射过程可看成是一个泵浦光子的湮灭,同时产生了一个新频率的 Stokes 光子和一个声频声子。其中,可能产生频率成分为 ω_s 和 ω_{as} 的 Stokes 光子,产生频率为 ω_s 的散射过程称为 Stokes 散射;产生频率为 ω_{as} 的散射过程称为 anti-Stokes 散射。一般情况下,Stokes 散射光的强度比 anti-Stokes 散射光的强度大几个数量级。

　　由于在散射过程中必须遵从能量守恒和动量守恒,所以三个波之间的频率和波矢有以下关系[2]:

$$\Omega_B = \omega_p - \omega_s \tag{4.5}$$

$$\boldsymbol{k}_A = \boldsymbol{k}_p - \boldsymbol{k}_s \tag{4.6}$$

式中,ω_p 和 ω_s 分别为泵浦光和 Stokes 光的角频率;$\boldsymbol{k}_p$ 和 $\boldsymbol{k}_s$ 分别为泵浦光和 Stokes 光的波矢;声波频率 Ω_B 和波矢 $\boldsymbol{k}_A$ 是满足色散关系的声波的频率和波矢,有

$$\Omega_B = v_A |\boldsymbol{k}_A| \approx 2v_A |\boldsymbol{k}_p| \sin(\theta/2) \tag{4.7}$$

式中,v_A 为光纤中的声速;$\boldsymbol{k}_A$ 为声波的波矢;θ 为泵浦光和 Stokes 光之间的夹角,矢量式(4.6)利用了关系式 $|\boldsymbol{k}_p| \approx |\boldsymbol{k}_s|$。式(4.7)表明,Stokes 光的频移量 Ω_B 与散射角 θ 有关,更准确地说,频移量 Ω_B 在后向($\theta = \pi$)有最大值,而在前向($\theta = 0$)为零。在单模光纤中,传输的光波只有前、后向为传播方向,因此,SBS 仅发生在后向,且后向布里渊频移为

$$f_B = \frac{\Omega_B}{2\pi} = \frac{2v_A |\boldsymbol{k}_p|}{2\pi} = \frac{2v_A \cdot 2\pi n}{2\pi \cdot \lambda_p} = 2nv_A/\lambda_p \tag{4.8}$$

式中,λ_p 为泵浦光波长;n 为在泵浦光波长处的介质折射率。对于石英光纤,取声速 $v_A = 5960$ m/s,折射率 $n = 1.45$,则在 $\lambda_p = 1053$ nm 附近,布里渊频移 $f_B = 16.4$ GHz;在 $\lambda_p = 1550$ nm 附近,布里渊频移 $f_B = 11.1$ GHz。同时,布里渊频移 f_B 还与外界温度、所受应力和掺杂浓度存在很大关系,当其中一个因素改变时,都会引起布里渊频移 f_B 的改变。

　　2. 布里渊散射的增益谱[5]

　　布里渊散射的强度与布里渊增益系数 g_B 有关,而布里渊增益系数 g_B 又可

以由三个参数来描述:布里渊频移 f_B、布里渊峰值增益系数 g_{Bmax} 和布里渊增益线宽(半高全宽)Δf_B。

(1) 布里渊峰值增益系数。

波导特征、光纤介质材料的特性和泵浦光的线宽都会影响布里渊峰值增益系数 g_{Bmax} 的大小,如果脉冲宽度远大于声子寿命(10 ns),可以得到布里渊峰值增益系数为[6]

$$g_{Bmax} = \frac{4\pi n^8 p^2}{c \lambda_p^3 \rho f_B \Delta f_B} \tag{4.9}$$

式中,p 是弹光系数;ρ 是光纤介质密度;Δf_B 为布里渊增益线宽。可以得到布里渊峰值增益系数 $g_{Bmax} = 2 \times 10^{-11}$ m/W,与拉曼峰值增益系数($g_R = 0.98 \times 10^{-13}$ m/W)相比,布里渊峰值增益系数比拉曼峰值增益系数高,所以,在光纤中,SBS 比 SRS 更容易产生。

由于产生的声波光栅和声子都具有一定寿命,因此布里渊散射过程并非瞬时的,泵浦光脉宽的取值与布里渊散射效率存在很大关系。如果泵浦光的脉宽远大于声子寿命,则布里渊增益线宽 Δf_B 和布里渊峰值增益系数 g_{Bmax} 主要与光纤介质材料的属性有关。当泵浦光的脉宽和声子寿命可比较时,布里渊峰值增益系数会减小,布里渊增益线宽增大。所以,布里渊增益系数与泵浦光的脉宽有关,式(4.9)应扩展为[6,7]

$$g_B = g_{Bmax} \frac{\Delta f_B}{\Delta f_B \otimes \Delta f_p} \tag{4.10}$$

式中,$\Delta f_B \otimes \Delta f_p$ 表示布里渊本征增益谱与泵浦光光谱进行卷积后得到的有效布里渊增益谱谱宽。

(2) 布里渊增益谱分布。

布里渊增益谱线型与泵浦光有关,若泵浦光为长脉冲或连续光泵浦,并且功率不是很高,则布里渊增益曲线为洛仑兹线型分布,布里渊增益谱可近似为洛仑兹线型,其中心频率为 f_B,线宽为 Δf_B,表达式如式(4.11)所示[6]:

$$g_B(f) = \frac{1}{1 + [(f - f_B)/(\Delta f_B/2)]^2} g_{Bmax} \tag{4.11}$$

若泵浦光为短脉冲且光功率较高,则布里渊增益曲线由洛仑兹线型分布转变为高斯线型分布[8]。所以,布里渊增益表达式扩展为

$$g_B(f) = \left\{ C \frac{1}{1 + [(f - f_B)/(\Delta f_B/2)]^2} + (1 - C) \exp\left[-\ln 2 \left(\frac{f - f_B}{\Delta f_B/2} \right)^2 \right] \right\} g_{Bmax} \tag{4.12}$$

式(4.12)描述了洛仑兹线型和高斯线型的中间状态,其中,常数 C 和 $1-C$ 分别表示洛仑兹函数和高斯函数在整个结果中所占的权重。

图 4.6 展示了权重 $C=1$、0.4 和 0 时,不同布里渊增益线型分布的比较,其中,布里渊增益线宽 $\Delta f_B = 35\ \mathrm{MHz}$,布里渊频移 $f_B = 16\ \mathrm{GHz}$。

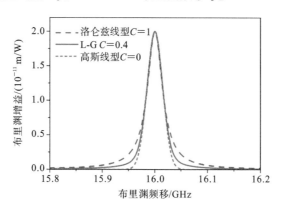

图 4.6　布里渊增益谱型

3. 布里渊散射的阈值[5]

在稳态连续波的情况下,由于布里渊频移相对较小,假设角频率 $\omega_p \approx \omega_s$,光纤中的损耗 $\alpha_p \approx \alpha_s = \alpha$,则泵浦光和 Stokes 光分别遵循以下方程[2]:

$$\frac{\mathrm{d}I_s}{\mathrm{d}z} = -g_B I_p I_s + \alpha I_s \tag{4.13}$$

$$\frac{\mathrm{d}I_p}{\mathrm{d}z} = -g_B I_p I_s - \alpha I_p \tag{4.14}$$

式中,I_s 和 I_p 分别表示泵浦光和 Stokes 光的光强;g_B 表示布里渊增益系数。

忽略泵浦光损耗,可估算布里渊阈值。对式(4.14)积分可以得到泵浦光沿光纤的分布。把泵浦光 $I_p(z) = I_p(0)\mathrm{e}^{-\alpha z}$ 代入式(4.13),并对其在整个光纤长度上积分,可发现后向 Stokes 光的强度沿着光纤反方向指数上升:

$$I_s(0) = I_s(L)\exp(g_B P_0 L_{\mathrm{eff}}/A_{\mathrm{eff}} - \alpha L) \tag{4.15}$$

式中,$P_0 = I_p(0)A_{\mathrm{eff}}$ 为输入端泵浦光功率;A_{eff} 为纤芯有效面积;有效作用长度 L_{eff} 表示为

$$L_{\mathrm{eff}} = [1 - \exp(-\alpha L)]/\alpha \tag{4.16}$$

式(4.15)表明,$z=L$ 处入射的 Stokes 光沿着光纤反方向指数增长,其原因是 SBS 过程对 Stokes 光进行了放大。Stokes 光的产生是由光纤中的噪声

或自发布里渊散射发展起来的,其产生过程等价于在增益完全等于光纤损耗处,每个模式注入一个虚拟光子。布里渊阈值定义为在光纤的输出端 Stokes 光功率与泵浦光功率相等时的入射泵浦光功率,其经验公式为[2]

$$P_{th} = \frac{21 \times K_B A_{eff}}{g_B L_{eff}} \tag{4.17}$$

式中,g_B 为布里渊增益系数,K_B 为偏振因子,根据泵浦光和 Stokes 光不同的偏振状态而取不同值。式(4.17)预测的布里渊阈值只是一个近似值,在实际过程中,很多因素会造成布里渊有效增益降低、阈值增大。例如,如果泵浦光完全无规偏振,SBS 的阈值将增大 50%[9]。光纤的非均匀性也会影响光纤中的布里渊阈值。光纤掺杂浓度的径向变化会导致该方向上声速产生微小变化,使 SBS 的阈值与光纤掺杂浓度的变化有关[10]。此外,布里渊频移 f_B 沿光纤纵向变化也能降低布里渊有效增益、增大 SBS 的阈值[11]。

4.2 光纤激光器中的模式不稳定现象和产生机理

4.2.1 模式不稳定现象

随着工业光纤激光器的主振荡级和放大级输出功率的不断提高,为了避免大功率下光纤激光系统由于微小纤芯内产生极高的激光功率密度而出现的有害非线性效应,如受激拉曼散射效应、受激布里渊散射效应等,通常使用大模场光纤,通过增大光纤纤芯的直径来增加光纤的模场面积、降低大功率状态下纤芯内的激光功率密度。但是,在光纤纤芯直径增大的同时,会导致光纤纤芯内存在多个激光模式的传输,除基模 LP_{01} 模以外,还会存在 LP_{11}、LP_{02} 等高阶模,影响输出激光的光束质量。模式不稳定现象会影响光纤激光输出的光束质量,限制光纤激光功率的进一步提高和光纤激光的应用。

大功率光纤激光中的模式不稳定现象有以下主要特点[12]。

(1) 具有阈值性。当输出功率达到某个阈值功率后,模式不稳定现象才出现,当输出功率降到阈值以下,模式不稳定现象消失。

(2) 具有往复性。模式不稳定现象出现后,能量从基模转移到高阶模,但并不是一直保持在高阶模,而是会在基模和高阶模之间往复转移,往复转移发生在毫秒量级的时间尺度。

(3) 具有饱和性和漂白性。当模式不稳定现象反复出现时,模式不稳定现象出现的阈值功率会不断下降,最终达到一个稳定值,不再下降,即具有饱和性。对于达到饱和之后的光纤,利用消除光致暗化的漂白方法漂白后,阈值功率会上升,即具有漂白性,但无法达到初始水平,且随着模式不稳定现象出现次数的增加,阈值功率又会下降,并回到饱和值。

(4)具有周期性。在模式不稳定现象出现的阈值附近,模式不稳定现象的频谱中具有等间距的尖峰。

(5)具有上限性。模式不稳定现象引起起伏的频率分布存在频率上限,对于不同的光纤,频率上限的具体值不同;模式不稳定现象是由热效应引起的,而热效应不是瞬时效应,受热扩散时间影响,频域特征必然存在上限。

(6)与光纤的模场直径直接相关。模场直径越大,模式不稳定现象出现的阈值功率越低,模式不稳定的往复能量转移发生得越快。

(7)具有毫秒量级的生长时间和生存时间。当输出功率超过模式不稳定阈值功率后,模式不稳定现象不会立即出现,而是在数毫秒之后出现;当泵浦源或种子源突然关闭时,热致长周期折射率光栅会存续一段时间,生长时间随吸收泵浦光增加而减小。

(8)随着输出功率升高。模式不稳定现象频谱会展宽并失去周期性而趋于混沌。当输出功率超出模式不稳定功率阈值后,频谱会向高频方向展宽,输出光束的模式变化会趋于无规律,失去周期性,处于混沌状态。

(9)仅造成输出光束质量下降,不影响平均输出功率。当模式不稳定发生后,输出功率不会下降,而且还会继续增加,只是输出光束的光束质量变差。

4.2.2　模式不稳定原理研究进展

研究人员开展了大量模式不稳定机理研究,文献[13,14]介绍了产生模式不稳定机理的研究进展。

图4.7所示的为模式不稳定的原理示意图,当输出功率低于模式不稳定的阈值功率时,输出光束是稳定准单模的;当输出功率超过模式不稳定的阈值功率时,输出光束的模式会随时间推移产生波动,高阶模式成分增多,光斑的形状变得不规则,输出光束质量变差。德国耶拿大学 T. Eidam 等人[15]于2010年在实验过程中观察到了模式不稳定现象,随后各国研究人员对模式不稳定现象进行了大量的研究,但模式不稳定现象的准确物理根源还没有被完全研究透彻。各国研究人员提出了各自的理论解释,并通过实验对此进行证实。目前模式不稳定相关机理主要包括热致折射率光栅形成机理、受激热瑞利散射、光致暗化和热透镜效应。

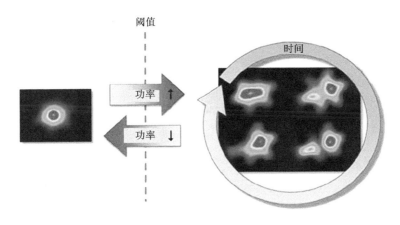

图 4.7 模式不稳定的原理示意图

1. 热致折射率光栅形成机理

图 4.8 所示的为热致折射率光栅形成机理的示意图，由模式之间干涉诱导的热致折射率光栅被认为是能量由基模向高阶模式耦合的原因。只有当干涉模式与折射率光栅之间存在一定的相位延迟时，模式之间的能量转移才会发生。图 4.8(a)所示的为最初的光纤中基模(FM)在泵浦光的激励下与高阶模(HOM)共同传输，光纤为阶跃型光纤，图 4.8(b)所示的为光纤中的两个激

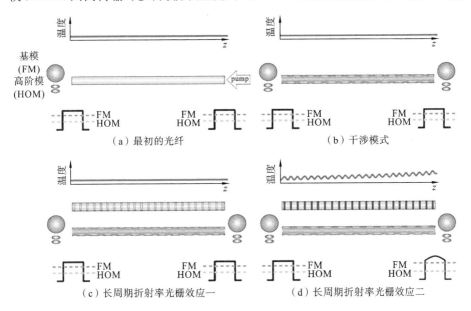

图 4.8 热致折射率光栅形成机理示意图

励模之间的干涉模式,同时该干涉模具有一定的拍长。随着拍长和光纤中泵浦功率的增加,光纤中逐渐产生和干涉模拍长相关的折射率周期变化,当泵浦功率达到一定阈值时,会在纤芯内产生长周期折射率光栅效应,如图 4.8(c)和(d)所示,同时光纤内的温度也出现周期性的波动。在光栅效应的作用下,基模与高阶模之间相互耦合转换,同时伴随着能量的相互转移,这就产生了模式不稳定现象。

对于这一相位差的物理根源,研究人员提出了两种可能的理论解释。

第一种解释是基模与高阶模之间存在细微的频率差,带来了相应的相位延迟[16,17]。大部分信号种子激发出基模(LP$_{01}$),少量种子光则会激发出高阶模(通常是 LP$_{11}$),这两种模式在整段光纤发生干涉,由于基模和高阶模的传播常数不同,它们的干涉会在整段光纤中产生振荡的信号辐射模式。在高信号辐射区域,泵浦光总是被更多地吸收,有一部分泵浦光被吸收后转换成了热量,产生一个热模式,并且这个热模式会重组辐射模式,随后热模式转换成对应的温度模式,这一温度模式最终在热光效应下形成一个折射率光栅。如果干涉模式是静止不动的,则不会产生相位延迟。相反地,如果高阶模与基模存在细微的频率差,辐射模式就会沿着光纤移动,温度模式也会移动,但是温度模式的移动落后于干涉模式的移动,从而产生模式间能量转移所必需的相位差。该理论还指出,耦合强度取决于光纤纤芯中的热扩散时间。

第二种解释是初始的准静态热诱导波导结构变为非绝热结构带来了相应的相位延迟[18]。光纤中沿着光纤轴向的温度分布遵循准指数函数的变化趋势,并且随着温度升高,曲线的走向会越来越陡峭。如图 4.9 所示,非线性轴向温度变化会强烈扭曲低温下的准正弦温度分布,使光纤在局部区域产生很剧烈的温度变化,当光纤中的温度梯度足够大时,光纤中波导结构就变得非绝热。在如此快速的波导结构变化的条件下,光束自身无法适应这一快速的变化趋势,导致光束自身与折射率光栅不同相,通常光束的相位落后于折射率光栅的相位。该理论还指出,当高阶模式的能量占比增加到接近 50% 时,这一效应还会变得更加明显。即非绝热波导结构的改变达到最大值。然而,当高阶模式的能量占比接近 100% 时,由于波导结构变得更绝热,这一效应又会变弱。

这两种理论解释都是以能量转移是由热致折射率光栅引起的为前提的。上述两种理论解释从不同角度阐释了引发模式不稳定的物理根源。

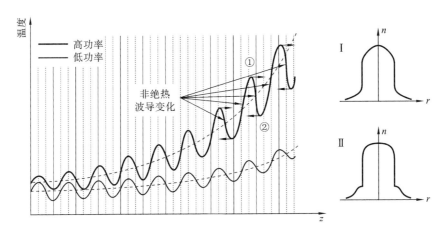

图 4.9　光纤在不同功率下轴向温度的变化

2. 受激热瑞利散射

模式不稳定的第二个机理是受激热瑞利散射。2013 年,美国克莱姆森大学的 L. Dong[19] 指出,光纤中发生的受激热瑞利散射(STRS)效应导致模式不稳定,材料的光吸收导致材料密度的改变,使入射光发生了非线性散射;光纤材料的非线性响应与干涉模式之间存在一个相移,这一相移是受激热瑞利散射获得增益的原因所在,其物理机制如图 4.10 所示。前向传输波和反向传输波产生一个沿着介质材料某一个方向(具体方向取决于两个传输波频率差的正负)移动的干涉模式,介质材料分子在外电场的作用下朝着电场的方向排列,最大分子排列面与最小分子排列面交替出现,入射激光在经过这些交替排列的阵列时发生散射,产生斯托克斯波,进而会增强干涉模式,而干涉模式的增强反过来又会增强斯托克斯波的强度,使入射光不断被放大,能量从低阶模式向高阶模式耦合。在 STRS 模型的基础上,丹麦科技大学的 K. R. Hansen 等人[20]建立了增益饱和模型,在计算模式不稳定阈值时将增益饱和效应考虑在内,得到的模式不稳定阈值是不考虑增益饱和效应时的 3 倍,原因是增益饱和效应削弱了热致折射率光栅的强度,从而使高阶模的非线性耦合系数显著减小。图 4.10 中,ω_L、k_L 分别为激光频率和波矢大小;ω_s、k_s 分别为斯托克斯散射光频率和波矢大小;Ω 和 q 分别为前向传输的激光与后向传输的散射光的干涉场频率和波矢大小;v 为前向传输激光与反向传输散射光的干涉场传播的相速度。

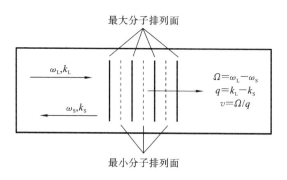

图 4.10　受激热瑞利散射物理机制

3. 光致暗化

模式不稳定的第三个机理是光致暗化。2015 年，德国耶拿大学的 H. J. Otto 等人[21]在实验过程中发现了光致暗化（PD）与模式不稳定具有密切关系。在给定的实验条件下，模式不稳定的最高阈值出现在 1030 nm 信号波长处，而未出现在给定实验条件下的最小信号波长处。对量子亏损产热而言，信号波长与泵浦波长的差值越小，产热量就越小，这说明量子亏损（QD）并非光纤中唯一的热源，理论分析表明，光致暗化效应最有可能是光纤中的另一热源。该课题组对光致暗化导致的模式不稳定进行了理论模拟计算，当泵浦波长为 976 nm、信号输出波长为 1030 nm、种子功率为 35 W 和光纤长度为 1.2 m 时，得到的结果如图 4.11 所示。光致暗化在 1030 nm 信号波长处仅造成了 6% 的功率降低，但光纤中的热负荷增加超过一倍，即光致暗化比量子亏损导致的光纤热负荷还要高。

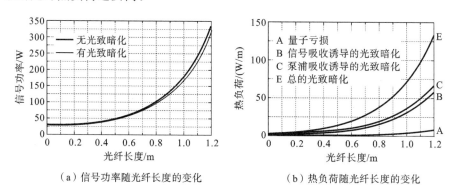

（a）信号功率随光纤长度的变化　　　　（b）热负荷随光纤长度的变化

图 4.11　光致暗化导致模式不稳定理论模拟计算结果

H. J. Otto 等人计算了上述条件下的模式不稳定阈值功率，如图 4.12 所示。由图 4.12(a)可以看出,当信号波长为 1030 nm 时,模式不稳定阈值功率达到最大值。当只考虑量子亏损为光纤中唯一的热源时,信号波长与模式不稳定阈值功率呈单调的负相关关系,如图 4.12(b)所示。在考虑光致暗化效应对光纤热负荷的贡献后,模式不稳定阈值功率不再随着信号波长的增加而单调减小,而是在 1030 nm 处达到最大,原因是在这一波长处光纤中平均未耗尽的反转粒子数达到了最小值,对应的光致暗化损耗也达到了最小值,此模式不稳定阈值功率达到了最大。由图 4.12(b)可知,将光致暗化效应考虑在内后,模式不稳定阈值功率至少下降了 50%,因此,即使光致暗化效应只导致了较小的功率损耗,它对模式不稳定阈值功率的影响也是很大的。

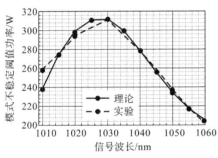

(a)理论和实验得到的模式不稳定阈值功率随信号波长的变化

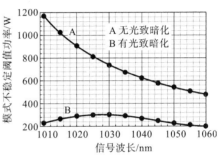

(b)考虑和不考虑光致暗化效应时的模式不稳定阈值功率随信号波长的变化

图 4.12　考虑量子亏损、光致暗化条件下模式不稳定阈值功率的计算结果

4. 热透镜效应

模式不稳定的第四个机理是热透镜效应。2016 年,美国克莱姆森大学的 L. Dong[19,22]对热透镜效应与模式不稳定阈值功率的关系进行了数值模拟研究,对 5 根芯径分别为 10 μm、15 μm、20 μm、25 μm、30 μm 的光纤进行数值模拟计算,光纤数值孔径 NA 为 0.06,包层直径为 400 μm,输出信号波长为 1.06 μm,对应的归一化频率分别为 1.778、2.667、3.557、4.446、5.336,结果如图 4.13 所示。可以看出,第一根光纤(芯径为 10 μm)是单模光纤,在归一化热透镜系数约为 1 时仍然可以传输 LP$_{11}$模,即在一定的热透镜强度下,单模光纤也可能出现模式不稳定效应。此外,无论是单模光纤还是多模光纤,当归一化热透镜系数继续增大时,非线性耦合系数均存在不同程度的减小,出现该现象的原因是热透镜效应使所有的传输模式向光纤纤芯集中,但对基模的集中作用更明显,使得基模和高阶模的重叠因子减小,从而减小了基模与高阶模之间的非线性耦合系数。模式不稳定效应可以由基模向高阶模的非线性耦合系数表征,并与激光器本身结构有关。

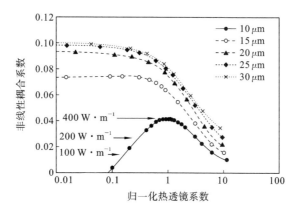

图 4.13　非线性耦合系数与归一化热透镜系数的关系

4.3　振荡级泵浦方式、非线性数值模拟及实验研究

4.3.1　振荡级泵浦方式

工业光纤激光器的振荡级泵浦方式如图 4.14 所示,有正向泵浦、反向泵浦和双向泵浦。在双向泵浦中,正向泵浦功率和反向泵浦功率可均等分配,也可不均等分配。在相同的总泵浦功率、不同的泵浦方式下,激光器谐振腔内的功率分布不同,输出功率也不同。选择正确的泵浦方式,对大功率光纤激光器振荡级的输出性能至关重要。本节将介绍不同的泵浦方式下激光器谐振腔内的功率分布、受激拉曼散射、受激布里渊散射的数值模拟、实验研究等情况。

4.3.2　振荡级腔内功率分布理论模型

为了研究振荡级腔内的功率分布,首先要建立理论模型[23]。

对于三能级激光系统,有三个能级参与激光的产生:基态能级 E_1(下能级),亚稳态能级 E_2(上能级),泵浦高能级 E_3。在泵浦光的作用下,基态能级 E_1 上的粒子被泵浦到 E_3 能上,泵浦概率为 W_{13},即受激吸收跃迁概率;被泵浦到 E_3 能级上的粒子 n_3 快速以无辐射跃迁的方式转移到上能级 E_2 上,转移概率为 S_{32},同时粒子也能够以自发辐射或无辐射跃迁的方式转移到基态能级 E_1 上。对于一般的激光工作物质,自发辐射概率 A_{31} 和无辐射跃迁概率 S_{31} 非常低,远小于 S_{32}。处于上能级 E_2 的粒子 n_2 可以通过自发辐射(概率为 A_{21})

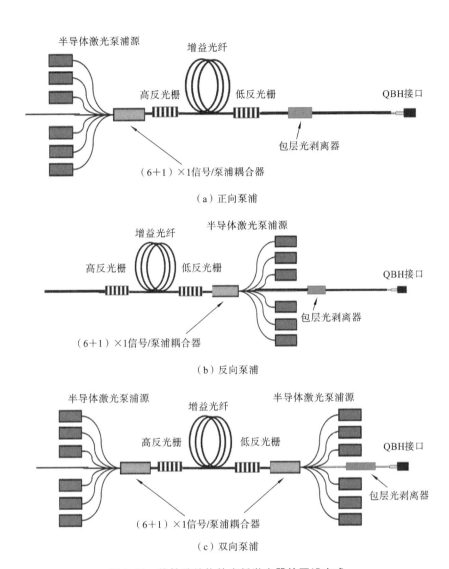

(a) 正向泵浦

(b) 反向泵浦

(c) 双向泵浦

图 4.14 线性腔结构的光纤激光器的泵浦方式

和无辐射跃迁(概率为 S_{21})的方式转移到基态能级 E_1 上,同样,A_{21} 和 S_{21} 非常小,故粒子在 E_2 能级上的寿命相对较长。当 E_2 能级上的粒子数足够多时,便形成粒子数反转,粒子在 E_2 和 E_1 能级之间将主要以受激辐射(W_{21})和吸收跃迁(W_{12})的方式相互转移。根据上述能级间的转移过程,可得到三能级激光系统的速率方程组:

$$\frac{\mathrm{d}n_3}{\mathrm{d}t} = n_1 W_{13} - n_3 (S_{32} + S_{31} + A_{31}) \tag{4.18}$$

$$\frac{\mathrm{d}n_2}{\mathrm{d}t} = -\left(n_2 - \frac{f_2}{f_1}n_1\right)\sigma_{21}\upsilon N_1 - n_2(A_{21} + S_{21}) + n_3 S_{32} \tag{4.19}$$

$$\frac{\mathrm{d}N_1}{\mathrm{d}t} = \left(n_2 - \frac{f_2}{f_1}n_1\right)\sigma_{21}\upsilon N_1 - \frac{N_1}{\tau_{\mathrm{Rl}}} \tag{4.20}$$

$$n = n_1 + n_2 + n_3 \tag{4.21}$$

对于掺镱光纤激光器系统,镱可以简化为二能级系统,其对应的速率方程组为

$$\frac{\mathrm{d}n_1}{\mathrm{d}t} = -(R_{12} + W_{12})n_1 + (R_{21} + W_{21} + A_{21})n_2 \tag{4.22}$$

$$\frac{\mathrm{d}n_2}{\mathrm{d}t} = (R_{12} + W_{12})n_1 - (R_{21} + W_{21} + A_{21})n_2 \tag{4.23}$$

式中,$R_{12} = \sigma_{12\mathrm{p}} I_\mathrm{p}/h\upsilon_\mathrm{p}$;$R_{21} = \sigma_{21\mathrm{p}} I_\mathrm{p}/h\upsilon_\mathrm{p}$;$W_{21} = \sigma_{21\mathrm{s}} I_\mathrm{s}/h\upsilon_\mathrm{s}$;$W_{12} = \sigma_{12\mathrm{s}} I_\mathrm{s}/h\upsilon_\mathrm{s}$,进一步推导可得

$$\begin{aligned}
\frac{\mathrm{d}N_2(z,t)}{\mathrm{d}t} = & \left(\frac{\lambda_\mathrm{p}\Gamma_\mathrm{p}\sigma_\mathrm{p}}{hcA}\right)P_\mathrm{p}(z,t)[N - N_2(z,t)] - \frac{N_2(z,t)}{\tau} \\
& - \left(\frac{\Gamma_\mathrm{s}}{hcA}\right)N_2(z,t)\int\sigma_\mathrm{e}(\lambda)[P^+(z,t,\lambda) + P^-(z,t,\lambda)]\lambda\mathrm{d}\lambda \\
& + \left(\frac{\Gamma_\mathrm{s}}{hcA}\right)[N - N_2(z,t)]\int\sigma_\mathrm{a}(\lambda)[P^+(z,t,\lambda)] \\
& + P^-(z,t,\lambda)\lambda\mathrm{d}\lambda
\end{aligned} \tag{4.24}$$

$$\begin{aligned}
\pm\frac{\mathrm{d}P_\mathrm{s}^{\pm}(z,t,\lambda_\mathrm{s})}{\mathrm{d}z} = & \Gamma_\mathrm{s}\{\sigma_\mathrm{e}(\lambda_\mathrm{s})N_2(z,t) - \sigma_\mathrm{a}[N - N_2(z,t)]\}P_\mathrm{s}^{\pm}(z,t,\lambda_\mathrm{s}) \\
& + \Gamma_\mathrm{s}\{\sigma_\mathrm{e}(\lambda_\mathrm{s})N_2(z,t)P_0(\lambda_\mathrm{s}) - \alpha(\lambda)\}P_\mathrm{s}^{\pm}(z,t,\lambda_\mathrm{s})
\end{aligned} \tag{4.25}$$

$$\begin{aligned}
\pm\frac{\mathrm{d}P_\mathrm{p}^{\pm}(z,t,\lambda_\mathrm{p})}{\mathrm{d}z} = & -\Gamma_\mathrm{p}\{\sigma_\mathrm{p}(\lambda_\mathrm{p})[N - N_2(z,t)] + \sigma_\mathrm{e}(\lambda_\mathrm{p})N_2(z,t)\}P_\mathrm{p}^{\pm}(z,t,\lambda_\mathrm{p}) \\
& - \alpha(\lambda_\mathrm{p})P_\mathrm{p}^{\pm}(z,t,\lambda_\mathrm{p})
\end{aligned} \tag{4.26}$$

式中,N 为总掺杂粒子数,N_2 为上能级的粒子数,λ_p 和 λ_s 分布为泵浦光和信号光的波长,P_p 和 P_s 分别为泵浦光和信号光功率,σ_a 和 σ_e 分别为吸收和发射截面,Γ_s 和 Γ_p 分别为信号光和泵浦光的功率填充因子,A 为增益区的截面积,α 为介质损耗系数,c 为真空中的光速,h 为普朗克常量。

大功率光纤激光振荡级的谐振腔主要以线性腔为主,其结构示意图如图 4.15 所示,谐振腔由掺镱光纤和两个光纤光栅组成,两个光纤光栅的反射率分别为 R_1 和 R_2。将谐振腔内高反光栅处设为 $z=0$,光纤长度为 L,将输出低反光栅处设为 $z=L$,沿 z 方向正向传输的信号光和泵浦光分别用 $P_\mathrm{s}^{+}(z)$ 和

$P_p^+(z)$ 表示,反向传输的信号光与泵浦光则分别用 $P_s^-(z)$ 和 $P_p^-(z)$ 表示。

图 4.15　线性腔光纤激光器结构示意图

假设大功率掺镱光纤激光振荡级在强泵浦功率条件下,输出激光波长和泵浦光波长为单一波长,同时忽略激光产生过程中的自发辐射影响,则振荡级的稳态速率方程可以表示为[24]

$$\frac{N_2(z)}{N}=\left(\frac{[P_p^+(z)+P_p^-(z)]\lambda_p\sigma_{pa}\Gamma_p}{hcA}+\frac{[P_s^+(z)+P_s^-(z)]\lambda_s\sigma_{sa}\Gamma_s}{hcA}\right)\Big/$$

$$\left(\frac{[P_p^+(z)+P_p^-(z)](\sigma_{pa}+\sigma_{pe})\lambda_p\Gamma_p}{hcA}+\frac{1}{\tau}+\frac{[P_s^+(z)+P_s^-(z)](\sigma_{sa}+\sigma_{se})\lambda_s\Gamma_s}{hcA}\right)$$

$$(4.27)$$

$$\pm\frac{\mathrm{d}P_s^\pm(z)}{\mathrm{d}z}=\Gamma_s[(\sigma_{sa}+\sigma_{se})N_2(z)-\sigma_{sa}N]P_s^\pm(z)-\alpha_s P_s^\pm(z) \quad (4.28)$$

$$\pm\frac{\mathrm{d}P_p^\pm(z)}{\mathrm{d}z}=-\Gamma_p[\sigma_{pa}N-(\sigma_{pa}+\sigma_{pe})N_2(z)]P_p^\pm(z)-\alpha_p P_p^\pm(z) \quad (4.29)$$

式中,σ_{pa} 和 σ_{pe} 分别表示泵浦光的吸收和发射截面,σ_{sa} 和 σ_{se} 分别表示信号光的吸收和发射截面,τ 为上能级的平均寿命,α_s 和 α_p 分别表示双包层光纤对激光和泵浦光的损耗系数。

对于线形谐振腔光纤激光器,其边界条件为[25]

$$P_s^+(0)=R_1 P_s^-(0) \quad (4.30)$$

$$P_s^-(L)=R_2 P_s^+(L) \quad (4.31)$$

式中,R_1、R_2 分别表示前后腔镜对信号光的反射率,L 为增益光纤的长度。由稳态速率方程组和边界条件可以计算出稳态下泵浦光和激光功率在光纤中的分布。

4.3.3　正向、反向、双向泵浦振荡级腔内功率分布数值模拟

文献[23]对正向、反向、双向泵浦振荡级腔内功率分布进行了数值模拟。

设掺镱双包层光纤长度为 40 m,增益光纤纤芯直径为 20 μm,使用的泵浦光波长为 976 nm,信号光中心波长为 1080 nm,其他参数如表 4.1 所示,根据

掺镱双包层光纤激光器的稳态速率方程组及边界条件,对光纤激光器振荡级的输出特性进行数值模拟。

表 4.1　掺 Yb^{3+} 双包层光纤的各参数数值

参数	数值
τ	0.8 ms
σ_{pa}	2.5×10^{-20} cm^2
σ_{pe}	2.5×10^{-20} cm^2
σ_{sa}	1.4×10^{-23} cm^2
σ_{se}	2.0×10^{-21} cm^2
A	3.1416×10^{-6} cm^2
N	4×10^{19} cm^{-3}
α_p	5×10^{-5} cm^{-1}
α_s	3×10^{-5} cm^{-1}
Γ_p	0.0012
Γ_s	0.82
R_1	0.99
R_2	0.1

模型中假设正向泵浦光和反向泵浦光功率均为 500 W,根据光纤激光器模型中的参数及泵浦功率模拟光纤中的信号光与泵浦光的分布情况不同,线性腔结构的光纤激光器的泵浦方式一般为正向泵浦、反向泵浦和双向泵浦,不同的泵浦方式下激光器谐振腔内的功率分布也不同。

1. 正向泵浦

图 4.16 所示的为正向泵浦方式的光纤激光器腔内的功率分布情况,可以看出在光纤激光器的泵浦端,正向传输的泵浦光在掺镱光纤的前端被快速吸收,泵浦光功率迅速衰减并转换成正向传输的激光 $P_s^+(z)$,信号光 $P_s^+(z)$ 在泵浦光能量的转换下快速增加,沿光纤方向随泵浦光的衰减逐渐达到最大功率,由于信号光在光纤中存在一定的吸收和损耗,在光纤的末端出现衰减现象。在光纤激光器输出端,一部分激光在光纤光栅的反射下沿光纤反向传输(即 $P_s^-(z)$),$P_s^-(z)$ 在传输过程中不断获得泵浦光能量,光功率不断增加,传输到

光纤谐振腔的另一端时被高反光纤光栅反射回谐振腔,形成稳定的激光振荡,激光从谐振腔的输出光栅处稳定输出。

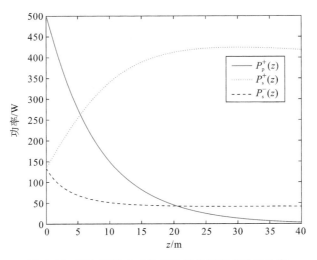

图 4.16 正向泵浦方式的光纤激光器腔内功率分布

2. 反向泵浦

图 4.17 所示的为反向泵浦方式的光纤激光器腔内的功率分布情况,与正向泵浦方式相比,反向泵浦方式的光纤激光器在相同的泵浦光功率条件下,能够获得相对较高的激光输出功率,具有更高的斜效率,这主要是因此信号光在光纤谐振腔的末端获得较大的增益,而相对功率较高的信号光在增益光纤中

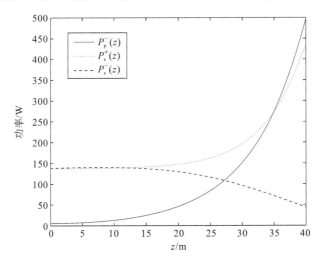

图 4.17 反向泵浦方式的光纤激光器腔内功率分布

的传输距离相对较短,即增益光纤对信号光的损耗相对较小。

3. 双向泵浦

图 4.18 所示的为双向泵浦方式的光纤激光器腔内的功率分布情况。与正向、反向泵浦方式相比,双向泵浦方式是结合正向、反向泵浦方式的一种泵浦方式,是充分利用泵浦光来提升光纤激光器的激光输出功率的有效方式。根据图 4.18,腔内的信号光和泵浦光的功率分布结合了正向、反向泵浦方式的腔内分布情况,信号光在谐振腔的前端与后端均能得到有效的增强。

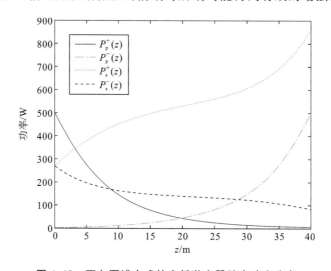

图 4.18 双向泵浦方式的光纤激光器腔内功率分布

4.3.4 振荡级受激拉曼散射理论模型

光纤光栅参数严重影响着光纤激光振荡器中的 SRS。为了能够描述光纤激光振荡器中的 SRS 受光纤光栅参数的影响,需要建立综合考虑光纤激光的时频特性的 SRS 理论模型进行数值分析[26]。

在泵浦光、信号光和拉曼光的演化过程的处理上,利用速率方程模型和非线性传输模型分别描述光纤激光器仿真中的两个能量转化过程,即使用速率方程模型描述光纤中通过掺杂镱离子实现的泵浦光到信号光的能量转移过程,使用非线性传输模型描述信号光和拉曼光之间的能量转移过程。光纤激光振荡器的数值仿真可以按照信号光沿增益光纤的传输、放大及光栅对信号激光滤波的反复迭代进行,实现对稳态过程的处理。在增益光纤中,光场的放大和传输过程由以下方程描述:

$$\pm \frac{\partial \widetilde{A}^{\pm}(z,\omega)}{\partial z} = \frac{1}{2}(g(\omega)-\alpha(\omega))\widetilde{A}^{\pm}(z,\omega) + i\sum_{n=1}^{3}\frac{\beta_n}{n!}\omega^n\widetilde{A}^{\pm}(z,\omega)$$

$$+ i\gamma\left(1+\frac{\omega}{\omega_0}\right)F\{A^{\pm}(z,t) \cdot R(t)\bigotimes|A^{\pm}(z,t)|^2\} + f_{\mathrm{SE}}^{\pm}(z,\omega)$$

$$(4.32)$$

$$\pm\frac{\mathrm{d}P_{\mathrm{p}}^{\pm}(z)}{\mathrm{d}z} = -\Gamma_{\mathrm{p}}\{\sigma_{\mathrm{a}}(\omega_{\mathrm{p}})N_0 - (\sigma_{\mathrm{a}}(\omega_{\mathrm{p}})+\sigma_{\mathrm{e}}(\omega_{\mathrm{p}}))N_2\}P_{\mathrm{p}}^{\pm}(z) - \alpha_{\mathrm{p}}P_{\mathrm{p}}^{\pm}(z)$$

$$(4.33)$$

$$\frac{N_2}{N_0} = \cfrac{\dfrac{\Gamma_{\mathrm{p}}}{h\omega_{\mathrm{p}}A}\sigma_{\mathrm{a}}(\omega_{\mathrm{p}})(P_{\mathrm{p}}^+ + P_{\mathrm{p}}^-) + \dfrac{1}{2\pi T_{\mathrm{m}}A}\displaystyle\int\dfrac{\Gamma_{\mathrm{s}}(\omega)}{h\omega}\sigma_{\mathrm{a}}(\omega)(|\widetilde{A}^+(z,\omega)|^2 + |\widetilde{A}^-(z,\omega)|^2)\mathrm{d}\omega}{\left[\begin{array}{l}\dfrac{\Gamma_{\mathrm{p}}}{h\omega_{\mathrm{p}}A}(\sigma_{\mathrm{a}}(\omega_{\mathrm{p}})+\sigma_{\mathrm{e}}(\omega_{\mathrm{p}}))(P_{\mathrm{p}}^+ + P_{\mathrm{p}}^-) + \dfrac{1}{\tau} \\[3mm] + \dfrac{1}{2\pi T_{\mathrm{m}}A}\displaystyle\int\dfrac{\Gamma_{\mathrm{s}}(\omega)}{h\omega}(\sigma_{\mathrm{a}}(\omega)+\sigma_{\mathrm{e}}(\omega))(|\widetilde{A}^+(z,\omega)|^2 + |\widetilde{A}^-(z,\omega)|^2)\mathrm{d}\omega\end{array}\right]}$$

$$(4.34)$$

式中，$\pm$指示光场传输方向，β_n 是 n 阶传播常数，γ 是非线性克尔系数，$\widetilde{A}(z,\omega)$ 和 $\widetilde{A}(z,t)$ 分别代表频域和时域的光场复振幅，P_{p} 代表泵浦光功率，$F\{\}$ 代表傅里叶变换，$\bigotimes$代表卷积，Γ 代表重叠因子，下标 s 和 p 分别指信号光和泵浦光，N_0 代表 Yb^{3+} 的掺杂浓度，T_{m} 表示计算过程的时间窗口，N_2 表示上能级粒子数，τ 代表上能级粒子寿命，h 代表普朗克常数，A 代表掺杂区域面积。$g(\omega)=\Gamma_{\mathrm{s}}(\omega)[\sigma_{\mathrm{a}}(\omega)+\sigma_{\mathrm{e}}(\omega)]N_2 - \sigma_{\mathrm{a}}(\omega)N_0$ 为掺杂稀土离子提供的增益，α 代表损耗系数，非线性响应函数为 $R(t)=(1-f_{\mathrm{R}})\delta(t)+f_{\mathrm{R}}h_{\mathrm{R}}(t)$，$f_{\mathrm{R}}$ 为延迟拉曼响应对非线性极化强度的贡献比例，在硅基质光纤中一般取 0.18，$h_{\mathrm{R}}(t)$ 为拉曼响应函数，表达式为

$$h_{\mathrm{R}}(t)=\begin{cases}\dfrac{\tau_1^2+\tau_2^2}{\tau_1\tau_2^2}\mathrm{e}^{-t/\tau_2}\sin\left(\dfrac{t}{\tau_1}\right), & t\geqslant 0 \\[3mm] 0, & t<0\end{cases}$$

$$(4.35)$$

自发辐射噪声按照均值为零的高斯随机过程处理满足：

$$\begin{cases}\langle f_{\mathrm{SE}}^{\pm}(z,\omega)f_{\mathrm{SE}}^{\pm*}(z',\omega')\rangle = 2D_{\mathrm{FF}}(z,\omega)\delta(z-z')\delta(\omega-\omega') & \langle f_{\mathrm{SE}}^{\pm}(z,\omega)\rangle = 0 \\[3mm] 2D_{\mathrm{FF}}(z,\omega) = \dfrac{h\omega^3}{\pi c^2}n(\omega)g(z,\omega)n_{\mathrm{sp}}\end{cases}$$

$$(4.36)$$

式中，$n_{\mathrm{sp}}=\dfrac{1}{\exp\left[\dfrac{h(\omega+\omega_0)}{k_{\mathrm{B}}T}\right]-1}$代表平衡态时的平均模式占有数，$k_{\mathrm{B}}$ 是玻尔兹

曼常数，T 是周围环境温度。

光纤光栅对信号光的反射可以用以下方程进行描述：

$$\begin{cases} A^+(0,\omega) = \sqrt{R_1(\omega)}A^-(0,\omega) \\ A^-(L,\omega) = \sqrt{R_2(\omega)}A^+(0,\omega) \end{cases} \tag{4.37}$$

式中，$R_1(\omega)$ 和 $R_2(\omega)$ 分别代表高反光栅和低反光栅的反射率。信号光在谐振腔内经过放大、传输、反射的反复迭代过程，最终实现收敛，光纤激光振荡器输出光场和输出功率表示为

$$\begin{cases} A_{\text{out}}(\omega) = A^+(L,\omega)\sqrt{1-R_2(\omega)} \\ P_{\text{out}}(\omega) = |A_{\text{out}}(\omega)|^2 \end{cases} \tag{4.38}$$

利用该模型能够得到输出光谱的演化情况，也可以通过傅里叶变换得到输出光场的时域特性，因而能够从激光的时频特性方面对光纤激光振荡器中的 SRS 阈值进行分析。

4.3.5 振荡级正向、反向、双向泵浦的 SRS 数值模拟

在光纤激光振荡器中，泵浦光的泵浦方式会影响振荡器腔内激光的 SRS 强度，杨保来[26]针对不同的泵浦方式分析了激光振荡器中 SRS 强度的影响，表 4.2 中给出的是仿真中所使用的主要参数取值。

表 4.2　针对不同泵浦方式分析 SRS 强度影响的参数取值

参数	取值	参数	取值
P_{p}	2000 W	f_{R}	0.18
λ_{p}	915 nm	Γ_{s}	1
λ_{s}	1080 nm	Γ_{p}	0.0025
d_{core}	20 μm	β_2	20 ps^2/km
NA	0.065	β_3	0.04 ps^3/km
d_{clad}	400 μm	R_1	99%
N_{Yb}	6.8×10^{25} m^{-3}	R_2	10%
τ	840 μs	Δ_{R1}	4 nm
α_{s}	0.005 m^{-1}	Δ_{R2}	0.24 nm
α_{p}	0.003 m^{-1}	L_{YDF}	27 m
γ	0.5 W^{-1}/km	L_{GDF}	3 m

泵浦方式分别设置为正向泵浦、反向泵浦和双向泵浦，泵浦功率均设置 2 kW，泵浦波长为 915 nm，增益光纤使用 20/400 μm 双包层掺镱光纤，对 915

nm 泵浦光的吸收系数约为 0.48 dB/m,掺镱光纤长度为 27 m,腔内的传能光纤长度设置为 3 m。光纤光栅的中心波长为 1080 nm,高反光栅反射率为 99%,3 dB 反射带宽为 4 nm,低反光栅的反射率为 10%,3 dB 反射带宽为 0.24 nm。仿真得到输出激光的光谱如图 4.19(a)所示,输出激光中拉曼光的强度分别低于信号光~34 dB、~58 dB、~77 dB。通过光谱积分的方法分别计算 SRS 占据输出激光总功率的比例,如图 4.19(b)所示,可以明显发现,SRS 的强度随着反向泵浦光比例的增加而逐渐减弱。在三种泵浦方式中,采用正向泵浦时 SRS 强度最高,采用反向泵浦时 SRS 强度最低,采用双向泵浦时 SRS 强度介于正向泵浦和反向泵浦之间。

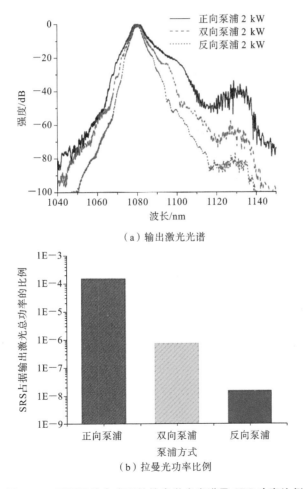

（a）输出激光光谱

（b）拉曼光功率比例

图 4.19　不同泵浦方式下的输出激光光谱及 SRS 功率比例

4.3.6 振荡级正向泵浦、反向泵浦、双向泵浦的 SRS 实验研究

杨保来[26]实验研究了光纤激光振荡级在正向泵浦、反向泵浦和双向泵浦的情况下的激光输出功率。半导体激光泵浦源为 976 nm 锁波长,输出功率可达 500 W。信号/泵浦耦合器的信号光纤为 20/250 μm 双包层光纤,输出光纤为 20/400 μm 双包层光纤。正向泵浦光通过高反光栅之后进入掺镱光纤(YDF),而反向信号/泵浦耦合器放置在腔内,泵浦光直接注入掺镱光纤。掺镱光纤的纤芯/内包层直径为 20/400 μm,纤芯的数值孔径为 0.065,对 976 nm泵浦光的吸收系数为 1.44 dB/m,掺镱光纤总长度选为～18 m,对泵浦光的总吸收超过 25 dB。掺镱光纤采用弯曲盘绕的方式紧贴于水冷盘中,弯曲直径为 12～14 cm。光纤光栅的中心波长为～1080 nm,高反光栅的反射率为 99.9%,反射带宽为～3 nm,低反光栅的反射率为～8.7%,反射带宽为～1 nm。

1. 正向泵浦

正向泵浦源时,不同泵浦功率下激光器的输出功率和效率如图 4.20 所示,随着泵浦光功率增加,激光输出功率近似线性增长,光光转换效率稳定在～72%。当泵浦功率达到～2 kW、输出功率达到 1450 W 之后,继续增加泵浦功率出现了功率滞涨现象,对应的光光转换效率出现明显下降。

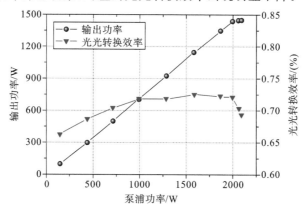

图 4.20 振荡器采用正向泵浦时的输出功率、效率

2. 反向泵浦

反向泵浦源时,不同泵浦功率下激光器的输出功率和效率如图 4.21 所示,随着泵浦光功率增加,激光输出功率近似线性增长,光光转换效率稳定在～70%。当泵浦功率达到～2.75 kW、输出功率达到 1930 W 之后,出现了显

著的功率下降现象,对应的光光转换效率也下降到 65% 左右。

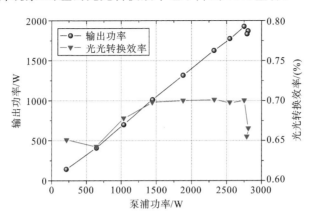

图 4.21　振荡器采用反向泵浦时的输出功率、效率

3.双向泵浦

(1)正向、反向的泵浦功率比例接近 1∶2,不同泵浦功率下激光器的输出功率及对应的光光转换效率如图 4.22 所示,激光输出功率随总泵浦功率近似线性增长,光光转换效率最高达到 71.5%。当正向泵浦功率为~1.55 kW,反向泵浦功率为~2.6 kW 时,激光器达到最高输出功率 2880 W,之后随泵浦总功率增加出现明显的输出功率下降现象,同时对应的光光转换效率下降到 68% 左右。

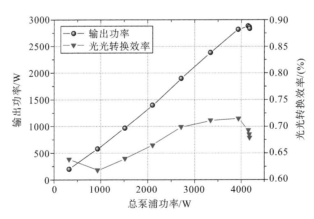

图 4.22　振荡器采用双向泵浦时的输出功率、效率

(2)正向、反向的泵浦功率比例调整为近似 1∶1.25。在此泵浦功率配置下,不同总泵浦功率下激光器的输出功率及对应的光光转换效率如图 4.23 所

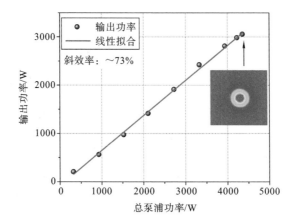

图 4.23　振荡器采用双向泵浦并优化泵浦分布时的输出功率、效率

示,激光器输出功率随泵浦总功率近似线性增长,斜效率为 73%。当正向泵浦功率为~1.85 kW、反向泵浦功率为~2.5 kW 时,激光器达到最高输出功率 3050 W。

通过提升正向泵浦光的比例,振荡器中的 SRS 得到进一步的抑制,从而能够进一步提升激光器的输出功率。

4.3.7　振荡级受激布里渊散射理论模型、数值模拟

文献[27]介绍了振荡级受激布里渊散射(SBS)理论模型,并进行了数值模拟。

1. 理论模型

振荡级为线形谐振腔,采用双向泵浦,光纤长度为 L,泵浦功率为 $P_p^+(0)$ 和 $P_p^-(0)$ 的泵浦光从 $z=0$ 和 $z=L$ 处注入光纤后,沿 z 轴正向、反向传播。R_{1s}、R_{2s} 分别为高反光栅和低反光栅对激光的反射率;R_{1B}、R_{2B} 分别为高反光栅和低反光栅对 Stokes 波的反射率。

在连续光纤激光器中,描述泵浦光、激光和有关受激布里渊散射的一阶 Stokes 波与时间无关的稳态速率方程组为

$$N = N_1 + N_2 \tag{4.39}$$

$$\frac{N_2}{\tau} = \frac{\Gamma_p \lambda_p}{hcA} [\sigma_{ap} N_1 - \sigma_{ep} N_2][P_p^+(z) + P_p^-(z)]$$

$$+ \frac{\Gamma_s \lambda_s}{hcA} [\sigma_{as} N_1 - \sigma_{es} N_2][P_s^+(z) + P_s^-(z)] \tag{4.40}$$

$$\frac{\mathrm{d}P_{\mathrm{p}}^{\pm}(z)}{\mathrm{d}z} = \mp \Gamma_{\mathrm{p}} [\sigma_{\mathrm{ap}} N_1 - \sigma_{\mathrm{ep}} N_2] P_{\mathrm{p}}^{\pm}(z) \mp \alpha_{\mathrm{p}} P_{\mathrm{p}}^{\pm}(z) \qquad (4.41)$$

$$\frac{\mathrm{d}P_{\mathrm{s}}^{\pm}(z)}{\mathrm{d}z} = \pm \Gamma_{\mathrm{s}} [\sigma_{\mathrm{es}} N_2 - \sigma_{\mathrm{as}} N_1] P_{\mathrm{s}}^{\pm}(z) \mp \alpha_{\mathrm{s}} P_{\mathrm{s}}^{\pm}(z) \mp \frac{g_{\mathrm{B}}}{A_{\mathrm{eff}}} P_{\mathrm{B}}^{\mp}(z) P_{\mathrm{s}}^{\pm}(z)$$

$$(4.42)$$

$$\frac{\mathrm{d}P_{\mathrm{B}}^{\pm}(z)}{\mathrm{d}z} = \mp \alpha_{\mathrm{B}} P_{\mathrm{B}}^{\pm}(z) \pm \frac{g_{\mathrm{B}}}{A_{\mathrm{eff}}} P_{\mathrm{s}}^{\mp}(z) P_{\mathrm{B}}^{\mp}(z) \qquad (4.43)$$

上述方程组中，$P_{\mathrm{s}}^{+}(z)$ 和 $P_{\mathrm{B}}^{-}(z)$ 分别表示一阶 Stokes 波功率沿 z 轴正向、反向的分布，A 为纤芯的横截面积，σ_{es} 和 σ_{as} 分别为激光的发射和吸收截面，σ_{ep} 和 σ_{ap} 分别为泵浦光的发射和吸收截面。

在上述方程组中，式(4.40)描述了上能级粒子数密度分布函数与光纤参数，以及泵浦光和激光分布之间的关系。式(4.41)、式(4.42)和式(4.43)分别给出了泵浦光、激光和 Stokes 波功率沿 z 轴方向的变化特性。从式(4.42)和式(4.43)可以看出，激光功率和 Stokes 波功率相互影响，由于受激布里渊散射的影响，激光会将一部分功率转移到 Stokes 波，因此降低了激光器的工作效率。上述方程组满足下列边界条件：

$$P_{\mathrm{s}}^{+}(0) = R_{1\mathrm{s}} P_{\mathrm{s}}^{-}(0) \qquad (4.44)$$

$$P_{\mathrm{B}}^{+}(0) = R_{1\mathrm{B}} P_{\mathrm{B}}^{-}(0) \qquad (4.45)$$

$$P_{\mathrm{s}}^{-}(L) = R_{2\mathrm{s}} P_{\mathrm{s}}^{+}(L) \qquad (4.46)$$

$$P_{\mathrm{B}}^{-}(L) = R_{2\mathrm{B}} P_{\mathrm{B}}^{+}(L) \qquad (4.47)$$

激光和 Stokes 波输出功率分别为

$$P_{\mathrm{s}}^{\mathrm{out}} = (1 - R_{2\mathrm{s}}) P_{\mathrm{s}}^{+}(L) \qquad (4.48)$$

$$P_{1\mathrm{B}}^{\mathrm{out}} = (1 - R_{1\mathrm{B}}) P_{\mathrm{B}}^{-}(0) \qquad (4.49)$$

$$P_{2\mathrm{B}}^{\mathrm{out}} = (1 - R_{2\mathrm{B}}) P_{\mathrm{B}}^{+}(L) \qquad (4.50)$$

式中，$P_{1\mathrm{B}}^{\mathrm{out}}$、$P_{2\mathrm{B}}^{\mathrm{out}}$ 分别为 Stokes 波在高反光栅和低反光栅处的输出功率。

2. 数值模拟

(1) 激光光谱线宽对 SBS 阈值泵浦功率的影响。

当激光光谱线宽较宽时，光谱线宽与 SBS 阈值泵浦功率的关系曲线如图 4.24 所示。当激光光谱线宽大于 SBS 增益带宽时，增益与激光光谱线宽成反比，因此，Stokes 波阈泵浦功率与激光光谱线宽成正比。当光纤激光光谱线宽等于 50 GHz 时，SBS 阈值功率接近 2 kW，因此，对宽谱光纤激光器来说，SBS

工业光纤激光器

效应一般不会发生。但当光纤激光器谱宽较窄时,SBS 阈值功率可能会很低,它与激光器的其他参量有关。

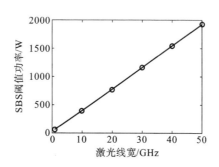

图 4.24　激光线宽与 SBS 阈值泵浦功率的关系曲线

（2）泵浦方式对 Stokes 波功率分布的影响。

设总泵浦功率为 800 W,采用正向、反向和双向泵浦时,得到泵浦光、激光和 Stokes 波功率沿光纤的分布如图 4.25 所示。从图中可以看出,由于泵浦光功率较高,因此在三种泵浦方式下,都产生了 Stokes 波,但是它们在光纤轴向上的分布很不相同。当正向泵浦时,Stokes 波在光纤轴向上的分布最大,激光输出功率最小,受激布里渊散射十分明显,大部分泵浦光能量转移到 Stokes 波上,Stokes 波输出功率已超过激光输出功率,激光转换效率很低;当反向泵浦时,Stokes 波在光纤轴向上的分布最小,增长较均衡,激光输出功率最大;当双向泵浦时,Stokes 波的分布介于正向和反向端面泵浦时的分布之间。

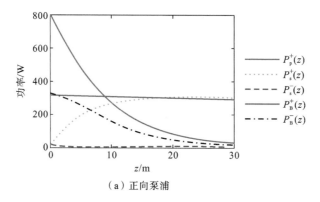

（a）正向泵浦

图 4.25　不同泵浦方式下振荡器中的光功率分布曲线

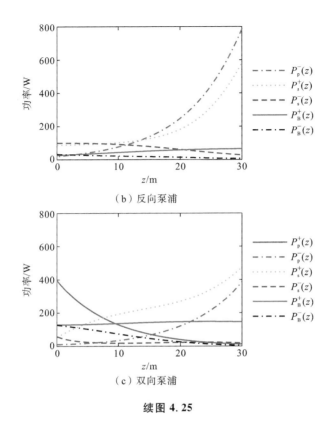

（b）反向泵浦

（c）双向泵浦

续图 4.25

（3）光纤长度、纤芯直径对激光和 Stokes 波输出功率的影响。

在正向泵浦下，当光纤长度、纤芯直径取不同值时，得到激光和 Stokes 波输出功率与泵浦光功率的关系曲线如图 4.26 所示，其中，$P_{\mathrm{B}}^{\mathrm{out}} = P_{\mathrm{1B}}^{\mathrm{out}} + P_{\mathrm{2B}}^{\mathrm{out}}$。当纤芯直径一定而光纤长度不同时，如图 4.26（a）和（b）所示，可以得出，当泵浦光功率增大到一定值时，光纤激光器中出现了受激布里渊散射，激光输出功率几乎不再变化，而 Stokes 波输出功率开始增大。当光纤长度 $L = 30$ m 时，受激布里渊散射的阈值泵浦光功率 $P_{\mathrm{p}}^{\mathrm{th}}$ 为 385 W；当 $L = 40$ m 时，$P_{\mathrm{p}}^{\mathrm{th}}$ 为 286 W。在图 4.26（c）和（d）中，阈值泵浦光功率分别为 605 W、450 W。因此，通过减小光纤长度，可以提高受激布里渊散射的阈值泵浦光功率。

当光纤长度一定而纤芯直径不同时，如图 4.26（a）和（c）、图 4.26（b）和（d）所示，可以看出，通过增大光纤纤芯直径，可以提高受激布里渊散射的阈值泵浦光功率，抑制受激布里渊散射。

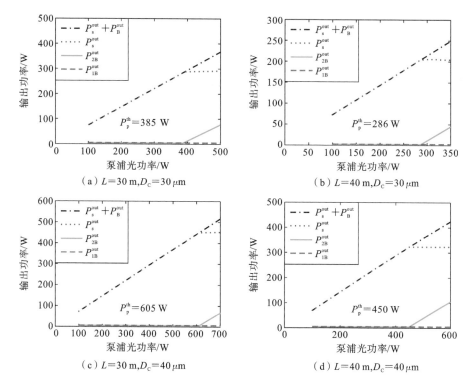

图 4.26 不同光纤长度、纤芯直径下，激光、Stokes 波输出功率与泵浦光功率的关系曲线

4.4 放大级的泵浦方式和放大倍数

1. 放大级的泵浦方式

放大级的泵浦方式有正向泵浦（如图 4.27 所示）、反向泵浦（如图 4.28 所示）、双向泵浦（如图 4.29 所示）。双向泵浦又分为三种方式：一是正向泵浦功率等于反向泵浦功率；二是正向泵浦功率大于反向泵浦功率；三是反向泵浦功率大于正向泵浦功率。

理论和实验证明：在相同的条件下，采用正向泵浦时，SRS 强度最高；采用反向泵浦时，SRS 强度最低；采用双向泵浦，且正向和反向泵浦功率相等时，SRS 强度介于正向泵浦和反向泵浦之间。采用双向泵浦方式且反向泵浦功率大于正向泵浦功率时，效果最佳。这是因为在采用正向泵浦时，正向传输的信号激光在增益光纤的前半段就得到显著的功率放大，在采用反向泵浦时，由于增益饱和效应，正向传输的信号光在增益光纤的后半段才显著放大，相当于缩

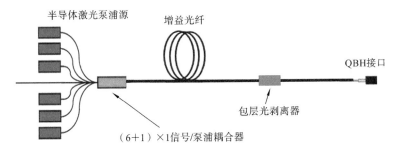

图 4.27 正向泵浦

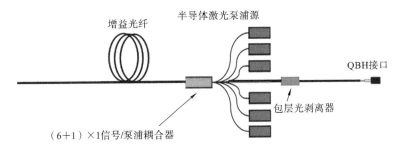

图 4.28 反向泵浦

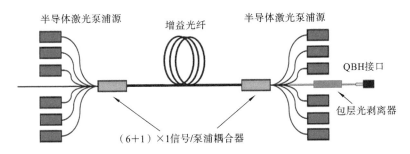

图 4.29 双向泵浦

短了正向传输的大功率信号激光的传输光纤长度,从而使输出激光中的 SRS 强度得到减弱。采用双向泵浦分布且正向和反向泵浦功率相等时,由于正向和反向均有泵浦光分布,正向传输的信号光分布情况介于单独正向泵浦和单独反向泵浦之间,输出激光中的 SRS 强度也介于正向泵浦和反向泵浦之间。

在双向泵浦方式中,当反向泵浦功率大于正向泵浦功率时,SRS 强度最弱。为确定反向泵浦功率和正向泵浦功率的比例,在实验时保持总泵浦功率不变,降低正向泵浦功率和增加反向泵浦功率,以测量最大的输出功率。

2. 连续光纤激光器的放大倍数

目前,市场上单腔连续光纤激光器产品的输出功率在 4000 W 左右,要达到更高的单纤输出功率,必须采用主振荡＋放大技术。由于主振荡注入放大级的功率达到数百瓦至千瓦级,市场上尚无这样高的在线光纤耦合隔离器。所以,4000 W 以上的大功率光纤激光器都采用主振荡＋放大技术,在主振荡级与放大级之间没有在线光纤耦合隔离器。这就带来一个技术问题,即主振荡级注入功率与放大级输出功率之间的放大倍数采用多大的问题,希望既节省成本,又能获得最大的输出功率,同时保证激光器安全工作。至今尚未见到专门的研究报道。放大倍数与主振荡级的注入功率、放大级的泵浦方式、放大级的增益光纤参数、放大级的泵浦波长、放大级的信号/泵浦耦合器参数等有关。实验研究和产品长期应用结果表明,可通过下面方法来确定放大倍数。

(1) 放大倍数实验确定方法。

在一定的泵浦方式、泵浦功率、增益光纤和光纤器件条件下,可通过改变主振荡级注入功率、观察放大级的输出光谱来判断非线性效应,测量光束质量以判断模式稳定性,通过测量正向(6＋1)×1 信号/耦合器泵浦光纤的功率来确认背向光功率的大小,由此可确定安全的输出功率,这个安全的输出功率和注入功率之比就是放大倍数。

(2) 放大倍数实验过程。

如图 4.14(b)所示,主振荡级选择反向泵浦,主振荡级的增益光纤为 20/400 μm 掺镱双包层光纤,纤芯的数值孔径为 0.065。反向的(6＋1)×1 信号/泵浦耦合器的输出光纤为 20/400 μm GDF,输入光纤为 20/250 μm GDF,泵浦源采用 915 nm 波长。高反和低反光纤光栅刻写在 20/400 μm GDF 双包层光纤上,高反和低反光纤光栅的反射率分别为 99.9％和 10％。注入放大级的主振荡级激光经过模场适配器和包层光剥离器。

如图 4.30 所示,主振荡级输出激光经模场适配器、包层光剥离器注入放大级。放大级双向泵浦,放大级的增益光纤为 25/400 μm 掺镱双包层光纤,纤芯的数值孔径为 0.065。正向和反向的(6＋1)×1 信号/泵浦耦合器的输出光纤为 25/400 μm GDF,输入光纤为 25/250 μm GDF。由于正向和反向泵浦源都采用 915 nm 波长、370 W 的泵浦管,实验上为了保持总泵浦功率不变,设置正向泵浦功率和反向泵浦功率比例为 1∶1、1∶1.25、1∶2 和 1∶3,泵浦总功

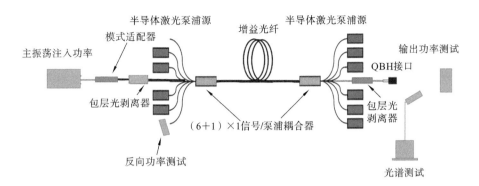

图 4.30　连续光纤激光器确认放大倍数实验原理图

率为 2960 W 左右。在主振荡级注入功率为 20 W、50 W、100 W、200 W、300 W、400 W 和 500 W 的情况下,测试输出功率、输出光谱、反向功率等,由此来确定双向泵浦中正向泵浦与反向泵浦的最佳比例,确定主振荡级最合适的注入功率。

(3) 实验数据和结果。

实验数据如表 4.3 和表 4.4 所示,结果表明:在相同的泵浦功率下,非线性效应随着振荡级注入功率的增大而增强;在相同的泵浦功率和相同的注入功率下,非线性效应随反向泵浦功率的增加而减弱;在相同的泵浦功率下,放大倍数为 20~100 倍时,激光器都能安全工作,特别是放大倍数为 100 倍左右时,从测量的光束质量可看出,没有出现模式不稳定现象。

3. 脉冲光纤激光器的放大倍数

2009 年,锐科激光[1]首先提出了无在线光纤耦合隔离器的主振荡＋放大调 Q 脉冲光纤激光器技术。目前,市场上销售和应用的 50 W 以下调 Q 脉冲光纤激光器都无在线光纤耦合隔离器,节省了成本,降低了价格,扩大了市场和应用范围。

这种无在线光纤耦合隔离器的调 Q 脉冲光纤激光器同样存在一个主振荡级和放大级之间的放大倍数问题,不可能在固定的主振荡注入功率下,从放大级得到无限放大的输出功率。

对于由主振荡级和放大级构成的脉冲光纤激光器放大的自发辐射(ASE)和自激振荡对输出光的影响是脉冲光纤放大器实现高功率放大的主要原因之一,脉冲光纤激光器的自激振荡与输出光纤端面反射率、增益光纤的长度、泵

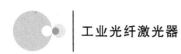

工业光纤激光器

表 4.3　实验数据 1

振荡级注入功率(W_1)/W	振荡级经过正向$(6+1)\times1$输出功率(W_2)/W	振荡级经过反向$(6+1)\times1$输出功率(W_3)/W	放大级泵浦功率比	正向泵浦功率(W_4)/W	反向泵浦功率(W_5)/W	放大级输出功率(W_6)/W	反向功率(W)/W	SRS/dB	增益比(W_6/W_2)	光光效率$(W_6-W_3)/(W_4+W_5)$/(%)
24.7	23.6	20.5	1:1	1451.4	1529.1	2358	3.77	>30	100.55	78.43%
			1:1.25	1326.8	1641.9	2324	4.3	>30	99.66	77.59%
			1:2	989.2	1982.7	2322	5.04	>30	98.39	77.44%
			1:3	727.6	2185.7	2300	5.36	>30	98.05	78.24%
59	56.5	51.3	1:1	1451.4	1529.1	2400	3.74	>30	42.88	78.80%
			1:1.25	1326.8	1641.9	2371	4.3	>30	42.53	78.14%
			1:2	989.2	1982.7	2368	4.98	>30	42.09	77.95%
			1:3	727.6	2185.7	2346	5.31	>30	41.88	78.77%
114.3	110	101.3	1:1	1451.4	1529.1	2460	3.72	>30	22.58	79.14%
			1:1.25	1326.8	1641.9	2435	4.22	>30	22.41	78.61%
			1:2	989.2	1982.7	2432	4.93	>30	22.20	78.42%
			1:3	727.6	2185.7	2411	5.27	>30	22.10	79.28%
210.2	203.2	188.5	1:1	1451.4	1529.1	2558	3.69	17.47	12.63	79.50%
			1:1.25	1326.8	1641.9	2531	4.15	27.02	12.61	78.91%
			1:2	989.2	1982.7	2534	4.91	>30	12.51	78.92%
			1:3	727.6	2185.7	2515	5.23	>30	12.44	79.86%
301.3	290.9	270.5	1:1	1451.4	1529.1	2515	3.73	5.57	8.65	75.31%
			1:1.25	1326.8	1641.9	2515	4.25	2.98	8.65	75.61%
			1:2	989.2	1982.7	2531	4.94	5.43	8.70	76.06%
			1:3	727.6	2185.7	2583	5.16	16.12	8.88	79.38%
402.4	389.5	362.7	1:1	1451.4	1529.1	2561	3.72	3.96	6.58	73.76%
			1:1.25	1326.8	1641.9	2568	4.26	1.93	6.59	74.29%
			1:2	989.2	1982.7	2592	4.94	6.05	6.65	75.01%
			1:3	727.6	2185.7	2569	5.21	6.46	6.60	75.73%
508	491	457.6	1:1	1451.4	1529.1	2640	3.71	2.03	5.38	73.22%
			1:1.25	1326.8	1641.9	2640	4.25	2.11	5.38	73.51%
			1:2	989.2	1982.7	2664	4.97	4.37	5.43	74.24%
			1:3	727.6	2185.7	2617	5.20	5.28	5.33	74.12%

表 4.4 实验数据 2

振荡级注入功率/W	振荡级输出光束质量	放大级输出光束质量
24.7	1.30	1.72
59.0	1.30	1.65
114.3	1.29	1.62
210.2	1.29	1.66
301.3	1.29	1.70
402.4	1.29	—
508.0	1.31	—

浦光的功率、注入信号光的功率有关。下面在固定的增益光纤长度、光纤端面
倾角镀膜的条件下,研究在不同注入信号光功率下,通过不同泵浦光的功率,
从光谱仪观察自激振荡现象,从而确认放大倍数。

脉冲光纤激光器的放大倍数的实验原理图如图 4.31 所示,从主振荡级直
接注入放大级的平均功率为 2 W、3 W 和 4 W,重复频率设为 50 kHz,具体数
据如表 4.5 所示。放大级采用反向泵浦,泵浦波长为 915 nm,增益光纤为
30/250 μm YDF,(2+1)×1 信号/泵浦耦合器输入和输出光纤均为 30/250
μm GDF,其插入损耗为 0.25 dB,耦合效率>95%。

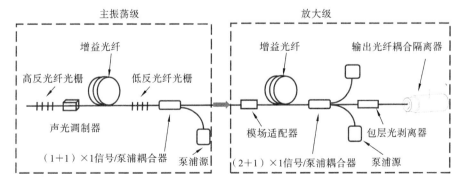

图 4.31 脉冲光纤激光器确定放大倍数的实验原理图

表 4.5　种子源数据

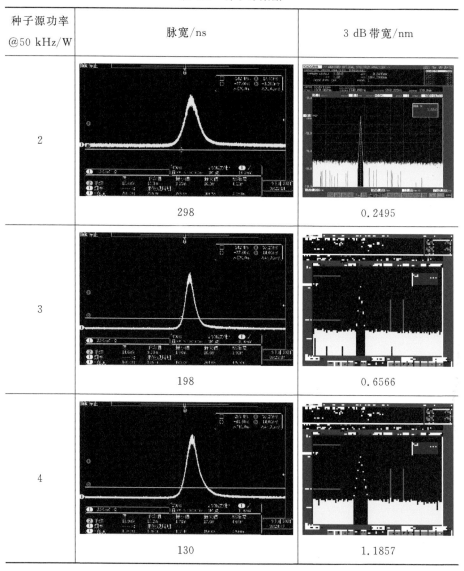

种子源功率 @50 kHz/W	脉宽/ns	3 dB 带宽/nm
2	298	0.2495
3	198	0.6566
4	130	1.1857

　　实验结果如表 4.6、表 4.7、表 4.8 和表 4.9 所示,当放大级的放大倍数介于 5～10 之间时,输出光谱中自激振荡光所占的比例最小。因此,MOPA 光纤激光器信号光输入功率确定的情况下,自激振荡的强度随着泵浦光强度的增加逐渐增强;在泵浦光功率确定的情况下,自激振荡的强度随着信号光功率的增加而减弱,可以通过适当改变信号光和泵浦光的相对强度来减弱激光器中的自激振荡。

表 4.6　实验数据

注入功率/W	2					3					4				
放大倍数	5	10	15	20	25	5	10	15	20	25	5	10	15	20	25
是否存在 ASE	否	否	否	是	是	否	否	否	是	—	否	否	是	—	—

表 4.7　种子源功率为 2 W 的实验数据

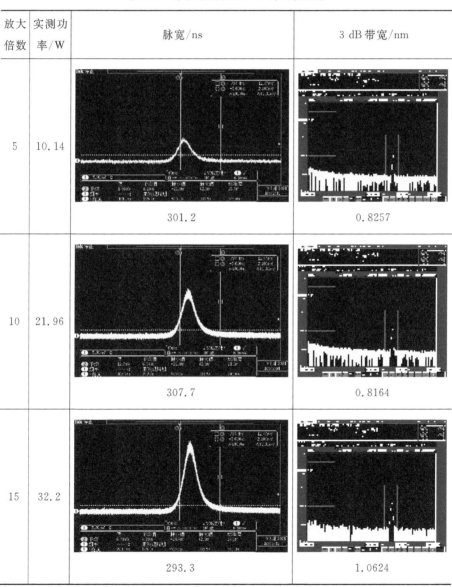

放大倍数	实测功率/W	脉宽/ns	3 dB 带宽/nm
5	10.14	301.2	0.8257
10	21.96	307.7	0.8164
15	32.2	293.3	1.0624

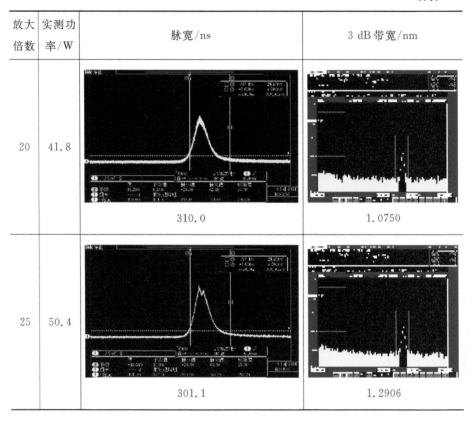

放大倍数	实测功率/W	脉宽/ns	3 dB 带宽/nm
20	41.8	310.0	1.0750
25	50.4	301.1	1.2906

表 4.8 种子源功率为 3 W 的实验数据

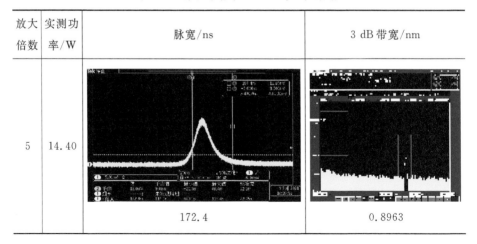

放大倍数	实测功率/W	脉宽/ns	3 dB 带宽/nm
5	14.40	172.4	0.8963

放大倍数	实测功率/W	脉宽/ns	3 dB 带宽/nm
10	30.5	\n\n191.4	\n\n1.6760
15	43.0	\n\n195.6	\n\n1.7117
19	58.2	\n\n202.7	\n\n2.0557

表 4.9　种子源功率为 4 W 的实验数据

放大倍数	实测功率/W	脉宽/ns	3 dB 带宽/nm
5	20.00	122.4	1.6928
10	41.40	138.8	1.5814
15	58.2	149.5	1.8711

4.5　非线性抑制技术

4.5.1　抑制非线性的方法

对于光纤激光器,随着功率的提高,较小的光纤芯径使光纤中光功率密度很高,加上相互作用距离长,非线性效应的累积变得非常明显,这严重影响了光纤激光器、放大器的输出性能,限制了功率的进一步增长。非线性效应的管理问题成了大功率光纤激光技术研究的重点和难点。一些新方法、新技术相继提出,分别从几何结构、材料成分、制作工艺、工作条件等方面对增益光纤进行了改进,取得了显著的效果。2007 年,廖素英、巩马理介绍了大功率光纤激光器和放大器的非线性效应管理新进展[28]。

1. 采用大模场光纤抑制非线性效应

在连续或者准连续泵浦作用下,增益光纤中的受激布里渊散射、受激拉曼散射和自相位调制等非线性效应的功率阈值 $P_{\rm th}^{\rm SBS}$、$P_{\rm th}^{\rm SRS}$、$P_{\rm th}^{\rm NL}$ 与光纤的有效模场面积 $A_{\rm eff}$、相互作用距离 $L_{\rm eff}$ 存在以下关系[29]:

$$P_{\rm th}^{\rm SBS} = \frac{21}{g_{\rm B}} \frac{\Delta v_{\rm B}}{\Delta v_{\rm B} + \Delta v_{\rm s}} \frac{A_{\rm eff}}{L_{\rm eff}} \tag{4.51}$$

$$P_{\rm th}^{\rm SRS} = \frac{16}{g_{\rm R}} \frac{A_{\rm eff}}{L_{\rm eff}} \tag{4.52}$$

$$P_{\rm th}^{\rm NL} = \frac{1}{2\pi n_2} \frac{A_{\rm eff}}{L_{\rm eff}} \tag{4.53}$$

式中,$g_{\rm R}$、$g_{\rm B}$ 为受激拉曼散射与受激布里渊散射的增益因子;$\Delta v_{\rm B}$ 为布里源增益带宽;$\Delta v_{\rm s}$ 为有效信号带宽;n_2 为非线性折射率系数。这些非线性效应的功率阈值随着比值 $A_{\rm eff}/L_{\rm eff}$ 增加而增加。增大有效模场面积 $A_{\rm eff}$ 不仅可以使纤芯的光功率密度下降,还可以使吸收泵浦光的效率提高,使相同增益所需要的光纤长度减小,从而增加非线性效应的阈值。因此,抑制非线性效应最直接的办法就是采用具有大模场面积的光纤。但是,单纯通过降低纤芯数值孔径增大芯径时,基模面积的增加很有限。受材料限制,普通掺杂石英光纤纤芯的数值孔径最小约取 0.05,在保证单模输出的情况下,相应的芯径约为 30 mm,对于更大的芯径来说将意味着多模输出,会出现光束质量下降、工作不稳定等问题。因此,设计研究新型结构的大模场光纤成为研究的热点。近几年,大模场光纤的研究取得很大突破,芯径从 30 mm 上升到了 100 mm,这对于非线性效应的抑制非常有利。大模场光纤的实现主要有三条技术路线:复合导引方法、光子晶体方法和模式转换法。

(1) 复合导引方法。

采用传统的多模光纤,通过改变光纤激光谐振腔的一些参数或者在谐振腔内采用一些外部手段来增加高阶模的损耗或抑制高阶模起振,利用弯曲、光

工业光纤激光器

锥、泄漏和增益导引等选模方法从多模中滤除高阶模,获得基模的输出。D. A. V. Kliner 等人[30]通过弯曲损耗选模的方法,从 25 mm 的芯径中得到了单横模,输出光束质量因子 $M^2 = 1.09 \pm 0.09$。A. E. Siegman[31]论证了增益对光纤导波模式的导引作用,指出如果增益导引的影响达到一定程度,则有可能在 100 mm 以上芯径的光纤中输出基模。J. M. Fini[32,33]也提出:把纤芯的折射率分布设计成抛物线分布,光纤弯曲引起的模场畸变将最小,高阶模与低阶模的损耗比最大,应用这种结构,可以设计 50 mm 以上芯径的大模场光纤。

(2) 光子晶体方法。

光子晶体光纤被认为是实现大模场光纤最具潜力的方法。它有着沿光纤轴向有规律排列着空气孔的二氧化硅阵列构成的包层和由破坏了包层周期性结构的空气孔缺陷构成的纤芯。其核心是纤芯缺陷,这种缺陷由空气孔构成,也可以用石英或掺杂的石英棒代替。光子晶体光纤的特殊结构决定了它具有许多传统光纤不能比拟的特性。其中最引人注目的是"无截止单模特性",即结构合理的光子晶体光纤具备在很宽的波长范围内,特别是短波长区,支持单模传输的能力。加上其几何结构可以灵活精确调整,所以精心设计光子晶体光纤的结构,可以使光纤的有效模场面积显著提升。

(3) 模式转换法。

模式转换法的机理是模式耦合作用,两个光纤模式在传输过程中受到周期性折射率的调制后发生耦合,当它们之间的失谐量和光纤结构参数之间满足谐振条件时,两个模式之间的耦合作用最强,从而导致一个模式向另一个模式的转换。这种模式转换方式[34]如图 4.32 所示,利用两个长周期光纤光栅LPG₁、LPG₂ 和一段高阶模光纤来实现高阶模和低阶模之间的转换,高斯基模经LPG₁ 转换成一个纯净的包层高阶模(LP07模),经一段特殊设计的高阶模光纤传导后,再由 LPG₂ 转换回基模。长周期光纤光栅的转换效率达99.93%,透过94 nm 带宽传导、转换、连接等,总损耗小于 0.2 dB/km。整个装置中,光场主

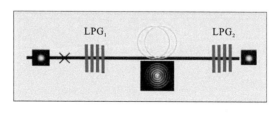

图 4.32　模式转换方式

要以模场面积较大的高阶模形式存在（LP_{07} 模面积为 2100 mm^2），而 LP_{01} 模只在很短的一段单模光纤中传导，所以非线性效应不容易产生。这种模式转换法开创了大模场面积光纤设计的新途径，具有重要意义。

2. 改变光纤掺杂物成分及分布抑制受激布里渊散射

根据阈值计算公式，石英光纤中受激布里渊散射的功率阈值为 10～17 mW，受激拉曼散射的阈值约为 500 mW，非线性折射率系数为 $3.2×10^{-20}/W$，自相位调制一般不明显，大功率光纤激光器中最容易出现的非线性效应是受激布里渊散射，所以首先考虑对受激布里渊散射的抑制。根据量子理论，受激布里渊散射为入射泵浦波、声波和斯托克斯波之间的参量相互作用，如图 4.33 所示。光子、声子发生相互作用，受电致伸缩影响，折射率被周期性调制，这种周期性调制等效为一个折射率光栅，在介质中以声波速度向前移动。

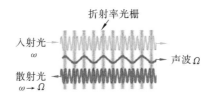

图 4.33　光纤中的受激布里渊散射源于感应声波的布拉格散射

光栅以布拉格衍射方式将入射光波向后散射，同时由于多普勒效应，散射光产生频率下移。由耦合波理论，受激布里渊散射功率阈值与光子、声子波参数的关系为[35]

$$P_{th}^{SBS} \propto \frac{K A_{eff} a_u}{G(n_{max}) \Gamma_u^{ao}} \tag{4.54}$$

$$\Gamma_u^{ao} = \frac{\left(\int E_0 E_0^* \, r_u r \, dr \, dq \right)^2}{\int (E_0 E_0^*)^2 \, r \, dr \, dq \int r r_u^* r \, dr \, dq} \tag{4.55}$$

式中，r_u、a_u 表示 u 阶声波场及其衰减系数；r 为声波介质密度；$G(n_{max})$ 是中心频率处的有效增益系数；K 表示偏振因子；Γ_u^{ao} 为光波场 E_0 与声波场之间的归一化重叠积分（重叠因子）。根据式（4.54）和式（4.55），增加有效模场面积 A_{eff}、偏振因子 K、声波衰减系数 a_u 或降低重叠因子 Γ_u^{ao}、有效增益系数 $G(n_{max})$ 等都可以提高受激布里渊散射的阈值。其中，重叠因子 Γ_u^{ao} 的变化与光纤介质的掺杂成分及掺杂分布相关。因此，改变光纤中的掺杂成分及其分布可以抑制非线性效应的产生。表 4.10 列出了石英光纤中常用的一些掺杂物对光波模折射率及声波模折射率的影响[28]。GeO$_2$ 使光波和声波的折射率都增加，而 Al$_2$O$_3$ 使光波折射率增加、声波折射率减小，B$_2$O$_3$ 则使光波折射率减小、声波折射率增加。在普通均匀掺 GeO$_2$ 阶跃光纤中，光波 GeO$_2$ 使光波和声波的折射率都增加，而 Al$_2$O$_3$ 使光波折射率增加、声波折射率减小，B$_2$O$_3$ 则使光波折射率减小、声波折射率增加。在普通均匀掺 GeO$_2$ 的阶跃光纤中，光波模与声波模有相同的分布，所以重叠因子接近于 1。而如果选择合适的掺杂成分及其在纤芯中的分布，完全可以使它们之间的重叠因子明显小于 1，从而提高受激布里渊散射的阈值。

表 4.10   不同掺杂物对光波、声波的折射率影响

掺杂物	GeO$_2$	P$_2$O$_3$	T$_i$O$_2$	B$_2$O$_3$	F$_2$	Al$_2$O$_3$
光波折射率	↑	↑	↑	↓	↓	↑
声波折射率	↑	↑	↑	↑	↑	↓

3. 采用纳米粒子直接掺杂技术抑制非线性效应

纳米粒子直接掺杂技术是 Liekki 公司发展起来的一项独特掺杂技术，它的出现使高浓度掺杂光纤迅速发展，为实现更高能量的激光输出提供了充分的条件。图 4.34 所示的是纳米粒子直接掺杂过程的简单示意图：液体或气态原材料在计算机的控制下流入一个特殊设计的燃烧炉，经高温加热后在大气中燃烧，分离成纳米大小的煤灰颗粒，这些小颗粒直接透过多孔层在移动的靶标棒上沉积下来，完成纳米掺杂。整个过程中，电脑实时监控蒸汽的流速，燃烧室气压、温度，靶标转速，使掺杂非常精确。与传统的金属化学气相沉积（MCVD）相比，纳米粒子直接掺杂工序更加简化，速度有所提高，可以分别对纤芯的折射率分布及掺杂粒子的分布进行控制（比如，使掺杂粒子沿径向呈一定分布而折射率仍保持阶跃分布），并且能实现高浓度的掺杂（Yb^{3+} 的掺杂质量分数为 0.4%～2%）[36]。对于纳米粒子直接掺杂的增益光纤，在以下三个方面对有害非线性效应的抑制有益：① 掺杂浓度高，光纤激光器达到相同增益需要的光纤长度减小；② 激活粒子按需要设计成径向分布，引入增益导引机制，使基模得最大增益，其他高阶模得不到足够增益而被衰减消除，有效模场面积增加；③ 不同掺杂物可分布在纤芯或包层区的不同区域，光波模和声波模的重叠减少。因此，纳米粒子直接掺杂光纤在大功率光纤激光器、放大

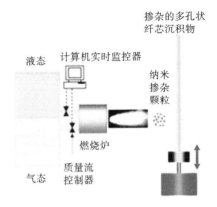

图 4.34 纳米粒子直接掺杂过程示意图

器的非线性效应管理中将有着很大的应用潜力。

4. 应用温度场、应力场分布抑制非线性效应

受激布里渊散射和受激拉曼散射的功率阈值与相应的增益系数 g_B 和 g_R 成反比关系，g_B 和 g_R 的降低将有利于提高受激布里渊散射、受激拉曼散射的阈值。光纤激光系统中，g_B 和 g_R 与光纤的材料特性有关，与泵浦方式也有密切关系。光纤内温度场、应力场等分布直接影响纤芯的材料特性，也就影响受激布里渊散射、受激拉曼散射的散射行为控制热效应引起的温度分布，人为引入应力场作用，或改善泵浦方式，也是抑制非线性效应的有效途径。根据理论分析，在大功率光纤放大器中，沿光纤轴向不均匀的热效应分布引起的温度梯度变化达到 100 ℃ 以上就可以使受激布里渊散射增益谱移出信号的增益区，受激布里渊散射不能增长而被抑制掉。在综合考虑了数值孔径、温度场对其增益谱的影响，以及传输损耗、工作稳定性等因素后，A. Liu[37] 提出采用非均匀光纤结构抑制受激布里渊散射的新方案（如图 4.35 所示），光纤的芯径、数值孔径设计成沿轴向变化，在芯径大的区域采用低数值孔径，抑制非线性效

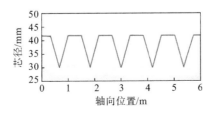

图 4.35 非均匀光纤的芯径沿轴向位置变化示意图

应;只在某些特定位置区,芯径设计成小结构、高数值孔径,用于增加光纤的抗弯能力。结果显示:应用这种结构的光纤,如果脉冲种子源、泵浦方式、光纤长度等参量能够选择适当,受激布里渊散射的阈值能够显著提高。

5. 倾斜光纤 Bragg 光栅(TFBG)抑制大功率光纤激光系统 SRS 和 SBS[38]

TFBG 是指光纤纤芯内周期性折射率调制平面与光纤轴向之间存在一定倾角的光栅,如图 4.36 所示。根据折射率调制周期沿光纤轴向是否均匀,TFBG 分为非啁啾和啁啾两种类型。下面用 TFBG 表示非啁啾倾斜光纤光栅,用 CTFBG 表示啁啾倾斜光纤光栅。

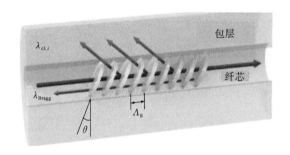

图 4.36　倾斜光纤光栅结构示意图

在 TFBG 中,由于倾斜角度的存在,正向传输的纤芯模除了会与反向传输的纤芯模发生耦合,同时还会与反向传输的包层模发生耦合,包层模在传输过程中迅速损耗掉,因此透射光谱中短波区域会出现许多分立的带阻谐振峰,如图 4.37 中的蓝色梳状曲线所示,各谐振峰中心波长由下式给出:

$$\lambda_{cl,i}^{co} = (n_{eff}^{co} + n_{eff,i}^{cl}) \frac{\Lambda_g}{\cos\theta} \tag{4.56}$$

式中,$\lambda_{cl,i}^{co}$ 是谐振波长,n_{eff}^{co} 和 $n_{eff,i}^{cl}$ 分别是纤芯模和第 i 阶包层模的有效折射率,Λ_g 是光栅的周期,θ 代表倾斜角度。对于 CTFBG,啁啾的引入使得每个谐振峰展宽并彼此重叠形成圆滑包络,如图 4.37 中曲线所示。

因此,TFBG 可以用作极窄带滤波器,比如用于反向 SBS 的滤除;CTFBG 可作为宽带滤波器,比如用于反向 SRS 的滤除。

(1) CTFBG 用于大功率光纤激光器系统 SRS 抑制。

应用示意图如图 4.38 所示,其应用于实际 5 kW 光纤激光器中,将 CTFBG 置于种子和放大级之间,抑制效果如图 4.39 所示[39]。

随着 CTFBG 制备工艺的改进,插入损耗进一步降低,将来可承受更高的

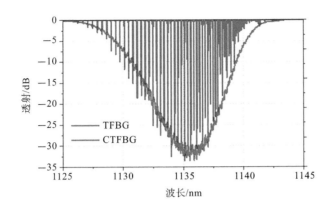

图 4.37 倾斜光纤光栅透射谱仿真结果

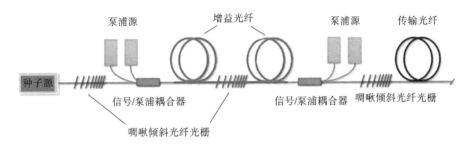

（a）放大器结构图

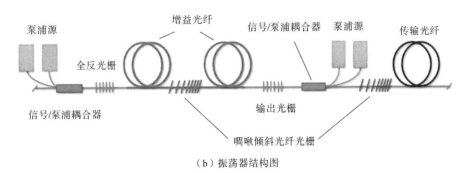

（b）振荡器结构图

图 4.38 利用 CTFBG 进行 SRS 抑制的大功率光纤激光器

激光功率,则其在应用中不仅可置于种子和放大级之间,还可置于大功率振荡器和放大级内部,一方面起到隔离反向 Raman 光保护前级系统的作用,另一方面可以增加系统的 Raman 阈值,提升有效的输出功率,避免因拉曼引起的光束质量退化。此外,还可将 CTFBG 用于大功率光纤激光器系统输出的传能光纤中,增加有效传输距离。

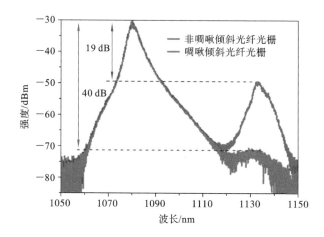

图 4.39 CTFBG 用于 5 kW 光纤激光器 Raman 抑制效果

（2）TFBG 用于大功率光纤激光器系统 SBS 抑制。

对于窄线宽光纤激光系统，SBS 是制约其功率提升的首要因素。一旦 SBS 阈值达到，正向激光功率将出现滞涨现象，注入的激光能量都转换成反向的 Stokes 光，严重影响系统的性能，甚至造成系统损伤。王泽锋，王蒙等人提出了基于 TFBG 的 SBS 抑制方案，并搭建了图 4.40 所示的原理验证实验系统。结果表明，通过合理设置 TFBG 相关参数，一方面可以滤除反向 Stokes 光[40]，保护前级系统；另一方面还可增加 SBS 阈值，提升正向输出激光功率[41]，如图 4.41 所示。

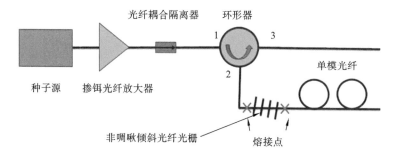

图 4.40 基于 TFBG 的光纤激光 SBS 抑制实验系统示意图

在实际的大功率窄线宽激光系统中应用时，除了需要改进制备工艺，降低插入损耗，提升承受功率，还需要重点解决 TFBG 工作过程中的波长稳定性问题。由于 TFBG 的抑制带宽非常窄，其透射谱对温度非常敏感，环境或激光功率的提升带来的温度变化可能导致 SBS 抑制完全失效，还可能急剧增加信号

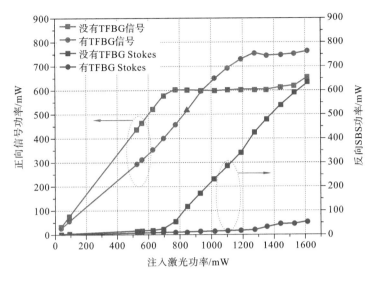

图 4.41　基于 TFBG 的 SBS 抑制效果

光的插入损耗。

4.5.2　连续光纤激光器抑制非线性的实验研究

通过全光纤振荡器结构对圆形改性的 20/400 μm LCA-DCF 和传统进口的八边形 20/400 μm DCF 的激光性能进行测试，了解圆形改性的 20/400 μm LCA-DCF 抑制非线性的功能[42]。

如图 4.42 所示，由十个泵浦激光器（单个泵浦激光器的输出功率约为 280 W）进行泵浦，泵浦源中心波长为 915 nm。半导体激光器的泵浦光纤为 200/220 μm 光纤，NA＝0.22。它们直接与(6＋1)×1 信号/泵浦耦合器的泵浦光纤熔接。(6＋1)×1 信号/泵浦耦合器输出光纤、高反光栅和低反光栅由 20/400 μm 无源光纤构成。在中心波长为 1080 nm 的情况下，高反光栅的反射率约为 99.5％，低反光栅的反射率约为 10％。掺稀土光纤熔接在高反光栅和低反光栅之间。增益光纤长度由 915 nm 处达到 18 dB 的包层泵浦吸收决定。圆形 20/400 μm LCA-DCF 和进口的八边形 20/400 μm DCF 的增益光纤长度分别为 30 m 和 45 m。泄漏到包层的信号光和未被吸收的泵浦光被包层光剥离器移除。光纤激光器由 QBH 激光输出接口输出，最后由功率计检测。光纤器件的熔接点损耗控制在 0.15 dB 以内，并涂上了一层低折射率涂层，固化后的低折射率涂层在全光纤振荡器系统中提供了 0.46 的泵浦 NA。

在激光性能实验和激光器长期工作过程中，全光纤激光振荡系统和泵浦

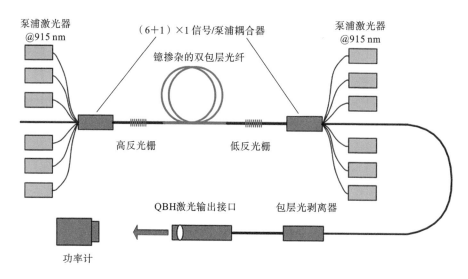

图 4.42　全光纤激光振荡器示意图

激光器均采用冷水机组进行冷却。对传统进口的八边形 20/400 μm DCF 进行了测试,激光输出光谱为 1080 nm,SRS 等非线性效应开始出现在 1.6 kW 处,并在 1.7 kW 处变得更加严重。

如图 4.43 所示,激光输出光谱以 1080 nm 为中心,由 SRS 产生的附加峰为 1133.5 nm 的,具有很强的 SRS 效应。用全光纤激光振荡器系统测试了圆形改性的 20/400 μm LCA-DCF 的激光性能,测试结果如图 4.44 所示,1080 nm 处的最大激光输出功率为 2.1 kW,并且没有如图 4.43 所示的 SRS 效应。

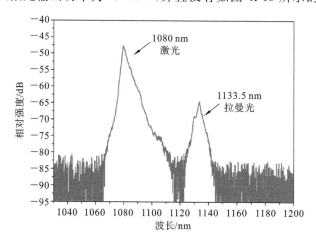

图 4.43　八边形 20/400 μm DCF 在 1.6 kW 测试时

全光纤激光器的输出光谱图

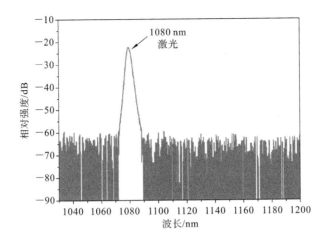

图 4.44 圆形改性的 $20/400~\mu\mathrm{m}$ LCA-DCF 在 $2.1~\mathrm{kW}$ 测试时
全光纤激光器的输出光谱图

相比常规的八边形 $20/400~\mu\mathrm{m}$ DCF，圆形改性的 $20/400~\mu\mathrm{m}$ LCA-DCF 具有较高的 SRS 阈值。

通过使用所制造的四个氟掺杂单元嵌入内包层的圆形改性的 $20/400~\mu\mathrm{m}$ LCA-DCF 可以有效提高全光纤振荡器的 SRS 阈值，其阈值是八边形掺镱光纤的 SRS 阈值（$1.6~\mathrm{kW}$）的 1.31 倍。

4.6 模式控制技术

4.6.1 模式控制技术进展

热致模式不稳定现象的发现，进一步扩展了人们对光纤激光器和放大器中高阶模式激发机理的认识，并使得模式控制技术得到了进一步发展，出现了多种用于抑制 TMI 的模式控制技术[43]。常见的模式控制技术主要分为两类：① 基于光纤设计的模式控制技术，包括超低数值孔径光纤、螺旋耦合芯光纤、有限掺杂光纤等；② 基于激光器设计的模式控制技术，即通过激光器设计，在现有的增益光纤上实现模式控制，包括光纤拉锥法、选择性模式激发、弯曲光纤等。

1. 基于光纤设计的模式控制技术

产生模式不稳定的一个重要条件是基模（FM）和高阶模（HOM）的拍频引起的热致长周期光栅，而降低 FM 模场和 HOM 模场在纤芯的重叠，可以有效减弱两者在纤芯内的干涉条纹强度,即模式非局域化(mode delocoliza-tion)[44]。降低纤芯的数值孔径,可以有效降低 FM 模场与 HOM 模场的重叠因子。因此,采用低数值孔径光纤,可以提升 TMI 的阈值[45]。受限于光纤制备工艺,传统的改良化学气相沉积工艺通常只能实现最低 0.06 数值孔径的光纤。近两年来,随着光纤制备工艺的升级,超低 NA 光纤的制备取得了突飞猛进的进展。美国相干激光公司[46]、英国南安普顿大学[47]、德国耶拿大学[48]、中国科学院上海光学精密机械研究所[49]、武汉睿芯特种光纤有限责任公司[42]先后实现了超低 NA 光纤的制备。2017 年,德国耶拿大学基于纤芯直径为 23 μm、数值孔径为 0.041 的超低 NA 光纤,基于空间光结构,实现了大于 4.3 kW 的近衍射极限激光输出,效率达到 90%,如图 4.45 所示[50]。虽然超低 NA 光纤在抑制 TMI 方面有很大潜力,但是其光纤拉制工艺难度较高;此外,目前超低 NA 光纤不能与商用的无源器件(如泵浦/信号合束器、输出端帽等)匹配,尚不能实现全光纤化应用,因此要特殊设计无源器件以匹配超低 NA 光纤。这些因素限制了超低 NA 光纤的推广和应用。

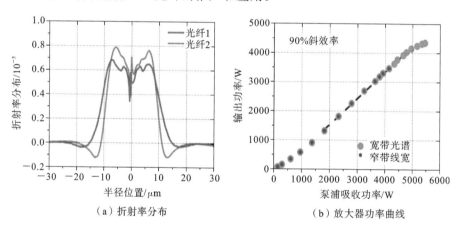

（a）折射率分布　　　　（b）放大器功率曲线

图 4.45　德国耶拿大学超低 NA 光纤

2. 基于激光器设计的模式控制技术

通过特殊的激光器设计,破坏增益光纤中的热致长周期光栅形成,也可以消除 TMI 引起的模式耦合。基于激光器设计的模式控制技术有:信号光调制、泵浦光调制、改变泵浦波长、提升种子光功率和弯曲增益光纤等。

（1）信号光调制。

2013 年,德国耶拿大学的 H. J. Otto 等人采用调制信号光的方法在光纤放大器中实现了 TMI 的抑制[51]，实验结构图如图 4.46 所示。种子光通过空间耦合方式耦合进入增益光纤的纤芯，泵浦光从增益光纤尾端耦合进入增益光纤。为了破坏长周期光栅，加入空间光相位调制器，周期性调整种子光在增益光纤输入端的光斑位置，使得注入放大器的信号光附加一个强度相位调制。当信号光的强度相位调制与热致长周期光栅的相移匹配时，将阻止热致长周期光栅的运动，而静态的热致长周期光栅则不能引起模式耦合，因此模式不稳定得以消除。

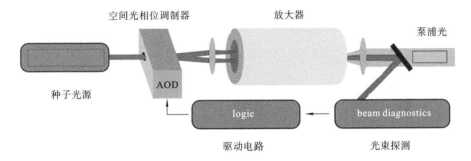

图 4.46　基于空间光相位调制器抑制 TMI 的实验结构图

在没有加入信号光相位调制时，输出光束质量很差，处于模式不稳定状态；而在加入信号光调制后，输出光斑呈稳定的 FM 状态，如图 4.47 所示。可以看出，信号光调制使得放大器的 TMI 阈值提升了一倍。

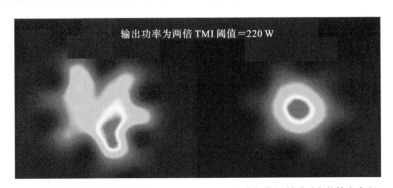

图 4.47　输出功率为两倍 TMI 阈值时，自由运转和开启相位调制时对应的输出光斑

（2）泵浦光调制。

2018 年，德国耶拿大学的 C. Jauregui 等人提出了基于泵浦功率调制抑制放大器中的 TMI 的方案[52]，实验光路如图 4.48 所示。

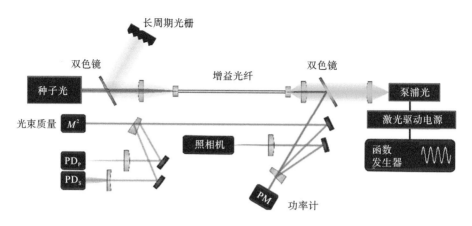

图 4.48 基于泵浦功率调制抑制 TMI

其中,种子光采用空间耦合方式进入增益光纤前端,泵浦光从增益光纤输出端耦合进入增益光纤。通过信号发生器调制泵浦 LD 驱动电源的输出电流,使泵浦 LD 产生调制的泵浦光。泵浦功率调制使得增益光纤中的上能级粒子数呈周期性变化,即周期性改变信号光增益,以此补偿热致长周期光栅。图 4.49 展示了开启泵浦功率调制前后,输出光斑和散射光功率波动标准差。可以看出,在未开启泵浦功率调制时,TMI 的阈值为 266 W,超过 266 W 时光斑呈多模状态,且光斑快速抖动。在开启泵浦功率调制后,TMI 的阈值从 266 W 提升至 500 W,而输出光斑呈 FM 状态。

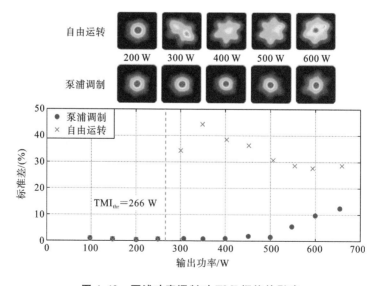

图 4.49 泵浦功率调制对 TMI 阈值的影响

相比于信号光调制,泵浦光调制仅需要外加电源调制功能,结构简单,具有很好的应用前景。但是其本身也存在局限性,从图 4.49 中可以看出,输出功率大于 500 W 时,泵浦调制对 TMI 的抑制效果变差。这是因为,在 TMI 的阈值附近,FM 与邻近的 HOM 发生耦合,热致长周期光栅由这两个模式的拍频引起,模式耦合在时域上存在明显的特征频率,如图 4.50(a) 所示[53],这时仅需要改变泵浦调制频率以匹配此时的热致长周期光栅即可。而在远大于 TMI 阈值的情况下,放大器的模式耦合呈混沌状态,因此不存在明显的特征频率,如图 4.50(b) 所示,因此泵浦调制的效果变差。

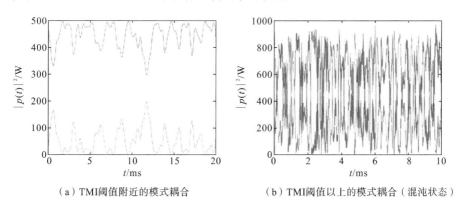

(a) TMI阈值附近的模式耦合　　　　(b) TMI阈值以上的模式耦合 (混沌状态)

图 4.50　模式耦合

(3) 改变泵浦波长。

TMI 现象本质是由激光增益过程中产生的热负载引起的,而热负载由量子亏损和泵浦光的吸收系数决定。采用吸收系数较小的泵浦波长可以降低纤芯中的热负载、削弱热致长周期光栅,实现 TMI 的抑制。2015 年,国防科技大学陶汝茂等人基于耦合模方程分析讨论了 TMI 阈值与泵浦光波长的关系[54]。结果表明,采用吸收系数低的泵浦波长可以有效提升 TMI 的阈值,如图 4.51 所示。

2018 年,德国耶拿大学报道了采用商用光纤,仅改变泵浦波长,以提升 TMI 阈值的实验结果[55]。当泵浦波长从 976 nm 漂移至 980 nm 时,光纤放大器的 TMI 阈值从 2.2 kW 提升至 2.8 kW,如图 4.52 所示。虽然改变泵浦波长可以有效提升放大器 TMI 阈值,但是需要定制特殊波长的泵浦 LD,导致系统的成本增加。此外,采用吸收系数较小的波长泵浦,则需要更长的增益光纤,以保证放大器的效率,但增益光纤的长度又会导致 SRS 效应阈值的降低。因此,采用改变泵浦波长抑制 TMI 的方法,需要综合考虑泵浦吸收和 SRS 效

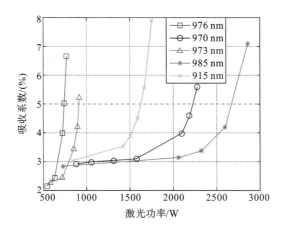

图 4.51　不同泵浦波长对应的 TMI 阈值

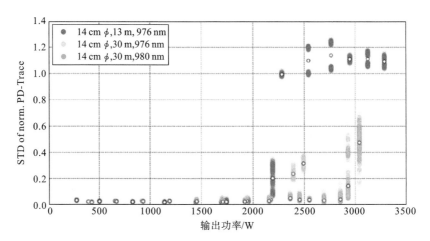

图 4.52　976 nm 泵浦和 980 nm 泵浦对应的 TMI 阈值

应,这对激光器和放大器的结构设计提出了更高的要求。

（4）提升种子光功率。

改变光纤放大器的种子光功率可以进一步提升增益光纤中的增益饱和效应,降低饱和增益,提高 TMI 的阈值。2017 年,华南理工大学报道了不同种子光功率情况下光纤放大器 TMI 阈值的数值模拟研究[56],如图 4.53 所示。可以看出,光纤放大器的 TMI 阈值随种子光功率的增加而逐渐提升。

虽然提升种子光功率可以提升光纤放大器的 TMI 阈值,但也会导致光纤放大器 SRS 阈值的降低。一方面,提升种子光功率会增加光纤放大器增益光纤中的平均信号光功率,导致 SRS 效应的增强,另一方面,主振荡功率放大结构光纤激光器中,种子光通常由光纤振荡器提供,而提升光纤振荡器的输出功

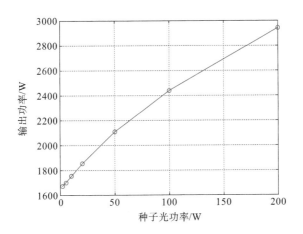

图 4.53　光纤放大器 TMI 阈值随种子光功率的变化趋势

率会导致振荡器中产生的拉曼光功率提升，而这些拉曼光会进入光纤放大器，进一步导致光纤放大器的 SRS 阈值降低。因此，采用提升种子光功率抑制 TMI 的方法，需要综合考虑光纤放大器的 SRS 效应，这也对光纤放大器的设计提出了更高的要求。

（5）弯曲增益光纤。

弯曲增益光纤，可以增加 HOM 的损耗，抑制 HOM，实现近衍射极限激光输出。图 4.54 给出了不同弯曲半径下的 HOM 损耗[57]。2015 年，L. Leandro 等人基于 S 平法测得了不同弯曲半径下的 HOM 弯曲损耗[58]，如图 4.55 所示。在相同的传输距离下，LP_{11} 模式的透过率绝对值随着弯曲半径的减小而迅速下降，即 LP_{11} 模式的弯曲损耗随弯曲半径减小而变大。

2018 年，德国耶拿大学报道了 Nufern 公司 20/400 μm 双包层增益光纤的 TMI 阈值的研究结果[55]。当增益光纤的弯曲直径从 60 cm 缩小至 14 cm 时，TMI 的阈值从 800 W 提升至 2.2 kW，如图 4.56 所示。

同年，美国 nlight 公司 M. Kanskar 等人基于 Liekki 公司的 20/400 μm 双包层增益光纤，实验研究了不同弯曲半径下的 TMI 阈值[59]。当弯曲直径从 10 cm 增大到 15 cm 时，放大器的 TMI 阈值从 2.2 kW 下降至 1.6 kW。

对比以上几种方案可以看出，只需要在现有激光器系统中改变增益光纤的弯曲半径，即可实现 TMI 抑制，因此，弯曲增益光纤是最简单、成本最低的抑制 TMI 的模式控制方法。虽然弯曲光纤实现模式控制的方法广泛应用于大功率光纤激光器和放大器中，但是目前尚没有针对高功率泵浦情况，考虑热

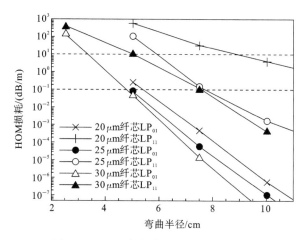

图 4.54　不同弯曲半径下的 HOM 损耗

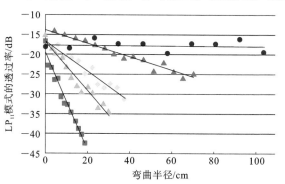

图 4.55　不同弯曲半径下 LP_{11} 模式的透过率

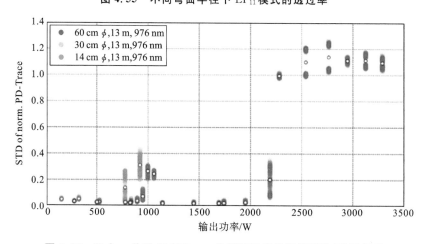

图 4.56　Nufern 公司 20/400 μm 光纤不同弯曲直径下的 TMI 阈值

负载的模式表征、模式增益竞争和 TMI 的相关理论。

4.6.2　连续光纤激光器模式控制实验研究

文献[23]介绍了连续光纤激光器模式控制的实验研究。

1. 25/400 μm 增益光纤的正向泵浦光纤放大器

采用正向泵浦方式对注入光纤放大器中的种子光进行功率放大,在提升输出激光功率的同时,对光纤放大器的输出特性进行相关的分析和研究。

(1) 实验装置。

实验装置如图 4.57 所示,光纤放大器采用正向泵浦方式,种子激光经过 (6+1)×1 信号/泵浦耦合器的信号光纤注入放大器的掺镱光纤,在泵浦光的激励下进行功率放大。(6+1)×1 信号/泵浦耦合器的信号光纤与输出光纤分别为 25/250 μm 和 25/400 μm 被动光纤,泵浦光纤为 200/220 μm 多模光纤。信号/泵浦耦合器的插入损耗约为 0.2 dB,泵浦光耦合效率约为 98%。泵浦源为 6 个 700 W 的半导体激光器,输出波长为 976 nm,输出光纤与 (6+1)×1 信号/泵浦耦合器的泵浦光纤相匹配。掺镱光纤为武汉睿芯 25/400 μm 大模场双包层光纤,纤芯数值孔径为 0.06,包层数值孔径为 0.46,该光纤对波长为 915 nm 的激光的吸收系数约为 0.6 dB/m。在实验中,掺镱光纤的长度约为 15 m。在光纤放大器的末端接入包层光剥离器,用于剥除光纤包层中未吸收的泵浦光与溢出纤芯的高阶模信号光。激光通过光纤放大器的激光光纤传输接口准直输出,信号光功率由一个高功率激光功率计进行测量。

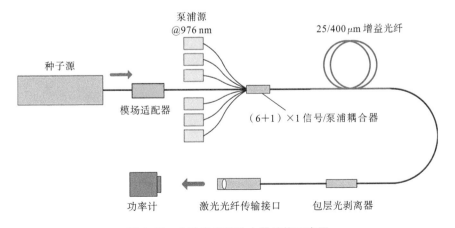

图 4.57　大功率光纤放大器结构示意图

实验中的种子源为 1 kW 单模连续光纤激光器,输出激光波长为 1080 nm,输出功率最大可调节到 1.5 kW,同时具有近衍射极限的光束质量($M^2=1.1$)。激光器的输出光纤为 20/400 μm 被动光纤,通过模场适配器与(6+1)×1 信号/泵浦耦合器的信号光纤熔接。实验中的种子源、光纤放大器模块及泵浦源由水冷机进行主动冷却,水温设置为 25 ℃。

　　(2)大功率放大器的输出特性。

　　首先打开种子源激光器电源,调节并逐渐增大电流,使输出的种子激光功率不断增加,通过实验装置中的激光功率计进行功率测量。光纤放大器中镱光纤对波长为 1080 nm 的激光具有一定的吸收,系统中各光纤器件具有损耗,调节种子源激光器的电流,可使通过光纤放大器系统后的信号光约为 1060 W。待激光功率稳定后,打开光纤放大器的泵浦激光器的电源,逐步增大电流值,使泵浦光功率逐步增加。通过用激光功率计进行测试,可知信号光输出功率随泵浦光功率的增加呈线性增加,输出激光功率曲线如图 4.58 所示。受泵浦源的供电电源的限制,最终可获得 3.2 kW 的激光输出功率,光纤放大器的斜效率约为 78.8%。

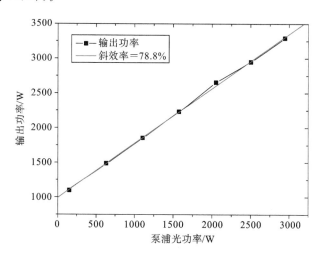

图 4.58　信号光输出功率随泵浦光功率变化曲线

　　光纤放大器输出激光的光谱由一台光谱仪进行测试分析。当激光功率约为 3.2 kW 时,信号光的光谱如图 4.59 所示。相对于种子源的激光光谱,光纤放大器的激光光谱随功率的增加有一定的展宽,这主要是由光纤激光器的非线性克尔效应引起的。激光光谱的展宽在一定程度上降低了光谱功率密度,这有利于抑制非线性现象的产生,提高激光器光谱输出的稳定性。另外,实验中光纤放大器使用了具有较大模场面积的掺镱光纤,有效降低了光纤中的光功率密度,提高了 SRS 的功率阈值。因此,在实验过程中,即使在最高输出功率时,光纤放大器也未探测到拉曼光光谱。

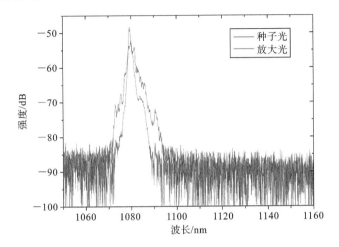

图 4.59　光纤放大器信号光的光谱图

为了检验光纤放大器在输出功率超过 3 kW 后是否出现模式不稳定现象,实验中使用一个光电探测器对输出激光的时域特性进行了测量和分析,信号光的归一化时域特性如图 4.60(a)所示,图 4.60(b)所示的为相应的频域特性曲线。可以看出,实验中的光纤放大器的输出激光虽然存在一定的波动变化,但输出功率和光束质量均比较稳定,未出现明显的模式不稳定现象。

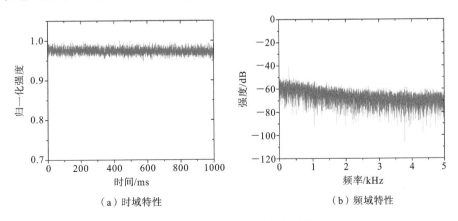

（a）时域特性　　　　　　　　（b）频域特性

图 4.60　信号光时域特性与频域特性

大功率掺镱光纤放大器在实验中采用具有较大模场面积的主动光纤,能有效降低纤芯中的功率密度,提高受激拉曼散射功率阈值,获得稳定的激光输出。同时,采用国产 25/400 μm 类型的掺镱光纤可以获得超过 3 kW 的近单模激光输出。

2. 30/400 μm 增益光纤的正向泵浦光纤放大器

光纤放大器采用国产武汉睿芯 30/400 μm 类型的大模场掺镱光纤,对种子激光进行功率放大实验,主要是对大模场光纤中出现的模式不稳定性现象进行实验研究。根据实验情况,设计了不同盘绕直径的光纤放大器,并对大功率状态下的模式不稳定现象进行了对比研究。

(1) 实验装置。

实验装置如图 4.61 所示,大功率光纤放大器采用正向泵浦方式,种子激光经过(6+1)×1 信号/泵浦耦合器的信号光纤注入放大器的掺镱光纤,在泵浦光的激励下进行功率放大。其中,种子源为单模连续光纤激光器,输出激光波长为 1080 nm,输出功率最大为 1.5 kW,同时具有近衍射极限的光束质量($M^2=1.1$)。种子激光器的输出光纤为 20/400 μm 被动光纤,通过模场适配器与(6+1)×1 信号/泵浦耦合器的信号光纤熔接。(6+1)×1 信号/泵浦耦合器的信号光纤和输出光纤分别为 30/250 μm 和 30/400 μm 被动光纤,输出光纤与掺镱光纤熔接,半导体激光泵浦源的参数与图 4.57 中的相同。掺镱光纤为武汉睿芯 30/400 μm 大模场双包层光纤,纤芯数值孔径为 0.06,包层数值孔径为 0.46,该光纤对波长为 976 nm 的激光的吸收系数约为 2.2 dB/m。在实验中,

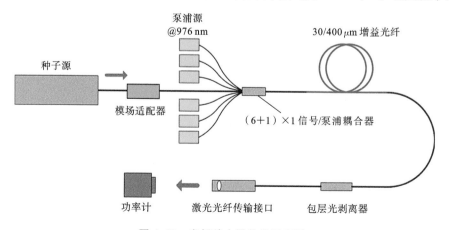

图 4.61　光纤放大器结构示意图

掺镱光纤的长度约为 12 m。在光纤放大器的末端接入包层光剥离器,用于剥除光纤包层中未吸收的泵浦光与溢出纤芯的高阶模信号光。激光通过光纤放大器的光纤传输接口和透镜准直输出,信号光功率由一个高功率量程的功率计进行测量。实验中的种子源、光纤放大器模块及泵浦源由大功率水冷机进行主动冷却,水温设置为 25 ℃,以保证泵浦源激光器工作在稳定的波长。

(2)不同种子功率注入时的模式不稳定现象。

根据光纤放大器的结构,种子光在光纤中传播时,需要通过信号/泵浦耦合器、掺镱光纤、包层光剥离器等光纤器件,这些光纤器件对种子光均存在一定的损耗,如信号/泵浦耦合器的插入损耗,掺镱光纤对种子光的吸收,各熔接点的损耗等,使得种子激光功率和光束质量在穿过光纤放大器时均有一定的衰减和劣化。为了对比不同注入种子功率下光纤放大器的输出特性,在光纤放大器的输出端放置一个高功率激光功率计,对仅开种子源激光器时,透过光纤放大器后的激光功率进行测量记录。种子激光功率为 480 W,打开光纤放大器泵浦源的电源,并逐渐增加泵浦功率(即泵浦光功率),信号光功率随着泵浦光功率的增加呈线性增加。当泵浦光功率超过 3 kW 时,光纤放大器的输出功率增长变缓,继续增加泵浦功率,输出激光功率几乎不再增加。实验中出现了模式不稳定现象,泵浦光功率达到了模式不稳定现象的功率阈值。不同种子功率注入时光纤放大器的输出功率与泵浦功率的关系曲线如图 4.62 所示。

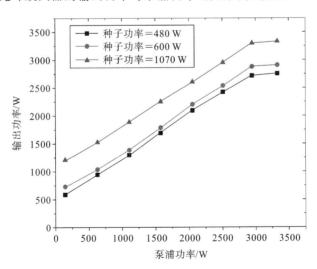

图 4.62　不同种子功率注入时光纤放大器的输出功率与泵浦功率的关系曲线

为了进一步确认实验中出现的模式不稳定现象,提高种子源激光器的电流,增大注入的种子功率,令功率计测量值约为 600 W。打开光纤放大器的泵浦源电源,并逐渐增加注入的泵浦功率,在泵浦功率未达到 3 kW 时,输出信号光功率随泵浦功率呈线性增加。当泵浦功率超过 3 kW 时,出现了与之前实验相同的现象,光纤放大器的斜效率迅速下降,信号光功率几乎不再随泵浦光功率的增加而增加。增加种子功率到 1070 W,按照之前的实验步骤,逐步增加泵浦光功率,在泵浦功率到达 3 kW 时获得的输出激光功率约为 3.3 kW,继续增加泵浦光功率则与之前的实验现象相同,如图 4.63 所示。从图中可以看出,光纤放大器在泵浦光功率达到 3 kW 时,在不同的注入种子功率下均出现了明显的模式不稳定现象,因此模式不稳定现象的功率阈值与泵浦光功率有关,这主要与掺镱光纤在吸收泵浦光时的发热有关。由于掺镱光纤在进行波长转换时存在量子亏损,因此,泵浦功率越高,掺镱光纤的发热越严重,在相同的散热条件下更易产生长周期光栅效应,从而出现模式不稳定现象。而注入种子功率对光纤的发热影响相对较小,因此泵浦光功率是影响模式不稳定功率阈值的重要因素。

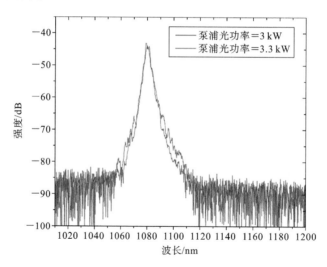

图 4.63 不同泵浦功率下信号光的光谱对比图

在实验过程中,对不同泵浦功率下光纤放大器的输出光谱进行测量分析,如图 4.64 所示。泵浦光功率分别为 3 kW 和 3.3 kW 时,根据光纤放大器的输出光谱,均未出现受激拉曼散射现象,而且在出现模式不稳定现象前后,信号光光谱并未出现明显的变化,可以看出模式不稳定现象的出现对光纤放大

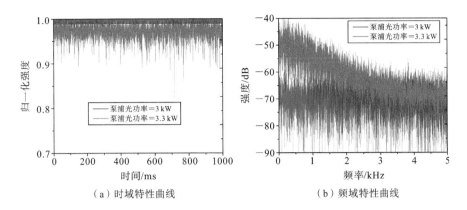

（a）时域特性曲线　　　　　　　　　　（b）频域特性曲线

图 4.64　光纤放大器信号光时域与频域特性曲线

器的输出光谱几乎没有影响,与受激拉曼散射效应也没有直接的关系。

根据模式不稳定现象的特征,光纤中的基模与高阶模之间出现耦合并快速转换,同时伴随着能量的相互转移。实验中使用一个光电探测器对光纤放大器输出的激光进行探测,记录输出激光在 kHz 量级时的波动情况。种子激光功率为 1070W 时,对泵浦光功率分别为 3 kW 和 3.3 kW 时的信号光时域特性进行分析,结果如图 4.64(a)所示。当泵浦光功率为 3 kW 时,光纤放大器未出现模式不稳定现象,信号光时域内的归一化强度曲线波动较小;当泵浦光功率为 3.3 kW 时,由于出现模式不稳定现象,纤芯中的基模与高阶模之间出现快速的能量相互转换,输出激光的强度出现不稳定现象,波动较大。对信号光时域的强度波动曲线进行傅里叶变换,将信号光强度的波动转换到频域范围内进行分析,结果如图 4.64(b)所示。泵浦光功率为 3 kW 时,信号光强度的波动在 5 kHz 范围内较一致,而当泵浦光功率为 3.3 kW 时,信号光强度在 3 kHz 范围内出现明显的异动,这表明实验中基模与高阶模相互转换的频率范围在数 kHz 以内。

（3）增益光纤不同盘绕直径时的模式不稳定现象。

模式不稳定现象的特征主要表现为大模场光纤中激光的基模与高阶模之间的快速转换,且高阶模成分的占比快速增加。抑制高阶模在光纤放大器中的产生及传输,将有助于提高模式不稳定现象的功率阈值,提高光纤放大器的激光输出功率。

实验中的大功率光纤放大器使用 30/400 μm 大模场双包层掺镱光纤,这种大模场掺镱光纤能够支持除了基模以外的多个高阶模传输,则光纤放大器在高功率状态下时,各光纤器件及熔接点的信号损耗激发的高阶模能够在光纤中传输,同时在掺镱光纤中得到放大。为了降低高阶模的产生,实验中将光纤放大器中的掺镱光纤分别盘绕成不同半径的圆,对光纤中的高阶模进行抑制,根据光纤弯曲损耗公式有[60]

$$2\alpha = \frac{\sqrt{\pi}\kappa^2 \exp\left(-\frac{2\gamma^3}{3\beta^2}R\right)}{e_\upsilon \gamma^{3/2} V^2 \sqrt{R} K_{\upsilon-1}(\gamma a) K_{\upsilon+1}(\gamma a)} \tag{4.57}$$

式中,2α 为光功率损耗;R 为弯曲半径;a 为光纤纤芯半径;K 为第二类修正贝塞尔函数;β 为传播常数;基模的 $e_\upsilon = 2$,高阶模的 $e_\upsilon = 1$;κ 和 γ 分别表示为

$$\kappa = \sqrt{(n_{co}k)^2 - \beta^2} \tag{4.58}$$

$$\gamma = \sqrt{\beta^2 - (n_{cl}k)^2} \tag{4.59}$$

式中,$k = 2\pi/\lambda$。根据光纤相关参数,可计算出光波长为 1080 nm 时,光纤中基模与高阶模的损耗,结果如图 4.65 所示。可以看出,高阶模对光纤的弯曲比较敏感,而基模在较大的弯曲(盘绕)半径下损耗较小。因此,通过对掺杂光纤进行不同的弯曲盘绕,可以抑制光纤放大器中的高阶模。

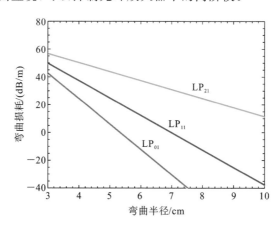

图 4.65　光纤中 LP_{01} 模、LP_{11} 模和 LP_{21} 模的弯曲损耗与弯曲半径的关系曲线

增益光纤在不同弯曲盘绕半径下的模式不稳定实验装置与图 4.61 所示的实验装置相同,仅更改掺镱光纤的盘绕半径。首先,掺镱光纤盘绕的半径为 8.5 cm,种子激光功率为 1070 W,逐步增大泵浦光功率,通过功率计观察和记录输出激光功率,当泵浦功率超过 3 kW 时,光纤放大器出现了模式不稳定现象,最大输出激光功率约为 3.3 kW,如图 4.66 所示。将掺镱光纤盘绕半径缩小到 7 cm,将相同的种子激光功率注入,增大泵浦功率对种子光进行功率放

大。当泵浦功率达到 3.26 kW 时,光纤放大器出现模式不稳定现象,但模式不稳定现象的功率阈值比之前有所升高。为了进一步进行验证,将掺镱光纤的盘绕半径缩小到 6 cm 进行相同的实验。光纤放大器的输出激光功率随泵浦光功率的增加呈线性增长,泵浦光功率达到 3.55 kW 时,出现了模式不稳定现象,继续增加泵浦功率,获得最大输出激光功率约为 3.7 kW,如图 4.66 所示。在实验中,未出现模式不稳定现象时,不同盘绕半径的光纤放大器的斜效率比较接近,约为 83%,这主要是因此实验中盘绕大模场光纤对基模的衰减很小,未到达基模衰减的半径,仅提高了高阶模的损耗。

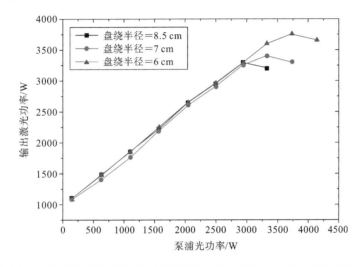

图 4.66　不同盘绕半径下光纤放大器的输出激光功率与泵浦光功率的关系曲线

根据实验结果,在大功率光纤放大器中,模式不稳定现象的产生与光纤中的高阶模有关,对大模场掺镱光纤进行盘绕,可以有效抑制高阶模的产生与传输,能够提高模式不稳定现象的功率阈值。但是如果盘绕半径过大,高阶模依然能够从泵浦光中获得能量,从而得到增强,在相对较低的功率状态下,容易引起基模与高阶模之间的能量转换,即出现模式不稳定现象。缩小光纤的盘绕半径,能够减小光纤的有效模场面积,提高高阶模的损耗,但另一方面,受激拉曼散射的功率阈值也会随着模场面积的减小而降低。实验中使用的光纤为 $30/400~\mu m$ 大模场双包层掺镱光纤。根据理论计算与实验结果,光纤最佳的盘绕半径范围为 $5.5\sim6.5$ cm。因此,根据实际的实验情况,选择合适的光纤盘绕半径,可以有效提高模式不稳定现象的功率阈值,从而提高大功率光纤放大器的输出激光功率及输出稳定性。

3. 双向泵浦光纤放大器

光纤放大器采用武汉睿芯 25/400 μm 大模场掺镱光纤,对种子激光进行功率放大实验。光纤放大器采用双向泵浦方式,主要验证该型号光纤在高功率状态下的输出特性及光纤放大器系统的稳定性。根据实验情况,对不同注入种子功率状态下的光纤放大器的输出特性进行了研究。

（1）实验装置。

实验装置如图 4.67 所示,实验中的大功率光纤放大器采用双向泵浦方式,种子激光经过(6+1)×1 信号/泵浦耦合器的信号光纤注入光纤放大器的掺镱光纤,在泵浦光的激励下进行功率放大。种子源为连续单模光纤激光器,输出激光波长为 1080 nm,输出功率最大为 1.5 kW,同时具有近衍射极限的光束质量($M^2=1.1$)。种子激光器的输出光纤为 20/400 μm 被动光纤,通过模场适配器与(6+1)×1 信号/泵浦耦合器的信号光纤熔接。(6+1)×1 信号/泵浦耦合器的信号光纤与输出光纤分别为 25/250 μm、25/400 μm 被动光纤,泵浦光纤为 200/220 μm 多模光纤。(6+1)×1 信号/泵浦耦合器的信号插入损耗约为 0.2 dB,泵浦光耦合效率约为 98%。泵浦源为 12 个 250 W 半导体激光器,输出波长为 976nm,输出光纤与(6+1)×1 信号/泵浦耦合器的泵浦光纤相匹配。掺镱 25/400 μm 大模场双包层光纤的纤芯数值孔径为0.06,包层数值孔径为 0.46,该光纤对波长为 976 nm 的激光的吸收系数约为1.8 dB/m。在光纤放大器的末端接入包层光剥离器,用于剥除光纤包层中未吸收的泵浦光与溢出纤芯的高阶模信号光。激光通过光纤放大器的激光光纤传输接口准直输出,信号光功率由一个高功率激光功率计进行测量。

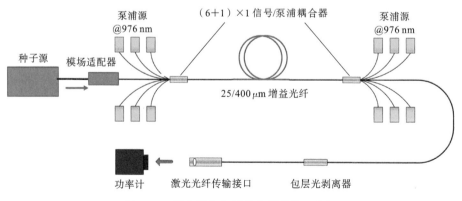

图 4.67 双向泵浦光纤放大器结构示意图

实验中的半导体泵浦源及光纤放大器模块均采用主动水冷,水温设置为25 ℃,保证泵浦源的输出光能稳定在976 nm波长。

(2)不同种子功率注入时的受激拉曼散射实验。

实验中,为了保证光纤放大器中掺镱光纤对泵浦光的充分吸收,选用的光纤长度约为15 m。种子源为单模连续光纤激光器,种子光经模场适配器和正向信号/泵浦耦合器注入光纤放大器的掺镱光纤,由于掺镱光纤对种子光有一定的吸收和衰减,用放置在光纤放大器输出端的功率计来测量种子光功率。实验中,通过调节种子源激光器的电流,分别控制种子光功率为810 W、580 W、470 W和410 W,进行功率放大对比实验。首先使用较强的种子功率注入,种子光功率约为810 W,打开光纤放大器泵浦源的电源,并逐渐增加泵浦光功率,种子光在掺镱光纤中得到功率放大,输出功率随泵浦光功率的增长呈线性增加。另外用一个光谱仪对输出激光的光谱进行检测分析,当输出激光功率到达1.27 kW时(如图4.68所示),输出激光的光谱中出现了受激拉曼光,即产生了受激拉曼散射现象,光谱如图4.69所示。

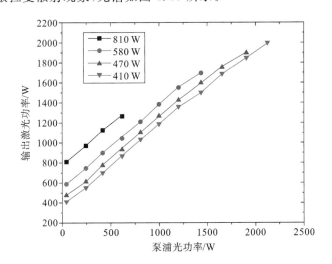

图4.68 不同种子功率注入时光纤放大器的输出激光功率与泵浦光功率的关系曲线

可以看出,当激光功率超过受激拉曼散射的功率阈值时,继续增加泵浦光功率,信号光会成为拉曼光的泵浦光并将能量迅速转换到拉曼光中。将光纤放大器的注入种子光功率降到580 W,逐渐增加泵浦光功率,输出激光呈线性增加,当激光功率超过1.6 kW时,光纤放大器中出现了受激拉曼散射现象,但其功率阈值比之前有所提高。为了进一步研究受激拉曼散射的功率阈值特

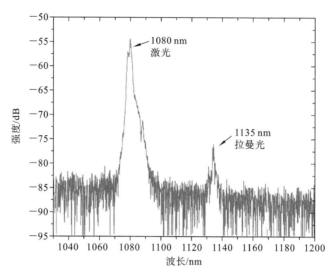

图 4.69   光纤放大器的信号光光谱

性,实验中将注入的种子功率分别降到 470 W 和 410 W,进行相同的功率放大实验,输出激光功率与泵浦光功率的关系曲线如图 4.68 所示。当光纤放大器的输出激光功率分别为 1.9 kW 和 2 kW 时,通过光谱仪对输出激光的光谱进行测试,均出现了相同的受激拉曼散射现象。在上述实验中,在未出现受激拉曼散射现象时,光纤放大器的输出激光功率均呈线性增长,斜效率约为 80%,如图 4.68 所示。

经典的受激拉曼散射的功率阈值计算公式为 $P_{th} = 16 \cdot \dfrac{A_{eff}}{g_R L_{eff}}$,受激拉曼散射的功率阈值取决于光纤的有效模场面积 A_{eff}、光纤拉曼增益系数 g_R(泵浦光波长约为 1 μm 时,石英光纤的 $g_R = 1 \times 10^{-13}$ m/W)及光纤有效长度 L_{eff}。实验中的光纤放大器使用的掺镱光纤为 25/400 μm 类型的光纤,可估算出该光纤放大器的受激拉曼散射的功率阈值约为 3590 W,但对于实际的大功率光纤激光放大器,还需要考虑掺镱光纤的泵浦光功率与信号光功率。种子光功率对放大器光纤内的激光功率分布有重要的影响,因此在实验中,用不同的种子光功率(810 W、580 W、470 W 和 410 W)注入光纤放大器来验证其对受激拉曼散射效应功率阈值的影响。可以看出,光纤放大器对应的受激拉曼阈值分别为 1270 W、1650 W、1900 W 和 2000 W,低于理论估算值 3590 W。实验结果证明,种子光功率直接影响光纤放大器光纤内的激光功率强度,其是影响受激拉曼散射效应功率阈值的一个重要因素。

（3）抑制受激拉曼散射的大功率放大实验。

根据以上实验现象和结论，为了提高光纤放大器的输出功率，同时提高受激拉曼散射效应的功率阈值，使用相同类型的掺镱光纤（但长度缩短为 11 m）进行相同的实验。根据实际的光纤长度调节种子源激光器，并使注入的激光功率约为 610 W，同时打开泵浦源的电源。光纤放大器的输出激光功率随泵浦光功率的增加呈线性增长，光纤放大器的斜效率约为 84.4%，如图 4.70 所示。实验中，光纤放大器即使工作在如此高的功率状态下，也未出现受激拉曼散射现象。由于光纤放大器受限于泵浦光功率，最终获得了超过 3.5 kW 的激光输出。信号光的光谱通过光谱仪进行检测，输出光谱中未检测到波长为 1135 nm 的拉曼光，如图 4.71 所示。

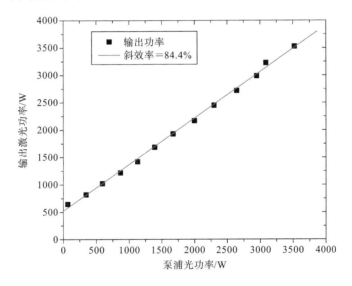

图 4.70　大功率光纤放大器输出激光功率与泵浦光功率的关系曲线

另外，为了进一步研究光纤放大器的激光输出特性，在光纤放大器的输出端放置一台高功率光束质量分析仪，对其输出的信号光进行光束质量测试。调节激光输出光路及光束质量分析仪的相对位置，在信号光光束的束腰附近进行扫描测试。当光纤放大器的输出功率约为 3 kW 时，光束质量分析仪测试的光束质量因子 M^2 为 1.28，如图 4.72 所示。根据之前的分析和说明，单模种子光在穿过整个光纤放大器时，由于各光纤器件的衰减和掺镱光纤的吸收与散射，光束质量已有一定的劣化，但通过实验中的光纤放大器进行功率放大后，即使信号光功率放大了几倍，依然能获得很好的光束质量，这主要得益于

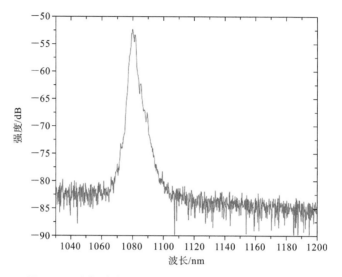

图 4.71 光纤放大器最大输出激光功率时的信号光光谱

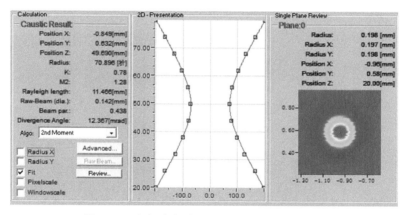

图 4.72 光纤放大器信号光的光束质量测试图

光纤低损耗对准熔接工艺、光纤模式适配技术及出色的光纤放大器系统设计。

　　光纤放大器在大功率状态下容易出现模式不稳定现象,导致输出激光功率下降,同时使光束质量迅速劣化。实验中为了进一步检验光纤放大器在大功率状态下的输出稳定性,在光纤放大器的输出端放置了一个光电探测器,对输出信号光的光强时域稳定性进行监测,结果如图 4.73 所示。首先在无激光输出的状态下对背景噪声强度进行测试,然后打开光纤放大器,并使其工作在最大输出功率状态,对信号光时域内的光强波动情况进行测试。信号光与噪声的时域强度对比情况如图 4.73(a)所示,信号光的强度波动较为平稳,与噪声波动相似,可以看出没有出现模式不稳定现象。将信号光与噪声的强度波

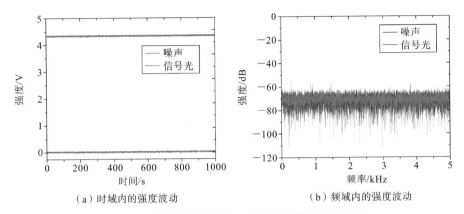

（a）时域内的强度波动　　　　　　　（b）频域内的强度波动

图 4.73　光纤放大器信号光与噪声的强度波动曲线

动通过傅里叶变换转换到频域空间进行对比,信号光与噪声在频域内的波动情况也基本一致,证明实验中光纤放大器在大功率输出状态下未出现模式不稳定现象,且光束质量与输出功率也未劣化和下降。

受激拉曼散射效应是限制大功率光纤放大器输出功率提升的一个重要因素,根据受激拉曼散射功率阈值的计算公式可知,光纤放大器使用相对较短的光纤长度就可以提高受激拉曼散射的功率阈值,但是需要根据光纤的吸收系数保证泵浦光的充分吸收,以提高光纤放大器的转换效率及稳定性与可靠性。增大光纤的纤芯直径也是一种有效降低受激拉曼散射效应功率阈值的途径,可通过增加纤芯的模场面积降低纤芯中的激光功率密度,但是较大的纤芯直径将会支持更多的高阶模产生和传输,从而使光纤放大器的输出激光光束质量劣化,很难获得较好的光束质量。降低注入光纤放大器中的种子激光功率则是另一种提高受激拉曼散射效应功率阈值的方式,对于光纤放大器中固定的光纤类型与长度,降低注入的种子功率可以有效降低光纤放大器光纤中的功率密度,从而提高受激拉曼散射效应的功率阈值。但是较低的种子注入功率在有限的泵浦光功率下,会降低光纤放大器的输出功率,同时大功率状态下的自发辐射也会影响光纤放大器的稳定性,因此,选择一个合适的种子激光功率对大功率光纤放大器来说是非常重要的。

4.7　双包层光纤光栅性能参数对光纤激光器的影响

4.7.1　双包层光纤布拉格光栅的工作原理

光纤布拉格光栅(fiber Bragg grating,FBG)是折射率沿轴向变化的一段光纤,它具有选频特性,即反射符合 Bragg 条件的光,其反射率和线宽由光栅的周期、长度、折射率改变量及调制强度决定。它的反射率可高可低,最高可接近 100%,其反射带宽的制造调节范围较大,目前的制造技术可实现 $0.02 \sim 40 \text{ nm}$ 的调节。FBG 是具有滤波功能的全光纤器件,各种波长的光通过光栅几乎都没有插入损耗,附加损耗也很小(约 1 dB 以下),且通过的信号不变,只有那些满足 Bragg 条件的波长的光受到影响,进行相关叠加并被强烈反射,该中心波长可在制作光纤光栅时根据需要确定。另外,光纤光栅还有体积小、器件微型化、与其他光纤器件的兼容性好、不受环境尘埃影响等优异性能。

当入射光波长满足布拉格条件时,部分正向传输的光波被耦合成反向传输的光波,并沿原光路返回,在弱耦合条件下,光纤光栅的反射率可表示为[61]

$$R(\lambda) = \begin{cases} \dfrac{k^2 \sinh^2(SL_g)}{\Delta\beta^2 \sinh^2(SL_g) + S^2 \cosh^2(SL_g)} & k^2 > \Delta\beta^2 \\[4mm] \dfrac{k^2 \sin^2(QL_g)}{\Delta\beta^2 - k^2 \cos^2(QL_g)} & k^2 < \Delta\beta^2 \end{cases} \tag{4.60}$$

式中,L_g 是光纤光栅的长度,k 为耦合系数,且

$$S = k^2 - \Delta\beta^2 \tag{4.61}$$

$$Q = (\Delta\beta^2 - k^2)^{\frac{1}{2}} \tag{4.62}$$

$$\Delta\beta = \beta - \beta_0 = \frac{2n\pi}{\lambda} - \frac{2n\pi}{\lambda_B} \tag{4.63}$$

式中,λ 为光波波长,λ_B 为 Bragg 光栅的中心波长。光纤光栅的反射率与入射光波的波长有关,当光波波长偏离光纤光栅的中心波长时,反射率下降,偏离程度变大,反射率降低变严重。两个中心波长相同的光纤 Bragg 光栅和一段增益光纤便构成大功率光纤激光器的谐振腔。$P_+(z)$ 和 $P_-(z)$ 为沿正反两个方向传播的激光功率,R_1 为输入光栅,对泵浦光高透,对信号光高反,R_2 为输出光栅,对泵浦光的反射率为 100%,对信号光实现部分耦合输出,以保证激光输出。泵浦光经 R_1 进入光纤,在增益光纤中形成粒子数反转,产生受激发射光。受激光射光经由 R_1 和 R_2 共同构成的谐振腔选频,得到所需波长激光输出。对于大功率光纤光栅型光纤激光器,R_2 起到选择激光波长和输出耦合器的作用,产生的激光中心波长由 R_2 反射谱决定,输出激光的线宽取决于 R_2 反射谱的带宽。因此,通过选择 R_2 的中心波长和控制其反射峰的带宽,可以实现光波选频,并能够获得窄线宽的激光输出。

4.7.2 反射率参数对光纤激光器的影响

光纤激光器谐振腔如图 4.15 所示,设 R_{HR}、R_{OC} 分别是高反光栅和低反光栅的反射率值,$P_s^+(z)$ 和 $P_s^-(z)$ 分别为沿正反方向传输的激光功率,$P_p(0)$ 和 $P_p(L)$ 分别是入射和出射的泵浦光功率,P_{out} 为输出激光功率,谐振腔的腔长(即增益光纤的长度)为 L。边界条件为 $P_s^+(0) = R_{HR} P_s^-(0)$,$P_s^-(L) = R_{OC} P_s^+(L)$,输出功率与 $P_s^+(L)$ 的关系为 $P_{out} = (1 - R_{OC}) P_s^+(L)$,根据参考文献[62]中的计算方法,输出激光功率表达式为

$$P_{out} = (1 - R_{OC}) \sqrt{R_1} \times \frac{P_s^{sat}}{(1 - R_{HR}) \sqrt{R_{OC}} + (1 - R_{OC}) \sqrt{R_{HR}}}$$

$$\times \left\{ \left(1 - \exp\left(\ln \frac{P_p(L)}{P_p(0)} \right) \right) \times \frac{v_s}{v_p} \times \frac{P_p(0)}{P_s^{sat}} \right.$$

$$\left. - (N\Gamma_s \sigma_{as} + \alpha_s)L - \ln\left(\frac{1}{\sqrt{R_{HR} R_{OC}}} \right) \right\} \tag{4.64}$$

由式(4.64)可以看出,输出激光功率与高反光栅和低反光栅的反射率有直接的联系。

图 4.74 所示的为使用 $20/400~\mu m$ 双包层掺镱光纤作为增益光纤,在增益光纤长度、泵浦功率等参数相同的情况下,对应不同的高反光栅反射率 R_{HR},光纤激光器的输出激光功率 P_{out} 与低反光栅反射率 R_{OC} 的关系。

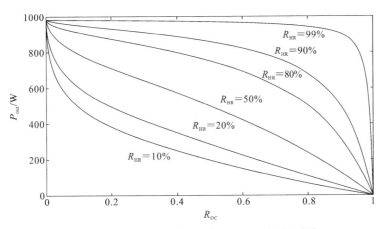

图 4.74 输出激光功率 P_{out} 与 R_{HR}、R_{OC} 的关系[63]

光纤光栅的反射率参数除了影响激光器的输出功率之外,也会对激光器的稳定性造成影响,这是由于高反光栅的反射率与回光功率直接相关。激光传输到高反光栅上时,把绝大部分激光反射回增益光纤中继续放大,但是由于

高反光栅的反射率不能达到100％,所以会有部分激光从谐振腔的高反光栅端透射出去经过光纤合束器返回到泵浦中。高反光栅反射率越小,回光功率越大,对信号/泵浦耦合器的输出光纤和半导体泵浦源造成的损伤越大,甚至可能因为温度过高导致器件烧毁,这对光纤激光器的稳定性和安全性造成了很大隐患。

光纤光栅反射率参数对光纤激光器的影响主要体现在输出激光功率和回光功率大小上。低反光栅的反射率参数还会影响输出激光的光谱宽度。图4.75中采用正向泵浦的光纤激光器进行数值模拟。从图4.75中可以看出,在增益光纤长度小于15 m的情况下,光纤激光器中输出光纤光栅的反射率越低,在相同条件下越可获得较高的输出激光功率;输出光纤光栅的反射率越高,光纤激光器的输出激光功率越低,反馈回谐振腔的激光功率越多。在实际的光纤激光器设计中,使用较低反射率的输出光栅时,激光谐振腔反向传输的激光功率较低,使得谐振腔内的激光振荡稳定性相对较差,会降低激光器在大功率状态下的稳定性和可靠性,容易使光纤激光器出现损伤。使用较高反射率的输出光栅虽然能提高光纤激光器的稳定性,但同时也降低了激光输出功率,降低了光纤激光器的斜效率。因此,在光纤激光器设计中,需综合考虑光纤激光器的稳定性和激光转换效率,选用具有适当反射率的输出光纤光栅。

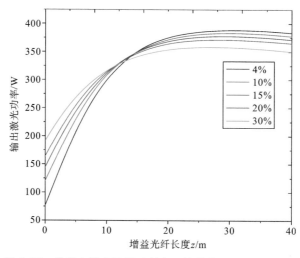

图4.75　输出光栅在不同反射率下的输出激光功率对比图

4.7.3　中心波长对光纤激光器的影响

由式(4.64)可知,激光的中心波长会影响激光器的输出功率。图4.76所示的为其他参数相同的情况下,1060 nm和1090 nm两个波长的输出激光功

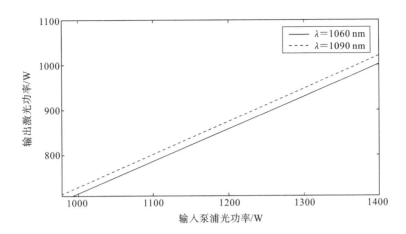

图 4.76 1060 nm 和 1090 nm 波长的输出激光功率对比曲线[63]

率对比曲线,这说明不同的出射波长对输出功率的影响是非常明显的,这体现了低反光栅中心波长对激光器光光转换效率的影响。

高反光栅与低反光栅用作光纤激光器谐振腔的腔镜,必须是匹配的,这就要求高反光栅能将绝大部分经由低反光栅反射并放大的激光再反射回去,因此,在高反光栅一定的情况下,低反光栅与高反光栅的中心波长的失配度越小,对谐振腔的负面作用越小,当这个失配度超出一定范围时,将会对大功率光纤激光器的输出功率、回光功率、输出光谱、自激点造成较大的影响。高反光栅的带宽越大,谐振腔可以承受的高反光栅与低反光栅的中心波长失配度越大。

4.7.4 带宽参数对光纤激光器的影响

光纤光栅带宽对光纤激光器的影响主要体现在光谱展宽方面。基于自相位调制效应的非相干光场在光纤中传播的光谱展宽,可以通过处理自相关函数来充分描述[64]:

$$K(\tau) = \int I(\omega)\exp(i\omega\tau)\mathrm{d}\omega/2\pi \qquad (4.65)$$

式中,$I(\omega)$ 表示光谱强度分布,经过一次往返传输,相应的相干函数满足:

$$K^-(\tau) = G\frac{K^+(\tau)}{\left[1+\upsilon^2 K^+(0)^2 - K^+(\tau)^2\right]^2} \qquad (4.66)$$

式中,$K^\pm(\tau)$ 分别表示反射和入射光波的相干函数,G 为光波一次往返的增益,υ 为一次往返非线性特征数。当激光器达到稳定输出时,还应满足边界条件 $I^+(\omega)=R(\omega)I^-(\omega)$,式中,$R(\omega)=R_{OC}\exp(-\omega^2/\Delta_{FBG}^2)$,$\Delta_{FBG}$ 为低反光栅的

半高宽。假设 $I(\omega)$ 具有高斯型,根据参考文献[65]中提出的计算方法,可得到输出光谱:

$$\Delta_{\text{FWHM}} = \frac{\pi}{4}\Delta_{\text{FBG}}\gamma L \frac{P_{\text{out}}}{\ln(1/R_{\text{OC}})} \tag{4.67}$$

式中,Δ_{FWHM} 为输出激光的半高宽,L 为增益光纤长度,γ 为非线性克尔系数。由式(4.67)可以看出,光纤激光器谐振腔的输出激光光谱宽度主要受低反光栅的带宽与反射率的影响。

图 4.77 中,(a)为 $L=20$ m,$P_{\text{out}}=100$ W,$\gamma=0.008$,$R_{\text{OC}}=10\%$ 时,激光光谱宽度随低反光栅带宽变化的曲线;(b)为 $L=20$ m,$P_{\text{out}}=100$ W,$\gamma=0.008$,$\Delta_{\text{FBG}}=0.5$ nm 时,激光光谱宽度随低反光栅反射率变化的曲线。

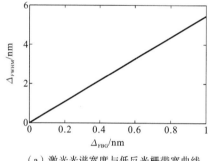
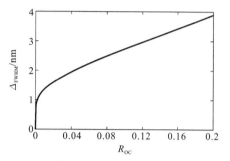

（a）激光光谱宽度与低反光栅带宽曲线　　　　（b）激光光谱宽度与低反光栅反射率曲线

图 4.77　激光光谱宽度曲线[63]

通过以上分析可以得出,低反光栅的带宽会影响激光器的输出带宽。同时高反光栅需要将绝大部分经由低反光栅反射并放大的激光再反射回去,这要求高反光栅的带宽范围应该尽可能地包含低反光栅光谱展宽后的带宽范围。

4.8　半导体激光泵浦源的波长对光纤激光器的影响

半导体激光器的一个主要应用是作为光纤激光器的泵浦源。半导体激光器采用 PN 结作为发光光源,电光效率在 50% 左右。目前单芯片出光功率已经突破 30 W,采用空间合成、偏振合成和光谱合成等多种方式进一步提升功率至数百瓦。合成之后的半导体激光通过信号/泵浦耦合器进入光纤激光器。

目前掺镱光纤激光器主要的泵浦波长有三种,即 915 nm、976 nm 和 1018 nm,其中,前两种主要应用在工业光纤激光器中,最后一种则用于提高单纤单模光纤激光器输出功率的科研产品中。940 nm 和 960 nm 波长的泵浦源也经常在工业光纤激光器中使用。泵浦波长的选择往往跟增益光纤的选型有关。

掺镱光纤激光器的泵浦波长主要是由掺镱光纤的吸收发射谱所决定的，如图 4.78 所示。

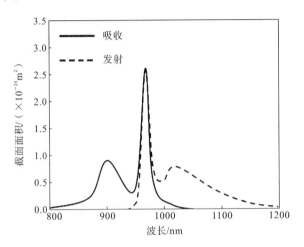

图 4.78　掺镱光纤的吸收发射谱

可见，YDF 在 915 nm 附近和 976 nm 附近各有一个吸收峰，其中，915 nm 吸收峰的吸收截面面积为 976 nm 吸收峰的 1/3，915 nm 吸收峰的宽度远大于 976 nm 吸收峰的。吸收峰的特征也决定了为何工业激光器绝大部分采用 915 nm 泵浦源而非 976 nm 泵浦源。一方面，在半导体激光芯片制造过程中，冷波长（低功率工作的波长）存在一定的分布，一般在数十纳米，如果采用 976 nm 吸收峰，则需要对激光芯片的波长进行筛选，导致良率下降，成本上升。另一方面，半导体激光器的输出波长与其温度（与散热温度、工作电流和功率有关）正相关，即温度越高，波长向长波方向漂移，每度漂移量为 0.3 nm，因此，如果采用 976 nm 泵浦，则对激光器的冷却和温控提出很高的要求。915 nm 泵浦吸收强度只有 976 nm 泵浦的 1/3，导致 915 nm 泵浦激光器所使用的掺镱光纤的长度为 976 nm 泵浦激光器的 3 倍，但 915 nm 泵浦激光器设计更为简单，也更为可靠、稳定。

对于一些掺磷的增益光纤，其吸收发射谱形态可能发生变化，如图 4.79 所示。此时，915 nm 吸收峰变得不明显，而 940 nm 和 960 nm 吸收峰变得明显，采用 940 nm 和 960 nm 泵浦波长有助于提高激光转换效率。

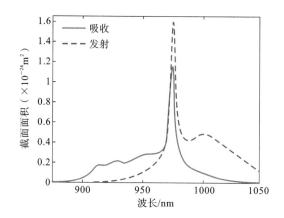

图 4.79 掺磷增益光纤的吸收发射谱

随着激光器功率的不断提升,常规的半导体泵浦源亮度已经很难满足超高功率单纤输出的要求,于是,美国 IPG 公司提出了基于 1018 nm 级联泵浦的方案。1018 nm 级联泵浦的基本思路是,先利用 976 nm 的半导体激光泵浦产生 1018 nm 激光,将激光亮度提升数个量级,然后再将 1018 nm 激光进行合束,并用于泵浦 1080 nm 的激光,突破了单纤激光器功率提升的泵浦亮度的限制。

随着 976 nm 芯片、锁波长技术、封装技术的日渐成熟,976 nm 泵浦技术在工业领域也逐渐开始大规模应用。特别是对于水冷大功率光纤激光器,其逐渐成为一种技术趋势,原因如下。

(1) 976 nm 泵浦相比 915 nm 泵浦,量子效率高了近 10%,使得系统具有更高的电光效率,也就是说,同等输出功率,所用的泵浦功率可以减少 10%,有利于成本控制。

(2) 由于连续激光器单位功率售价的不断降低,泵浦源成本占比逐渐下降,而增益光纤的成本占比有上升趋势,976 nm 泵浦相比 915 nm 泵浦只需要用 1/3 的光纤长度,降低了光纤材料的成本,光纤长度的缩短使得激光器的整体构造更为小巧紧凑,同时对于大功率激光器,非线性效应也得到了有效抑制。

(3) 根据激光动力学过程和掺镱光纤的吸收发射谱数据,976 nm 泵浦的上能级粒子布居数水平要远低于 915 nm 泵浦的,使得掺镱光纤的光致暗化的风险下降,对于长时间工作的工业激光器,稳定性得到提高。

当然,976 nm 泵浦也存在一定的风险和问题,具体如下。

（1）对冷水机温控精度要求更高，因为工业产品不可能采用成本高昂的 976 nm 波长锁定的泵浦源。

（2）大功率单模产品的模式不稳定受限，单位长度吸收泵浦光的功率更高，热负载更高，在功率高到一定程度时会导致 TMI，使得输出激光的 M^2 显著劣化。

（3）集成工艺难度增加，关键熔点的处理难度加大，以保证在较高的热负载条件下能够稳定可靠工作。

4.9 光纤的散热技术

1. 理论模型

光纤激光器稳定输出时，增益光纤的温度分布由稳态热传导方程决定[66,67]：

$$\frac{1}{r}\frac{\partial}{\partial r}\left[r\frac{\partial T(r,z)}{\partial r}\right]+\frac{\partial^2 T(r,z)}{\partial^2 z}=-\frac{Q(z)}{k} \quad (0\leqslant r\leqslant a) \quad (4.68)$$

$$\frac{1}{r}\frac{\partial}{\partial r}\left[r\frac{\partial T(r,z)}{\partial r}\right]=0 \quad (a\leqslant r\leqslant b) \quad (4.69)$$

式中，a 为增益光纤的纤芯半径，b 为包层半径，$T(r,z)$ 为增益光纤中的温度分布，k 为散热系数，$Q(z)$ 为光纤中的热密度：

$$Q(z)=\frac{\eta\alpha_p P_p(z)+\alpha_s P_s(z)}{\pi a^2} \quad (4.70)$$

式中，α_p 和 α_s 分别为泵浦光吸收系数和信号光吸收系数，η 为与量子亏损有关的热转换系数，$P_p(z)$ 为光纤内泵浦光功率，$P_s(z)$ 为信号光功率。

在光纤激光器稳定输出时，增益光纤纤芯中镱离子吸收泵浦光并转换为激光输出，在能量的转换过程中，主要由量子亏损和激光的传输损耗产生大量的热，使得增益光纤在工作过程中发热。热量主要在纤芯部分产生，因此纤芯部分的热密度 $Q(z)\neq 0$，而在光纤的包层中不存在发热源，纤芯产生的热量传导到包层部分，故在包层中 $Q(z)=0$。另外，根据光纤的结构，光纤直径远小于光纤长度，光纤纵向的散热量远小于横向的散热量，因此，式（4.68）中的 $\partial^2 T(r,z)/\partial^2 z$ 项可忽略。结合关系式（4.68）～式（4.70）和牛顿冷却定律可得[68]

$$\frac{\partial T(r)}{\partial r}=\frac{h}{k}\left[T_c-T(r)\right] \quad (4.71)$$

可得到光纤纤芯沿光纤轴向的温度分布为

$$T(r,z) = T_c + \frac{a^2 Q(z)}{4k}\left[1 - \frac{r^2}{a^2} + 2\ln\left(\frac{b}{a}\right) + \frac{2k}{hb}\right] \qquad (4.72)$$

式中,T_c 为环境温度。

2. 光纤纤芯轴向温度

根据光纤的热传导方程,对大模场双包层掺镱光纤激光器的增益光纤进行数值分析,计算不同泵浦方式下光纤激光器的光纤温度分布特征。计算中增益光纤的纤芯半径为 10 μm,包层半径为 200 μm,正向、反向泵浦光功率均为 500 W。$k = 1.38 \times 10^{-2}$ W/(cm·K),热转换系数 $\eta = 0.1$,空气冷却条件下,$\kappa = 2 \times 10^{-3}$ W/(cm²·K),环境温度 $T_c = 20$ ℃。

图 4.80、图 4.81 所示的分别为正向泵浦和反向泵浦方式的光纤激光器中增益光纤纤芯沿光纤轴向的温度分布曲线。可以看出,在一定的散热条件下,

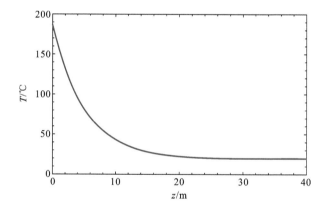

图 4.80　正向泵浦方式光纤纤芯温度分布

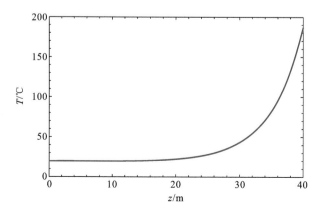

图 4.81　反向泵浦方式光纤纤芯温度分布

在泵浦光的注入端,由于泵浦功率较高,光纤的温度也较高,随着泵浦光在掺杂光纤中的吸收转换,温度也快速下降,最终在光纤的末端,由于泵浦光较少,温度基本与室温接近。

图 4.82 所示的为双向泵浦方式的光纤激光器中掺杂光纤的纤芯温度分布,与单向泵浦方式的温度分布特征相似,光纤激光器两端的泵浦光注入端的温度较高,随着泵浦光在光纤中的功率下降,光纤温度也快速下降,在增益光纤轴向中间位置温度最低。

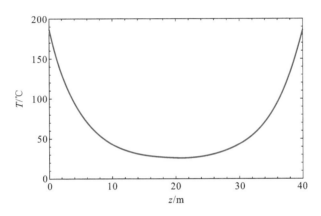

图 4.82　双向泵浦方式光纤纤芯温度分布

根据光纤纤芯温度的分布特性,在大功率光纤激光器的设计中,应注重泵浦光注入端的增益光纤的冷却问题,尤其在光纤的前几米长度内做好光纤的散热冷却,可有效提高光纤激光器的可靠性及稳定性,降低光纤由于过热出现的物理损伤。

3. 吸收系数对光纤温度的影响

大功率掺镱光纤激光器使用的增益光纤根据实际的应用需求,可采用不同吸收系数的掺杂光纤。不同吸收系数的掺杂光纤在光纤激光器中的温度分布特征也不同。

图 4.83 所示的为不同吸收系数的掺镱光纤纤芯温度沿光纤轴向的分布(双向泵浦方式),可以看出,增益光纤的泵浦光吸收系数越高,光纤端面的温度越高,这主要是因为高吸收系数的掺杂光纤对泵浦光的吸收较快,有大量的热产生,导致泵浦光注入端的温度较高。同时,泵浦光功率在沿光纤传输方向上的衰减较快,纤芯温度也随之快速降低。吸收系数较低的掺杂光纤在光纤端面处的温度较低,但沿光纤轴向的温度降低较慢。

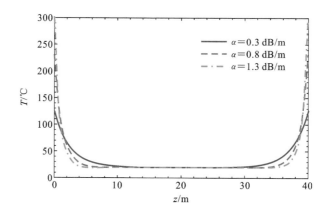

图 4.83　不同吸收系数的掺镱光纤纤芯温度沿光纤轴向的分布

因此,大功率光纤激光器使用较高掺杂浓度的增益光纤时,虽然其能使用较短的光纤获得较高的激光功率输出,但同时在光纤端面处会产生大量的热,导致光纤纤芯温度急剧升高,给激光器的稳定性带来风险。因此需要对泵浦光注入端的光纤进行主动冷却,从而提高光纤激光器的工作稳定性。

4. 散热系数对光纤温度的影响

光纤激光器中的掺杂光纤发热问题是限制大功率光纤激光器功率提升的一个重要因素,也直接影响其工作稳定性。根据增益光纤的发热特性及光纤温度分布情况,设计适当的冷却方式,可有效提高光纤的散热性能,提升其可靠性。

图 4.84 所示的为使用不同散热系数时光纤激光器中掺杂光纤纤芯温度的分布曲线,分别令 $\kappa = 1 \times 10^{-3}$ W/(cm² · K)、3×10^{-3} W/(cm² · K)、5×10^{-3} W/(cm² · K)。从图中可以看出,使用不同的冷却方式,光纤的散热效果

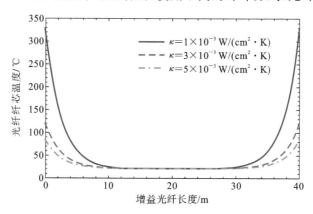

图 4.84　不同散热系数对光纤温度分布的影响

不同,可适当使用高散热系数的冷却方式(如水冷、金属冷却盘等),在相同的泵浦条件下,这些方式比空气散热能更快速地传导光纤中的热量,使光纤温度快速降低,提高光纤激光器的工作稳定性与可靠性。

4.10 背向反射光隔离技术

工业光纤激光是金属切割和焊接的理想光源。工作波长在 $1.0~\mu\mathrm{m}$ 附近,容易被金属吸收;输出功率容易达到千瓦和万瓦量级,输出稳定,而且可调控范围大;光束质量良好,光斑小,非常适合用于金属材料的精细切割和焊接。随着工业光纤激光器在金属切割、焊接应用方面的普及,一个重要的问题暴露了:激光在金属表面发生反射,经输出端返回到光纤激光器系统,在光纤中反向传输并进一步放大。过高的后向反射光不仅会引起谐振腔产生的信号源的剧烈波动导致输出功率的波动,造成光纤激光器输出功率不稳定;而且还可能造成光纤器件和半导体激光泵浦源的使用寿命大大缩短,甚至永久损坏。因此,抗反射光技术作为工业光纤激光器在金属切割、焊接应用中的关键技术,已经成为重要的研究课题。

1. 光纤耦合隔离器技术

光纤激光器中的隔离装置对反向传输的光束衰减很大,对正向传输的光束衰减较小,从而构成单向光通路。常见的隔离器由偏光器件和法拉第旋光器组成,这些光学器件无论对正向传输的激光还是反向传输的光束都有一定的损伤阈值,在较低功率的情况下效果较好,但是应用到大功率的工业加工领域,输出光功率和返回光功率都很高,普通的隔离器就不再适用。

美国 nLight 公司研发了一款适用于大功率情况下的隔离装置,如图 4.85 所示。这个装置能将反射光分离出来,并引导至周边的通有冷却水的吸收区域,反射光在该区域被吸收转化为热能,并被冷却系统带走,从而实现光纤激光器的抗反射效果。该隔离装置内部还配有光电二极管用于监测反射光的功率大小。激光作用于金属材料表面时,反射光的强弱能够反映切割或焊接的进程和状态。例如,刚刚开启激光的瞬间,金属呈固态,表面反射率较高,反射光的功率相应也很高;金属吸收激光变成熔融状态时,反射率急剧下降,反射光功率也随之降低。因此,可以通过监测反射光的大小,调节激光的输出功率切割头的焦距等参数,以达到优化加工效果的目的。为了验证这种隔离装置抗反射光的性能,nLight 公司在反射光超过 500 W 的情况下让激光器运行超过 3000 小时,输出仍然能保持稳定,输出光对返回光的抑制比持续保持超过 98%。

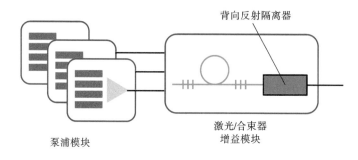

图 4.85 nLight 公司研制的 500 W 隔离器示意图

2. 包层光剥离技术

包层光剥离技术可应用于激光加工防反射光纤激光器,功能光纤输出接口具体结构如图 4.86 所示,光纤输出端和特殊结构的传能光纤进行熔接,并在熔点处设置包层光剥离器。从图 4.86 中可以看出:激光器反射回光纤的激光经过光剥除,大部分的反射激光能够被过滤掉,这样便实现了激光器的防反射功能。

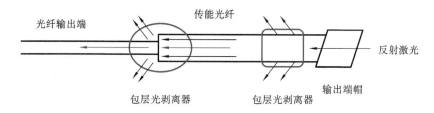

图 4.86 具有防反射功能的功能光纤输出接口

3. 波长转换技术

脉冲输出的光纤激光器一般采用 MOPA 方式构成,通过脉冲振荡器产生较低功率的脉冲光,该脉冲光通过光纤放大器放大到希望的输出,在使用一个光纤放大器不能放大到希望的输出时,可以串联使用多个光纤放大器。但是,MOPA 方式的脉冲光纤激光器中存在容易由反射光引起故障的缺点。例如,对光纤激光器进行加工时,存在已经从光纤激光器输出的激光被加工对象表面反射,其一部分再次返回到光纤激光器的情况,该反射光虽然微弱,但通过光纤放大器(PA)内向脉冲振荡器(MO)传输时被放大,从而使功率增大,有时会造成构成 MO 的光学部件、配置在 MO 和 PA 之间的光学部件的损坏。在 PA 内进行脉冲光的放大时,在卜一束脉冲光射入 PA 的期间内,从 PA 所使用的增益光纤中会输出放大自发辐射(ASE)光,该光被加工对象反射,再次射入 PA 时,往往会产生寄生振荡。若产生寄生振荡则会从 PA 向 MO 发出具有非常高的峰值的脉冲光,该脉冲光会损坏构成 MO 的光学部件、配置在 MO 和 PA 之间的光学部件。

为了保护构成 MO 的光学部件及配置在 MO 和 PA 之间的光学部件免受反射光的损坏,通常会使用到光纤耦合在线隔离器,但这样也增加了成本。

相关人员发明了一种耐反射光、性能优异的光纤激光器[69],如图 4.87 所示。即在 MO 和 PA 之间插入第一波长滤波器、波长转换器和第二波长滤波器。第一波长滤波器的通过波长与 MO 发出的波长相同,第二波长滤波器的通过波长与波长转换器发出的波长相同,其起到了光隔离器的作用,并且插入损耗比光隔离器的小、成本低。其作用原理是:从 MO 发出的脉冲信号光经第一波长滤波器后进入波长转换器变成与信号光不同的波长,然后进入第二波长滤波器,再进入 PA 放大。从 PA 输出的脉冲激光波长与 MO 的波长不同。第一波长滤波器只允许 MO 发出的脉冲信号光通过,第二波长滤波器只允许经过波长转换器变换后的波长通过。这样,从作用金属材料表面反射回来的光就不能通过第一波长滤波器,就能够防止反射光脉冲对部件的损坏从而保护部件。

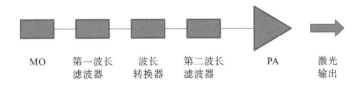

| MO | 第一波长
滤波器 | 波长
转换器 | 第二波长
滤波器 | PA | 激光
输出 |

图 4.87　波长转换技术

4. 连续抗反射光 MOPA 技术

在连续 MOPA 光纤激光器的结构中,由于放大器中信号光和泵浦光的功率都很高,容易产生各向传输的放大自发辐射(ASE),因此,在谐振腔与各级光纤放大器之间必须插入隔离器来抑制 ASE。由于 MOPA 光纤激光器结构本身的问题,其对反射光的耐受能力较低,背向反射光进入光纤激光系统之后,在放大级中传输时会被放大,在光纤系统内部的一些端面会产生寄生振荡,从而导致光纤的光学损伤,激光经过信号/泵浦耦合器时可能会被耦合进入泵浦光纤,造成信号/泵浦耦合器和半导体激光泵浦源的损伤。功率被放大之后的反射光进入谐振腔之后,由于 MOPA 结构的谐振腔功率往往比较小,因此会对谐振腔造成较大扰动,影响腔内的稳定性。

目前市场上出现一种采用连续抗反射光 MOPA 技术制造的大功率连续光纤激光器,其结构如图 4.88 所示,振荡级、放大级均采用 25/400 μm 双包层掺镱光纤作为增益介质,振荡级和放大级之间没有任何器件,纤芯中的反射激光直接进入激光器并最终被高反 FBG 反射出激光器,不会造成任何器件的烧毁,因此可以有效提高激光的抗反射性能,适用于大功率光纤激光器。

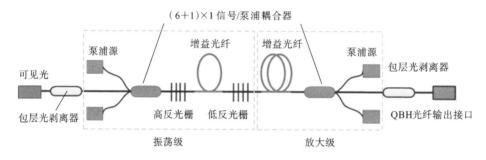

图 4.88　MOPA 一体化抗反射光技术结构

两个(6+1)×1 信号/泵浦耦合器将泵浦源产生的泵浦光耦合进入双包层光纤,两个信号/泵浦耦合器外侧均连接高效率的包层光剥离器,用于剥除残余泵浦光和在包层中传输的反射光。激光器最末端连接 QBH 接口输出激光。

为了验证这种大功率光纤激光器是否能抵抗加工的高反金属表面的反射,舒强[70]进行了一些实验研究。

第一步,将激光入射到功率计收光桶中,逐渐增加入射激光的功率,测量振荡级高反光栅(HR)前端处背向返回光的功率变化。

第二步,将激光垂直入射到通有冷却水的铝板,逐渐增加入射激光的功率,测量背向返回光的功率变化。对比两组数据可以分析反射光对光纤激光系统的影响。

第三步,撤去铝板,测量激光器输出功率随时间的变化情况,以反映激光器在强反射光下的工作稳定性。在高反射光的情况下,激光器谐振腔的工作稳定性会发生改变,通过测量谐振腔前端返回光的功率变化,能够反映腔内功率的变化情况,依此可以推断激光器的稳定性。

图 4.89 所示的是激光照射功率计与照射铝板时的返回光功率随入射光功率变化的数据。在照射铝板的高反射环境下,返回光相比于一般环境下的要强,而且随着激光器输出功率的增加,返回光的增幅也在增加。反射光在放大级增益光纤上传输时会被放大,而且注入的反射光越强,其与正向传输的信号光的竞争优势越明显,导致返回光的增幅会随输出功率的提升而增加。反射光对光纤激光系统没有形成明显的扰动,具有良好的防反射能力。

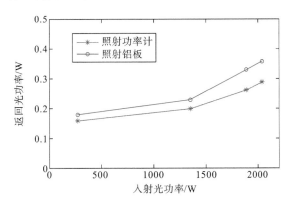

图 4.89　激光照射功率计与照射铝板时的返回光功率[70]

4.11　调 Q 脉冲光纤激光器脉冲整形技术

美国 IPG 公司早期生产的调 Q 脉冲光纤激光器的输出光束不是圆滑的高斯形光束,输出脉冲形状如图 4.90 所示,这种输出形状被称为多峰结构。这种波形会严重影响激光加工的效果。例如,在激光打标中,这种波形会使得打标图形轮廓不清晰,在部分区域会出现漏打或者多打的情况;在激光打孔中,会使材料加工表面变得凹凸不平,使表面平整度受到影响。此外,在高功率脉冲光

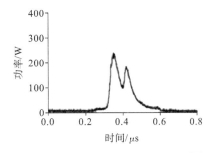

图 4.90　脉冲光纤激光器输出波形[71]

纤激光器中需要对调 Q 种子源放大,如果种子源输出波形为多峰结构,当分裂现象严重时,峰值功率会明显增加,经过放大级放大后会对光纤激光器的器件造成损坏。

因此,无论是从提高激光加工的质量还是从研制高功率的脉冲光纤激光

器的角度上讲,都必须改善脉冲激光器的输出波形,消除多峰结构。从激光器的大批量生产和工业应用的角度上考虑,需要寻找一种简单有效的,能够改善脉冲激光器的输出波形,适用于各种不同加工条件的方法。

4.11.1 调 Q 脉冲光纤激光器的数值分析

声光调 Q 光纤激光器谐振腔的参数(腔长、光纤纤芯直径等)会影响输出形状,可以通过改变谐振腔的条件来改善输出脉冲形状。但是,激光器制作完成后再改变谐振腔的结构比较麻烦,需要寻找一种简便可行的办法来对脉冲整形。首先通过数值分析的方法来进行模拟[72]。

1. 调 Q 脉冲光纤激光器简化模型

行波法模型在固体激光器和放大器的理论分析中应用得比较广泛,在解释一些实验现象上取得了成功[73,74]。可通过行波法来分析调 Q 光纤激光器的输出特性。图 4.91 表示的是上述激光器的简化模型,在数学上可以描述为典型的初始边界问题。掺镱双包层光纤的长度为 L,在一端的泵浦为 P_p(只考虑前端泵浦),P_p^+ 表示正向泵浦功率在光纤谐振腔中的分布,$P_s^+(z,t)$ 和 $P_s^-(z,t)$ 表示信号光。

图 4.91 调 Q 脉冲光纤激光器简化模型

主动调 Q 光纤激光器的速率方程和功率方程可以简化为

$$\frac{\partial N_2}{\partial t}+\frac{N_2}{\tau}=\frac{\Gamma_p\lambda_p}{hcA}[\sigma_a(\lambda_p)N_1-\sigma_e(\lambda_p)N_2](P_p^++P_p^-)$$

$$+\frac{\Gamma_s\lambda_s}{hcA}[\sigma_a(\lambda_s)N_1-\sigma_e(\lambda_s)N_2](P_p^++P_p^-) \tag{4.73}$$

$$\pm\frac{\partial P_p^\pm}{\partial z}+\frac{1}{v_p}\frac{\partial P_p^\pm}{\partial t}=\Gamma_p[\sigma_e(\lambda_p)N_2-\sigma_a(\lambda_p)N_1]P_p^\pm-\alpha(\lambda_p)P_p^\pm \tag{4.74}$$

$$\pm\frac{\partial P_s^\pm}{\partial z}+\frac{1}{v_s}\frac{\partial P_s^\pm}{\partial t}=\Gamma_s[\sigma_e(\lambda_s)N_2-\sigma_a(\lambda_s)N_1]P_s^\pm-\alpha(\lambda_s)P_s^\pm$$

$$+2\sigma_e(\lambda_s)N_2\frac{hc^2}{\lambda_s^3}\Delta\lambda_s \tag{4.75}$$

$$N=N_1+N_2 \tag{4.76}$$

式(4.73)～式(4.75)中，±分别表示激光在腔中正向和反向传输，N 表示掺镱双包层光纤中镱离子的掺杂浓度，并且假定其在光纤中不发生改变，N_1 和 N_2 是 z 和 t 的函数，分别表示下能级和上能级的反转粒子数的浓度，v_p 和 v_s 分别表示泵浦光、信号光在光纤中的群速度，c 指光在真空中的传播速度，τ 表示粒子数的平均寿命，$\alpha(\lambda)$ 表示光纤的损耗系数，$\sigma_a(\lambda)$ 和 $\sigma_e(\lambda)$ 分别表示在波长 λ 处的吸收和发射截面面积，A 表示掺杂光纤纤芯的面积，Γ_p 表示泵浦光功率填充因子，Γ_s 表示激光功率填充因子，$\alpha(\lambda_p)$ 表示双包层光纤对泵浦光的损耗，$\alpha(\lambda_s)$ 表示双包层光纤对激光的损耗。由于腔长较短，可以忽略色散效应。

2. 声光调制器关闭时初始条件的求解及结果与分析

（1）初始条件的求解。

求解式(4.73)～式(4.75)所示的速率方程和功率方程之前，需要得到初始时刻双包层光纤中的泵浦光、正向信号光、反向信号光、粒子反转数的分布情况。当声光调制器关闭时，在泵浦光的作用下，双包层光纤中的粒子反转数会达到一个稳定的状态。通过求解如下稳态方程，可以得出初始条件：

$$N = N_1(x) + N_2(x) \tag{4.77}$$

$$0 = (R_{12} + W_{12})N_1(x) - (R_{21} + W_{21} + A_{21})N_2(x) \tag{4.78}$$

$$\frac{\mathrm{d}P_p(x)}{\mathrm{d}x} = \Gamma_p[\sigma_e(\lambda_p)N_2(x) - \sigma_a(\lambda_p)N_1(x)]P_p(x) - \alpha(\lambda_p)P_p(x) \tag{4.79}$$

$$\pm\frac{\mathrm{d}P_s^{\pm}}{\mathrm{d}x} = \Gamma_s[\sigma_e(\lambda_s)N_2(x) - \sigma_a(\lambda_s)N_1(x)]P_s^{\pm}(x) - \alpha(\lambda_s)P_s^{\pm}(x)$$

$$+ 2\sigma_e(\lambda_s)N_2(x)\frac{hc^2}{\lambda_s^3}\Delta\lambda_s \tag{4.80}$$

式中，

$$R_{12} = \frac{\sigma_a(\lambda_p)P_p(x)\Gamma_p}{hcA} \tag{4.81}$$

$$R_{21} = \frac{\sigma_e(\lambda_p)P_p(x)\Gamma_p}{hcA} \tag{4.82}$$

$$W_{12} = \frac{\sigma_a(\lambda_s)[P_s^+(x) + P_s^-(x)]\Gamma_s}{hcA} \tag{4.83}$$

$$W_{21} = \frac{\sigma_e(\lambda_s)[P_s^+(x) + P_s^-(x)]\Gamma_s}{hcA} \tag{4.84}$$

$$A_{21} = \frac{1}{\tau} \tag{4.85}$$

为了求解上述微分方程组,采用龙格-库塔法进行求解。采用龙格-库塔法,选取合适的步长 h,可以将式(4.79)与式(4.80)转化为如下形式:

$$a = \Gamma_p \left[\sigma_e(\lambda_p) N_2(x) - \sigma_a(\lambda_p) N_1(x) \right] P_p(x) - \alpha(\lambda_p) P_p(x) \quad (4.86)$$

$$P_p(x+h) = P_p(x) + h\Gamma_p \left[\sigma_e(\lambda_p) N_2(x) - \sigma_a(\lambda_p) N_1(x) \right]$$

$$\left(P_p(x) + \frac{ah}{2} \right) + h\alpha(\lambda_p) \left(P_p(x) + \frac{ah}{2} \right) \quad (4.87)$$

$$b = \Gamma_s \left[\sigma_e(\lambda_s) N_2(x) - \sigma_a(\lambda_s) N_1(x) \right] P_s^{\pm}(x) - \alpha(\lambda_s) P_s^{\pm}(x)$$

$$+ 2\sigma_e(\lambda_s) N_2(x) \frac{hc^2}{\lambda_s^3} \Delta\lambda_s \quad (4.88)$$

$$\pm P_s(x+h) = P_s^{\pm}(x) + h\Gamma_s \left[\sigma_e(\lambda_s) N_2(x) - \sigma_a(\lambda_s) N_1(x) \right] \left(P_s^{\pm}(x) + \frac{bh}{2} \right)$$

$$- h\alpha(\lambda_s) \left(P_s^{\pm}(x) + \frac{bh}{2} \right) + 2h\sigma_e(\lambda_s) N_2(x) \frac{hc^2}{\lambda_s^3} \Delta\lambda_s \quad (4.89)$$

将式(4.87)与式(4.89)代入式(4.88),可得出 $N_2(x)$ 的表达式。

声光调制器关闭时,上述稳态方程具有如下边界条件:

$$P_p(0) = P_0$$

$$P_s^+(0) = R_1 P_s^-(0)$$

$$P_s^-(L) = 0$$

式中,P_0 为输入泵浦功率,L 为双包层光纤的长度,R_1 为高反光栅的反射率。为了简化模型,忽略光栅、声光调制器两端尾纤的长度。$P_s^+(0)$ 和 $P_s^-(0)$ 无法直接获得,可以采取以下两种方法。一种方法是选定一组 $P_s^+(0)$ 和 $P_s^-(0)$ 的值并代入方程中计算,将得出的值与边界条件相比较,如果不符合边界条件,则再选取初始值并计算,重复上述过程直到达到边界条件的要求,这种方法被称为打靶法[75,76],计算量大,这里不采用这种算法。另一种方法是假设 $P_s^+(0)$ 和 $P_s^-(0)$ 的值为 0,经过正反迭代计算,最终得到收敛的初始值,这种方法叫作松弛法,具体计算步骤如下。

① 令 $N_2(0) = 0$,按照上述推导出的式子从光纤前端(即 $x=0$ 处)计算到光纤尾部(即 $x=L$ 处),得出正向光 $P_p(x)$、$P_s^+(x)$ 分布及上能级粒子数在光纤中的分布情况。

② 在光纤尾部根据边界条件得到 $P_s^-(L) = 0$,按照功率方程从光纤尾部计算到光纤前端,得出反向光 $P_s^-(x)$ 分布及上能级粒子数分布情况。

③ 在光纤前端根据边界条件得出 $P_s^+(0) = R_1 P_s^-(0)$,重复上述过程,直

到 $P_s^+(x)$、$P_s^-(x)$ 收敛。

(2) 结果与分析。

计算所需的参数,泵浦光波长 λ_p 为 915 nm,信号光波长 λ_s 为 1064 nm,掺杂浓度为 $5.13 \times 10^{25}/\text{m}^3$,所选用的掺镱双包层光纤的长度 $L=5$ m,芯层直径为 10 μm,包层直径为 125 μm,Γ_p 可以取光纤的芯层面积与光纤的内包层面积的比值,取值 0.0064,Γ_s 根据文献中的经验值取为 0.75,上能级粒子数平均寿命 τ 取值为 0.84 ms,步长 $h=0.025$,高反光栅的反射率 R_1 为 0.998,输入泵浦功率 $P_0=7$ W,光纤的吸收截面和发射截面根据图 4.78 中曲线选取。稳态解结果如图 4.92、图 4.93 和图 4.94 所示。

由于采用正向泵浦的方式,在靠近泵浦源的地方,反转粒子数的浓度明显高于其他地方的。稳态条件下,泵浦光的功率在掺镱双包层光纤中的功率逐渐减小,正向信号光的功率逐渐增大,反向信号光功率与正向信号光功率的变化趋势相反。

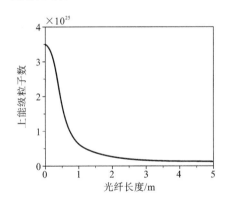

图 4.92　上能级粒子数分布

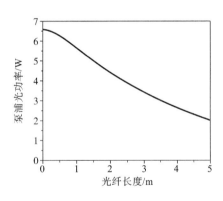

图 4.93　泵浦光功率分布

3. 声光调制器开启后瞬态方程的求解及结果与分析

(1) 瞬态方程的求解。

声光调制器打开后,将上面得到的稳态解作为初始值,使用有限差分法,按照差分格式和边界条件进行数值求解,可以得出输出激光功率随时间的变化。

根据差分法,脉冲光纤激光器的速率方程和功率方程可表示为如下形式:

$$N_2(x,t+1)=N_2(x,t)+[(R_{12}+W_{12})N_1(x,t)-(R_{21}+W_{21}+A_{21})N_2(x,t)]\tau_t$$

$$(4.90)$$

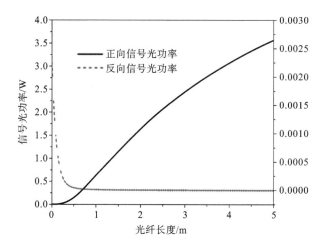

图 4.94 信号光功率分布

$$P_{\mathrm{p}}(x,t+1)=v_{\mathrm{p}}\tau_{\mathrm{t}}\{\Gamma_{\mathrm{p}}[\sigma_{\mathrm{e}}(\lambda_{\mathrm{s}})N_2(x,t)-\sigma_{\mathrm{a}}(\lambda_{\mathrm{p}})N_1(x,t)]P_{\mathrm{p}}(x,t)-\alpha(\lambda_{\mathrm{p}})P_{\mathrm{p}}(x,t)\}$$

$$+P_{\mathrm{p}}(x,t)-\frac{v_{\mathrm{s}}\tau_{\mathrm{t}}}{h}[P_{\mathrm{p}}(x,t)-P_{\mathrm{p}}(x-1,t)] \tag{4.91}$$

$$P_{\mathrm{s}}^{+}(x,t+1)=\Big\{\Gamma_{\mathrm{s}}[\sigma_{\mathrm{e}}(\lambda_{\mathrm{s}})N_2(x,t)-\sigma_{\mathrm{a}}(\lambda_{\mathrm{s}})N_1(x,t)]P_{\mathrm{s}}^{+}(x,t)-\alpha(\lambda_{\mathrm{s}})P_{\mathrm{s}}^{+}(x,t)$$

$$+\sigma_{\mathrm{e}}(\lambda_{\mathrm{s}})N_2(x,t)\frac{hc^2}{\lambda_{\mathrm{s}}^3}\Delta\lambda_{\mathrm{s}}\Big\}v_{\mathrm{s}}\tau_{\mathrm{t}}+P_{\mathrm{s}}^{+}(x,t)-\frac{v_{\mathrm{s}}\tau_{\mathrm{t}}}{h}(P_{\mathrm{s}}^{+}(x,t)$$

$$-P_{\mathrm{s}}^{+}(x-1,t)) \tag{4.92}$$

$$P_{\mathrm{s}}^{-}(x,t+1)=\Big\{\Gamma_{\mathrm{s}}[\sigma_{\mathrm{e}}(\lambda_{\mathrm{s}})N_2(x,t)-\sigma_{\mathrm{a}}(\lambda_{\mathrm{s}})N_1(x,t)]P_{\mathrm{s}}^{-}(x,t)-\alpha(\lambda_{\mathrm{s}})P_{\mathrm{s}}^{-}(x,t)$$

$$+2\sigma_{\mathrm{e}}(\lambda_{\mathrm{s}})N_2(x,t)\frac{hc^2}{\lambda_{\mathrm{s}}^3}\Delta\lambda_{\mathrm{s}}\Big\}v_{\mathrm{s}}\tau_{\mathrm{t}}+P_{\mathrm{s}}^{-}(x,t)+\frac{v_{\mathrm{s}}\tau_{\mathrm{t}}}{h}(P_{\mathrm{s}}^{-}(x+1,t)$$

$$-P_{\mathrm{s}}^{-}(x,t)) \tag{4.93}$$

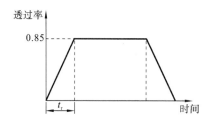

图 4.95 声光调制器的透过率曲线

式中,时间步长 $\tau_{\mathrm{t}}=1\times10^{-10}$,由于 $\frac{v_{\mathrm{s}}\tau_{\mathrm{t}}}{h}$ 的值小于 1,根据有限差分法的收敛性可得出上述差分格式收敛。声光调制器的透过率曲线如图 4.95 所示,t_{r} 表示声光调制器开启时的上升时间,与传统的取透过率最大值的 10% 与 90% 之间的时间段的定义不同。当声光调制器开启时,脉冲光纤激光器的速率方程和功率方程的边界条件发生了变化,边界条件如下:

$$P_s^+(0,t) = P_s^-(0,t)R_1 \qquad (4.94)$$

$$P_s^-(L,t) = P_s^+(L,t)T(t)R_2 \qquad (4.95)$$

输出功率的表达式如下：

$$P_{out}(t) = (1-R_2)P_s^+(L,t) \qquad (4.96)$$

式(4.95)中，$T(t)$ 表示声光调制器的透过率与时间的函数(见图4.95)，R_2 表示脉冲光纤激光器中低反光栅的反射率。

(2)结果与分析。

① 输出脉冲能量。

根据差分格式的速率方程和功率方程，结合边界条件，可以计算出输出脉冲的功率随着时间的变化曲线。开始的几个波形抖动较大，为了准确研究脉冲形状，需要找到稳定的脉冲波形。当输出脉冲能量达到稳定时，便可认定脉冲波形稳定。脉冲输出能量公式如下：

$$E_{out} = \int_{t_1}^{t_2} P_{out}(t)dt \qquad (4.97)$$

式中，$[t_1,t_2]$ 表示一个脉冲周期。图4.96所示的为重复频率为100 kHz，泵浦功率为6 W，光纤长度为5 m，声光调制器上升时间 t_r 为150 ns，声光调制器开启时间为2 μs时，输出脉冲能量与脉冲个数的关系图。

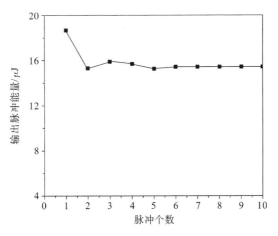

图4.96　输出脉冲能量与脉冲个数的关系图

由图4.96可以看出，第1个脉冲输出脉冲能量很高，这是由于当声光调制器关闭时，在泵浦光的作用下，双包层光纤到达稳态，光纤中的放大自发辐射过于饱和；随后第2个脉冲能量有所下降，随后又逐渐上升，这个振荡过程是由输出脉冲能量受到反转粒子数和光场强度的共同影响造成的；到第 6 个脉冲时，输出脉冲能量已经趋于稳定，取第 10 个脉冲为稳定后的脉冲。

下面分析输出脉冲能量与声光调制器上升时间 t_r 的关系，图 4.97 所示的是在掺镱双包层光纤长度 $L=5$ m，脉冲光纤激光器重复频率为 50 kHz，泵浦功率为 6 W，声光调制器开启时间为 2 μs，声光调制器上升时间 t_r 分别为 30 ns、200 ns、500 ns 的条件下，计算出的输出脉冲能量。由图可以看出，声光调制器的上升时间 t_r 不同时，对应的输出脉冲能量也不同。随着上升时间的增加，第 1 个脉冲能量从 113.57 μJ 减小到 99.85 μJ，最后减小为 89.00 μJ，脉冲能量逐渐变小。

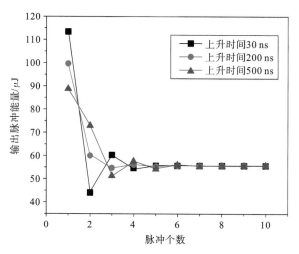

图 4.97　不同上升时间下的输出脉冲能量图

从图 4.97 中可以看出，在不同上升时间下，当脉冲输出稳定时，输出脉冲能量基本相同。为了得出上升时间与稳定后脉冲的输出能量的关系，计算不同上升时间下的稳定输出脉冲能量（见图 4.98），当声光调制器上升时间 t_r 从 15 ns 增加到 500 ns 时，输出脉冲能量没有发生改变。由此可以看出，稳定后的输出脉冲能量基本不随上升时间的改变而改变。

② 输出波形。

当脉冲输出序列稳定时，图 4.99 给出了不同上升时间下计算出的脉冲形状，除上升时间发生改变外，其余参数与上述计算脉冲能量时的相同。为了简化计算，只考虑双包层掺镱光纤的长度，不考虑信号/泵浦耦合器的光纤长度、光纤光栅长度、声光调制器两端光纤长度。谐振腔的腔长 L 为 5 m，激光往返

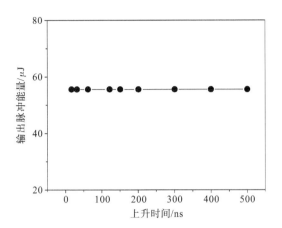

图 4.98　输出脉冲能量与上升时间的关系

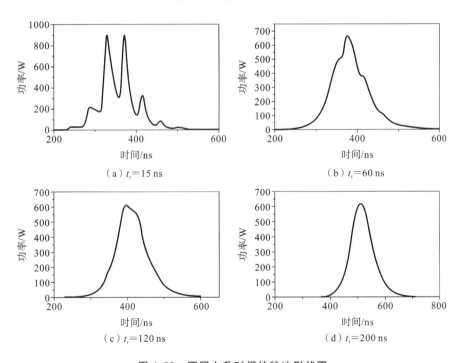

（a）$t_r=15$ ns

（b）$t_r=60$ ns

（c）$t_r=120$ ns

（d）$t_r=200$ ns

图 4.99　不同上升时间的脉冲形状图

一次的时间 t_{round} 大约为 49 ns，而由图 4.99(a)可以看出，两个峰之间的距离约为 49 ns。当上升时间 t_r 小于 t_{round} 的一半时，脉冲分裂现象严重，脉冲差不多分裂成 8 个峰；当上升时间 t_r 增大到接近于 t_{round} 的值时，脉冲分裂现象明显改善；随着上升时间 t_r 进一步增加，脉冲分裂现象完全消失，脉冲的对称性也越来越好。这是因为 t_r 较小时,声光调制器快速打开的过程中会使一部分 ASE进入腔内,并在腔内来回放大,最终使得输出脉冲产生分裂。插入的 ASE 脉冲被称为初始脉冲,它取决于声光调制器的调制行为和谐振腔中 ASE 的分布。在腔内 ASE 分布情况相同的情况下,快调制会产生更强的初始脉冲,使得脉冲分裂现象更严重。由此可以得出,在固定的腔结构、固定的脉冲重复频率、固定的泵浦条件下,通过增加声光调制器上升时间 t_r 能得到圆滑的单脉冲输出。另一方面,随着上升时间 t_r 的增加,脉冲的建立时间也逐渐增加,这是因为上升时间增加,声光调制器打开时透过率增速减慢,使得净增益减小,最终使得脉冲的建立时间增加。

通过上面的分析可得出,在保持谐振腔结构不变的情况下,可以通过只调节声光调制器的上升时间来改善脉冲光纤激光器的输出形状。并且调整上升时间后,输出脉冲能量没有发生改变,只是脉冲的建立时间发生改变。

③ 输出脉宽。

为了研究增加声光调制器上升时间对激光器其他输出特性的影响,可通过理论计算分析上升时间对脉冲宽度的影响。图 4.100 所示的为不同上升时间下脉冲宽度的变化曲线。

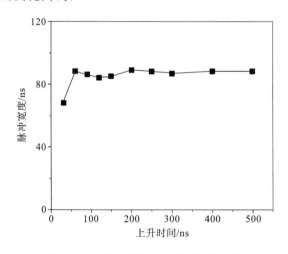

图 4.100　脉冲宽度与上升时间的关系

从图 4.100 中可以看出,当上升时间小于激光往返一次的时间 t_{round}(约为49 ns)时,脉冲分裂严重,脉冲宽度与其他点有明显的区别。当上升时间大于激光往返一次的时间 t_{round} 时,脉冲宽度基本不变(约为 88 ns)。这里的脉冲宽度是指半高全宽,即脉冲输出功率下降到一半时所对应的宽度。

④ 输出频率。

在固定的上升时间下,不同重复频率的脉冲形状也会有所不同。图 4.101 中的波形图是在掺镱双包层光纤长度 $L=5$ m,泵浦功率为 6 W,声光调制器开启时间为 2 μs,声光调制器上升时间 t_r 为 50 ns,重复频率分别为 20 kHz、

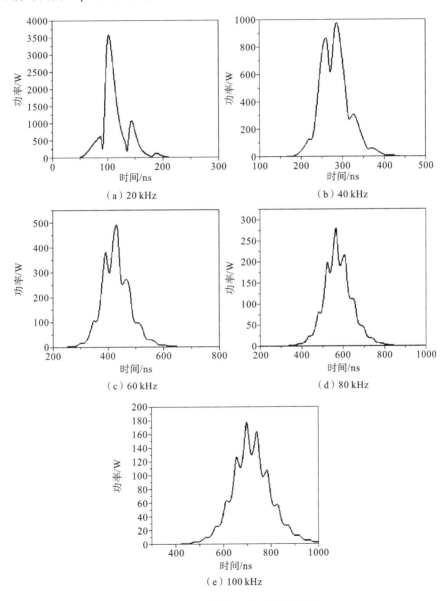

图 4.101　不同频率下的脉冲形状图

40 kHz、60 kHz、80 kHz、100 kHz 时通过数值计算得到的脉冲形状图。

从图 4.101 中可以看出,在固定的谐振腔条件下,激光器输出脉冲形状随着调制频率的变化而发生变化。当频率比较低时,输出脉冲分裂的个数较少,脉冲的峰值功率较高,脉冲的建立时间也较短,脉冲的宽度也较窄;随着调制频率的增加,输出脉冲的分裂个数明显增多,脉冲的峰值功率明显下降,脉冲的建立时间显著增加,脉冲宽度也有明显的增加。这是因为在调制频率增加、声光调制器的开启时间不变的情况下,声光调制器关闭的时间减少了,谐振腔中反转粒子数积累时间变短,导致在声光调制器开启后,可以释放出的能量变少。另一方面,随着调制频率的增加,声光调制器开启时产生的 ASE 变小,ASE 在谐振腔内的增益也变小,但是在连续泵浦的情况下,光子数密度仍然在增加,ASE 在谐振腔中来回反射放大,使得最终输出脉冲仍会呈现多峰。

⑤ 泵浦功率。

在谐振腔条件一定的情况下,对于固定重复频率的脉冲,泵浦功率的改变会影响谐振腔内储存的能量,会对输出脉冲的波形造成影响。为了分析泵浦功率的改变对脉冲波形的影响,可通过数值计算得到重复频率为 60 kHz,上升时间为 50 ns 时,不同泵浦功率下的脉冲波形。

由图 4.102 可以看出,随着泵浦功率的增加,脉冲光纤激光器的峰值功率增加,脉冲建立时间缩短,脉冲的宽度减小,脉冲的多峰个数也在逐渐减小。这是由于泵浦功率增加后,谐振腔在声光调制器关闭后积累的反转粒子数增加,谐振腔的增益增大,当声光调制器打开后,谐振腔中积累的能量迅速释放,导致脉冲宽度变窄,从而使得脉冲的多峰个数减少。

通过以上分析可以得出,在脉冲光纤激光器谐振腔的结构参数不变的情况下,当声光调制器上升时间小于激光在腔内往返一次的时间时,激光器输出波形会出现多个峰,增大泵浦功率、降低频率可以使分裂脉冲个数减小,这对脉冲的波形有明显的改善作用,但是无法得到圆滑的单脉冲输出。通过增加声光调制器上升时间,可以使脉冲输出波形有显著改善,同时并不会对脉冲的输出能量和输出脉宽造成较大的影响。由此,通过理论计算得出了一种改善脉冲波形的方法:在维持谐振腔结构不变的情况下,只需要增加声光调制器的上升时间,便可以在不同频率下,不同泵浦功率下都能得到圆滑的单脉冲输出。

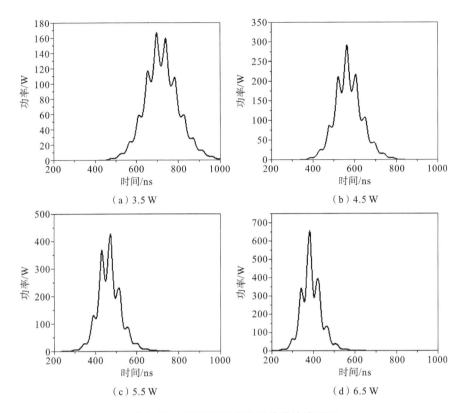

（a）3.5 W   （b）4.5 W

（c）5.5 W   （d）6.5 W

图 4.102　不同泵浦功率下的脉冲波形图

4.11.2　调 Q 脉冲光纤激光器的脉冲整形实验研究

参考文献[72]对调 Q 脉冲光纤激光器的脉冲整形进行了实验研究。图 4.103 所示的为声光调 Q 光纤激光器主振荡级结构，其由一对光纤光栅、半导体激光器、(1+1)信号/泵浦耦合器、掺镱双包层光纤、声光调制器、光纤耦合隔离器组成。半导体激光器为泵浦源，掺镱双包层光纤为增益介质，一对光纤光栅包括一个高反射率光栅（HR）和一个低反射率光栅（OC）。(1+1)信号/

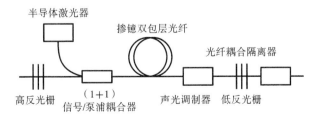

图 4.103　声光调 Q 光纤激光器主振荡级结构

泵浦耦合器将泵浦光耦合进入掺镱双包层光纤中,声光调制器起到周期性改变谐振腔的 Q 值,并产生脉冲输出的作用。光纤耦合隔离器可防止反射后的光进入谐振腔中,从而对谐振腔中的器件造成损坏。

半导体激光器输出光纤的芯径参数为 $105/125~\mu m$,最大输出功率为 10 W,中心波长为 915 nm。掺镱双包层光纤的芯径为 $10~\mu m$,内包层直径为 $125~\mu m$,实验中所用长度为 5 m。信号/泵浦耦合器中半导体激光器接入端的芯径参数为 $105/125~\mu m$,高反射率光栅接入端的芯径参数为 $10/125~\mu m$,掺镱双包层光纤接入端的芯径参数为 $10/125~\mu m$。实验中各光纤熔接点处的光纤芯径参数基本匹配,这样可以极大程度地降低光纤熔接时所带来的损耗。

1. 不同上升时间下的波形

通过求解脉冲光纤激光器的速率方程和功率方程,可得出在保持谐振腔参数不变的情况下,通过改变声光调制器的上升时间,可以改善输出波形,为了验证理论模型的可靠性,在保持与理论分析的谐振腔结构参数相同的情况下,通过实验的方法获得了图 4.104 所示的脉冲波形。其中,脉冲波形是通过连接有光电探头的示波器采集得到的。

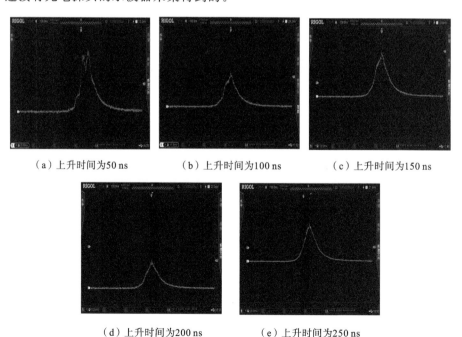

(a)上升时间为50 ns　　　(b)上升时间为100 ns　　　(c)上升时间为150 ns

(d)上升时间为200 ns　　　(e)上升时间为250 ns

图 4.104　不同上升时间下的波形

由图 4.104 可以看出,在 50 kHz 下,上升时间为 50 ns 时,脉冲输出波形有明显的分裂现象;当上升时间增加到 100 ns 时,输出波形分裂现象明显改善,只是存在一点点凸起;随着上升时间进一步加大,脉冲分裂现象完全消失,当上升时间为 250 ns 时,得到了圆滑的脉冲输出。

2. 不同重复频率下的波形

谐振腔结构保持不变,将声光调制器上升时间固定在 50 ns,泵浦功率为 6 W,在重复频率为 20 kHz、40 kHz、60 kHz、80 kHz、100 kHz 的条件下,实验测得输出脉冲波形如图 4.105 所示。

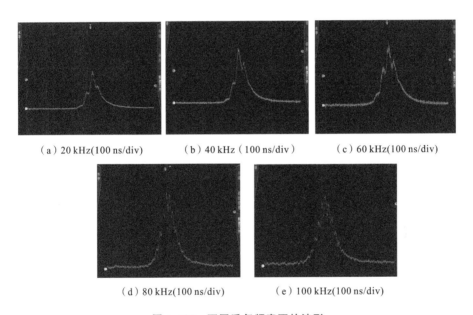

（a）20 kHz(100 ns/div)　　（b）40 kHz（100 ns/div）　　（c）60 kHz(100 ns/div)

（d）80 kHz(100 ns/div)　　（e）100 kHz(100 ns/div)

图 4.105　不同重复频率下的波形

从图 4.105 中可以看出,当上升时间为 50 ns 时,脉冲波形从 20 kHz 到 100 kHz 都存在着脉冲分裂的现象,当频率较低时,脉冲分裂出现的多峰数目相对较少,随着频率的增加,多峰数目明显增加。由此可以得出,当脉冲分裂现象不太严重时,即多峰的个数相对较少时,可以通过降低频率的方式改善脉冲波形。通过对比数值分析的结果可知,实验结果基本与计算结果相符。

3. 不同泵浦功率下的波形

从数值分析中得到,在固定的腔结构下,在相同的声光调制器上升时间下,脉冲激光器输出波形随着泵浦的功率变化而发生变化。通过实验得到的当重复频率为 60 kHz,声光调制器上升时间为 50 ns,泵浦功率为 3.5 W、4.5 W、5.5 W、6.5 W 时的输出波形如图 4.106 所示。

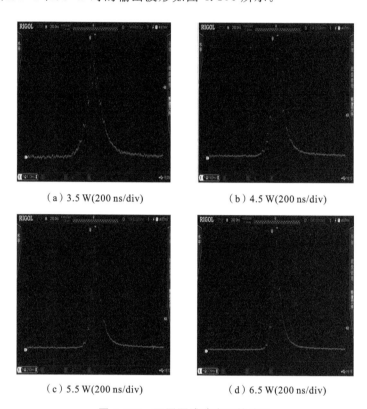

(a) 3.5 W(200 ns/div)   (b) 4.5 W(200 ns/div)

(c) 5.5 W(200 ns/div)   (d) 6.5 W(200 ns/div)

图 4.106 不同泵浦功率下的波形

从图 4.106 中可以看出,随着泵浦功率的增加,脉冲波形发生了明显的变化,脉冲宽度明显减小。这是由于随着泵浦功率的增加,谐振腔内储存的能量增多。可以通过增加泵浦功率来改善输出波形,但是这种方法有一定的局限性。首先,增加功率能在一定程度上改善波形,但很难得到圆滑的单脉冲输出;其次,泵浦功率增加后可能超过声光调制器所能承受的最大功率,会对声光调制器造成损坏。

4. 平均功率和脉冲宽度变化

在脉冲激光器的使用中,平均功率和脉冲宽度是重要的指标。我们已经分析出,通过增加声光调制器上升时间,能改善脉冲输出波形,为了分析增加声光调制器上升时间对激光器的影响,我们测得了激光器在重复频率为 20

kHz、60 kHz 时,不同上升时间下的平均功率,结果如图 4.107 所示。

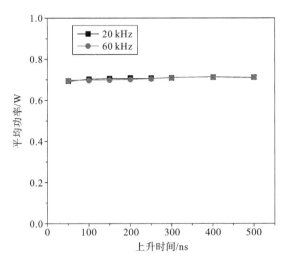

图 4.107　上升时间与平均功率的关系

从图 4.107 中可以看出,无论是在 20 kHz,还是在 60 kHz 的重复频率下,脉冲激光器的平均功率并不随着声光调制器上升时间的变化而变化。这是因为增加声光调制器的上升时间并没有对谐振腔中存储的能量造成影响,因此平均功率几乎没有发生变化。

在重复频率为 50 kHz,泵浦功率为 6.5 W 的条件下,测得的不同上升时间下的脉冲宽度如图 4.108 所示。从图中可以看出,脉冲宽度随着上升时间

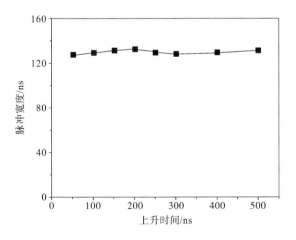

图 4.108　脉冲宽度与上升时间的关系

的增加存在着轻微的抖动。增加上升时间能使输出波形产生巨大改变,能大幅度改善波形。同时,增加上升时间对平均功率几乎没有影响。

5. 不同频率下改善后的波形

通过数值分析和上述实验可以得出,只增加声光调制器上升时间便能得到圆滑的单脉冲输出,但是当重复频率发生改变时,脉冲的形状可能会发生改变。工业加工中需要不同重复频率的脉冲输出,因此需要在较宽的重复频率范围内都能得到圆滑的单脉冲输出。

当声光调制器上升时间为 500 ns,泵浦功率为 3.5 W 时,不同频率下的输出波形如图 4.109 所示。从图中可以看出,激光器在重复频率为 20 kHz、40 kHz、60 kHz、80 kHz、100 kHz 的条件下都没有出现脉冲分裂现象。由此可以得出,增加声光调制器上升时间能在较大频率范围内消除多峰结构,得到对称性很好的高斯形波形。

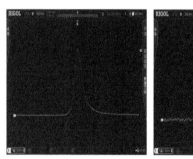
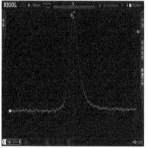
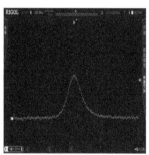

（a）重复频率为20 kHz　　　　（b）重复频率为40 kHz　　　　（c）重复频率为60 kHz

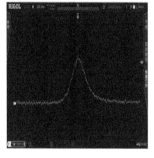

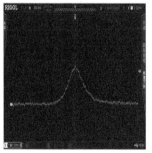

（d）重复频率为80 kHz　　　　（e）重复频率为100 kHz

图 4.109　不同频率下改善后的波形

4.12　纳秒级脉冲光纤激光器技术

4.12.1　调 Q 技术的基本原理

激光谐振腔中用品质因数 Q 来表示谐振腔的特性,谐振腔的 Q 值定义如下:

$$Q=2\pi\nu\ \frac{谐振腔中储存的能量}{单位时间内损耗的能量}=\omega\ \frac{E}{-\mathrm{d}E/\mathrm{d}t} \tag{4.98}$$

式中,E 表示谐振腔中的能量;ν 为激光器输出激光的中心频率。求解式(4.98)中的微分方程,可得

$$E=E_0\exp\left(-\frac{\omega}{Q}t\right) \tag{4.99}$$

谐振腔内光子的平均寿命可表示为

$$\tau_\mathrm{c}=\frac{L}{\delta_\mathrm{L}c} \tag{4.100}$$

式中,τ_c 表示谐振腔内光子的平均寿命;δ_L 为谐振腔的单程损耗;L 为谐振腔的光程腔长。比较式(4.99)和式(4.100),可得

$$Q=\omega\tau_\mathrm{c}=\frac{\omega L}{\delta_\mathrm{L}c} \tag{4.101}$$

由式(4.101)可以看出,激光器中谐振腔的 Q 值与谐振腔的单程损耗成反比,谐振腔的单程损耗越高,Q 值越小;反之,谐振腔的单程损耗越低,Q 值越大。

对于固定结构的激光器谐振腔,一般情况下谐振腔的损耗是一个定值,在泵浦光的持续泵浦下,反转粒子数开始增加。当反转粒子数达到谐振腔的阈值条件时,谐振腔内便会形成激光振荡,上能级粒子数由于受激辐射向低能级跃迁而大量减少,因此反转粒子数无法继续增加,最终在阈值反转数附近轻微波动。为了提高输出功率,需要提高反转粒子数,进而需要提高激光器的阈值。可以通过增加谐振腔的损耗来提高阈值,但是谐振腔内的损耗不能过大,损耗过大会将大部分功率损耗掉,且激光输出功率还是无法得到提高。

在反转粒子数的积累过程中,可通过一定的技术手段增加激光器的振荡阈值,激光振荡由于需要提高阈值而需要相对较长的时间才能形成,反转粒子便可以积累到相对较多的数量。当反转粒子数无法继续增加时,立即降低阈值,上能级粒子数便在极短的时间内跃迁到下能级,产生高峰值功率、高脉冲能量的激光输出。

Q 值与谐振腔的损耗成反比,要改变激光器的阈值,可以通过突变谐振腔的 Q 值来实现。调 Q 技术就是通过某种方法使腔的 Q 值随时间按一定程序变化的技术,或者说使腔的损耗随时间按一定程序变化的技术。调 Q 激光器的特点为:通过改变 Q 值可以改变阈值,控制激光产生的时间。调 Q 激光脉冲的建立过程及各参量随时间的变化情况如图 4.110 所示。

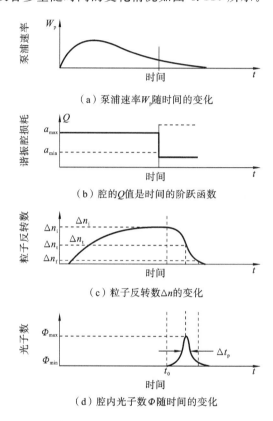

（a）泵浦速率 W_{p} 随时间的变化

（b）腔的 Q 值是时间的阶跃函数

（c）粒子反转数 $\triangle n$ 的变化

（d）腔内光子数 $\varPhi$ 随时间的变化

图 4.110　调 Q 激光脉冲的建立过程及各参量随时间的变化情况

在泵浦过程的大部分时间里,谐振腔处于低 Q 值状态,故阈值很高不能起振,从而激光上能级的粒子数不断积累,直至 t_0 时刻,粒子数反转达到最大值 Δn_{i},在这一时刻,Q 值突然升高(损耗下降),振荡阈值随之降低,于是激光振荡开始建立。

由于 $\Delta n_{\mathrm{i}} \gg \Delta n_{\mathrm{t}}$(阈值粒子反转数),因此,受激辐射增强非常迅速,激光介质存储的能量在极短的时间内转变为受激辐射场的能量,结果产生了一个峰值功率很高的窄脉冲。调 Q 脉冲的建立有个过程,当 Q 值阶跃上升时开始振荡,在 $t=t_0$ 振荡开始建立至以后一个较长的时间过程中,光子数 Φ 增长十分缓慢,如图 4.110 所示,其值始终很小,受激辐射概率很小,此时仍是自发辐射占优势。只有振荡持续到 $t=t_D$ 时,光子数增长到了 Φ_D,雪崩过程才形成,Φ 才迅速增大,受激辐射才迅速超过自发辐射而占优势。因此,调 Q 脉冲从振荡开始建立到巨脉冲激光形成需要一定的延迟时间 Δt(也就是 Q 开关开启的持续时间)。光子数的迅速增长,使 Δn_i 迅速减小,到 $t=t_p$ 时刻,$\Delta n_i=\Delta n_t$,光子数达到最大值 $\Phi_{\max}$ 之后,$\Delta n<\Delta n_t$,则光子数迅速减小,此时 $\Delta n=\Delta n_f$,为振荡终止后工作物质中剩余的粒子数。可见,调 Q 脉冲的峰值发生在反转粒子数等于阈值反转粒子数($\Delta n_i=\Delta n_t$)的时刻。谐振腔的 Q 值与损耗 a 总值成反比,如果按照一定的规律改变谐振腔的 a 总值,就可以使 Q 值发生相应的变化。谐振腔的损耗一般包括反射损耗、衍射损耗、吸收损耗等。那么,用不同的方法控制不同类型的损耗变化,就可以形成不同的调 Q 技术。

4.12.2 主动调 Q 脉冲光纤激光器

主动调 Q 是指通过向谐振腔中插入调 Q 开关起到"开关光路"的作用,从而达到控制谐振腔内损耗的目的。主动调 Q 开关常用声光调制器(AOM)。主动调 Q 具有脉冲重复频率可调、输出脉冲比较稳定、单脉冲能量高等优点。

图 4.111 所示的为声光调 Q 脉冲光纤激光器的结构图,它由主振荡级和放大级组成。主振荡级由一对光纤光栅、半导体激光器、信号/泵浦耦合器、掺镱双包层光纤、声光调制器等组成。半导体激光器为泵浦源,掺镱双包层光纤为增益介质,一对光纤光栅包括一个高反射率光栅(HR)和一个低反射率光栅(OC)。信号/泵浦耦合器将泵浦光耦合进入掺镱双包层光纤中,声光调制器起到周期性改变谐振腔的 Q 值,并产生脉冲输出的作用。

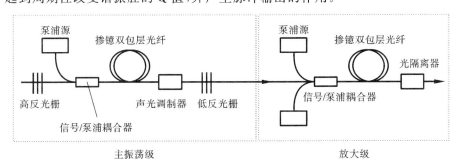

图 4.111 声光调 Q 脉冲光纤激光器的结构图

（1）主振荡级的实验结果。

在主振荡级中，半导体激光器尾纤的芯径参数为 105/125 μm，最大输出功率为 10 W，中心波长为 915 nm。掺镱双包层光纤的纤芯为 10 μm，内包层直径为 125 μm，实验中所用长度为 5 m。信号/泵浦耦合器中半导体激光器接入端的芯径参数为 105/125 μm，高反射率光栅接入端的芯径参数为 10/125 μm，掺镱双包层光纤接入端的芯径参数为 10/125 μm。实验中各光纤熔接点处的光纤芯径参数基本匹配，这样可以极大程度地降低光纤熔接时所带来的损耗。

在脉冲激光器的使用中，平均功率和脉冲宽度是重要的指标。对于主振荡级，测得激光器在重复频率为 20～80 kHz 时不同上升时间下的脉冲宽度和平均功率如图 4.112 所示。

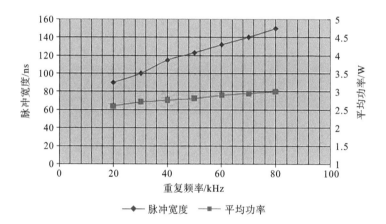

图 4.112　当重复频率为 20～80 kHz 时不同上升时间下的脉冲宽度和平均功率

图 4.112 中，主振荡级的脉冲宽度随重复频率的提高而变宽，平均功率随重复频率的提高也有所增加，但脉冲宽度和平均功率都不随声光调制器上升时间的变化而变化。这是因为增加声光调制器的上升时间并没有对谐振腔中存储的能量造成影响，因此平均功率几乎没有发生变化。主振荡级满功率输出平均功率可达到 5 W。

（2）放大级的实验结果。

为了得到高功率的脉冲输出，需要加入放大级结构。如图 4.111 所示，放大级由（2+1）×1 信号/泵浦耦合器、泵浦源、掺镱双包层光纤、光隔离器组成。其中，（2+1）×1 信号/泵浦耦合器的输入、输出信号光纤是 30/250 μm 双包层 GDF，两根泵浦光纤是 105/125 μm 多模光纤，与泵浦源输出光纤一致。泵浦源是两个输出功率为 40 W、中心波长为 915 nm 的半导体激光器。掺镱双包层光纤是 30/250 μm 大模场双包层掺镱光纤。主振荡级与放大级之间通过带有包层光剥离功能的模场适配器熔接,输出光隔离器用于防止激光加工过程中材料表面的返回光。

图 4.113~图 4.115 给出了 50 kHz、75 kHz、100 kHz 下不同功率的输出波形图。

由图 4.113~图 4.115 可以看出,在重复频率为 50 kHz、75 kHz、100 kHz,平均功率为 13 W、25 W、38 W、50 W 时,基于 MOPA 结构的调 Q 脉冲光纤激光器都能得到平滑的无多峰结构的脉冲输出。在重复频率为 20 kHz,放大级输出平均功率为 20 W 时的光束质量如图 4.116(a)所示,结果显示,$M^2X=1.23$,$M^2Y=1.26$;在重复频率为 50 kHz,放大级输出平均功率为 50 W 时的光束质量如图 4.116(b)所示,结果显示,$M^2X=1.44$,$M^2Y=1.42$。

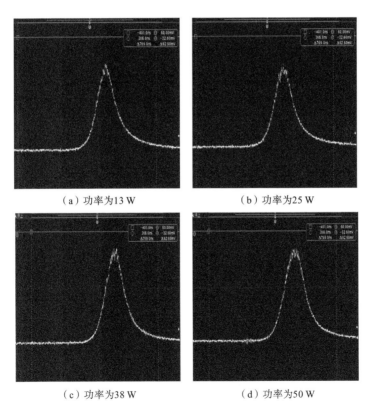

(a)功率为13 W　　　　　　　(b)功率为25 W

(c)功率为38 W　　　　　　　(d)功率为50 W

图 4.113　重复频率为 50 kHz 时不同功率下的输出波形

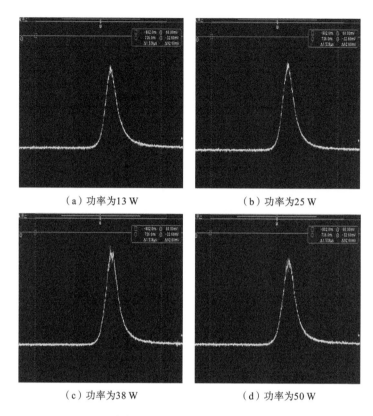

（a）功率为13 W　　　　　　　（b）功率为25 W

（c）功率为38 W　　　　　　　（d）功率为50 W

图 4.114　重复频率为 75 kHz 时不同功率下的输出波形

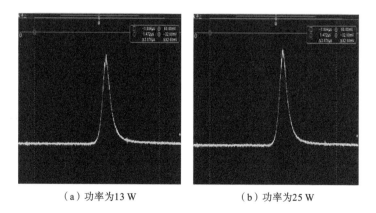

（a）功率为13 W　　　　　　　（b）功率为25 W

图 4.115　重复频率为 100 kHz 时不同功率下的输出波形

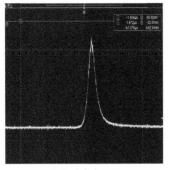 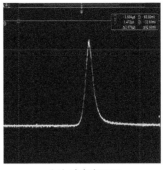

（c）功率为38 W　　　　　　　（d）功率为50 W

续图 4.115

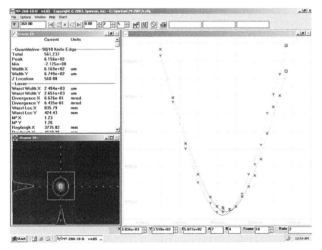

（a）重复频率为20 kHz，放大级输出平均功率为20 W时的光束质量

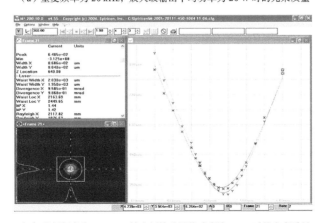

（b）重复频率为50 kHz，放大级输出平均功率为50 W时的光束质量

图 4.116　放大级的输出光束质量图

工业光纤激光器

（3）输出激光光谱、脉冲形状和峰值功率@20 kHz,20 W。

目前,20 W 调 Q 脉冲光纤激光器是市场上激光标记用量最大的激光器。通过上述脉冲整形技术,在不同的输出功率下,重复频率从 20 kHz 到 100 kHz 都能得到平滑无多峰结构的脉冲输出。下面通过实验给出在 20 kHz 的重复频率下,不同输出平均功率的激光光谱、脉冲形状及峰值功率。

图 4.117(a)所示的为输出平均功率为 1～10 W 时的光谱分布及信号与

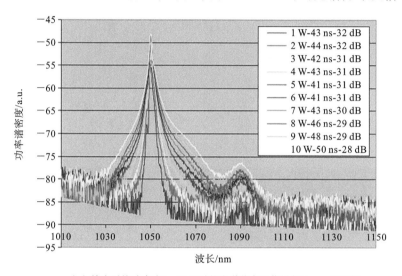

（a）输出平均功率为 1～10 W 时的光谱分布及信号与 Raman 的比例

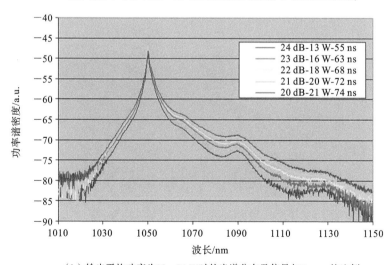

（b）输出平均功率为 13～21 W 时的光谱分布及信号与 Raman 的比例

图 4.117　输出平均功率为 1～21 W 时的激光光谱及信号与 Raman 的比例

Raman 的比例;图 4.117(b)所示的为输出平均功率为 13～21 W 时的光谱分布及信号与 Raman 的比例。图 4.118(a)所示的为输出平均功率为 1～10 W 时的脉冲形状和脉冲宽度;图 4.118(b)所示的为输出平均功率为 13～21 W

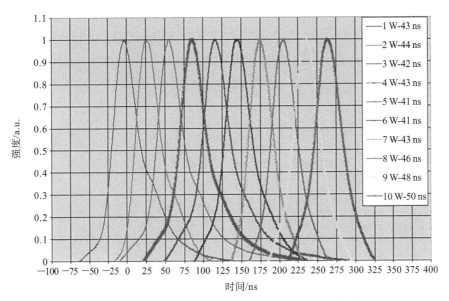

（a）输出平均功率为 1～10 W 时的脉冲形状和脉冲宽度

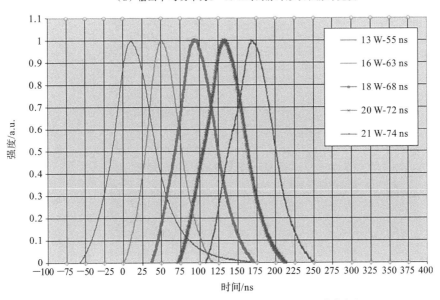

（b）输出平均功率为 13～21 W 时的脉冲形状和脉冲宽度

图 4.118 输出平均功率为 1～21 W 时的脉冲形状和脉冲宽度

时的脉冲形状和脉冲宽度。表4.11给出了对应的峰值功率。

表4.11 20 kHz时的输出平均功率、脉冲宽度及对应的峰值功率等

输出平均功率/W	重复频率/kHz	信号/拉曼比/dB	脉冲宽度/ns	峰值功率/kW
1	20	32	43	1.16
2	20	32	44	2.27
3	20	31	42	3.57
4	20	31	43	4.65
5	20	31	41	6.10
6	20	31	41	7.32
7	20	30	43	8.14
8	20	29	46	8.70
9	20	29	48	9.38
10	20	28	50	10.00
13	20	24	55	11.82
16	20	23	63	12.70
18	20	22	68	13.24
20	20	22	72	13.89
21	20	20	74	14.19

4.12.3 对调制的单模半导体激光器输出功率进行放大

将直接脉冲调制的单模半导体激光器输出功率进行放大,可实现较大的脉冲功率输出,该方式制成的激光器通常也称为MOPA脉冲光纤激光器[77],它具有结构简单、调制速度快、脉冲宽度和重复频率可调范围宽及适用范围广等优点,但由于其种子源输出功率较小,需通过级联放大的方式获得较高功率的激光脉冲输出。

1. MOPA脉冲光纤激光器结构

采用蝶形封装、窄线宽、中心波长为1064 nm的半导体激光器作为种子源,通过调节种子源激光器驱动电路实现不同重复频率和脉冲宽度的种子光信号输出。信号光经过在线式光隔离器后通过一级放大器,实现种子光信号

的预放大,再经过模场适配器输入到二级光放大器系统,从而实现信号光的功率放大,最终通过光纤耦合隔离器准直输出。这种脉冲光纤激光器结构图如图4.119 所示。

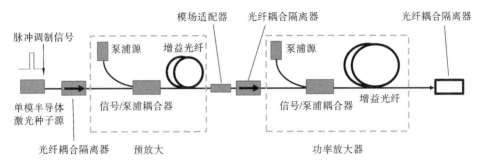

图 4.119　MOPA 脉冲光纤激光器结构图

一级放大器结构由(1+1)×1 信号/泵浦耦合器和一个中心波长为 915 nm、最大输出功率为 10 W 的多模泵浦半导体激光器及双包层掺镱光纤组成,通过熔接方式将各器件尾端连接。所使用的双包层掺镱光纤纤芯/包层直径为 10/130 μm,光纤长度为 5 m,对 915 nm 泵浦光的吸收系数为 1.6 dB/m。为了避免不同规格光纤的熔接带来的模场不匹配引起的功率损失和回光反射,使用模场适配器连接一级放大器输出尾纤和二级放大器输入纤。二级放大器结构由(2+1)×1 信号/泵浦耦合器和两个中心波长为 915 nm、最大输出功率为 20 W 的多模泵浦半导体激光器及双包层掺镱光纤组成,通过熔接方式将各器件尾端连接。所使用的增益光纤是纤芯/包层直径为 20/130 μm 的双包层掺镱光纤,光纤长度为 5 m,对 915 nm 泵浦光的吸收系数为 3.6 dB/m。二级放大器输出端与光纤耦合隔离器熔接,熔接点使用高折射率的紫外胶涂覆,紫外胶固化在金属面板上,从而剥除包层中的残余泵浦光功率,增加熔接点与面板的接触面积,增强导热效果。

2. 结果及分析

(1)一级输出特性。

固定一级正向泵浦功率为 2 W,调节种子源激光器的驱动电流信号,从而产生不同脉冲宽度、重复频率的光脉冲。在一级放大输出光纤处对光功率进行直接测量。不同脉冲宽度下一级放大器输出功率与重复频率的关系曲线如图 4.120 所示[77]。输出光脉冲宽度为 4～200 ns,重复频率为 50～1000 kHz,其中,最大平均输出光功率为 0.62 W。当脉冲宽度为 4 ns,重复频率为 50 kHz 时,通过图 4.121 中的数据可计算得到种子源具有最大峰值输出功率 648 W[77]。

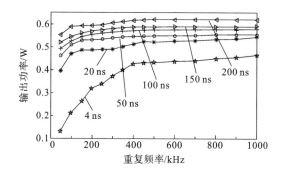

图 4.120 不同脉冲宽度下一级放大器输出功率与重复频率的关系曲线

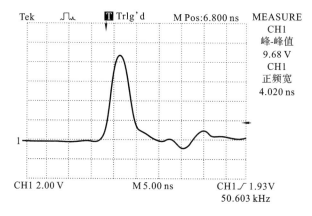

图 4.121 一级输出脉冲波形

（2）二级输出特性。

保持二级信号/泵浦耦合器输入正向泵浦光功率为 31 W 不变,调节不同脉冲宽度和重复频率的种子源驱动电流。由一级输出的光信号经二级放大后,通过光纤耦合隔离器输出,得到不同脉冲宽度下激光器输出功率与重复频率的关系曲线,如图 4.122 所示[77]。图中激光器输出功率与重复频率呈正相关,在 4 ns 脉冲宽度下,重复频率在 50～400 kHz 区间内时,激光器输出功率与重复频率有较好的线性关系。随着脉冲宽度的增加,线性区间向低重复频率方向压缩。当重复频率＞500 kHz 时,功率的升高趋于平缓,最大输出功率为 21.3 W。当脉冲宽度为 50 ns、重复频率为 500 kHz 时,达到最高的光光转换效率,为 68%。当脉冲宽度为 4 ns、重复频率为 400 kHz 时,激光峰值输出

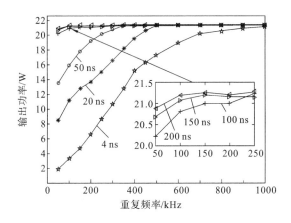

图 4.122　不同脉冲宽度下激光器输出功率与重复频率的关系曲线

功率为 10.4 kW。二级光放大器输出光脉冲与输入光脉冲展宽较小,具有较好的一致性,其输出脉冲波形如图 4.123 所示[77]。

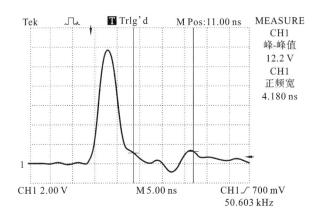

图 4.123　二级输出脉冲波形

　　根据输入和输出光功率计算得到的不同脉冲宽度下光放大系统的增益系数与重复频率的关系曲线如图 4.124 所示[77]。在 900 kHz 重复频率下,二级放大系统增益系数达到最大,为 16.7 dB。在脉宽较窄时提高重复频率,一方面可增加总输入光功率,但另一方面会降低单脉冲的输入光功率。保持泵浦光功率不变,光放大系统的增益系数可得到提高。因此,在 4 ns 脉宽、50~600 kHz 重复频率下,与输出功率曲线相似,重复频率与增益系数有较好的线性关系。随着重复频率进一步提升,光放大系统增益系数也趋于饱和,脉冲宽度越宽,该增益饱和点所对应的重复频率越低。在宽脉宽下,提高输入光信号重复频率会降低光纤激光器的增益系数,其最终趋于饱和。在高重复频率下,种子光信号的脉宽与增益系数呈正相关。

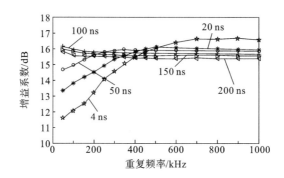

图 4.124 不同脉冲宽度下增益系数与重复频率的关系曲线

4.12.4 脉冲泵浦的脉冲光纤放大器

对于脉冲信号的放大,现有的光纤放大器多采用连续泵浦方式,当信号的重复频率较低时,泵浦能量利用率极低。另一方面,连续泵浦时,光纤中掺杂离子上能级粒子数不断积累,但由于脉冲信号是间隔注入的,在没有信号注入的时间段内,光纤中积累的上能级粒子数不能被及时消耗,泵浦的大部分能量转化为 ASE 输出。而 ASE 作为放大器中一种重要的噪声,应该在光纤激光器和放大器的应用中尽可能地被抑制。这一点在信号脉冲重复频率高的情况下不太明显,但是在一些使用低重复频率光脉冲的场合,例如脉冲重复频率低于 1 kHz 时,ASE 光的强度会增长到无法忽视的程度。因此,对于低重复频率的脉冲信号放大来说,连续泵浦并不是一种理想的泵浦方式。解决上述问题的方法之一就是采用脉冲泵浦对脉冲信号进行放大。令泵浦与信号的注入时间有一定时间关联,只在信号出现前的极短时间内进行泵浦,反转粒子数积累到一定程度后,随着注入信号的放大而迅速被消耗,使泵浦能量利用率大幅提高。同时,由于在脉冲泵浦方式下,自发辐射只在很短的一段时间内被放大,且信号同时存在,所以 ASE 得到显著抑制。

在脉冲泵浦光纤放大器的研究中,泵浦功率、泵浦方向、泵浦宽度、增益光纤参数、种子功率、种子脉宽、泵浦与信号的时间关联特性等参数是影响信号增益、ASE 大小及泵浦能量利用的关键参数。

1. 泵浦脉冲与信号脉冲的时间位置

设置泵浦脉冲时序,泵浦脉冲频率与信号脉冲频率保持一致。

在泵浦激光器开启后,由于受到元器件响应阈值的影响,泵浦脉宽设定值与实际值存在些许误差,为保证信号光到来时泵浦还处于泵浦状态,需在泵浦期间检测到信号光时延长一定时间后关闭泵浦,使得上能级粒子数一直处于较高水平。如图 4.125 所示,从脉冲放大结束到下一个脉冲到来之前,增益光纤会在很长时间内处于无光状态,在这段时间之后,光纤中的激活粒子基本都回归基态。

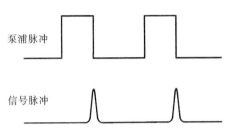

图 4.125 泵浦脉冲与信号脉冲的时间设置

2. 泵浦宽度与泵浦功率

在脉冲泵浦方式中,泵浦脉宽(泵浦宽度)的大小会对 ASE 功率和放大器的输出特性产生一定程度的影响。泵浦脉宽太大会导致未被吸收的泵浦功率剩余过多,ASE 功率会迅速增长;泵浦脉宽太小会导致增益光纤中的能量储存不够,影响输出脉冲能量和峰值功率。

泵浦脉冲的宽度决定了泵浦能量、光纤放大器的放大能力和抑制 ASE 光的能力。应选择合适的泵浦脉冲宽度,在保持掺镱光纤放大器的增益能力的前提下,最大限度抑制 ASE 光,降低放大过程中产生的热,提高放大器的稳定性和可靠性。

张伟毅[78]采用正向泵浦方式模拟研究了脉冲泵浦方式下掺镱双包层增益光纤中放大自发辐射功率的动态变化,脉冲泵浦方式在低重复频率脉冲放大的工作场合下对光纤中的 ASE 现象可以有比较好的抑制效果。而从光纤中非线性效应的角度考虑,脉冲泵浦方式下选定泵浦脉冲持续时间为 $500\sim600$ μs 是一个比较优化的选择,能在得到良好信号放大效果的同时使 ASE 功率控制在较低的水平。而且泵浦时间内的泵浦功率与连续泵浦相比也并无增加,因此不必担心采用脉冲泵浦方式会增加光纤中的非线性效应。

魏涛[79]在模拟光纤激光器放大级的计算时,采用正向泵浦方式,泵浦光波长为 975 nm。在给定的泵浦功率、光纤长度、纤芯面积和掺杂数密度等参数下,数值计算得到的优化泵浦脉宽为 793 μs。

泵浦脉冲宽度的选择因素如下。

（1）峰值泵浦功率。

在相同的掺杂浓度下,掺杂光纤对泵浦光的吸收速率是有限的,上能级反转粒子数储存的能量是有限的,过多的泵浦能量必然导致高的 ASE 光的产生。

引入有效单脉冲泵浦能量:

$$E_{pc} = P_{top}\tau_p\Gamma_p \tag{4.102}$$

式中,P_{top} 为峰值泵浦功率,τ_p 为脉冲宽度,Γ_p 为泵浦重叠因子的乘积。对于一定的泵浦峰值而言,当上能级储能恰好满足

$$E_s = Ah\nu \int_{s0}^{L} N(z,t)\mathrm{d}z = E_{pc} \tag{4.103}$$

将实现最优化脉冲泵浦宽度。

（2）掺杂浓度。

脉冲放大过程中,掺杂浓度起着很重要的作用,其决定了光纤上能级储存的能量,会影响放大过程中的 ASE 光功率。

（3）泵浦波长。

泵浦掺镱光纤放大器最常用的两个波长是 915 nm 和 976 nm。976 nm 比 915 nm 泵浦具有更高的泵浦增益,且在 ASE 光抑制方面,由于 976 nm 泵浦具有较高的效率,因此其 ASE 光功率明显低于 915 nm 泵浦的。选取 976 nm 脉冲泵浦放大器对 ASE 光进行抑制更有效。

3. 脉冲泵浦实验研究

在全光纤脉冲激光放大器系统中,引起种子激光光谱展宽的因素较多,多种因素往往交织在一起:如自发辐射、布里渊散射、拉曼散射、自相位调制、四波混频、交叉相位调制及模式不稳定等。这些非线性效应的产生阈值和作用机理及对光谱的影响各不相同,在较多情况下,多种非线性效应往往是交叠在一起出现的,只是能量强弱有一定的区别。同时,种子激光的脉冲形状、重复频率、光束质量及光谱宽度等也会对放大系统输出光谱展宽情况产生较大影响。为尽可能减少多种因素的交叉影响,实验采用单模宽带 1064 nm 半导体激光器调制输出脉冲激光作为种子光源,带宽超过 3 nm,抑制 SBS;同时增加在线隔离器,减少反馈光影响。另外,种子脉宽设定为 350 ns,降低峰值功率,抑制 SRS 和 SPM 等。在放大器部分采用反向泵浦及大模场面积掺镱光纤、

大功率光隔离器输出。下面对调制单模半导体激光输出的脉冲光纤激光器的放大级进行脉冲泵浦实验验证。

（1）全光纤脉冲激光放大器实验装置。

脉冲激光放大器的实验装置如图 4.126 所示，种子源、模场适配器、掺镱光纤、信号/泵浦耦合器、915 nm 泵浦源、输出光纤耦合隔离器共同组成反向泵浦结构的光纤放大器系统。其中，选用的种子源为可编程单模脉冲激光器，中心波长为 1064 nm，带宽为 3 nm；通过外部脉冲驱动电路可实现脉冲宽度 10～350 ns 可调、重复频率 1～20 kHz 可调。模场适配器输入端为 10/125 μm 光纤，输出端为 30/250 μm DCF。放大器增益光纤为 LMA-Yb-DCF，纤芯直径为 30 μm，包层直径为 250 μm，吸收系数为 2 dB/m@915 nm。(2+1)×1 信号/泵浦耦合器最高承受功率为 200 W，信号光输入和输出端光纤均为 30/250 μm DCF。采用中心波长为 915 nm 的半导体激光器作为泵浦源；输出光隔的尾纤为 30/250 μm DCF。为保证种子源注入放大系统的光束质量，在种子源输出尾纤与放大器光纤之间增加了 MFA，同时对放大器增益光纤进行盘绕，得到直径为 10 cm 的圈，抑制高阶模式的产生、放大。整个系统固定在风冷散热材料结构上，保证良好散热及稳定。实验中采用 Tektronix 2 GHz 宽带示波器和高速铟镓钟光电探测器对脉冲序列及电流波形进行测量记录；用横河 AQ6370 型光谱分析仪进行光谱测量记录，其最新分辨率为 0.02 nm。同时采用 Ophir 50 W 功率计记录激光放大器输出功率。

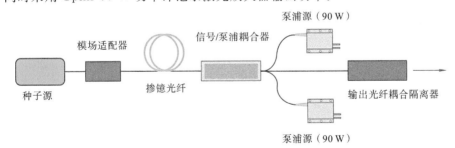

图 4.126　脉冲激光放大器光路图

（2）实验结果及分析。

通过外部控制系统设定种子源的脉宽和重复频率，逐步增大驱动电流，种子源达到稳定工作状态，其输出功率随频率的变化如图 4.127 所示，光谱和脉冲波形如图 4.128 和图 4.129 所示。10 kHz 时输出功率为 95 mW，5 kHz 时为 47 mW，1 kHz 时为 9 mW。光谱宽度为 3.9 nm@3 dB，12 nm@20 dB。

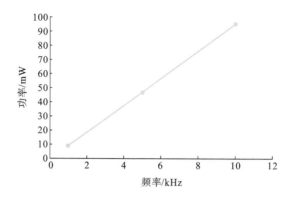

图 4.127　种子源输出功率随频率的变化

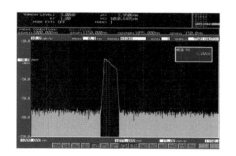

图 4.128　种子源输出光谱

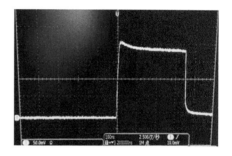

图 4.129　种子源输出脉冲波形

　　放大器部分采用脉冲电流驱动 915 nm 泵浦源工作。通过外部控制软件设置和改变电流脉冲宽度和峰值电流大小。同时,种子激光脉冲与放大器泵浦脉冲设置为下降沿同步,实验中泵浦电流脉宽分别为 1.5 μs、15 μs,如图 4.130 所示。

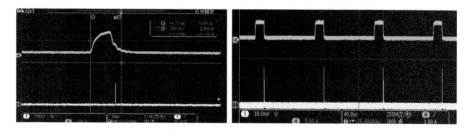

图 4.130　种子激光脉冲与放大器泵浦脉冲信号时序

　　开启种子源,频率为 1 kHz,设定泵浦电流脉宽为 1.5 μs,逐渐增加峰值电流,放大器输出功率几乎没有变化。分析认为,泵浦电流持续时间过短,无法产生有效增益,会造成放大输出功率无有效增大。保持放大器泵浦电流脉宽不变,将种子源频率调整为 10 kHz,可得到相同的结果。

基于上述实验结果,将泵浦电流脉宽调整为 15 μs。分别设置种子源的重复频率为 1 kHz、5 kHz、10 kHz,逐步增加泵浦电流强度,分别获得 0.74 W、4.58 W、9.76 W 放大激光输出,小信号增益达到 20 dB,对应的输出光谱如图 4.131 所示。实验过程中用示波器监测放大激光脉宽的变化,当脉宽达到 200 ns 时,停止增加泵浦电流,此时放大脉冲的最大峰值功率达到 4.7 kW,远小于 30/250 μm DCF 的 SRS 阈值,但已经超过了 SBS 的阈值。

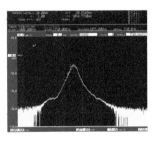 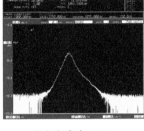 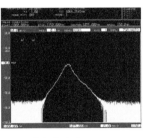

（a）频率为 1 kHz　　　　　（b）频率为 5 kHz　　　　　（c）频率为 10 kHz

图 4.131　不同频率下放大器输出光谱

从光谱图上可以看出,当频率为 1 kHz 时,随着泵浦电流强度的增加,光谱强度逐渐增大,同时光谱持续展宽,从 12 nm 展宽到 20 nm@20 dB;短波 1030～1045 nm 部分明显增强,同时长波 1075～1000 nm 有明显的光谱展宽,且光谱中出现一些尖峰,分析认为主要是 ASE、布里渊散射及四波混频等引起的光谱展宽。随着种子源的频率增加,ASE 逐渐减弱,尖峰减小,光谱更加平滑,但光谱展宽比也持续增加,从 1.6 倍增大到 1.9 倍。分析认为,随着输出激光功率的增加,布里渊散射也持续增强,引起光谱持续加宽。

保持种子源频率/功率/脉宽不变,将放大器泵浦电流切换为连续模式,与脉冲泵浦模式进行比较。逐步增加电流强度,用激光功率计及示波器监测放大器输出功率和脉宽变化。为保证两种不同泵浦模式下,各种非线性效应对光谱的影响程度尽可能相同,当放大脉冲峰值功率达到 4.7 kW 时,停止增加电流,此时放大器在不同频率下的输出功率为 0.8 W、4.7 W、9.85 W,对应的输出光谱如图 4.132 所示。

从图 4.132 中可以看出,在低频率(1 kHz)下,脉冲泵浦方式比连续泵浦方式的短波光谱展宽强度弱近 10 dB;当频率增加到 5 kHz 时,连续泵浦方式

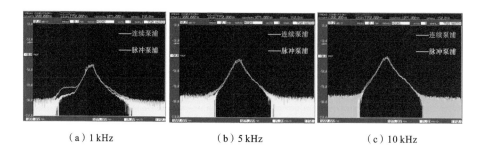

（a）1 kHz   （b）5 kHz   （c）10 kHz

图 4.132　连续泵浦和脉冲泵浦模式下激光放大器输出光谱对比

相比脉冲模式而言,ASE 荧光有微弱增加;继续增加频率到 10 kHz,连续泵浦方式与脉冲泵浦模式的光谱的信噪比、展宽度基本一致。由于实验中的放大器采用反向泵浦方式,因此在小信号大增益比激光放大中,其对 ASE 荧光有一定的抑制作用。基于本实验结构参数设计和实验结果分析认为,当种子源脉冲频率大于 5 kHz 时,采用连续泵浦模式可以获得较好的放大激光光谱。当注入种子源频率低于 5 kHz 时,根据放大倍率设置合适的泵浦脉冲电流宽度和强度,匹配恰当吸收系数的增益光纤,可以获得较好的放大输出光谱。

实验中种子源的脉宽较宽(350 ns),类方波形状,光谱宽度大于 3 nm,单个纵模强度相对较弱,对放大器 ASE 荧光和 SBS 等也有一定的抑制作用。当脉宽较窄且能量比较集中时,如呈类高斯形状时,峰值功率远大于方波脉冲的,结合理论模拟计算和实际实验测试结果,选择合适的放大器泵浦方式、泵浦脉冲宽度和频率,可获得较好的放大激光光谱。

在全光纤脉冲激光放大器系统中,ASE 荧光及各种非线性效应都会影响激光器的输出光谱、脉冲波形及稳定性,难以获得理想的激光器参数,尤其是脉冲重复频率较低时(小于 1 kHz),影响更为严重。基于实验研究结果,考虑到 Yb^{3+} 离子上能级寿命(约 800 μs),在注入种子光频率和功率较低时,放大器采用反向脉冲泵浦方式,可以有效抑制 ASE 荧光的产生。同时,结合不同种子脉冲波形、脉宽及光谱宽度,采用具有合适芯径和吸收系数的增益光纤,控制其他各种非线性(SBS、SRS、SPM 等)效应的产生,可以获得高质量的放大器输出参数。

4.12.5　直接增益调制脉冲光纤激光器

即通过电路对泵浦源进行脉冲调制实现激光器的脉冲输出。该方式具有结构简单、不需要脉冲调制光器件等优点,但是难以实现窄脉宽高重复频率的激光输出[80]。

将增益调制技术直接应用于光纤激光器可实现平均功率将近几瓦级的全光纤结构脉冲激光输出。因此,经过一级放大后就可实现平均功率数十瓦的高峰值功率的脉冲激光输出。基于增益调制技术的光纤激光器结构简单,不需要在腔内插入任何调制元件。其脉冲的建立和特性主要取决于泵浦源和光纤激光器的结构。采用脉冲的泵浦方式,增益光纤可以在极短的泵浦持续时间内迅速达到高增益,并由此快速建立巨脉冲。国际上,近年已经有利用增益调制技术实现脉冲光纤激光输出的会议报道,R. Petkovek 等通过建立理论模型得出增加泵浦功率或缩短谐振腔腔长可以使输出激光脉冲变窄的结论,并以 915 nm 的光纤耦合半导体激光器作为泵浦源,获得重复频率为 10 kHz、脉冲宽度为 350 ns 的脉冲激光输出,Yoav Sintov 等采用脉冲宽度为 1.2 μs、工作波长为 975 nm 的 4×10 W 光纤耦合半导体激光器作为泵浦源,获得重复频率为 25 kHz、脉冲宽度为 125 ns、平均功率接近 400 mW 的激光输出,经过两级放大,获得了平均功率为 19.5 W 的脉冲激光输出。

1. 增益调制技术的脉冲光纤激光器的结构

基于增益调制技术的脉冲光纤激光器的结构原理图如图 4.133 所示[80],包括一个高反的光纤布拉格光栅 R_1(在 1060.2 nm 处反射率大于 99.5%,3 dB 带宽为 0.09 nm)、一段 0.5 m 的 10/128 μm 掺镱增益光纤和一个低反的光栅 R_2(在 1060.2 nm 处反射率约为 50%,3 dB 带宽为 0.1 nm),以及另一段长度为 3.5 m 的掺镱增益光纤等。

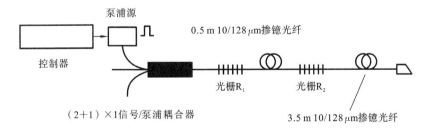

图 4.133　基于增益调制技术的脉冲光纤激光器的结构原理图

图 4.133 中,R_1、R_2 和 0.5 m 的掺镱光纤用于构成谐振腔,R_2 后端的 3.5 m 长的掺镱光纤则通过利用残余的脉冲泵浦光来进一步放大腔内产生的脉冲激光输出。所采用的泵浦源输出激光中心波长为 975 nm,NA 为 0.22。脉冲调制的泵浦激光通过(2+1)×1 的信号/泵浦耦合器耦合到谐振腔内。考

虑到掺镱光纤在 975 nm 处的吸收比在 915 nm 处的大三倍,在系统中选用 975 nm 的光纤耦合半导体激光器作为泵浦源有利于缩短所需增益光纤的长度、减小腔长,以获得较短的激光脉冲宽度。但是,由于石英光纤中 Yb^{3+} 在 975 nm 波段的吸收谱很窄,其吸收随泵浦激光波长变化大,需要对光纤耦合半导体激光器进行严格的温度控制,以保证掺镱光纤对泵浦光有较好的吸收。所用信号/泵浦耦合器的输入端为 105/125 μm 多模光纤,NA 为 0.22,与泵浦源的光纤相匹配;输出端为双包层光纤,其纤芯直径为 6 μm,内包层直径为 125 μm。增益光纤为 10/130 μm 掺镱双包层光纤,在 975 nm 波段的吸收系数为 16 dB/m。由于使用的增益光纤较短,泵浦光利用率较低,有相当大的一部分泵浦光从振荡激光器的 R_2 输出端漏出,因此,系统中接入一段 3.5 m 长的具有较低吸收系数的双包层掺镱光纤用于放大,光纤纤芯和内包层直径分别为 7 μm 和 125 μm,在 975 nm 处的吸收系数为 2.5 dB/m。

2. 激光器种子源的实验结果与讨论

基于增益调制技术的光纤激光器的基本工作机制如下:在脉宽为 μs 量级的泵浦脉冲的作用下,增益光纤中的激光上能级粒子数迅速上升。当上能级粒子数达到反转阈值时,开始产生明显的受激辐射。当腔内光子数积累到一定程度后,受激辐射迅速增长,上能级粒子数被大量消耗而迅速下降。当上能级粒子数降低至阈值时,腔内光子数达到最大值。此后,腔内光子继续消耗上能级粒子数,使之不断减少,直至辐射终止。若此时泵浦已经停止,剩余的上能级粒子将以自发辐射的形式弛豫到下能级。过长的泵浦脉冲将可能产生次级激光脉冲。当泵浦功率为 20 W 时,调节泵浦激光的脉冲重复频率和脉宽,在 50 kHz 和 100 kHz 的激光泵浦下探测到的振荡级输出激光脉冲图如图 4.134 所示[80]。

从图中可以看出,输出激光的重复频率与泵浦光的重复频率相同;在 50 kHz 重复频率、2.4 μs 泵浦脉宽下,以及 100 kHz 重复频率、1.8 μs 泵浦脉宽下可获得稳定的脉冲激光输出;在 50 kHz 重复频率、2.7 μs 泵浦脉宽下,以及 100 kHz 重复频率、2.1 μs 泵浦脉宽下,振荡级输出的脉冲不再是单个脉冲,而是两个分裂的脉冲。这是因为在增大泵浦光的占空比时,泵浦激光能量较大,易产生次生脉冲输出。图 4.134(e)所示的为 50 kHz 重复频率、2.4 μs 泵浦脉宽下的振荡级输出激光单脉冲图,可以看出,输出激光的脉冲宽度约为 100 ns。通过实验可知,提高泵浦光的重复频率,输出激光的脉冲宽度会有所

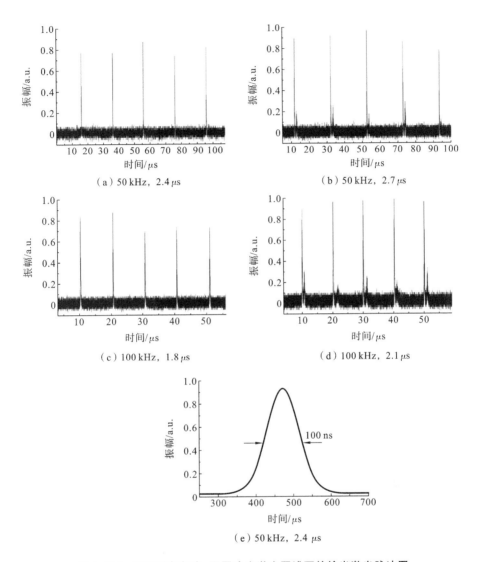

（a）50 kHz，2.4 μs

（b）50 kHz，2.7 μs

（c）100 kHz，1.8 μs

（d）100 kHz，2.1 μs

（e）50 kHz，2.4 μs

图 4.134 不同重复频率、不同脉宽激光泵浦下的输出激光脉冲图

展宽，这是因为当重复频率变大时，相邻脉冲之间的时间间隔变短，积累的上能级粒子数减少，从而使激光的峰值功率变小，则输出激光的脉冲宽度变宽。在重复频率为 50 kHz、泵浦脉宽为 2.4 μs 时（泵浦光单脉冲能量约为 48 μJ，平均功率约为 3 W），光纤激光器输出的激光平均功率为 970 mW，单脉冲能量接近 20 μJ，光光转换效率约为 41%。在重复频率为 100 kHz、泵浦脉宽为 1.8 μs 时，输出激光平均功率为 1.6 W。实验中可以发现，在相同的重复频率下，随泵浦光脉冲宽度的增加，激光器的输出激光平均功率变大；当泵浦光脉冲宽度相同时,输出激光功率随着重复频率的变大而增大。从以上的实验现象可以看出,调节泵浦光重复频率和脉冲宽度时,输出激光的脉冲宽度会有所变化,且在一个固定的频率上,其泵浦光的占空比具有一个最佳值,使输出激光的脉冲宽度最窄。因此可通过调节泵浦光重复频率和脉冲宽度来改变输出激光的脉冲宽度和峰值功率,使之满足各领域的应用。在测试分辨率为 0.02 nm 时获得的激光光谱如图 4.135 所示,光谱比较平滑,中心位置为 1060.20 nm,光谱 3 dB 带宽 $\lambda_{FWHM} = 0.12$ nm,与所用 FBG 对的 3 dB 带宽相比有所展宽。

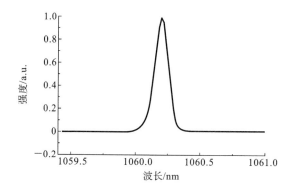

图 4.135　输出激光光谱图

3. 光纤放大器的实验装置和实验结果

以上述增益调制脉冲光纤激光器为种子,构建了一个 MOPA 结构的光纤激光放大系统,其结构如图 4.136 所示[80],种子源采用上述增益调制脉冲光纤激光器,经过最高可承受功率为 2 W、插入损耗为 0.8 dB 的光纤耦合隔离器,并通过(2+1)×1 的信号/泵浦耦合器耦合到增益光纤中,耦合器的参量与图 4.126 中所用器件的相一致,增益介质为 2.5 m 的 15/130 μm 掺镱双包层光纤,在 975 nm 处的吸收系数为 16 dB/m,在 915 nm 处的吸收系数为 4.5 dB/m。泵浦源采用两个带有光纤输出的半导体激光器,光纤规格为 105/125 μm,单管输出功率为 10 W,工作波长为 915 nm。当种子激光的重复频率为 50 kHz、泵浦脉宽为 2.4 μs 时,逐渐增加放大级的泵浦功率,当泵浦功率为 17 W 时,输出端得到的激光平均功率为 10.1 W,单脉冲能量约为 200 μJ,斜效率约为 60%。当种子激光的重复频率为 100 kHz、泵浦脉宽为 1.8 μs 时,经过放大级获得了平均功率为 10.8 W 的脉冲激光输出,其斜效率为 64%,结果如图4.137 所示[80]。

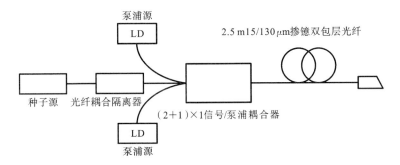

图 4.136　MOPA 结构的全光纤脉冲激光放大器实验装置图

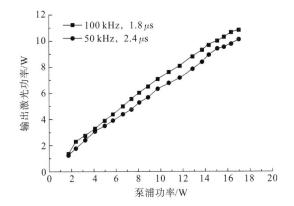

图 4.137　输出激光功率与激光放大器泵浦功率关系图

4.12.6　基于光纤可饱和吸收体的脉冲光纤激光器

基于光纤可饱和吸收体的脉冲光纤激光器也称为被动调 Q 脉冲光纤激光器。它利用小芯径的掺镱光纤作为可饱和吸收体,用大芯径的掺镱光纤作为增益介质,中间通过过渡光纤熔接,既能够实现模场失配法下的窄脉冲,也能实现双谐振腔结构的巧妙设计将脉冲稳定输出,从而由振荡器直接实现高功率纳秒脉冲输出。以增益光纤作为可饱和吸收体的全复合双腔激光器的工作原理图如图 4.138 所示[81]。

该激光器的结构十分简单,主要由内腔、外腔和两对光纤布拉格光栅组成。其中,内腔为小芯径掺镱光纤,外腔为大芯径掺镱光纤,外腔的增益光纤吸收半导体激光器的泵浦光,在外腔一对高反的 FBG 内产生振荡,形成的激光在传播过程中被内腔的光纤可饱和吸收体不断进行调制,从而实现脉冲激光输出。随着外腔激光在低损耗的腔中不断增强,同时内腔的增益光纤被其

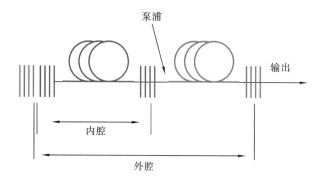

图 4.138　基于增益光纤可饱和吸收体的全复合双腔激光器工作原理图

不断泵浦,并由于内腔 FBG 左端为高反,右端为部分反射,那么在内腔右端可实现脉冲激光输出,其中心波长由内腔 FBG 决定(此过程与传统的增益开关类似)。输出的脉冲激光经过外腔的增益光纤会被放大,并且稳定性有所提高,最终稳定的高功率纳秒脉冲经过外腔的 FBG 输出。

1. 基于光纤可饱和吸收体的纳秒光纤激光器的理论模型

根据以上工作原理建立理论模型,并结合激光速率方程及传输方程对其进行分析:

$$\frac{\partial n_2}{\partial t} = \int [\sigma_a n_1 - \sigma_e n_2] I \frac{\lambda}{hc} \mathrm{d}\lambda - \frac{n_2}{\tau} \tag{4.104}$$

$$\frac{n}{c} \frac{\partial P_i^{\pm}}{\partial t} \pm \frac{\partial P_i^{\pm}}{\partial z} = \alpha_i P_i^{\pm} + \frac{2N_0 hc^2 \sigma_e}{A \lambda_i^3} \iint n_2 r \mathrm{d}r \mathrm{d}\phi \tag{4.105}$$

式中,±表示正向/反向传输;$i=1,2,3\cdots$分别表示泵浦光、外腔激光、内腔激光等不同波长;同时,损耗系数 α_i 满足以下等式:

$$I = I_p + (P_i^+ + P_i^+) I_i \tag{4.106}$$

$$\iint I_i r \mathrm{d}r \mathrm{d}\phi = 1 \tag{4.107}$$

$$\iint N_0 (n_2 \sigma_e - n_1 \sigma_a) I_i r \mathrm{d}r \mathrm{d}\phi - \alpha_0^i = \alpha_i \tag{4.108}$$

此外,激光器的边界条件可表示为 $P_{\text{right}}^+ = t P_{\text{left}}^+$ 与 $P_{\text{right}}^- = t P_{\text{left}}^-$。其中,$t$ 和 r 分别表示透光率和反射率;P_{right}^+ 表示 FBG 右边正向光功率;P_{left}^+ 表示 FBG 左边正向光功率;P_{right}^- 表示 FBG 左边反向光功率。将激光器的速率方程与边界条件联立即可对双腔光纤激光器进行求解。

根据以上速率方程和边界条件可知,双腔脉冲光纤激光器的输出性能受到内外腔的增益、FBG 的参数等的影响。此外,随着泵浦功率的增加,双腔结构的光纤激光器的脉宽逐渐变窄,重复频率逐渐增加。同时,脉宽与腔长也有一定关系。在可饱和吸收损耗小于谐振腔损耗的条件下,有

$$\tau = \frac{7.04 T_r}{\Delta g} = \frac{3.52 T_r}{q_0 + A \sqrt{\dfrac{P}{P_{threshold}}} - 1} \tag{4.109}$$

$$A = \sqrt{\frac{2 T_r}{\tau_g} \cdot \lg\left(\frac{E_{sat}}{\tau_g P_0}\right) \cdot (l + q_0)} \tag{4.110}$$

$$\frac{P}{P_{threshold}} = \frac{g_0}{l + q_0} \tag{4.111}$$

式中,q_0 和 τ_g 分别表示可饱和吸收体的损耗和恢复时间;l 表示谐振腔损耗;T_r 表示激光往返时间,取决于谐振腔长度。由式(4.109)可知,输出激光的脉宽随着泵浦功率的提升而变窄,随着往返时间的增加而变宽。然而,往返时间与谐振腔长度成正比,因此,激光的脉宽与腔长成正比。此外,在脉冲光纤激光器中,可提取能量、腔内储存能量及可饱和吸收体的漂白能量(饱和能量)之间存在着一定的关系:

$$E_{sat} = \frac{h v_s A}{(\sigma_e^s + \sigma_a^s) \cdot \Gamma_s} \tag{4.112}$$

$$E_{stored} = h v_s A \int_0^1 n_2(z) dz \tag{4.113}$$

$$E_{bleach} = \sigma_a^s n_{tot} \Gamma_s L \cdot E_{sat} \tag{4.114}$$

$$E_{ext} = E_{stored} - E_{stored} \tag{4.115}$$

由以上公式可知,饱和能量、腔内储存能量都与掺杂面积 A 有关。因此,使用较大的纤芯芯径可获得更高的提取能量。同时,纤芯面积越大,非线性效应的阈值越高。

2. 基于光纤可饱和吸收体的纳秒光纤激光器的实验研究

(1)实验装置。

全光纤结构的复合双腔纳秒脉冲光纤激光器的实验装置如图 4.139 所示。两个 976 nm 的多模半导体激光器为泵浦源,最大输出功率为 27 W,采用(2+1)×1 信号/泵浦耦合器将泵浦光耦合到增益光纤中。谐振腔分为内腔和外腔两部分,都由一对光纤布拉格光栅和增益光纤组成。其中,内腔的谐振腔为一对光纤布拉格光栅(中心波长为 1080 nm,带宽为 0.5 nm,反射率分别为

99%和78.7%),增益光纤采用10/130 μm的双包层掺镱光纤,975 nm处的包层吸收系数为 3.9 dB/m。外腔采用一对中心波长为 1040 nm、带宽为 0.5 nm、反射率为99%的光纤布拉格光栅作为谐振腔,但是其增益光纤采用 20/130 μm双包层掺镱光纤,976 nm处的包层吸收系数为 8.7 dB/m。由于内腔和外腔的纤芯半径相差较大,激光通过时会有较大损耗,因此利用一段 15/125 μm单包层无源光纤作为过渡光纤。在输出光纤末端依然采用8°角切割进行输出,同时将外腔增益光纤弯曲成直径为 4.5 cm 的圆形,这样可以滤除高阶模式。

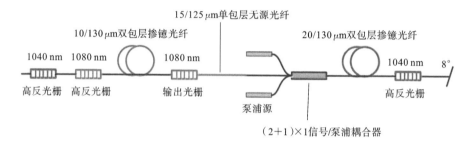

图 4.139　复合双腔脉冲光纤激光器结构图

(2)实验结果。

当976 nm 的半导体激光器对增益光纤进行泵浦时,首先产生1040 nm 的激光,激光通过内腔的光纤可饱和吸收体时被调制成脉冲。之后,外腔的脉冲激光对内腔增益光纤进行纤芯泵浦,最终产生1080 nm 的纳秒脉冲输出。该脉冲激光经过外腔增益光纤时功率继续被放大,并且脉冲稳定性得到提高。实验中采用的外腔增益光纤的纤芯/包层为 20/130 μm(包层吸收系数为 8.7 dB/m@976 nm),长度是 3 m,内腔采用的增益光纤的纤芯/包层为 10/130 μm (包层吸收系数为 3.9 dB/m@975 nm),长度也是 3 m。当泵浦功率增加至 6.4 W 时,时域上出现稳定的脉冲序列,此时激光器的输出功率为 2.48 W,重复频率为 9.5 kHz,脉宽为 69 ns。当继续增加泵浦功率时,激光器的输出功率如图 4.140 所示。从图 4.140 中可以看出,双腔激光器的平均输出功率随着泵浦功率的增加而线性增加,其斜效率为 46.7%。该斜效率与内外腔都为 10/130 μm的双腔激光器相比有所降低,主要是因为复合双腔激光器中有一段过渡光纤,导致光纤连接之间存在 8%的信号光功率损耗。复合双腔脉冲光纤激光器的最大输出功率为 21.8 W,此时泵浦功率为 47.6 W。

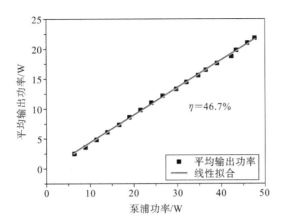

图 4.140　复合双腔脉冲光纤激光器平均输出功率随泵浦功率的变化曲线

　　复合双腔脉冲光纤激光器在最高输出功率下的光谱如图 4.141 所示。如前文所述,输出光谱的中心波长由内腔决定,因此通过分辨率为 0.02 nm 的光谱仪测得该激光器的中心波长为 1080.1 nm,光谱半高全宽为 0.59 nm。

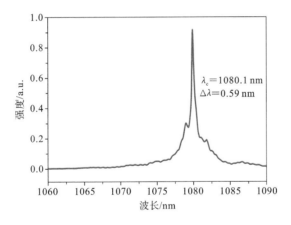

图 4.141　复合双腔脉冲光纤激光器的输出光谱

　　图 4.142 所示的为输出脉冲的序列图,由此可以看出输出激光的重复频率为 67 kHz,并且输出脉冲的稳定性较好。图 4.143 所示的为对应的单个脉冲图,输出脉冲宽度为 36 ns,对应的单脉冲能量为 324 μJ,峰值功率达到 8.95 kW。

　　此外,随着泵浦功率的增加,输出激光脉冲的重复频率和脉冲宽度的变化趋势如图 4.144 所示。从图中可以看出,激光器输出脉冲的重复频率从 9.5

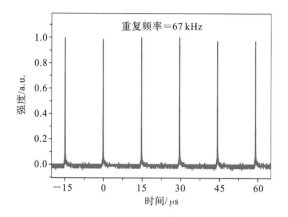

图 4.142　复合双腔脉冲光纤激光器的脉冲序列

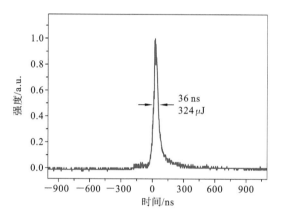

图 4.143　复合双腔脉冲光纤激光器的单个脉冲图

kHz 逐渐增加至 67 kHz,并且呈线性增长;同时,脉冲宽度从 69 ns 逐渐减小至 36 ns。这主要是因为使用了模场失配法,使得脉冲窄化,由此可实现更窄的脉冲宽度。另外,峰值功率也逐渐增大到了 8.95 kW,但是输出光谱中并未出现明显的拉曼峰。这主要是因为外腔使用了大芯径光纤,抑制了非线性效应。以上所述的全光纤结构的复合双腔纳秒脉冲光纤激光器利用增益光纤作为可饱和吸收体,同时内腔利用小芯径增益光纤作为脉冲产生的核心,保证激光器单模运转,外腔利用大芯径光纤可以有效实现脉冲放大、稳定输出并且抑制非线性效应。激光器的重复频率在 9.5～67 kHz 范围内可调,输出功率最大为 21.8 W,对应的脉冲能量达到 324 μJ;利用模场失配法,脉冲能量最窄达到 36 ns,对应峰值功率为 8.95 kW。

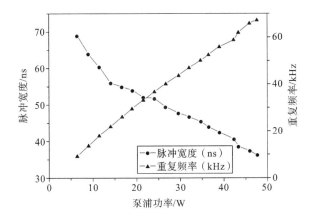

图 4.144　复合双腔脉冲光纤激光器的输出性能

4.13　窄线宽掺镱光纤激光器中的相位调制技术

大功率窄线宽光纤激光器具有转换效率高、光束质量好、热管理方便和结构紧凑等优势，在众多领域中都具有重要应用。窄线宽光纤激光器中，受激布里渊散射效应是阈值最低的非线性效应，是限制大功率窄线宽激光放大器功率提升的主要因素。国内外学者提出了多种抑制 SBS 效应的方法，如减小光场和声场重叠面积、引入增益竞争、降低数值孔径、使用高掺杂光纤与相位调制展宽种子激光光谱。其中，相位调制的方法通过展宽种子激光线宽、降低布里渊增益峰值来抑制 SBS，具有易操作、SBS 阈值提升能力强等优势，在大功率窄线宽光纤放大器中得到广泛的应用。

大功率窄线宽光纤激光器一般采用主振荡放大（MOPA）结构，包含种子源和放大器两部分，输出激光特性取决于种子源特性，能够有效抑制 SBS 效应的窄线宽种子源主要有窄线宽多纵模振荡种子源、ASE 源窄带滤波种子源、随机激光窄带滤波种子源、单频激光相位调制种子源。

相关研究表明，对于窄线宽多纵模振荡种子源、ASE 源窄带滤波种子源、随机激光窄带滤波种子源，尽管它们可以有效抑制 SBS，但是在放大过程中会出现光谱展宽现象，输出激光的谱线宽度与输出功率呈线性递增关系，导致最终输出激光的谱线宽度不再满足窄线宽的要求。

单频激光相位调制种子源是一种时域稳定的窄线宽光源，被认为是 MOPA 结构大功率窄线宽光纤激光器的最佳种子源技术方案，目前公开报道的千瓦级窄线宽光纤放大器都采用单频激光相位调制种子源。利用铌酸锂相位调制器对激光信号进行外调制,通过改变施加在相位调制器上的调制信号的幅度和频率可以获得频率间隔大于光纤中 SBS 线宽的等幅度的多频激光输出。相比于原激光信号,总的激光功率均分在了不同的频率上,使得信号光的谱功率密度明显降低,对应的 SBS 增益变小,从而能够有效提高光纤激光放大系统的 SBS 阈值。随着光纤激光向着高能化方向发展,相位调制法用于大功率光纤放大器中 SBS 抑制的研究也越来越得到关注。

1. 相位调制信号模型

单频激光相位调制线宽展宽的基本结构如图 4.145 所示,单频激光器经过电光相位调制器(EOM),并向 EOM 施加不同的电压信号进行不同的相位调制,从而展宽单频激光的线宽,然后进入后续的多级放大系统,获取大功率窄线宽光纤激光。相比于窄线宽多纵模振荡种子源、ASE 源窄带滤波种子源及随机激光窄带滤波种子源,这种调制出的种子源在放大过程中不容易出现自相位调制、四波混频等非线性效应,保证了大功率时的光谱线宽和纯度。

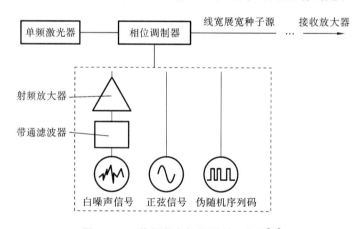

图 4.145 单频激光相位调制示意图[82]

相位调制使信号光沿中心频率产生一定的边频,将能量分布到大量光载波上,降低光功率谱能量密度,当展宽后光谱间隔小于布里渊增益带宽时,不同边频产生的布里渊增益谱互相叠加,使后向 Stokes 光减弱,提高系统 SBS 阈值。实验中常用的信号为正弦信号、白噪声信号和伪随机二维码序列信号。

(1) 正弦信号调制。

正弦信号调制是最基本的一种相位调制方法,因为从理论上来说任何加载的电信号调制都可以通过傅里叶变换等效成无数个正弦信号的叠加。通过信号发生器对单频激光器施加正弦相位调制,单频激光经正弦相位调制后变为多波长激光,实现了谱线宽度的展宽,从而提高了光纤放大过程中 SBS 的阈值。单频输入光和施加的正弦调制信号的表达式分别为

$$E = E_0 \cos(\omega_0 t + \varphi_0) \tag{4.116}$$

$$E_M = E_{MO} \cos(\omega_1 t + \varphi_1) \tag{4.117}$$

式中,E_0、ω_0、φ_0、E_{MO}、ω_1、φ_1 分别为输入光和调制信号的振幅、角频率、初相位。对单频光施加单级正弦调制信号进行相位调制,得到调制光波的表达式为

$$E_1 = E_{10} \cos[\delta_1(\omega_1 t + \varphi_1) + \omega_0 t + \varphi_0] \tag{4.118}$$

式中,$\delta_1 = \pi E_{MO}/V_\pi$ 为调制幅度;V_π 为相位调制器的半波电压。输出光场可以按第一类贝塞尔函数展开:

$$E_1(t) = \sum_{n=-\infty}^{\infty} j^n J_n(\psi_0) e^{-jn\varphi_0} e^{-j(\omega_0 + n\omega_m)t} \tag{4.119}$$

单频激光经过正弦相位调制后输出为多波长激光;各相邻波长激光之间的角频率间隔为各波长成分的振幅,由第一类贝塞尔函数决定,其与调制信号的调制幅度有关;调制形成的多波长光谱线特性由调制频率和调制幅度综合决定。正弦相位调制只能产生有限的谐波数量,而且产生的谐波振幅不均匀,不能够充分利用整个光谱宽度,在 SBS 抑制上存在一定的局限性。

(2) 白噪声信号调制。

白噪声信号(WNS)是一种没有周期性的电信号,通过一个带通滤波器控制带宽,再通过一个射频放大器提供适当的电压,放大后的射频信号用于驱动 EOM,对单频激光进行相位调制,从而展宽了种子激光的谱线线宽。白噪声相位调制出的光谱是连续的,线型取决于滤波情况,可以实现很强的 SBS 阈值的提升。调制后的功率谱密度可能呈图 4.146 所示的 $sinc^2$ 函数轮廓,也可能呈图 4.147 所示的洛伦兹轮廓。

洛伦兹轮廓调制信号的 SBS 抑制效果要优于 $sinc^2$ 函数轮廓调制信号的。所以在 WNS 调制时,要对低通滤波器和射频放大器的参数进行优化设计,使展宽后的线型尽量满足洛伦兹分布,这样更有利于抑制 SBS。

(3) 伪随机二维码序列信号调制。

伪随机二维码序列信号(PRBS)调制产生的功率谱密度呈一种 $sinc^2$ 函数包络,存在分离的周期性特性,时钟频率决定了 $sinc^2$ 包络的尺寸,包络中分离

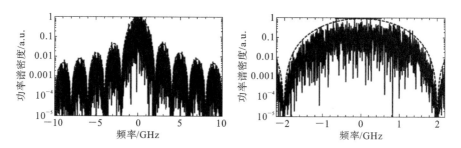

图 4.146   sinc² 函数轮廓功率谱密度示意图

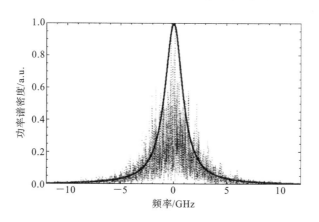

图 4.147   洛伦兹轮廓功率谱密度示意图

的光谱分量的数量是由 PRBS 模式数决定的。模式数一般为 $2^n - 1$,其中,n 值为移位寄存器的长度,用于产生伪随机序列码的模式数。n 个比特数的值只能是 0 或者 1,而 $2^n - 1$ 包含除去全为 0 的情况外,所有 0 或者 1 的组合情况,0 和 1 分别代表了调制深度 0 和 π。图 4.148 中给出的是一个 2 GHz 调制频率的($2^3 - 1$)的 PRBS 调制的光场的归一化功率谱密度,光谱包含一系列间距为 $\Delta\nu = \nu_{pm}/(2^n - 1)$ 的模式,其中,ν_{pm} 是 PRBS 的调制频率。此时的模式间距为 2 GHz/($2^3 - 1$)=0.29 GHz。整个 sinc² 函数包络在调制频率的整数倍数处为零。

PRBS 调制后的线宽近似等于 PRBS 的时钟频率,当调制后的 sinc² 函数包络中相邻边带的间距明显大于自发布里渊带宽时,SBS 阈值不会继续提升,所以要对调制频率和模式数进行适当的调节,保证最佳的 SBS 抑制。

2. 对比分析

通过控制调制信号的类型、频率和调制深度,可以改变调制后激光光谱的

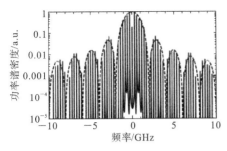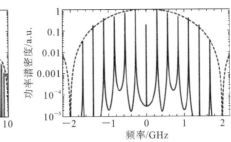

图 4.148　PRBS 调制功率谱密度轮廓图

谱线间隔、谱线数目与光谱平整度,从而影响光谱线宽与放大器的 SBS 阈值
(见表 4.12)。其中,正弦信号调制的谱线数目、谱线间隔分别与调制深度、调
制频率呈正相关关系。当调制深度一定且调制频率低于 30 MHz 时,调制后
种子线宽与 SBS 阈值随调制频率的增加呈线性变化。当调制频率大于等于
30 MHz 且小于等于 100 MHz 时,SBS 阈值增长速度逐渐减小。当调制频率
高于 100 MHz 时,尽管种子线宽随调制频率的增加逐渐增加,但进一步提升
SBS 抑制能力需要通过提高调制信号的调制深度以增加光谱线数目来实现。
WNS 调制后的激光光谱为密集高斯型光谱,调制频率与调制深度能够改变谱
线数目与谱线间隔。调制后的激光线宽随调制频率的增加线性增加,随调制深

表 4.12　各调制方式性能比较[83]

类型	正弦信号	白噪声信号	伪随机二维码序列信号
谱线数目	由调制深度决定	由调制深度、调制频率共同决定	由调制信号码长 N 决定
谱线间隔	由调制频率决定	—	由 N 与调制频率共同决定
线宽	线宽与调制频率、调制深度呈正相关	随调制深度增加呈 S 形增加,与调制频率呈正相关	调制频率一定、调制深度为 π 时线宽为极大值,此时线宽与调制频率相等
SBS 阈值	随调制深度的增加而增大,随调制频率的增加存在饱和现象	随调制深度增加呈 S 形增加,与调制频率呈正相关	与调制频率呈正相关,在调制深度为 π 处存在极值,增大或减小调制深度都会降低 SBS 阈值,不同码长 N 的 PRBS 在不同调制频率时的抑制效果不同

度的增加呈 S 形增加,因而 SBS 阈值也随之呈线性和 S 形增加。PRBS 调制后的激光光谱为分立的近 $sinc^2$ 型光谱线,谱线数目与调制信号码长呈正相关,谱线间隔与调制频率和码长呈负相关。在低调制频率的光纤放大器中,码数较低的 PRBS 对 SBS 抑制能力更强,反之亦然。

综合以上分析,采用正弦信号调制时,将调制频率设置为 100 MHz 左右并增大调制深度或进行级联正弦信号相位调制,可获取最佳 SBS 抑制效果。在白噪声调制方式下,为了得到最佳的 SBS 抑制效果,可使系统工作在线性区或饱和区。值得注意的是,种子经白噪声调制后,线宽远大于调制频率,在实际使用中应根据线宽与输出功率需求选择合适的调制频率与调制深度。对于 PRBS 调制方式,由于 SBS 的抑制效果与码长 N 紧密相关,因此在调制频率较低的光纤放大器时,应优先采用码数较低的 PRBS。PRBS 应用于调制频率较高的光纤放大器时,应增大 N 值。在常用的 $1\sim2$ GHz 区间内,$N=7$ 时系统对 SBS 效应的抑制能力最优。此外,为了获得理想的 SBS 抑制效果,需要将 PRBS 的调制深度控制在 π 附近。综合比较三种调制信号调制后的种子线宽,不难发现,获得相同的线宽时,经正弦信号、WNS、PRBS 调制的系统 SBS 阈值逐渐提高。因此,PRBS 调制是相对更为优越的一种调制手段。

3. 单频激光种子源相位调制的实验研究

(1) 单频种子源相位调制实验方案。

单频种子源相位调制是通过加载射频信号对单频激光进行相位调制使其光谱展宽成 GHz 线宽的。单频种子源相位调制主要采用如图 4.149 所示的两种相位调制方案,通过向电光相位调制器施加不同的射频电压信号进行不同的相位调制。其中,图 4.149(a)所示的为正弦信号调制,高频相位调制器(2 GHz PM)输入高频正弦调制信号,用于大间距产生边频,从而大幅度展宽光谱,调制形成的光谱线特性由输入正弦信号的调制频率和强度决定。图 4.149(b)所示的为单个白噪声信号调制,高频相位调制器(2 GHz PM)输入宽带白噪声调制信号,单频种子源(SF laser)经过白噪声相位调制后输出连续谱线,光谱线型和线宽由白噪声信号的带宽和功率决定。

(2) 相位调制实验结果。

单频种子源输出的光谱如图 4.150 所示,波长为 1064.331 nm。光谱展宽实验方案基于 5 GHz、20 GHz 两种线宽,采用如图 4.149 所示的两种射频信号调制方式分别进行实验,经过正弦信号调制后的约 5 GHz、20 GHz 线宽

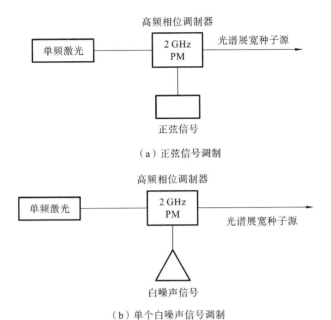

（a）正弦信号调制

（b）单个白噪声信号调制

图 4.149　相位调制方案

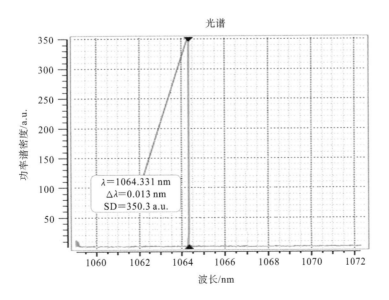

图 4.150　单频种子源光谱

的光谱分别如图 4.151(a)和图 4.151(b)所示,$\Delta\lambda$ 分别为0.019 nm 和0.075 nm。经过白噪声信号调制后的约 5 GHz、20 GHz 线宽的光谱分别如图 4.152(a)和图 4.152(b)所示,$\Delta\lambda$ 分别为 0.019 nm 和 0.075 nm。其中,由于光谱谱线不是均匀包络,20 GHz 线宽的测试结果存在一定误差,不是十分精确。

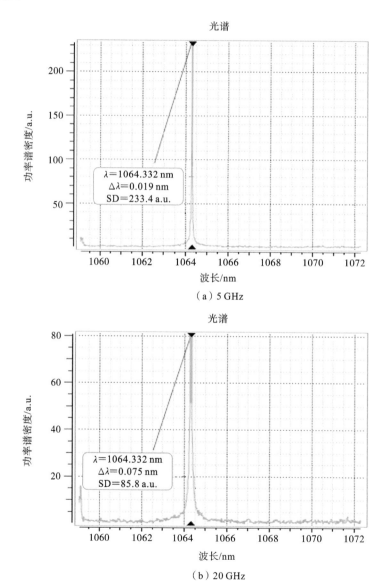

（a）5 GHz

（b）20 GHz

图 4.151　单频种子源经正弦信号调制后的光谱

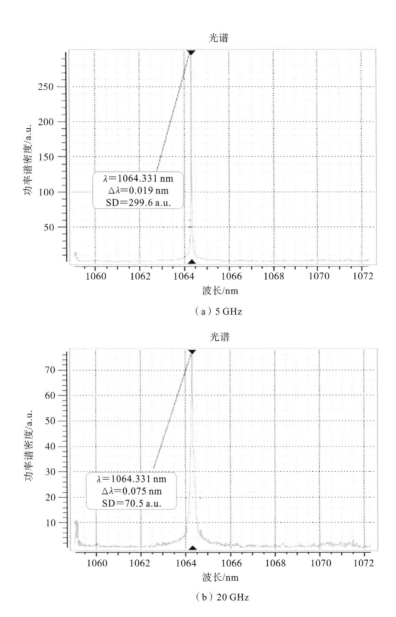

图 4.152　单频种子源经白噪声信号调制后的光谱

（3）光谱展宽实验结果。

基于输出光纤长度大于 5.5 m 的双向泵浦放大器，采用上述调制方案，激光输出功率结果如表 4.13 所示，在约 5 GHz 线宽下，正弦信号调制方式优于白噪声信号调制方式，在约 20 GHz 线宽下，正弦信号调制方式劣于白噪声信号调制方式。当信号光线宽接近布里渊频移(16 GHz)时,信号光与布里渊频移的光谱重叠,为布里渊光提供了放大的机会,从而降低了 SBS 阈值,白噪声信号的随机性和连续性使得这种效应没有正弦信号的明显,所以当光谱线宽大于 16 GHz 时,白噪声信号的调制效果优于正弦信号的。

表 4.13　不同光谱展宽方式下的激光输出功率

调制方式	调制线宽	激光输出功率
正弦信号	5 GHz	>1600 W
正弦信号	20 GHz	>1800 W
白噪声信号	5 GHz	>1200 W
白噪声信号	20 GHz	>2800 W

4.14　锁模光纤激光器关键技术

锁模光纤激光器所产生的超短脉冲是激光精细加工的理想光源。锁模光纤激光器可以分为 4 种:主动锁模光纤激光器、被动锁模光纤激光器、混合锁模光纤激光器和可调被动锁模光纤激光器。

4.14.1　主动锁模技术

主动锁模是通过外界信号来周期性调制谐振腔参量,实现各腔体纵模之间相位锁定的一种锁模技术。其显著特征是在激光器腔体中插入调制器件,或者由外部注入光脉冲对腔内光波进行主动调制来实现锁模。主动锁模具体又可分为基于调制器的锁模技术、有理数谐波锁模技术和注入锁模技术。主动锁模技术产生的脉宽较宽,一般为皮秒量级。

1. 基于调制器的锁模技术

基于调制器的锁模技术的特点是从腔外加入射频(RF)信号到腔内的调制器上,通过此信号对腔内的振荡光波产生周期性的幅度或者相位调制,从而产生锁模脉冲。这种锁模技术的典型结构如图 4.153 所示,RF 信号是通过调制器对腔内光波进行调制的。调制器大都采用波导型 LiNbO$_3$ 电光调制器,因为相对于其他类型的调制器,LiNbO$_3$ 调制器的尺寸较小,且能够以相当低的耦合损耗集成在光纤腔中。除了使用 LiNbO$_3$,也有使用半导体调制器的,半导体调制器的优势在于对偏振的依赖比 LiNbO$_3$ 的小[84]。

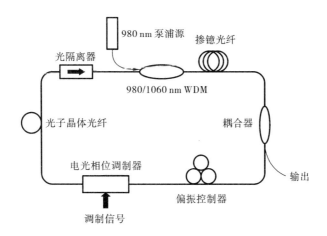

图 4.153 主动锁模掺镱光纤激光器结构示意图

其调制过程为调制器在正弦电压信号的驱动下会产生周期性的幅度或者相位变化,这种变化与腔内循环的脉冲相互作用产生规则的锁模脉冲序列,对应这两种调制方式的技术分别称为强度调制和相位调制。由于这种调制器的偏振敏感性,常在它前面用一个偏振控制器来调节入射光场的偏振态。环路中,光隔离器用来确保激光器处于单向运转状态,可调谐滤波器用来调节激光的中心波长。直接调制的主动锁模技术能够产生与调制频率一致的高重频率锁模脉冲,主动锁模要求调制频率与激光间隔频率相当精确地匹配,并且输出脉冲的宽度受限于调制带宽,一般为 ps 级别。

2. 有理数谐波锁模技术

有理数谐波锁模技术是基于调制器的锁模技术的改进方案,其原理是当对激光器腔体的主动调制频率为基频的 $n+(k/m)$(n,k,m 为正整数,$k<m$ 且 k 与 m 为互质数)倍时,只要该谐波分量足够大或腔内增益足够大就有可能得出 m 倍频的脉冲输出。这项技术是获得超高重频率脉冲的重要手段。若不考虑脉冲的稳定性,有理数谐波锁模光纤激光器的脉冲重复频率最高可达 200 GHz,脉宽也在 ps 量级[85]。

3. 注入锁模技术

注入锁模技术将光脉冲注入光纤激光器环形腔,利用光纤的交叉相位调制效应实现模式的锁定,其基本结构如图 4.154 所示[86],图中各个器件的作用与图 4.153 中的类似。这个结构的一种改进是在输入光脉冲的耦合器后面加入一个半导体光放大器,以获得锁模脉冲。这种结构的优势在于减小了锁模脉冲起振时对偏振的依赖性,使得产生的脉冲更稳定。注入的光脉冲有采用锁模激光器产生的光脉冲,也有采用信号加载到半导体激光器上直接调制所得的光脉冲。重复频率最高可达几十 GHz,脉宽在几百 fs 量级。

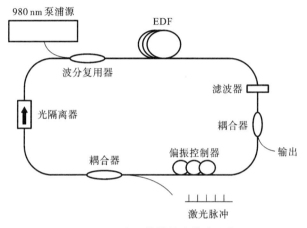

图 4.154   注入锁模技术基本结构

主动锁模光纤激光器的优点是脉冲形状对称、重复速率高、中心波长和脉冲重复速率可调谐、易实现高阶谐波锁模、可直接产生无频率啁啾近似变换极限的光脉冲等。但是,由于受到调制带宽的限制,其输出脉冲宽度通常为皮秒量级,并且其脉宽和峰值功率容易受到外界环境、谐振腔内偏振态起伏、超模噪声等因素的影响,需要很多复杂的措施来提高系统的稳定性,因此成本较高,技术难度大。此外,调制器的引入不仅导致了腔体附加损耗的产生,而且还引入了一个非光纤元件,难以实现全光纤集成。

4.14.2   被动锁模技术

被动锁模是产生 ps 或 fs 脉冲的一种非常行之有效的方法,能在不使用调制器之类的任何有源器件的情况下在激光腔内实现超短脉冲输出。其基本原理是利用光纤或其他元件中的非线性光学效应对输入脉冲强度的依赖性,实现各纵模相位锁定,进而产生超短光脉冲。目前,被动锁模技术可分为基于可饱和吸收体的锁模技术、非线性光纤环形镜锁模技术、非线性偏振旋转效应锁模技术、基于单壁碳纳米管的锁模技术、基于石墨烯的锁模技术等。其原理是通过锁模器件的作用,对脉冲的幅度及相位进行调制,使谐振腔内各纵模满足一定的相位关系,从而实现锁模。被动锁模光纤激光器可以产生飞秒量级的脉冲。

1. 基于可饱和吸收体的锁模技术

被动锁模技术利用了可饱和吸收效应,它的结构如图 4.155 所示,其锁模机制可描述如下:当光脉冲通过吸收体时,边缘部分的损耗大于中央部分的,结果光脉冲在通过吸收体的过程中被窄化。光纤激光器中常用的可饱和吸收材料是半导体可饱和吸收镜(SESAM)。但是由于引入了可饱和吸收体,这种激光器不是全光纤结构。

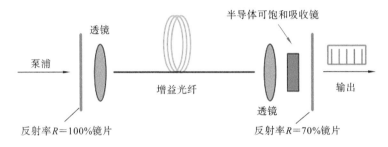

图 4.155　基于 SESAM 被动锁模的线性腔结构图

2. 非线性光纤环形镜锁模技术

以非线性光纤环形镜为代表的锁模光纤激光器由于腔结构的形状与数字"8"相似,又称为"8"字腔激光器,其结构如图 4.156 所示。

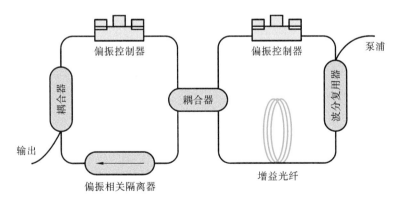

图 4.156　"8"字腔结构的 NOLM 示意图

根据获得不等光强的方式的不同,环形镜可分为非线性光学环形镜(NOLM)和非线性放大环形镜(NALM)两种。无论是 NOLM 还是 NALM,实际上都利用了萨格纳克干涉仪的原理。以图 4.156 中的激光器结构为例,装置中的 3 dB 耦合器将入射到左边环路的光波分成幅值比例近似为 50∶50，但传输方向却完全相反的两列。其中一列光波进入"8"字腔装置中右边的环路被稀土掺杂的增益光纤放大，另一列光波先进入左边的光纤环路后再进入右边的环路。两列光波在传输过程中都受到与强度相关的自相位调制效应（SPM）和交叉相位调制效应（XPM）等光纤介质非线性效应的作用而产生非线性相移，但由于这两列光波经过的光程不一样，所以它们之间的相位差不是一个常数，而是沿传输时域变化。当这两列光波再次回到耦合器时，它们彼此之间相干叠加，这时就会产生由自幅度调制效应（SAM）引起的脉冲窄化，其作用相当于可饱和吸收体。这种由腔内两列光波干涉叠加而形成脉冲的锁模机制通常称为干涉锁模或加成脉冲锁模（APM）。

3. 非线性偏振旋转效应锁模技术

利用非线性偏振旋转（NEP）效应实现被动锁模的光纤激光器结构原理如图 4.157 所示。其基本原理是，信号光经过起偏器后变为线偏振光，线偏振光在通过第一个偏振控制器后，被转换成椭圆偏振光。椭圆偏振光可以认为是强度不同的左旋与右旋圆偏振光的合成，当这两列旋转方向相反的圆偏振光在腔体中传播时，会因光纤的和作用而产生不同的非线性相移。而非线性相移量与光脉冲光场强度有关。因此，经过腔体一周传输后，脉冲不同部位会因强度不同而积累不同的非线性相移量，此时调节另一偏振控制器使隔离器和起偏器能透过脉冲中央的高强度部分而阻挡低强度边翼，这就形成了等效的可饱和吸收效应。其中，偏振相关隔离器起隔离器和偏振器的双重作用，谐振腔内的光脉冲通过隔离器起偏后变成线偏振光，隔离器之后的那个偏振控制

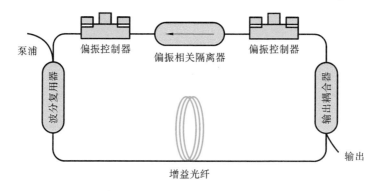

图 4.157　NPE 锁模光纤激光器结构图

器通过光纤应力作用将线偏振的脉冲光变为椭圆偏振的脉冲光。接下来椭圆偏振的脉冲光在腔内沿光纤传输的过程中,每经过一次掺杂光纤时两个正交偏振分量都会得到增益放大。此外,受 SPM 和 XPM 的作用,脉冲会产生与强度相关的非线性相移,使光脉冲在传输的过程中,偏振态不断地发生旋转变化。再调整另一个偏振控制器的方位,令脉冲的中央部分变成线偏振光。如此一来,当脉冲再一次地通过偏振相关隔离器的时候,高强度的中央部分能近无损耗地通过,而边翼的低强度部分则大部分被隔离器阻挡,这与可饱和吸收体的脉冲窄化机制相似。对于单个脉冲而言,边缘部分的强度低而中心部分的强度高,因此脉冲边缘的通过损耗大,而中心部分的通过损耗小。而且脉冲每次经过高掺杂的增益光纤时,除了脉冲功率受到放大之外,同时也受到增益饱和与增益窄化滤波的作用,使得脉冲边缘部分发生部分窄化。如此在腔内不断循环,脉冲宽度不断被压缩和窄化,最终输出超短的锁模脉冲序列。

4. 基于单壁碳纳米管的锁模技术[87]

碳纳米管早在 20 世纪 70 年代就已经开始作为可饱和吸收体被用在激光器的研制中。与 SESAM 相比,碳纳米管具有比较简单的制作工艺,并且损伤阈值高,吸收特性良好,因此,基于碳纳米管的锁模光纤激光器成为当前的研究热点。灌注式是碳纳米管可饱和吸收体制作的一种方式。2009 年,S. Y. CHOI等采用此方法,在以 GeO_2-SiO_2 为环芯的空心光纤中灌注单壁碳纳米管/聚甲基丙烯酸甲酯的混合物,这种方式使得谐振腔具有全光纤的结构,并且提升了光纤的损伤阈值。文献[88]利用碳纳米管聚合物的可饱和吸收特性,实现了 3 dB 带宽为 5.5 nm 的频谱输出。采用沉积的方法同样可以获得碳纳米管可饱和吸收体。2013 年,文献[89]报道了利用倏逝场作用的碳纳米管的可饱和吸收体,通过将碳纳米管薄膜包裹在腐蚀掉 40 μm 的光纤的侧面,得到了碳纳米管微光纤,将微光纤接入环形腔内,在泵浦功率为 192 mW 的情况下获得了 66 fs 的锁模脉冲输出。该实验成果成为目前为止利用碳纳米管可饱和吸收体锁模激光器获得的最短脉冲。在研究中,为简化可饱和吸收体的制作过程,可将薄膜夹在光纤端面,2014 年,宋秋艳等人采用此方法,将单壁碳纳米管/聚酰亚胺作为可饱和吸收体,利用 980 nm 的泵浦源,在腔内插入偏振控制器进行偏振态的调整,实现了波长为 1559.3 nm 时平均功率为 0.8 mW 的锁模脉冲输出,其 3 dB 带宽达到 1.4 nm[90]。文献[90]通过在腔内加入马赫-曾德尔滤波器进行多波长选择,调制出了 12 波长的输出。这种方法存在的主要问题是,当泵浦功率逐渐增加时容易造成薄膜的损伤,限制了输出脉冲的宽度及光脉冲的能量。

5. 基于石墨烯的锁模技术

石墨烯是在 2004 年被发现的单原子层结构,它具有很宽的饱和吸收频带。相比于碳纳米管,石墨烯工作光谱更宽,具有更低的饱和吸收阈值,且性能更稳定。近年来,人们对于石墨烯在锁模激光器中的应用进行了大量的研究[91-93]。薄膜夹层的方式或者灌注到空心光纤的方式是石墨烯可饱和吸收体制备的常用方法。最简单的方法是将薄膜夹在光纤端面。2011 年,田振等采用此方法将微米尺寸的石墨烯薄片制成的石墨烯-PVA 薄膜作为可饱和吸收体,极大缩小了薄膜厚度,提升了可饱和吸收的特性;在环形腔内引入 225 m 的单模光纤,增加了未实现锁模情况下的纵模数量,同时,在反常色散区延长腔长可实现脉冲宽度的压缩;信号经过石墨烯可饱和吸收体时,脉冲峰值部分通过率高,脉冲前后沿部分被吸收,最终实现了重复频率为 8.7 MHz、脉宽为 10.29 ps 的锁模脉冲输出[94]。

6. 光子晶体光纤应用于锁模激光器

光子晶体光纤具有比较高的可控性及无截止的单模特性。2012 年,M. SHAOZHEN 等首先通过环形腔的主动锁模实现了 4.4 ps 的脉宽输出,由于自相位调制的作用,输出的脉冲经过色散位移光纤后,频谱得到展宽。频谱展宽的脉冲输入到由高非线性 PCF 的 NOLM 及 EDFA 组成的耦合腔中实现脉宽的压缩,输出宽度分别为 570 fs、610 fs 的超短脉冲[95]。高非线性 PCF 二阶、三阶色散比较弱,且非线性系数高。在 NOLM 内,由于非线性作用,相互干涉后的信号大部分会经过输入端口返回,并且脉冲宽度得到压缩。输出的脉冲经过放大器的作用后再次经过 NOLM 实现了进一步的压缩。PCF 的引入极大地减小了腔的长度,提高了输出脉冲频率。如果采用级联的方式,则可充分利用 PCF 光纤环镜压缩脉冲的作用。基于 PCF 的级联耦合腔如图4.158 所示。

在较高功率下,由于非线性的作用,单模光纤的纤芯容易损伤,影响脉冲输出,稀土掺杂的光子晶体光纤则克服了这个问题[96]。2012 年,张大鹏等人通过引入掺镱的大模场面积光子晶体光纤增加了对泵浦光的吸收,结合非线性偏振旋转理论,实现了重复频率为 49.02 MHz、能量高达 202 nJ 和宽度为

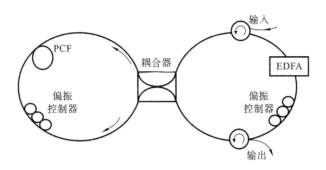

图 4.158　基于 PCF 的 NOLM 的级联结构图

1.03 ps 的锁模脉冲输出[97]。其实现锁模输出的主要手段是在较高的 LD 输入功率情况下,光信号经过大模场面积光子晶体光纤得到放大,利用双色镜实现激光与泵浦光的分离,再结合带宽为 6 nm 的干涉型滤光片的耗散激励作用,反复循环形成了稳定的锁模脉冲输出。与单模增益光纤相比,大模场面积 PCF 增加了对 LD 出射光的吸收并且在一定程度上可以缩短腔长。

4.14.3　混合锁模技术

混合锁模将被动锁模技术与主动锁模技术结合,可获得窄脉宽、高重复率且稳定的孤子脉冲序列。一般混合锁模会在同一激光器腔体内使用两种以上的锁模技术来实现锁模。这种技术的典型结构可以用图 4.159 中的"8"字形结构表示,"8"字形结构本身是一种被动锁模技术,但常常被用在混合锁模中。在"8"字形被动锁模结构的其中一臂上加入主动锁模调制器件,可获得主被动混合锁模器件。

2004 年,王肇颖等[98]的研究小组采用"8"字形主被动混合锁模结构在调制频率为 9.9987 GHz、波长为 1566.65 nm 处获得了 11 ps 的锁模脉冲输出。2005 年,Y. Shiquan 等使用调相环形腔镜,在 40 GHz 的调制频率下获得了 80 GHz、1.74 ps 的脉冲[99]。同年,W. W. Tang 等以 SOA 为调制器,获得了重复频率为 4.7 GHz 的锁模脉冲,波长调谐范围达 100 nm[100]。2008 年,意大利的 E. S. Boncristiano 等[101]报道了一种环形腔混合锁模掺铒光纤激光器,使用一 LiNbO$_3$ 相位调制器与腔内孤子效应相互作用,输出了 10 GHz 重复频率的锁模脉冲,脉宽为 396 fs,重复频率在 2～12 GHz 范围内可调,并通过在输出端采用一色散位移光纤进行啁啾补偿,可保持脉宽小于 500 fs。但是,由于混合锁模中采用了主动锁模调制元件,因此,其系统结构依然难以实现全光纤集

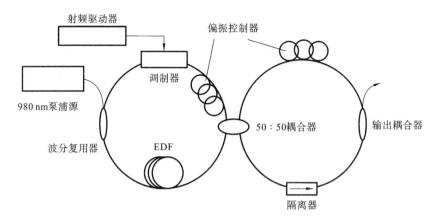

图 4.159　"8"字形混合模技术基本结构

成,并且其脉冲宽度也受到调制带宽的限制。

4.14.4　可调被动锁模技术

可调被动锁模光纤激光器通过调控激光腔动力学过程,使得输出光束的波长、脉宽、重复频率、波长间隔、相干特性等信息能够被实时控制[102]。

1. 波长、脉宽、重复频率等基础参数的调谐

能够实现波长可宽带调谐的超快激光器在生物非线性成像、化学相干动力学控制等领域有着十分重要的应用。在对深层组织进行多光子成像的过程中,通过控制扫描波长的长度,可以极方便地对不同深度的组织进行高清晰度成像,以获得更多的参数信息。在锁模激光腔内加入宽带的波长可调谐滤波器,可以对干涉结构进行机械调谐从而实现对输出激光波长进行选择。例如,F. Wang 等通过在基于碳纳米管锁模的光纤环形腔内引入宽带可调谐滤波器,在 C 波段实现了 50 nm 的皮秒脉冲输出[103]。此类激光器受到滤波器的波长调谐范围和有源光纤的增益谱带宽的限制,其调谐范围一般较小。通过调节输入激光的功率,能够在长波方向进行波长调谐,红移量可以达到 200 nm[104]。利用强非线性光纤的四波混频效应可实现波长转换[105-107]。该技术利用光纤的三阶非线性特性,通过四波混频效应放大位于泵浦光的调制增益带内的光脉冲,具有增益高、带宽大、噪声小、泵浦效率高的优点。

由锁模理论可知,通过控制起振纵模个数可以实现对时序脉宽的控制,比如在激光腔内利用带宽可调的宽带滤波器可以实现从飞秒到皮秒的脉宽调谐。Y. Cui 等利用侧应力作用对啁啾光纤布拉格光栅的反射带宽的调谐,得

到了脉宽从 7 ps 到 150 ps 的变化[108]。此外,利用外加激光或者电场对可饱和吸收体的特征参数,如调制深度和非饱和吸收损耗,可对锁模激光进行全光调控。例如,Q. Sheng 等在基于石墨烯的锁模激光器中实现了脉宽从 705 fs 到 1356 fs 的调谐[109]。同理,通过这些非线性过程可以实现对输出功率或者重复频率等其他激光基本参数的调谐。此类调谐过程既能够对理解非线性激光动力学提供新的信息,也可使得锁模激光能够应用于更多的特殊领域。

2. 波长间隔的调谐

能够实现超宽带宽(GHz 到 THz)和超高分辨率的波长间距可调控的多波长光纤激光器在密集波分复用、光纤传感复用、太赫兹源、激光雷达微波源等领域有重要的应用。例如,对超高精细度的激光进行波长间距调控,可以极方便地实现高精度的、可调的光学频率束,这为精密光谱技术提供了重要基础。此外,利用间距多波长拍频可以产生 GHz 范围内可调的微波信号,这种信号源可以应用于雷达系统,在军事和民用领域均具有极重要的潜在应用。自 20 世纪 80 年代,随着掺杂光纤技术的突破,以及低损耗单模光纤和半导体激光泵浦源的成熟应用得到推广,国内外提出了各种类型的多波长光纤激光器。利用多反射峰布拉格光栅、光纤干涉仪等可以对激光器进行多波长选择[110,111],而通过对干涉结构进行机械调谐可以实现对输出激光信息进行调控。例如,D. Mao 等通过在光纤环形腔内引入光纤 M-Z 干涉仪并调节干涉仪的臂差,实现了波长间隔可调谐的多波长光纤激光输出[112]。X. Rejeaunier 等对集成的 Loyet 干涉仪进行了电动调节,在 1540 nm 附近实现了 17 nm 的波长调节[113]。但是,此类调控过程出现两个问题。一是由于掺杂光纤的均匀增益,光纤激光腔会出现模式竞争,导致输出波长不稳定。为此,S. Yamashita 等利用液氮对增益光纤进行冷却,结合 F-P 干涉仪得到了间隔为 0.8 nm 的稳定的多波长光纤激光[114]。此外,也可以通过在激光腔内加入偏振相关或者引入空间烧孔效应来压制模式竞争。但是,这些部件的引入增加了激光器的复杂性和成本。第二个问题是由机械调谐引起的。相比于激光器输出,机械步进系统精密度较低,且利用偏振控制器进行波长控制时,其重复性较差。最近几年,国内外一些研究机构报道了利用光纤激光器的非线性特性输出多波长的激光器,且其多波长间隔(或者波长数目)可以利用泵浦激光的功率来调节[115-117]。此类激光输出被解释为直流锁模激光(continuous wave mode-locked laser,CWML)的束缚态(bound state,BS),即在谐振腔的色散和非线性所引起的吸引力和排斥力相互平衡时，多个光脉冲以一定的时间间隔组成一个群在激光腔内传输。例如，N. D. Nguyen 和 R. Gumenyuk 等通过调节偏振和泵浦能量分别得到了低阶的直流锁模束缚态，其波长输出表现为间距可调的多波长[115-117]。但是，此类激光器的性能仍然受机械调谐的缺点的限制，并且所需的调谐泵浦强度值过大（＞100 mW），可调范围过小，这给其实际应用带来了不便。

3. 相干特性的调谐

被动锁模光纤激光器为一个复杂的非线性系统，其众多振荡模式之间的相位关系受激光腔各项参数的影响，如非线性、增益与损耗、滤波效应、色散等。在通常具有反常色散或者正常色散的光纤激光腔内，各个模式相位被完全锁定，输出的光谱或时序脉冲具有高相干度。但是在高泵浦情况下，或者激光腔内存在随机双折射效应等时，激光系统将输出部分锁模脉冲激光。此时激光腔可以视为处于一个暂稳态过程。此类低相干锁模激光光谱中各波长的强度随机变化，且其不同波段可能具有不同的相干特性[118]。部分锁模激光已经在光学诡波和随机比特源等领域表现出了十分重要的潜力。通过对部分锁模光纤激光进行相干性调控将能够进一步控制光学诡波和随机比特源的分布特性，这对保密通信、全光信息处理等具有重要意义。但是迄今为止，几乎没有对此相干性研究的报道。

参考文献

[1] 石顺祥,陈国夫,赵卫,等. 非线性光学[M]. 西安:西安电子科技大学出版社,2003.

[2] G. P. Agrawal. Nonlinear Fiber Optics[M]. New York：Academic Press，2001.

[3] R. G. Smith. Optical power handling capacity of low loss optical fibers as determined by stimulated Raman and brillouin scattering[J]. Applied Optics，1972，11(11)：2489-2494.

[4] C. Jauregui, J. Limpert，A. Tünnermann. Derivation of Raman treshold formulas for CW double-clad fiber amplifiers[J]. Optics Express，2009，17(10)：8476-8490.

[5] 冯杰.光纤中的受激布里渊散射效应研究[D].成都:电子科技大学,2009.

[6] T. Schneider. Nonlinear optics in telecommunications[M]. 北京：科学出版社，2007.

[7] R. Billington. Measurement methods for stimulated Raman and Brillouin scattering in optical fibers[R]. UK：National Physical Laboratory, 1999.

[8] X. Bao，A. Brown. Characterization of the Brillouin-loss spectrum of single-mode fibers by use of very short(<10 ns) pulses[J]. Optics Letters，1999，24(8)：510-512.

[9] M. O. Van Deventer，A. J. Boot. Polarization properties of stimulated Brillouin scattering insingle-mode fibers[J]. Journal of Lightwave Technology，1994，12(4)：585-590.

[10] C. Montes，D. Bahloul，I. Bongrand，et al. Self-pulsing and dynamic bistability in cw-pumped Brillouin fiber ring lasers[J]. Journal of the Optical Society of America B，2017.

[11] K. Shiraki，M. Ohashi，M. Tateda. SBS threshold of a fiber with a Brillouin frequency shift distribution[J]. Journal of Lightwave Technology，1996，14(1)：50-57.

[12] 陶汝茂,周朴,肖虎,等.高功率光纤激光中模式不稳定性现象研究进展[J].激光与光电子学进展,2014.

[13] 史尘,陶汝茂,王小林,等.光纤激光模式不稳定的新现象与新进展[J].中国激光,2017,44(2).

[14] 陈益沙,廖雷,李进延.光纤激光器模式不稳定机理及抑制方法研究进展[J].激光与光电子学进展,2017.

[15] T. Eidam，S. Hanf，E. Seise，et al. Femtosecond fiber CPA system emitting 830 W average output power[J]. Optics Letters，2010，35(2)：94-96.

[16] A. V. Smith，J. J. Smith. Mode instability in high power fiber amplifiers[J]. Optics Express，2011，19(11)：10180-10192.

[17] A. V. Smith，J. J. Smith. Steady-periodic method for modeling mode instability in fiber amplifiers [J]. Optics Express，2013，21（3）：2606-2623.

[18] C. Jauregui，T. Eidam，H. J. Otto，et al. Physical origin of mode insta-

bilities in high-power fiber laser systems[J]. Optics Express,2012,20 (12):12912-12925.

[19] L. Dong. Stimulated thermal Rayleigh scattering in optical fibers[J]. Optics Express,2013,21(3):2642-2656.

[20] K. R. Hansen,J. Laegsgaard. Impact of gain saturation on the mode instability threshold in high-power fiber amplifiers[J]. Optics Express, 2014,21(2):11267-11278.

[21] H. J. Otto,N. Modsching,C. Jauregui,et al. Impact of photodarkening on the mode instability threshold[J]. Optics Express,2015,23(12): 15265-15277.

[22] L. Dong. Thermal lensing in optical fibers[J]. Optics Express,2016,24 (17):19841-19852.

[23] 王建明. 高功率单模光纤激光器关键技术及输出稳定性研究[D]. 武汉: 华中科技大学,2017.

[24] 武自录,陈国夫,王贤华,等. 掺 Yb^{3+} 双包层光纤激光器的数值分析[J]. 光子学报,2002,31(3):332-336.

[25] L. Xiao,Y. Ping,M. Gong,et al. An approximate analytic solution of strongly pumped Yb-doped double-clad fiber lasers without neglecting the scattering loss[J]. Optics Communications,2004,230:401-410.

[26] 杨保来. 大功率高亮度全光纤掺镱光纤激光振荡器研究[D]. 长沙:国防科技大学,2018.

[27] 刘国华. 高功率光纤激光器的理论研究[D]. 武汉:华中科技大学,2007.

[28] 廖素英,巩马理. 高功率光纤激光器和放大器的非线性效应管理新进展 [J]. 激光与光电子学进展,2007,44(6).

[29] M. Jager,S. Caplette,P. Verville,et al. Fiber lasers and amplifiers with reduced optical nonlinearities employing large mode area fibers [C]. Proceedings of SPIE,2005.

[30] D. A. V. Kliner,J. P. Koplow. Power scaling of diffraction limited fiber sources[C]. Proceedings of SPIE,2005.

[31] A. E. Siegman. Propagating modes in gain-guided optical fibers[J]. Journal of the Optical Society of America Optics,2003,20(8):

1617-1628.

[32] J. M. Fini. Bend-resistant design of conventional and microstructure fibers with very large mode area[J]. Optics Express，2006，14(1)：69-81.

[33] J. M. Fini. Bend-compensated design of large-mode-area fibers[J]. Optics Letters，2006，31(13)：1963-1965.

[34] S. Ramachandran，J. W. Nicholson，S. Ghalmi，et al. Light propagation with ultralarge modal areas in optical fibers[J]. Optics Letters，2006，31 (12)：1797-1799.

[35] A. B. Ruffin，M. J. Li，X. Chen，et al. Brillouin gain analysis for fibers with different refractive indices［J］. Optics Letters，2005，30（23）：3123-3125.

[36] S. Tammela，M. Söderlund，J. Koponen，et al. The potential of direct nanoparticle deposition for the next generation of optical fibers［C］. Proceedings of SPIE，2006.

[37] A. Liu. Novel SBS suppression scheme for high-power fiber amplifiers ［C］. Proceedings of SPIE，2006.

[38] 张宇菁，王蒙，王泽锋，等. 倾斜光纤光栅研究进展[J]. 激光与光电子学进展，2016，(7).

[39] X. Tian，X. Zhao，M. Wang，et al. Effective suppression of stimulated Raman scattering in direct laser diode pumped 5 kilowatt fiber amplifier using chirped and tilted fiber Bragg gratings[J]. Laser Physics Letters，2020，17(8)：085104.

[40] 田鑫，王蒙，王泽锋. 基于倾斜光纤 Bragg 光栅的受激布里渊散射滤波器[J]. 光学学报，2020，40(10)：1006002.

[41] X. Tian，X. Zhao，M. Wang，et al. Suppression of stimulated Brillouin scattering in optical fibers by tilted fiber Bragg gratings[J]. Optics Letters，2020，45(18)：4802-4805.

[42] 刘锐. 高功率光纤激光器用掺镱光纤的设计、制备和性能研究[D]. 武汉：华中科技大学，2020.

[43] 孔令超. 高功率光纤激光模式控制关键技术研究[D]. 长沙：国防科技大学，2018.

[44] F. Stutzki, F. Jansen, H. J. Otto, et al. Designing advanced very-large-mode-area fibers for power scaling of fiber-laser systems[J]. Optica, 2014, 1(4): 233-242.

[45] R. Tao, P. Ma, X. Wang, et al. Influence of core NA on thermal-induced mode instabilities in high power fiber amplifiers[J]. Laser Physics Letters, 2015, 12(8): 085101.

[46] V. Petit, R. P. Tumminelli, J. D. Minelly, et al. Extremely low NA Yb doped preforms ($<$ 0.03) fabricated by MCVD[C]. Fiber Lasers XIII: Technology, Systems, and Applications, 2016.

[47] D. Jain, Y. Jung, P. Barua, et al. Demonstration of ultra-low NA rare-earth doped step index fiber for applications in high power fiber lasers[J]. Optics Express, 2015, 23(6):7407-7415.

[48] F. Beier, C. Hupel, J. Nold, et al. Narrow linewidth, single mode 3 kW averagepower from a directly diode pumped ytterbium-doped low NA fiber amplifier[J]. Optics Express, 2016, 24(6): 6011-6020.

[49] W. Xu, Z. Lin, M. Wang, et al. 50 μm core diameter $Yb^{3+}/Al^{3+}/F^-$ codoped silica fiber with $M^2<1.1$ beam quality[J]. Optics Letters, 2016, 41(3): 504-507.

[50] F. Beier, C. Hupel, S. Kuhn, et al. Single mode 4.3 kW output power from a diode-pumped Yb-doped fiber amplifier[J]. Optics Express, 2017, 25(13): 14892-14899.

[51] H. J. Otto, C. Jauregui, F. Stutzki, et al. Controlling mode instabilities by dynamic mode excitation with an acousto-optic deflector[J]. Optics Express, 2013, 21(14): 17285-17298.

[52] C. Jauregui, C. Stihler, A. Tünnermann, et al. Pump-modulation-induced beam stabilization in high-power fiber laser systems above the mode instability threshold [J]. Optics Express, 2018, 26 (8): 10691-10704.

[53] K. R. Hansen, T. T. Alkeskjold, J. Broeng, et al. Theoretical analysis of mode instability in high-power fiber amplifiers[J]. Optics Express, 2013, 21(2): 1944-1971.

[54] R. Tao，P. Ma，X. Wang，et al. Mitigating of modal instabilities in linearly-polarized fiber amplifiers by shifting pump wavelength[J]. Journal of Optics，2015，17(4)：045504.

[55] F. Beier，F. Möller，B. Sattler，et al. Experimental investigations on the TMI thresholds of low-NA Yb-doped single-mode fibers[J]. Optics. Letters，2018，43(6)：1291-1294.

[56] Z. Li，Z. Huang，X. Xiang，et al. Experimental demonstration of transverse mode instability enhancement by a counter-pumped scheme in a kW all-fiberized laser[J]. Photonics Research，2017，5(2)：77-81.

[57] M. J. Li，X. Chen，A. Liu，et al. Limit of effective area for single-mode operation in step-index large mode area laser fibers[J]. Journal of Lightwave Technology，2009，27(15)：3010-3016.

[58] L. Leandro，L. Grüner-Nielsen，K. Rottwitt. Mode resolved bend-loss analysis in few-mode fibers using spatially and spectrally resolved imaging[J]. Optics Letters，2015,40(20)：4583-4586.

[59] M. Kanskar，J. Zhang，J. Kaponen，et al. Narrowband transverse-model-instability (TM1)-free Yb-doped fiber amplifiers for directed energy application[C]. Fiber Laser ⅩⅤ：Technology and system，2018：105120F.

[60] D. Marcuse. Curvature loss formula for optical fibers[J]. Journal of the Optical Society of America，1976，66(3)：216-220.

[61] I. Bennion，J. A. R. Williams，L. Zhang，et al. UV-written in-fiber Bragg gratings[J]. Optical and Quantum Electronics，1996,28(2)：93-135.

[62] 贾培军,贺坤,白晋涛.掺镱双包层光纤激光器的理论与实验研究[J].光子学报,2007,36:64-67.

[63] 葛诗雨.高功率光纤激光器用光纤光栅在线测量系统及误差分析[D].南京:南京理工大学,2018.

[64] S. I. Kablukov，E. A. Zlobina，E. V. Podivilov，et al. Output spectrum of Yb-doped fiber lasers[J]. Optics letters，2012，37(13)：2508-2510.

[65] 刘伟,肖虎,王小林,等.掺Yb光纤激光器输出光谱特性研究[J].中国激

光,2013(9):29-33.

[66] Y. Wang, C. Q. Xu, H. Po. Thermal effects in kilowatt fiber lasers [J]. IEEE Photonics Technology Letters, 2004, 16(1):63-65.

[67] D. C. Brown, H. J. Hoffman. Thermal, stress, and thermo-optic effects in high average power double-clad silica fiber lasers[J]. IEEE Journal of Quantum Electronics, 2001, 37(2): 207-217.

[68] I. Kelson, A. Hardy. Optimization of strongly pumped fiber lasers. Journal of Lightwave Technology, 1999, 17(5): 891-896.

[69] 北林和大. 耐反射光性优异的光纤激光器:中国,200880001224.7[P].

[70] 舒强. 抗反射高效优质高功率光纤激光技术研究[D]. 绵阳:中国工程物理研究院,2018.

[71] W. Yong, C. Q. Xu. Why do output pulses split in actively Q-switched fiber lasers[J]. Proceedings of SPIE, 2004.

[72] 曾凡球. 脉冲光纤激光器输出脉冲形状的研究与改善[D]. 武汉:华中科技大学,2018.

[73] S. Adachi, Y. Koyamada. Analysis and design of Q-switched erbium-doped fiber lasers and their application to OTDR. Journal of Lightwave Technology, 2002, 20(8): 1506.

[74] J. Swiderski, A. Zajac, P. Konieczny, et al. Numerical model of a Q-switched double-clad fiber laser[J]. Optics Express, 2004, 12(15): 3554-3559.

[75] D. R. Kincaid, W. Cheney. Numerical analysis: mathematics of scientific computing[J]. Mathematics of Computation, 2002.

[76] Y. H. Ja. Using the shooting method to solve boundary-value problems involving nonlinear coupled-wave equations[J]. Optical & Quantum Electronics, 1983, 15(1): 529-538.

[77] 陈圳,任海兰. MOPA 结构脉冲光纤激光器输出特性的实验研究[J]. 光通信研究,2018,(3):52-72.

[78] 张伟毅,宁继平,陈博,等. 脉冲泵浦的掺镱光纤放大器中放大自发辐射动态变化模拟[J]. 光子学报,2011,40(5):699-703.

[79] 魏涛,谭治英,李剑峰,等. 掺镱光纤放大器泵浦脉宽优化[J]. 强激光与

粒子束,2012,24(11):2571-2575.

[80] 孙宏,魏凯华,钱凯,等.一种基于增益调制技术的全光纤化脉冲 Yb 光纤激光器[J].光子学报,2013,42(1):43-47.

[81] 王宇.基于全光纤结构的高功率掺镱纳秒脉冲光纤激光器[D].北京:北京工业大学,2018.

[82] 郑也,李磐,朱占达,等. 高功率窄线宽光纤激光器研究进展[J].激光与光电子学进展,2018.

[83] 刘雅坤,王小林,粟荣涛,等. 相位调制信号对窄线宽光纤放大器线宽特性和受激布里渊散射阈值的影响[J].物理学报,2017.

[84] H. Q. Lam,P. Shum,L. N. Binh,et al. Polarization-dependent locking in SOA harmonic mode-locked fiber laser[J]. IEEE Photonics Technology Letters,2006,18(22):2404-2406.

[85] E. Yoshida, M. Nakazawa. 80~200 GHz erbium doped fiber laser using a rational harmonic mode-locking technique. Electronics Letters,1996,32(15):1370-1372.

[86] 赵羽.锁模光纤激光器关键技术研究[D].成都:电子科技大学,2009.

[87] 高月,宋秋艳,陈根祥.被动锁模激光器的关键技术与研究进展[J].光通信技术,2015,(3):14-17.

[88] Y. C. Sun,F. Rotermund,H. Jung,et al. Femtosecond mode-locked fiber laser employing a hollow optical fiber filled with carbon nanotube dispersion as saturable absorber[J]. Optics Express,2009,17(24):21788-21793.

[89] 于振华,王勇刚,董信征. 66fs 碳纳米管锁模光纤激光器[J].中国激光,2013,40(8):5-6.

[90] 宋秋艳,陈根祥,谭晓琳,等,基于单壁碳纳米管的多波长被动锁模激光器[J]. 中国激光,2014,41(1):1-10.

[91] Q. L. Bao,H. Zhang,Y. Wang,et al. Atomic-layer graphene as a saturable absorber for ultrafast pulsed lasers[J]. Advanced Functional Materials,2009,19(19):3077-3083.

[92] S. Y. Choi, D. K. Cho, Y. W. Song. Graphene-filled hollow optical fiber saturable absorber for efficient soliton fiber laser mode-locking

[J]. Optics Express, 2012, 20(5): 5652-5657.

[93] 田振,刘山亮,张丙元,等 . 石墨烯锁模掺铒光纤脉冲激光器的实验研究 [J]. 中国激光,2011,38(3):1-3.

[94] S. S. Huang, Y. G. Wang, P. G. Yan, et al. Tunable and switchable multi-wavelength dissipative soliton generation in a graphene oxide mode-locked Yb-doped fiber laser[J]. Optics Express,2014,22 (10): 11417-11426.

[95] S. Ma, W. Li, H. Hu, et al. High speed ultra short pulse fiber ring laser using photonic crystal fiber nonlinear optical loop mirror[J]. Optics Communications,2012,41(19):2832-2833.

[96] 牛静霞,周桂耀,侯蓝田,等. 光子晶体光纤在光纤激光器中的应用[J]. 光通信技术,2009,33(1):44-47.

[97] 张大鹏,胡明列,谢辰,等. 基于非线性偏振旋转锁模的高功率光子晶体光纤飞秒激光振荡器[J]. 物理学报,2012,61(4):1-5.

[98] 王肇颖,王永强,李智勇,等.基于色散不对称光纤环形镜的锁模光纤激光器[J]. 光学学报,2004,24(5):645-650.

[99] Y. Shiquan, B. Xiaoyi. Repetition-rate-multiplication in actively mode-locking fiber laser by using phase modulated fiber loop mirror[J]. IEEE Journal of Quantum Electronics, 2005,41(10):1285-1292.

[100] W. W. Tang,C. Shu. 100 nm tuning range, picosecond pulse generation employing a PM fiber loop filter in a mode-locked SOA ring laser [J]. Optical Fiber Communication Conference, 2005.

[101] E. S. Boncristiano, L. A. M. Saito, E. A. De souza. 396 fs pulse from an asynchronous mode-locked erbium fiber laser with 2.5~12 GHz repletion[J]. Microwave and Optical Technology Letters,2008,50(11): 2994-2995.

[102] 高磊.可调被动锁模光纤激光器关键技术研究[D].重庆:重庆大学,2016.

[103] F. Wang, A. G. Rozhin, V. Scardaci, et al. Wideband-tuneable, nanotube mode-locked, fiber laser[J]. Nautre Nanotechnology, 2008, 3: 738-742.

[104] N. Nishizawa，T. Goto. Compact system of wavelength-tunable femto-second soliton pulse generation using optical fibers[J]. IEEE Photonics. Technology Letters，1999，11(3)：325-327.

[105] M. E. Marhic，K. W. Kenneth，G. K. Leonid. Wide band tuning of the gain spectra of one-pump fiber optical parametric amplifiers[J]. IEEE Journal of Selected Topics in Quantum Electronics，2004，10：1133-1140.

[106] J. M. Chavez Boggio，J. R. Windmiller，M. Knutzen，et al. 730 nm optical parametric conversion from near-to short-wave infrared band [J]. Optics Express，2008，14：5435-5443.

[107] M. E. Marhic，P. A. Andrekson，P. Petropoulos，et al. Fiber optical parametric amplifiers in optical communication systems[J]. Laser & Photonics Reviews，2015，9：50-74.

[108] X. Liu，Y. Cui. Flexible pulse-controlled fiber laser[J]. Scientific Reports，2015，5：9399.

[109] Q. Sheng，M. Feng，W. Xin，et al. Tunable graphene saturable absorber with cross absorption modulation for mode-locking in fiber laser [J]. Applied Physics Letters，2014，105：041901.

[110] J. Chow,G. Town,B. Eggleton，et al. Multi-wavelength generation in an erbium-doped fiber laser using in-fiber comb filters[J]. IEEE Photonics. Technology Letters，1996，8：60-62.

[111] A. P. Luo，Z. C. Luo，W. C. Xu. Tunable and switchable multi-wavelength erbium-doped fiberring laser based on a modified dual-pass Mach-Zehnder interferometer [J]. Optics Letters，2009，34：2135-2137.

[112] D. Mao,X. Liu,Z. Sun，et al. Flexible high-repetition-rate ultrafast fiber laser[J]. Scientific Reports，2013，3：3223.

[113] X. Rejeaunier，S. Calvez，P. Mollier，et al. A tunable mode-locked erbium-doped fiber laser using a Lyot-type tuner integrated in lithium niobate[J]. Optics Communications，2000，185：375-380.

[114] S. Yamashita，K. Hotate. Multiwavelength erbium-doped fiber laser

using intracavity etalon and cooled by liquid nitrogen[J]. Electronics Letters, 1996, 32: 1298-1299.

[115] D. Tang, W. Man, H. Tam, et al. Observation of bound states of solitons in a passively mode-locked fiber laser[J]. Physical Review A, 2001, 64: 033814.

[116] N. D. Nguyen, N. B. Le. Generation of high order multi-bound solitons and propagation in optical fibers[J]. Optics Communications, 2009, 282: 2394-2406.

[117] R. Gumenyuk, O. G. Okhotnikov. Polarization control of the bound state of a vector soliton[J]. Laser Physics. Letters, 2013, 10: 055111.

[118] L. Gao, T. Zhu, S. Wabnitz, et al. Coherence loss of partially mode-locked fiber laser[J]. Scientific Reports, 2016, 24995.

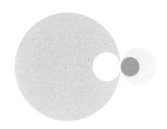

第5章
工业光纤激光器
制造的主要工艺

5.1 光纤涂覆层剥除、切割、清洗和再涂覆

1. 涂覆层剥除

在制作光纤激光器时,首先要剥除光纤的涂覆层。常见的涂覆层剥除方式有热剥钳剥除、刀片手动剥除和强酸腐蚀剥除等。在大功率光纤激光器的熔接过程中最常用的是刀片手动剥除和热剥钳剥除。刀片手动剥除需要熟练且不能损伤光纤表面。Micro-Strip 为常见的光纤纵向热剥离器。热剥钳剥除最大的优点是方便快捷,但剥除质量不稳定,效果受涂覆层影响较大,如果涂覆质地偏硬,则可能会导致剥除不干净,且涂覆分界线处切口不平整、非常粗糙,需要用刀片进行手动修整。

近年来,日本藤仓等公司推出了新型的光纤涂覆层剥除工具,采用 PCS-100 剥除光纤断面,可得到平坦光滑的涂覆层边沿,如图 5.1 所示,涂覆层不会与光纤分离、上翘,这有效克服了大功率光纤激光器的局部发热问题,提高了产品的稳定性。

图 5.1 20/400 μm 光纤
涂覆层剥除断面

2. 切割

光纤切割的关键在于角度控制,因为切割角度过大可能会导致熔接点不均匀,甚至有气泡产生。通常使用的切割刀类型有日本的 Fujikura、美国的 3Sea、美国的 Vytran 等,目前光纤切割刀正逐步实现由国产替代进口。选用哪种型号的光纤切割刀,取决于要切割的光纤外包层直径。对于中功率光纤激光器,一般允许的切割角度是 1°以下。而对于大功率光纤激光器,角度控制则更为严格,一般要求在 0.6°以下。光纤端面存在 1°的倾斜时,会引起 0.6 dB 的损耗。除了切割角度的控制,切割端面的质量控制也很重要。一般要求切割端面平整,刀口尽量小且没有毛刺。判断的主要方法是结合熔接机的 PS 模式和 EV 模式观察切割端面情况,图 5.2 所示的为常见的切割端面。

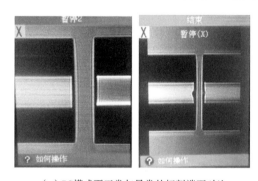

(a) PS模式下正常与异常的切割端面对比

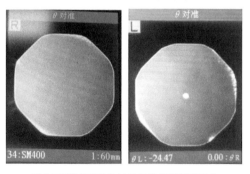

(b) EV模式下正常与异常的切割端面对比

图 5.2　切割端面对比

3. 清洗

光纤在切割完成后一般需要清洗,采用酒精或丙酮进行超声清洗,时间大概为 1.5～2 min。虽然超声清洗对清除脏污有一定作用,但酒精或丙酮容易被污染,且被污染后的酒精会在裸纤上留下"印迹",如图 5.3 所示。而遇到部分吸附在裸纤表面的涂覆碎屑,即使进行超声清洗也无能为力。因此,在涂覆剥除阶段就应仔细擦拭裸纤部分,擦拭的关键在于使无尘纸完全接触裸纤,擦拭过程应缓慢而流畅。此外,还应频繁更换清洗酒精或丙酮。

(a)容易被清洗的碎屑　　　(b)不易被洗掉的酒精残留"印记"

图 5.3　超声清洗

4. 再涂覆

对于全光纤结构激光器而言,熔点的再涂覆必不可少,这不仅可有效增加熔接点的机械强度,更重要的是还可避免熔点受到污染。常用的涂覆机有国产 HXGK 半自动光纤涂覆机,美国 Vytran 系列的 PTR-200 涂覆机。涂覆过程一般分为夹具清理、注胶和紫外固化。其中最关键的是对涂覆机夹具的清理,一般要求清理到肉眼看不见脏物和酒精残留为止。

5.2　光纤熔接

工业光纤激光器主要由半导体激光泵浦源、信号/泵浦耦合器、高反光栅和低反光栅、增益光纤、包层光剥离器、模场适配器和光纤传输接口等组成。要将这些光纤器件有效地连接起来构成光纤激光器系统,光纤熔接必不可少,所以,系统中会存在很多的光纤熔接点。例如有泵浦光纤与信号/泵浦耦合器的多模光纤的熔接点,信号/泵浦耦合器与高反光栅、低反光栅的熔接点,增益光纤与光栅的熔接点,包层光剥离器与光纤传输接口的熔接点等。熔接点质量直接影响激光器的输出功率和光束质量。质量差的熔接点可能会有几瓦到几十瓦的功率损耗,纤芯错位将会导致模式的改变,影响激光光束质量,对激光器的输出特性产生很大的影响;另外,熔接点质量差会产生热效应,过多的光功率泄漏到包层会使包层光剥离器负担过大,熔接点的质量差会导致很多纤芯中的光泄漏到包层中,使熔接点处的温度很高。

影响光纤熔接的主要因素很多,根据特点一般可以分为本征因素和非本征因素两种,本征因素主要是指光纤自身对光纤熔接产生的影响,包括纤芯截面几何不匹配、模场直径不匹配、模场同心度不同等,这些因素不可排除。非本征因素主要是指熔接技术因素,主要包括光纤切割端面角度选取不当、对准时纤芯错位、熔接时端面分离、光纤摆放倾斜等,这些因素可通过熔接工艺进行排除。因此,对双包层光纤的熔接对准技术进行实验研究,提升光纤熔接技术,控制双包层光纤熔接点处的纤芯错位对于提高工业光纤激光器的光光转换效率和光束质量具有非常重要的意义。

1. 光功率对准法熔接大模场双包层光纤

图 5.4 所示的为大模场双包层光纤熔接的光功率对准系统,系统中,为了抑制包层光和纤芯中高阶模的影响,大模场双包层光纤通过包层光剥离器剥离包层光并采用 70 mm 的盘绕直径来抑制纤芯中的高阶模,通过提高光功率对准系统的对准精度,进一步提升大模场双包层光纤熔接点的熔接质量。

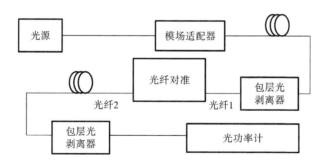

图 5.4 大模场双包层光纤熔接的光功率对准系统

其中,光源采用中心波长为 1064 nm,带宽(FWHM)为 46 nm,最小输出功率为 0.02 mW,最大输出功率为 20 mW,输出光纤为 Hi1064 单模光纤的光源。

通过模场适配器进行连接后,单模光纤中传播的基模光能够很好地耦合进入大模场双包层光纤的纤芯中,几乎不产生包层光,并且没有高阶模被激发,在大模场双包层光纤中能够保证良好的基模传输,输出功率稳定,有利于提高大模场双包层光纤功率对准系统的对准精度。

2. 光纤熔接机最佳熔接参数的调试[1]

采用熔接机对光纤进行熔接,对于不同的光纤熔接,应设定不同的熔接参数来实现最佳熔接质量。在商用熔接机中,影响光纤熔接的主要参数有主放电功率、主放电时间、预熔功率、预熔时间。其次,光纤熔接前的切割与清洗也会对熔接质量造成一定的影响。下面采用图 5.4 所示的光功率对准系统对 Fujikura 二氧化碳熔接的大模场双包层光纤的熔接程序的最佳熔接参数进行调试。设置好熔接机初始参数后,将功率对准系统中的待熔接光纤 1 和待熔接光纤 2 两端切割(角度在 0.3°内)后放入熔接机的 V 形槽中,运行熔接机到光纤对准后,手动调节熔接机马达进行纤芯位置调整,在输出功率最大处记录最大功率 P_{max},然后进行熔接,熔接后输出功率为 P。比较由 P_{max} 到 P 的功率上升情况,判断熔接参数是否最佳,功率上升越大,则熔接点的熔接质量越好,此时熔接参数设置越好。图 5.5 所示的为输出功率上升值在不同主放电时间、主放电功率、预熔时间、预熔功率时的变化情况。从图中可以看出,熔接机

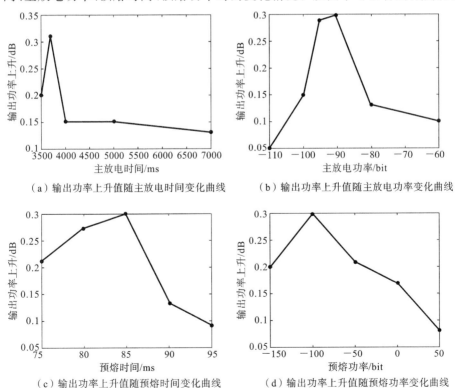

（a）输出功率上升值随主放电时间变化曲线　　（b）输出功率上升值随主放电功率变化曲线

（c）输出功率上升随预熔时间变化曲线　　（d）输出功率上升值随预熔功率变化曲线

图 5.5　输出功率上升值随熔接参数变化曲线

的熔接参数均存在一个最佳值,低于或高于这个最佳值都会造成熔接点的损耗过多,熔接点质量变差。对于两个相同的 $20/400~\mu m$ 大模场双包层光纤的熔接程序,当主放电时间为 3700 ms、主放电功率为 -90 bit、预熔时间为 85 ms、预熔功率为 -100 bit 时,熔接点的质量最佳,对于此程序,熔接机的熔接质量最佳。

3. 利用熔接机火焰扫描抛光

熔接质量的好坏与熔接后光纤包层的过渡是否平滑有关。熔接区过渡越平滑,损耗越小,通光时的表面温度越低。实验发现,选择合适的加热时间和加热区长度可以有效地实现不同包层直径光纤间熔接点处的平滑过渡。实验中,通过控制熔接机火焰的功率及扫描行程,利用火焰扫描抛光"fire-polish"的方法,来"匀化"熔接点处的光纤包层突变,降低熔接损耗。如图 5.6 所示,先将 $390~\mu m$ 的无源光纤与 $400~\mu m$ 的掺镱光纤直接熔接,再调节熔接机火焰的扫描行程,使其以"Z"字形轨迹循环扫描熔接点处,扫描期间其往返行程以熔接点为基准呈轴对称逐渐减小,通过调节火焰的功率和往返的行程差,可以获得熔接点处不同的"匀化"效果,实验中采用的扩芯区域的长度为 $900~\mu m$,便于散热和封装。"匀化"处理前后的熔接点对比如图 5.7 所示。

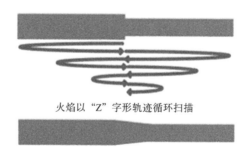

火焰以"Z"字形轨迹循环扫描

图 5.6　利用火焰扫描对熔接点进行"匀化"处理

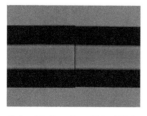

（a）"匀化"处理前的熔接点　　（b）"匀化"处理后的熔接点

图 5.7　"匀化"处理前后的熔接点的对比

5.3 熔接点热分析

图 5.8 所示的为有源光纤-高反光栅熔接点的热像图与显微镜图[2],从图中可以看到,靠近有源光纤的涂覆分界线是最先亮的,同时靠近光栅端涂覆分界线也产生了少量热,这在实验中已经多次被观察到,并且还发现包层光过多或涂覆剥除质量差,甚至回光较大都会使分界线温度产生明显恶化。目前可解释为:① 在涂覆分界线处由于机械损伤不可避免地存在许多空腔或毛刺,在重新涂覆后,这个空腔的空气不会被全部排出,导致固化后的涂覆分界线处仍然会有一个个空气空腔。正是这些空气腔形成了高热阻区,导致高温点产生[3];② 2009 年,M. A. Lapointe 等人提出了一种新的发热机制[4],认为重涂覆的涂料的折射率一般很难与原涂料完全匹配,因此分界线处存在折射率失配,再加上界面缺陷等因素会导致涂覆分界线处形成很多个“micro-canity”,使得部分泄漏光在里面来回反射,导致该区域发热;③ 若采用反向泵浦,由于信号/泵浦耦合器有一定的插入损耗,会产生回光,当回光较大并部分进入包层时,也会导致该区域发热。

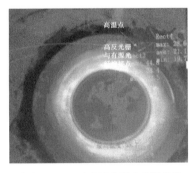 

（a）HR-YDF（高反光栅和有源光纤 （b）涂覆分界线显微镜图
　　熔接点）熔接点热像图

图 5.8 熔接点热像图与显微镜图

除了上述原因,高温点高频率地出现在高反光栅(低反光栅)与增益光纤熔接点涂覆分界线的另一个重要原因是有源光纤泵浦吸收的量子亏损本身就会产生大量热量。此外,实验发现,有源光纤中掺入铯等杂质后,发热会进一步加重。从上述发热机制来看,要解决涂覆分界线高温的问题,应主要从涂覆分界线入手,目前的解决方案如下。① 在熔接完成后直接将熔接点置入水中冷却,既保证了包层光传输所需的低折射率环境,又可以排除涂覆分界线空腔中的气泡。此外,由于水的比热容较大,所以温度不会上升太快。② 在剥除涂覆时不再使用热剥钳剥除,而是采用刀片进行人工精细剥除,使得剥除后的涂覆分界线呈现"削铅笔"式的圆台形结构,如图 5.9(a)所示。该剥除结构直接避免了空腔的存在。缓变的分界线结构使得包层光的泄漏也是缓慢进行的,这也让发热区域不再是一个点,增大了散热面积,减小了热积累和局部高温;③ 中国工程物理研究院于 2017 年提出了"在线重涂覆法"[5],即将光纤熔点嵌入热沉凹槽,然后采用"三段手动涂覆法",如图 5.9(b)所示,在两端原始涂覆区域涂高折射率紫外胶,中间裸纤区域涂低折射率紫外胶,并用紫外灯将熔接点固化在热沉上。这种做法有两个显著优点:靠近原始涂覆分界线的高折射率胶有助于将泄漏光从"micro-canity"导出,而紫外胶固化有助于固定熔点,增加和热沉的接触,利于散热。中国工程物理研究院通过实验发现该熔接点至少可承受 5.4 kW 的泵浦光功率,并且结合理论和实验结果推断出其承受极限在 10 kW 以上,这显示了这种熔接点涂覆处理方法的巨大潜力。

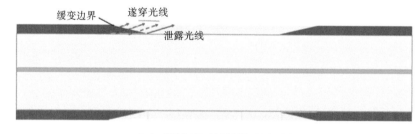

(a) "圆台形"涂覆剥除法原理图

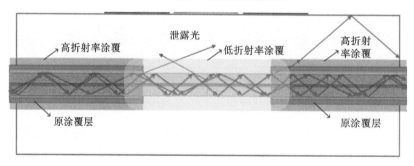

(b) 中国工程物理研究院提出的"在线重涂覆法"示意图

图 5.9 解决涂覆分界线高温问题的方法

5.4　大功率光纤激光器安全监测

1. 大功率光纤激光器安全监测系统

安全监测是大功率光纤激光器领域一个非常重要的研究课题。光纤激光器在运行过程中一旦发生烧纤、烧器件等现象,不仅会损坏器件本身,还会引起破坏性的连锁反应。尤其是当有源光纤烧断时,寄生振荡会导致回光大大增强,往往会损坏光栅或信号/泵浦耦合器等,并伴随 fiber-fuse 现象。如果能通过监测激光器的一些指标参数的变化来提前预知激光器崩溃的危险,则可大大减小实验风险。

对于大功率光纤激光器,传统的工作状态监测方法主要有两种,一种是通过功率计监测功率异常,另一种是通过热像仪观察光纤及其器件表面温度,也可将两种方法结合起来。但在很多情况下,热像仪是无能为力的。比如深埋水冷槽的有源纤,带有封装结构的无源器件等都无法准确监测。此外,大多数情况下,激光器都是突然崩溃的,功率计往往无法快速作出反应,因此往往功率计是不会有征兆的,并且功率计无法精细反映功率的轻微波动。而简单地通过功率下降判定是否异常的做法不仅风险较大,还可能会导致误判。因此,单纯地凭借输出功率或者表面温度很难全面地了解激光器的工作状态。李进延等人[6]提出了大功率光纤激光器安全监测系统。这种监测方法具有简单易实施、监测全面等特点。该系统主要是通过监测激光器回光端通道和输出端分光通道,利用光谱仪、示波器和热像仪等设备来监测各项指标的,再由指标变量判断激光器的运行状态,其具体组成和结构装置分别如图 5.10 和图 5.11 所示。

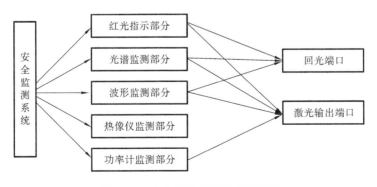

图 5.10　安全监测系统组成示意图

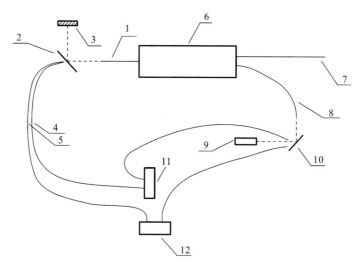

图 5.11   安全监测系统结构示意图

1—激光输出;2—信号光波长高反镜(99.5%~99.95%);3—功率计;4,5—无源光纤;

6—光纤激光器或光纤放大器;7—泵浦输入;8—回光端;9—氦氖激光器;10—45°反射镜;

11—光谱仪;12—示波器。

2. 大功率光纤激光器安全监测指标

表 5.1 列出了常见的几种安全监测指标,监测指标分为功率计读数、热像仪温度、光谱仪指标和示波器指标四大类。

表 5.1   常见的监测指标

指标类型	指标名称	指标具体内容	指标指示内容
静态	功率计读数	功率增幅	光纤激光器内部损耗,LD 功率异常
静态		双端总功率与单端的叠加对比	
静态		总功率与单个 LD 的叠加对比	
静态	热像仪温度	LD 表面温度	LD 是否异常
静态		LD 输出头温度	回到 LD 中的回光
静态		正向信号/泵浦耦合器温度	反向包层光(剩余泵浦光为主)
静态		反向信号/泵浦耦合器温度	正向包层光(剩余泵浦光为主)
静态		包层光剥离器温度	正向包层光功率
静态		HR-YDF 熔点温度	关键熔点
静态		LR-YDF 熔点温度	关键熔点

指标类型	指标名称	指标具体内容	指标指示内容
静态	光谱仪指标	泵浦光波长	LD 温度、LD 波长漂移情况
静态		激光波长	光栅温度情况
静态		激光光谱展宽	非线性效应
静态		泵浦光和激光光谱峰值强度	泵浦光和激光的功率
静态		红光光谱强度	红光损耗情况,一定程度反映光致暗化水平,间接反映出关键熔点涂层状态
动态		泵浦光波长漂移	开启或者电流调节时的暂态变化
动态		泵浦光形状变化	开启或者电流调节时的暂态变化,比如一定程度可反映出泵浦吸收的短暂过程
静态	示波器指标	波形的强度	回光端或输出端的功率
动态		波形动态变化	某些现象建立的过程,如泵浦吸收,模式不稳定(MI)建立,器件损伤等短暂过程

3. 安全指标数据库

在搭建好的安全监测平台上,参考几年来数万台工业光纤激光器生产和应用的大量安全情况下的指标数值与相关器件状态,建立相应的安全指标数据库。例如,在正常情况下,双向泵浦输出功率要大于正、反向分别单泵时的功率;半导体激光泵浦源表面温度不应超过 48 ℃,半导体激光泵浦源输出端温度不应超过 50 ℃;由于信号/泵浦耦合器特殊的合束拉锥结构,逆向包层光通常会造成信号/泵浦耦合器的输出光纤在接近封装外壳区域时产生局部高温,该温度不应超过 60 ℃;包层光剥离器外壳不应超过 70 ℃,高反光栅与增益光纤的熔接点熔点不应超过 50 ℃;双向泵浦情况下,低反光栅与增益光纤的熔接点熔点不应超过 56 ℃;半导体激光泵浦源波长、半导体激光泵浦源温度漂移应尽量控制在 1 nm 以内。在监测激光器运行状态时,将实时监测指标数据与安全数据库对比就可在一定程度上避免安全隐患。

工业光纤激光器

5.5　光纤端帽制作工艺

光纤端帽是抑制大功率光纤激光器输出光纤端面损伤的关键器件,它主要通过对激光扩束来降低输出端面的光功率密度,从而保护光纤端面不受损坏。它还能够有效抑制端面回光,其对光纤激光器起着重要的保护作用,是工业光纤激光器的重要器件之一。

5.5.1　光纤端帽的基本结构

光纤端帽由输出光纤和石英端帽两部分组成,两部分熔接在一起。目前大功率光纤激光器主要采用石英材料光纤,因而端帽也选用石英材料。石英材料可以通过加热达到熔融状态,这一优良特性使得光纤和石英端帽可以通过熔接的方式连接在一起,给制作过程带来便利。根据熔接方式和使用范围的不同,可以将光纤端帽分为两种:无芯光纤端帽和玻璃锥棒光纤端帽,如图5.12所示。激光通过输出光纤后进入石英端帽传输,由于石英端帽可以看作是均匀介质,激光将在其中逐渐发射,当激光再次从石英端帽出射到自由空间中时,其在光纤端帽输出表面的功率密度已大大降低。

无芯光纤端帽采用大直径的无芯光纤作为石英端帽,由于在尺寸上和输出光纤比较接近,可以使用普通光纤熔接机来实现二者的熔接。由于无芯光纤直径较小,一般为 $100\sim600\ \mu m$,输出端面不易进行增透膜处理,因而一般对其进行斜角切割以抑制纤芯回光,这将带来输出激光传输方向的改变。同时,斜角切割带来的回光将在无芯光纤中形成热负载,降低无芯光纤端帽的大功率承载能力。另一方面,由于无芯光纤端帽的长度受限,一般为 $1\sim2\ mm$,端帽输出表面的激光功率密度仍然较高,因而无芯光纤端帽只能用于中小功率水平的光纤激光器。

玻璃锥棒光纤端帽的直径可以根据需要进行设计,一般可达 $1\sim10\ mm$,长度可达 $5\sim20\ mm$,因而可以将输出端面的光功率密度降到非常低的水平。同时,大尺寸的玻璃锥棒也使得输出端面易于进行增透膜处理,可以进一步抑制回光,并且输出面不需要斜角处理,可以保持激光输出方向,因而玻璃锥棒光纤端帽可用于大功率光纤激光器系统。但是玻璃锥棒光纤端帽的尺寸与普通光纤的差异很大,无法用常规光纤熔接机进行熔接,需要采用特殊熔接技术。尽管无芯光纤端帽和玻璃锥棒光纤端帽在制作方法和使用范围方面都有

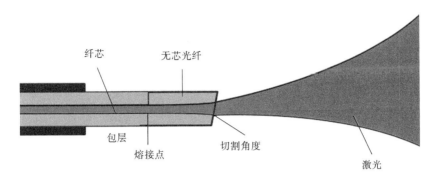

（a）无芯光纤端帽

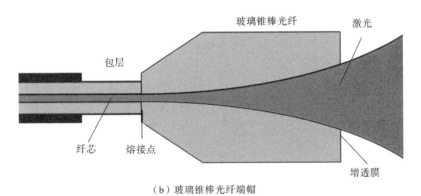

（b）玻璃锥棒光纤端帽

图 5.12　光纤端帽的基本结构示意图

差别,但二者都是通过激光在端帽传输过程中逐渐发散的原理来降低输出端
面光功率密度的。

5.5.2　激光在光纤端帽中的传输特性

文献[7]介绍了激光在光纤端帽中的传输特性。

1. 激光在少模光纤端帽里的传输

当信号激光进入石英端帽,由于衍射作用,信号激光逐渐发散。可以通过
惠更斯-菲涅耳原理来分析,在标量衍射条件下,可以近似得到

$$E_1(\xi,\eta) = \frac{z}{i\lambda}\iint_\Sigma E_0(x,y)\frac{\exp(ikr_{01})}{r_{01}^2}\mathrm{d}x\mathrm{d}y \tag{5.1}$$

$$r_{01} = \sqrt{z^2+(\xi-x)^2+(\eta-y)^2} \tag{5.2}$$

式中,x 和 y 是出射面的二维坐标位置;ξ 和 η 是观察面的二维坐标位置;z 是
出射平面到观察面的轴向距离。当观察面距离出射面足够远时,式(5.1)可以

进一步简化为菲涅耳衍射积分公式：

$$E_1(\xi,\eta) = \frac{e^{ikz}}{i\lambda z}\iint E_0(x,y)\exp\left\{i\frac{k}{2z}[(\xi-x)^2+(\eta-y)^2]\right\}\mathrm{d}x\mathrm{d}y$$

$$= \frac{e^{ikz}}{i\lambda z}e^{i\frac{k}{2z}(\xi^2+\eta^2)}\iint[E_0(x,y)e^{i\frac{k}{2z}(x^2+y^2)}]e^{-i\frac{2\pi}{\lambda z}(x\xi+y\eta)}\mathrm{d}x\mathrm{d}y \quad (5.3)$$

根据所处理的光纤端帽的特点，可以采用菲涅耳近似进行处理。图 5.13 所示的是基于菲涅耳衍射公式和基模高斯光束传输规律的光斑半径变化曲线。通过比较可以看出，采用 Marcuse 模场半径定义法，随着激光的传输，近似精度逐渐下降；采用二阶矩宽度定义法，则光斑半径与菲涅耳衍射公式的结果符合。同样是对 $20/400~\mu m$ 光纤进行计算，对于 LP_{01} 模式和 LP_{11} 模式，激光传输 20 mm 后的光斑半径分别为 0.76 mm 和 1.42 mm。

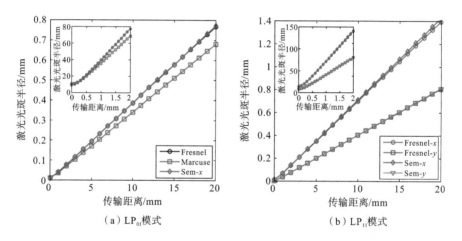

（a）LP_{01} 模式　　　　　　　　　（b）LP_{11} 模式

图 5.13　低阶模式信号激光光斑半径与传输距离的关系

2. 信号激光在少模光纤端帽输出表面的折射

当信号激光传输到光纤端帽输出表面时，要从石英端帽进入自由空间中，由于二者的折射率差异，光场将在这个界面上进行折射。图 5.14 给出的是信号激光在少模光纤端帽输出表面发生折射的示意图。将入射信号激光简化为腰斑位置位于输出光纤端帽处的理想基模高斯光束，其腰斑记为 ω_g，光纤端帽的长度为 L，入射高斯光束在出射面位置的光斑半径记为 $\omega_g(L)$，曲率半径记为 $R_g(L)$。由于折射效应，出射高斯光束对应的腰斑位置会向端帽输出表面移动，二者之间的距离为 l_a，出射高斯光束的腰斑半径为 ω_a，在输出表面位置的腰斑半径记为 $\omega_a(l_a)$，曲率半径为 $R_a(l_a)$。显然，在端帽输出表面位置处，入

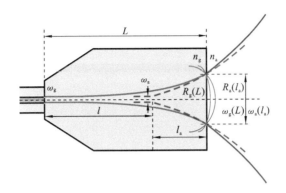

图 5.14　激光在少模光纤端帽输出表面的折射示意图

射高斯光束与出射高斯光束的光斑半径一致,即 $\omega_a(l_a) = R_a(l_a)$。但是由于折射效应,对应的曲率半径将会改变:

$$R_a(l_a) = \frac{R_g(L)}{n_g} \tag{5.4}$$

据此可以计算出出射高斯光束的腰斑半径和腰斑位置分别为

$$\omega_a = \frac{\omega_g(L)}{\sqrt{1 + \left[\dfrac{\pi n_g \omega_g^2(L)}{\lambda n_a R_g(L)}\right]^2}}, \quad l_a = \frac{R_g(L)/n_g}{1 + \left[\dfrac{\pi n_g \omega_g^2(L)}{\lambda n_a R_g(L)}\right]^{-2}} \tag{5.5}$$

以常用的 $20/400~\mu m$ 光纤为例,当光纤端帽长度 $L = 20~mm$ 时,计算可得入射高斯光束在输出表面的光斑半径 $\omega_g(L) = 0.754~mm$,出射高斯光束的腰斑半径 $\omega_a = 6.20~\mu m$,对应腰斑位置 $l_a = 13.8~mm$。当光纤端帽长度为 $8~mm$ 时,出射高斯光束的腰斑半径同样为 $6.20~\mu m$,而对应的腰斑位置为 $5.5~mm$。

3. 信号激光在光纤端帽输出表面的反射

信号激光传输到光纤端帽输出表面时,除了透射到自由空间形成激光输出外,仍然有部分激光会在输出表面发生反射。由菲涅耳反射公式可知,由于二者的折射率差异,玻璃材料和空气之间的反射系数可达 4% 左右,在大功率输出条件下,如此强的反射光对于光纤激光器是一个巨大的威胁。除了抑制光纤端面损伤,光纤端帽的另外一个重要作用就是抑制由输出表面反射带来的回光。光纤端帽可以从两个方面来有效抑制回光,一方面是进行增透膜处理,降低端面反射系数;另一方面是增大回光模场,减少纤芯耦合光。增透膜是从减少反射方面来抑制回光的,这取决于增透膜本身的性质。而减小纤芯耦合光可以通过调整光纤端帽长度来控制。

如图 5.15 所示,实线区域代表的是正向传输的信号激光,虚线区域代表的是输出表面引起的菲涅耳反射光,而纤芯中的白色线条代表的是耦合进纤芯区域的回光。对于长度为 L 的光纤端帽,从输出表面反射回来的激光在到达光纤输出面时,对应的模场半径等于正向传输的信号激光传输 $2L$ 后的模场半径。因此,根据耦合效率的计算方法,在基模高斯光束近似下,耦合进纤芯区域的回光可以表示为激光在自由空间中传输 $2L$ 距离时的光斑半径。

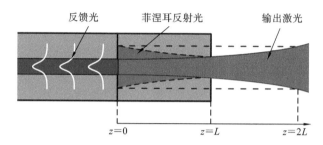

图 5.15　激光在光纤端帽输出表面的反射示意图

4. 信号激光在多模光纤端帽中的传输特性

除了用于单根少模光纤激光器的输出之外,光纤端帽还可以用于大功率多模传能光纤的输出。与少模光纤端帽不同的是,多模光纤端帽中传输的激光亮度较低,光束质量较差,不能采用基模高斯光束近似,因而其在光纤端帽中的传输特性可以采用光线理论来进行分析。以纤芯直径为 $50\ \mu m$,纤芯数值孔径为 0.22 的多模光纤为例,对多模光纤端帽中激光的传输特性进行分析。当采用光纤理论对多模激光进行分析时,需要把激光看作是一根一根的光线,其在光纤端帽里的传输过程如图 5.16 所示。

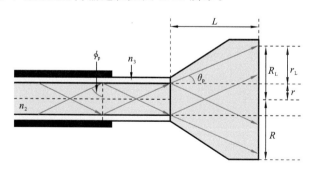

图 5.16　激光在多模光纤端帽中传输的示意图

图 5.16 中,光纤中激光在分界面上的全反射临界角 ϕ_p 由纤芯和包层的折

射率决定：

$$\sin\phi_p = (n_3 / n_2) \tag{5.6}$$

而光纤的数值孔径定义为纤芯折射率与最大发散角 θ_p 的正弦值之积：

$$NA = n_2 \sin\theta_p = n_2 \sin\left(\frac{\pi}{2} - \phi_p\right) = \sqrt{n_2^2 - n_3^2} \tag{5.7}$$

因而激光在多模光纤中的最大发散角 θ_p 可以表示为

$$\theta_p = \arcsin(NA / n_2) \tag{5.8}$$

由图 5.16 可以看出，当确定了激光的最大发散角 θ_p 后，就可以计算出光纤端帽输出表面的光斑半径为

$$R_L = r + r_L = r + L \cdot \tan(\theta_p) \tag{5.9}$$

对于纤芯直径为 50 μm，数值孔径为 0.22 的输出光纤而言，激光的最大发散角 $\theta_p = 0.15°$。当光纤端帽长度 $L = 20$ mm 时，可以计算出出射高斯光束在输出表面的光斑半径 $R_L = 3.08$ mm。当光纤端帽长度 $L = 8$ mm 时，可以计算出出射高斯光束在输出表面的光斑半径 $R_L = 1.24$ mm。

5.5.3 光纤端帽的制作工艺

1. 加热方式

（1）电弧环工艺是目前市面上最为成熟的端帽熔接工艺，其采用三电极电弧环加热方式，形成了一个稳定、可控的面热源，加热面积大，可以覆盖直径为 2.5 mm 的稳定加热区域。电极的维护方式与最普通的光纤熔接机的维护方式一致，工艺成熟度高，使用寿命长，加工成本低。

（2）CO_2 激光熔接是一种新兴的加热方式，其属于直接加热方式，利用了石英材质对 CO_2 激光的吸收特性。CO_2 激光热源对光斑形状的设计要求很高，图 5.17 所示的为 CO_2 激光器加工设备的设计方案，CO_2 激光器的输出功率约为 30 W，一个可变小孔光阑放置在其前面用来调节通过的激光功率。为了结构紧凑，先用 1 片 45° 放置的全反镜将激光反射至图中 y 轴方向。另外 1 片 45° 放置的全反镜和 1 片 50 mm 焦距的锗凸透镜安装在步进电机驱动的一维平移台上，该平移台可以在控制器的控制下沿 y 轴方向来回移动，移动的方向、速度都可以由控制器调节。这样，通过移动电控平移台，就可以使 CO_2 激光聚焦光斑的位置沿 y 轴方向来回扫描。双包层光纤和作为端帽的无芯纯石英光纤分别装夹在两个五维光纤调节架中，这样可以保证两根光纤精密对准。光纤的轴向为竖直方向，可以避免石英熔化后由重力作用造成的变形。两根

光纤的接触部位由一个 CCD 摄像机实时监测,通过监视器可以清晰地看到放大后的图像,方便光纤位置的定位、调节及熔接状态的观察。

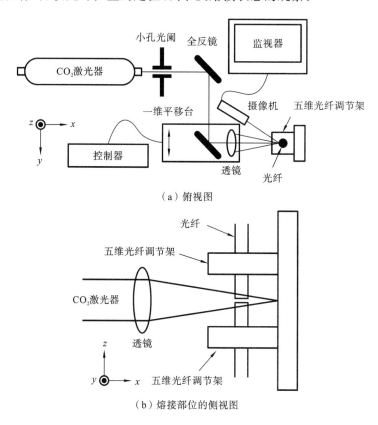

（a）俯视图

（b）熔接部位的侧视图

图 5.17　CO_2 激光器熔接端帽设备示意图[8]

（3）丝焰加热是一种较为传统的光纤熔接加热方法,为非直接加热,需要通过热传导方式加热待加工器件。但丝焰加热的工艺一直无法突破,其寿命短、成本高、加热面积小,工艺能力还有待突破。

2. 端帽夹持

（1）夹具夹持。根据具体应用和传输光纤的直径,光纤端帽的直径可为几百微米、几个或十几个毫米,端帽外形有圆柱形、圆台形、台阶形等。由于端帽的整体长度不会太长,那么夹具会距离热源非常近。可以使用石英等耐高温的材质制作端帽夹具,这样可使其具有很好的兼容性和工程化条件。

（2）真空吸附。针对特殊形状的光纤端帽,比如超短、超细、异形端帽等,可采用真空吸附的工艺实现端帽夹持,该夹持固定工艺对于上述特殊端帽也具有较强的兼容性和操作便捷性。

3. 熔接对准

（1）图像识别。类似于光纤熔接前对准的过程，在进行端帽熔接前，需要对光纤和端帽进行图像识别和对准。一般来讲，采用两个正交的侧面图像即可实现端帽与光纤中心对准，而针对一些特殊的形状，如圆台形、圆锥形等，则需要将图像识别的算法进一步丰富，应增加斜边、斜角等更多的数据识别能力。端帽不同于光纤，需要成像系统和识别算法有更强的适应性和兼容性。

（2）多维对准。为了实现光纤和端帽在熔接前达到真正的中心对准，可以借鉴熔接机的夹具设计思路，针对固定类型的端帽精细加工出小于微米量级误差的端帽夹具。而面对实际工作中的工程化需求，增加夹具的调整维度是满足中心对准的一个便捷、高效、高性价比和高兼容性的工艺思路。只需要在 x、y、z 轴调节的基础上，增加俯仰角和偏角的调节能力，即可实现。

5.5.4 大功率光纤端帽的性能测试

1. 回光测量

图 5.18 所示的为光纤端帽回光测量的实验方案。所采用的光源为 1.064 μm 连续光激光器，其输出光纤为 10/125 μm 光纤，连接一个 50/50 μm 光纤耦合器，耦合器的一个输出臂通过模场适配器连接 20/400 μm 光纤端帽，测量输出功率记为 P_1，另一个输出臂置于高折射率匹配液中。耦合器的另一个输入臂作为回光的监测通道，测量输出功率记为 P_2。忽略模场适配器的损耗等影响，光纤端帽带来的纤芯耦合回光可以表示为

$$\alpha_{\text{feedback}} = 10 \lg \left(\frac{2P_2}{P_1} \right) \tag{5.10}$$

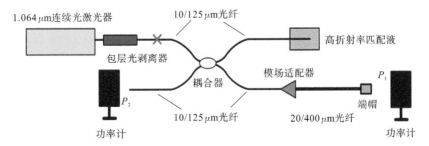

图 5.18　测量光纤端帽纤芯耦合回光的实验原理图

实验分别测量了不同长度的无芯光纤端帽及不同长度的玻璃锥棒光纤端帽的回光,部分实验数据如图 5.19 所示(无芯光纤的包层直径为 400 μm)。从图中的曲线可以看出,当无芯光纤端帽的长度小于 3 mm 时,实验测得的回光与理论计算结果相符合。而当无芯光纤端帽大于 3 mm 时,实验测得的回光与理论计算结果差别很大,这主要是由于此时激发了无芯光纤的包层模式,参与耦合的模式数增多。而采用长度为 8 mm 的玻璃锥棒光纤端帽时,由于采用了增透膜处理(对应的反射系数约为 -30 dB),测得的回光为 -53.84 dB,略高于理论值(-58.67 dB)。而采用 20 mm 的玻璃锥棒光纤端帽时,测得的回光值为 -58.51 dB。

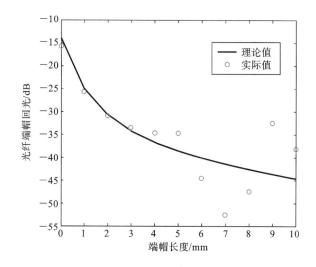

图 5.19　实验测得的光纤端帽回光与端帽长度之间的关系

2. 信号激光腰斑位置偏移测量

　　图 5.20 所示的实验方案可用来证实光纤端帽中腰斑位置的偏移现象并测量偏移值。根据基模高斯光束的性质,只有当准直透镜位于距离激光腰斑处一个焦距的位置时,输出激光才具有最好的准直效果。由于准直透镜的位置不方便确定,因而用光纤直接输出作为对比,利用一套准直透镜系统对光纤直接输出进行准直,测量光纤输出端面与准直透镜的距离,记为 L_1。然后采用同样的准直透镜系统再对光纤端帽输出激光进行准直,测量光纤端面位置和准直透镜之间的距离,记为 L_2,二者之差 l 就是腰斑位置偏移量。实验中,为了避免双包层光纤中包层光的影响,对光纤进行了包层光滤除处理。

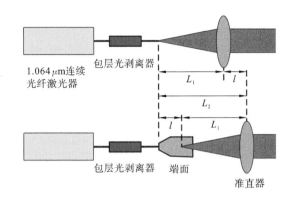

图 5.20　测量光纤端帽输出激光腰斑偏移量的实验原理图[7]

实验中采用了一套有效焦距为 30 mm 的准直透镜系统,对输入的 1.064 μm 连续激光进行准直后测量。标定光纤直接输出时的准直距离为 130 mm,据此测量长度分别为 20 mm 和 8 mm 的两种光纤端帽对应的光纤端面位置和准直透镜之间的距离分别为 237.5 mm 和 233.5 mm。可以计算出这两种长度的光纤端帽对应的腰斑位置偏移距离分别为 7.5 mm 和 3.5 mm,略大于前文计算的 6.2 mm 和 2.5 mm,这主要是因为前文理论分析中采用的是理想基模高斯光束,而实际输出激光不可能是理想基模高斯光束,由此,实际腰斑位置偏移量比理论值更大。

3. 大功率激光输出测试实验

(1) kW 级。

采用千瓦级的光纤激光器对 20/400 μm 光纤端帽进行了大功率输出测试实验,在光纤端帽上检测不到明显的温升。为了进一步测量光纤端帽的大功率承载能力,利用输出功率为 3 kW,输出光纤为 30/400 μm(0.06 NA)光纤的连续光纤激光器对 30/400 μm 光纤端帽进行了大功率激光输出测试实验,测试结果如图 5.21 所示。实验中只采用了简易夹具对光纤端帽进行了固定,未对光纤端帽进行主动制冷(环境温度为 24 ℃),当输出功率达到 3 kW 时,端帽温度为 45 ℃,即温升为 7 ℃/kW。考虑到可以通过主动制冷进一步降低温升,因而可以判断这种光纤端帽具有更大的大功率承载能力。

(2) 2 万瓦级。

下面采用 20 kW 多模光纤激光器对 100/360 μm 光纤端帽进行大功率输

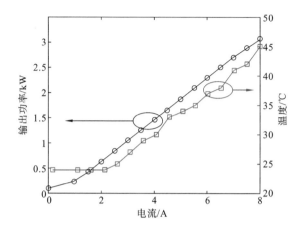

图 5.21 单模光纤端帽的大功率连续激光输出测试结果

出测试实验。实验直接把带有光纤端帽的 $100/360~\mu m$ 传输光纤与 20 kW 的大功率光纤激光器熔接,光纤端帽安装在带有水冷的 QBH 光纤接口中,去掉 QBH 输出端的保护镜片,用红外热像仪从斜的角度直接对准光纤端帽,测量出的不同输出激光功率时的端帽温度如图 5.22 所示。结果表明,$100/360~\mu m$ 光纤端帽能够承受 20 kW 的激光功率,达到设计要求。

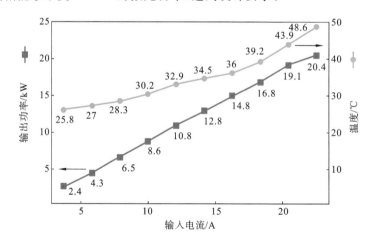

图 5.22 光纤端帽在 20 kW 大功率连续激光输出下的测试结果

5.6 增益光纤盘绕

目前,在大功率光纤激光器中,增益光纤的盘绕方式一般为圆形结构或者跑道形结构,如图 5.23 和图 5.24 所示。选择合适的增益光纤盘绕方式可以提高泵浦吸收与输出激光光束质量，同时可提高光纤中模式不稳定的阈值功率，从而提高光纤激光器的输出功率。随着大功率光纤激光器应用范围的扩展、市场需求量的增长，光纤激光器制造商也不断增多，相关人员围绕着增益光纤的盘绕方式，发明了多种专利。例如孙梦至等人[9]提出的"一种光纤盘绕方法及光纤激光器和光纤

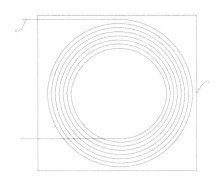

图 5.23　增益光纤圆形结构盘绕方式

放大器"，如图 5.25 所示，申请的发明专利提供的光纤盘绕方法使光纤的第二端能从多个光纤圈的内圈中绕出，使得光纤两端均位于多个光纤圈之外，光纤两端连接其他元器件时不必向上翘起，进而解决了传统盘绕方法所必然导致的光纤飞纤问题。

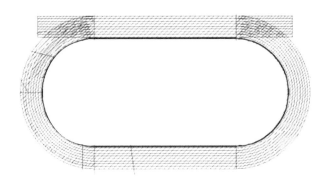

图 5.24　增益光纤跑道形结构盘绕方式

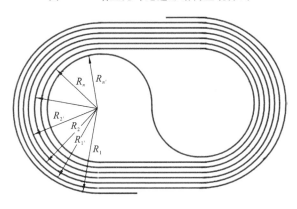

图 5.25　参考文献[9]的光纤盘绕方式

各光纤圈中光纤的最小盘绕半径 R'_n 由经验法确定,光纤的最小弯曲半径不能超过光纤包层直径的 150 倍。

林澄等人[10]申请的发明专利为"一种用于高功率光纤激光器的光纤盘绕结构",如图 5.26 所示,该发明使光纤在盘旋凹槽中没有搭接、重叠或悬空,其在高功率光纤激光器中工作时,可有效对光纤进行散热。通过弧形跳圈凹槽可以改变所述盘绕装置的凹槽总长度,使其可以适应多种不同的光纤长度,满足多种功率水平的激光器研制需求。

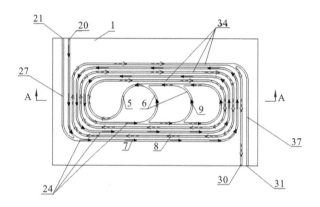

图 5.26　参考文献[10]的光纤盘绕方式

席道明等人[11]申请的发明专利为"一种有源光纤的绕盘装置及绕纤方法",如图 5.27 所示,散热盘为跑道形结构,散热盘内壁为斜面,光纤盘绕内外直径差值小,同时解决了传统盘绕方法所必然导致的光纤飞纤问题,实现了高阶模式激光的有效滤除。

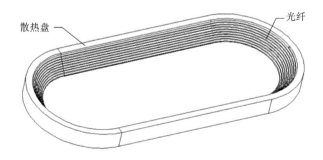

图 5.27　参考文献[11]的光纤盘绕方式

参考文献

[1] 李雪.高功率光纤激光器光纤熔接的功率对准技术研究[D].南京:南京理工大学,2017.

[2] 贺兴龙.高功率掺镱全光纤激光器关键单元技术研究[D].武汉:华中科技大学,2018.

[3] 胡志涛,何兵,周军,等.高功率光纤激光器热效应的研究进展[J].激光与光电子学进展,2016,(8):8-18.

[4] M. A. Lapointe, S. Chatigny, M. Piché, et al. Thermal effects in high-power CW fiber lasers[J]. The International Society for Optical Engineering, 2009.

[5] Z. Huang, X. Tang, P. Zhao, et al. Power scaling analysis of high power fiber laser employing online three-section recoating method of splice point[J]. Laser Physics, 2016, 26(12): 125103.

[6] 李进延,贺兴龙,廖雷,等.一种高功率光纤激光器安全监测方法及装置:中国,107219063A[P]. 2017.

[7] 周旋风.大功率光纤端帽和光纤功率合束器研究[D].长沙:国防科技大学,2016.

[8] 叶昌庚,闫平,欧攀,等.基于 CO_2 激光的双包层光纤端帽熔接实验研究[J].激光技术,2007,31(5):456-458.

[9] 孙梦至,李琦,梁小宝,等.一种光纤盘绕方法及光纤激光器和光纤放大器:中国,201711014926.6[P].

[10] 林澄,杨超,王琦.一种用于高功率光纤激光器的光纤盘绕结构:中国,201710376269.3[P].

[11] 席道明,陈云,马永坤,等.一种有源光纤的绕盘装置及绕纤方法:中国,201610170642.5[P].

第6章
主要技术参数
测试技术

6.1　信号/泵浦耦合器技术参数测试

信号/泵浦耦合器主要的技术参数有耦合效率、信号光插入损耗、附加损耗、方向性和稳定性等。

6.1.1　耦合效率测试

信号/泵浦耦合器的耦合效率是指信号光纤中泵浦光功率与泵浦光纤中光功率的比值,它用于描述有多少泵浦光从泵浦光纤耦合到了信号光纤,该值也可以反映在耦合过程中损耗了多少泵浦光功率,其计算式为

$$\eta = \frac{P_{\text{out}}}{P_{\text{in}}} \times 100\% \tag{6.1}$$

式中,η 是耦合效率;P_{out} 是信号光纤的输出泵浦光功率;P_{in} 是泵浦光纤的输入功率。耦合效率 η 越接近于 100%,说明制作的信号/泵浦耦合器越好,泵浦光近乎完全无损失地耦合进了信号光纤。耦合效率是衡量信号/泵浦耦合器对泵浦光的耦合能力的一个重要指标,其测试方法示意图如图 6.1 所示。作为示例,选择(1+1)×1 信号/泵浦耦合器,泵浦光纤为 $105/125~\mu m$ 多模光纤,信号光纤为双包层 $10/125~\mu m$ GDF,采用输出光纤为 $105/125~\mu m$ 光纤的半导

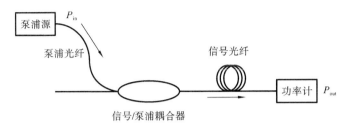

图 6.1 耦合效率测试方法示意图

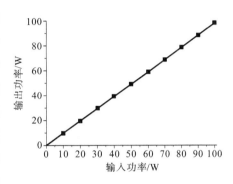

图 6.2 耦合效率测试结果

体激光器作为泵浦源,其最大输出功率为 100 W,中心波长为 976 nm。为了保证测试结果的准确性,避免光纤端面的菲涅耳反射影响,将其输出端切割 8°角。图 6.2 所示的为信号/泵浦耦合器的耦合效率测试结果,从图中曲线斜率的均值可知,其耦合效率为 98.5%。随着输入功率的增加,耦合器输出功率近似线性增加,说明功率的变化对耦合效率没有影响。

6.1.2 信号光插入损耗测试

信号光插入损耗是指信号/泵浦耦合器的信号光纤输出端口信号光功率相对于输入端口信号光功率的减少值,通常以分贝(dB)来表示,计算式为

$$IL = -10\lg\frac{P'_{out}}{P'_{in}}(dB) \qquad (6.2)$$

式中,IL 是信号光插入损耗;P'_{in} 是信号光纤输入端口信号光功率;P'_{out} 是信号光纤输出端口信号光功率。图 6.3 所示的为信号光插入损耗测试方法示意图,在信号/泵浦耦合器的信号光纤输出端采用包层光剥离器,剥除纤芯泄漏到内包层中的信号光。同时,为了保证测试结果的准确性,避免光纤端面的菲涅耳反射影响,将其输出端切割 8°角。同时,若信号源的输出光纤与信号/泵浦耦合器的输入光纤不匹配,则需要在信号源的输出光纤与信号/泵浦耦合器的输入光纤之间熔接一个模场适配器,然后采用截断法测量注入信号光功率 P'_{in}。合格的信号/泵浦耦合器的信号光插入损耗很小,这样,当信号/泵浦耦合器在大功率光纤激光器谐振腔中工作时,产生的信号光才能在谐振腔内有效振荡。若信号光插入损耗过大,将导致产生的信号光在泵浦光纤中泄漏,一

方面会导致激光器的输出功率降低,另一方面泄漏的信号光会进入泵浦,对泵浦光源产生损害。

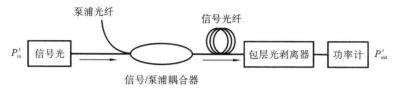

图 6.3　信号光插入损耗测试方法示意图

6.1.3　附加损耗测试

附加损耗用于描述信号/泵浦耦合器输出泵浦光纤和输出信号光纤的两个输出端口的光功率总和相对于输入泵浦光功率的减小值,若信号/泵浦耦合器的输出泵浦光纤在制作过程中被去掉,则无法进行测试。在图 6.4 中,设泵浦源的输入功率为 P_{in},功率计 1 的读数为 P_{out1},功率计 2 的读数为 P_{out2},则附加损耗的计算式为

$$AL = -10\lg \frac{P_{out1} + P_{out2}}{P_{in}} \text{ (dB)} \qquad (6.3)$$

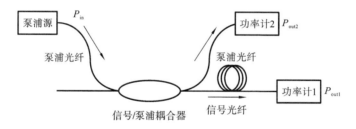

图 6.4　附加损耗测试方法示意图

对于信号/泵浦耦合器而言,附加损耗是体现器件制造工艺质量的指标,反映的是器件制作过程带来的固有损耗。该损耗的产生原因如下:① 耦合区信号光纤涂覆层的剥除导致了一部分泵浦光的泄漏;② 部分泵浦光未在耦合区耦合进信号光纤,或耦合进信号光纤中的泵浦光由于与信号光纤的 NA 不匹配而从信号光纤中再次泄漏出来。

6.1.4　方向性测试

方向性是信号/泵浦耦合器特有的一个技术术语,它是衡量信号/泵浦耦合器定向传输特性的参数。方向性测试方法示意图如图 6.5 所示。方向性定义为在正常工作时,输入侧非注入光一端的输出光功率与输入泵浦光功率的

比值,计算式如下:

$$D = -10\lg \frac{P_{out3}}{P_{in}} \text{ (dB)} \tag{6.4}$$

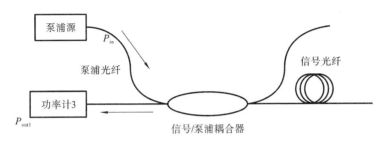

图 6.5　方向性测试方法示意图

方向性这一技术指标说明信号/泵浦光从泵浦光纤耦合进主光纤的过程中,会有部分光因入射角度问题而沿信号光纤逆向传播。对于腔内泵浦情况,该部分光是有效的泵浦光,可以在大功率光纤激光器谐振腔中激发稀土离子进行能级跃迁;对于腔外泵浦情况,这部分泵浦光不会有激发作用,因此方向性的值越大越好。所以,方向性大小取决于泵浦耦合器在光纤激光器中的工作形式。

6.1.5　稳定性测试

稳定性是描述信号/泵浦耦合器在大功率光纤激光器中长时间工作时,耦合效率和信号光插入损耗是否会发生变化的一个技术指标。为了实现大功率光纤激光器的信号光稳定输出,信号/泵浦耦合器的耦合效率和信号光插入损耗应该波动很小或无波动,其计算式为

$$S = -10\lg \frac{P_{outmin}}{P_{inmax}} \text{ (dB)} \tag{6.5}$$

6.2　半导体激光泵浦源的主要技术参数及测试方法

半导体激光泵浦源的基本特性参数有两类:一类是光电参数,如功率、工作电压、电光转换效率、阈值电流等;另一类是光谱参数,如中心波长、光谱半宽等。这些参数可通过功率计、电压表、光谱仪等仪器测试计算得出,通常要分开测试,导致测试耗时长、效率低。我们可以利用放大器、采集卡、光谱仪等仪器带有的程控接口,通过开发测试软件,来实现半导体激光泵浦源综合参数的快速测试。

1. 半导体激光泵浦源测试系统工作原理

半导体激光泵浦源测试系统的硬件连接示意图如图 6.6 所示,其工作原理是:通过计算机控制程控直流电源,实现对激光器的加电驱动,激光器在一定工作电流下发射激光,积分球中的探测器探测到激光功率后经过放大器放大并传输到采集卡上,光谱仪通过光纤采集并测试激光光谱参数,同时采集卡测量激光器在一定工作电流下的电压值,计算机通过 USB 接口读取到功率 P、工作电压 V 及其他参数。根据测试得到的光功率 P、工作电流 I、工作电压 V,通过编写程序计算得到阈值电流、斜效率、电光转换效率等参数。

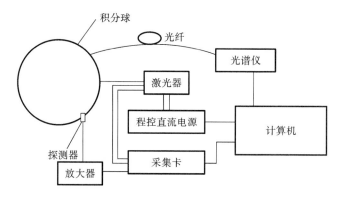

图 6.6　半导体激光泵浦源测试系统的硬件连接示意图

2. 测试软件开发及测试结果的计算分析

可以通过测试软件控制仪器进行扫描测试、数据分析及测试结果显示。

(1)操作面板。

操作面板是图形用户界面,也是测试操作者与测试系统对话的窗口。测试软件主要针对测试操作方便、得到的测试参数全面直观等方面来进行操作面板设计。

测试软件操作面板主要包括输入参数和测试结果显示两部分,如图 6.7 所示。右部可选择脚本中写入测试时需要输入的参数,包括限制电流,工作电压,电流扫描的起点、步长、终点,以及待测激光器的发射波长等;左部分为测试结果的图像显示,包括激光器的 $P\text{-}I$、$V\text{-}I$ 曲线显示和光谱图像显示,下部分则显示测试数据。

(2)测试系统源代码编写。

考虑到系统中激光器驱动电源具有电流爬升时间(电流每提高 1 A 大约

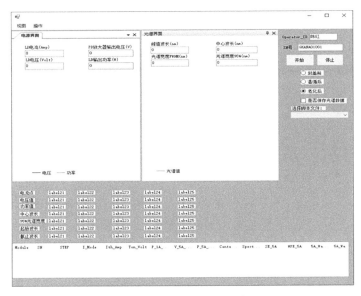

图 6.7　测试软件操作面板

需要 200 ms)、采集卡具有响应时间（小于 100 ms)、光谱仪具有扫描和通信时间（小于 500 ms)，因此在扫描测试的每个循环中,增加了 1 s 的延迟时间。扫描测试循环中的每个电流点在脚本中设置,而扫描测试过程是由 for 循环体内的嵌套叠层顺序结构来完成的。

（3）光电参数计算分析。

在测试系统中,除工作电流、光功率、工作电压外,其余的输出参数（如阈值电流 I_{th}、斜效率 η_s、电光转换效率）都要通过数值计算才能得到。

阈值电流是表征激光器性能的一个主要参数,通常通过直线拟合、两段直线拟合、一次微分、二次微分四种方法测定。由于所取电流点过于松散,测试系统中采用直线拟合法进行测定,表征为拟合直线与 x 轴交点所对应的电流点,如图 6.8 所示。

外微分量子效率定义为输出光子数随注入的电子数增加的比率。考虑到 $h\nu \approx E_g$

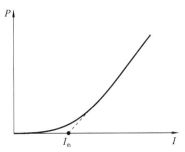

图 6.8　直线拟合法测定阈值电流

$\approx eV_b$,其中,$h\nu$ 为单个光子能量,E_g 为激光器所用材料的禁带宽度,V_b 为激光器所用材料的势垒高度,则外微分量子效率 η_D 可表示为

$$\eta_D = (dP/h\nu)/(dI/e) \approx (dP/dI)(1/V_b) \tag{6.6}$$

由于 I_{th} 点对应的输出功率 P_{th} 很小,可忽略不计,所以微分量子效率可用光功率 P 和工作电流 I 表示为

$$\eta_D = P/[(I - I_{th})V_b] \tag{6.7}$$

斜效率 η_s 定义为输出光功率随注入电流增加的比率,表示为 $\eta_s = dP/dI$。基于在激光器阈值以上的 $P\text{-}I$ 曲线几乎是直线,在两次实际测量中,可得出

$$\eta_s = (P_2 - P_1)/(I_2 - I_1) \tag{6.8}$$

电光转换效率表征加在激光器上的电能转换为输出激光能量的效率,表示为

$$\eta_p = P/(I \times V) \tag{6.9}$$

根据式(6.7)、式(6.8)和式(6.9),通过编写数值计算的程序代码,可实现对阈值电流、斜效率、电光转换效率等参数的计算。

(4) 测试软件的运行。

根据测试软件选择相应的脚本,然后在计算机上运行测试软件。通常测试软件可测试的参数包括功率、阈值电流、工作电压、斜效率、电光转换效率、光谱等,如图 6.9 所示。

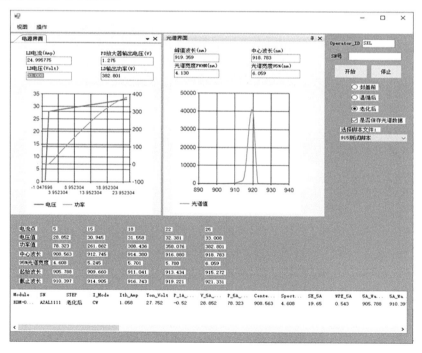

图 6.9　测试软件界面中显示的测试参数

6.3 双包层光纤光栅的性能测试

双包层光纤光栅的参数主要包括反射率、带宽、中心波长、温度系数等。当其运用到大功率光纤激光器中时,这些参数会影响光纤激光器的光光转换效率、输出光谱、回光功率与光谱等。双包层光纤光栅的反射率、带宽、中心波长可以通过对其反射谱和透射谱数据进行一定处理和计算获得。反射谱和透射谱表征的是光纤光栅对不同波长的光的反射能力和透射能力,因此测量时需要有一个能发出不同波长光的光源,以及能测试不同波长光的接收器。根据不同的光源和接收器,可采用以下三种测量方法。

(1) 采用宽带光源和光谱仪,通过单次测量就可以获得光纤光栅的透射谱或反射谱。该方法操作简单快捷。

(2) 采用可调谐激光器和光功率计,通过可调谐的波长扫描来获得光纤光栅的反射谱和透射谱。该方法相对复杂,对可调谐激光器和光功率计的精度要求较高,数据处理量较大。

(3) 采用可调谐激光器和光谱仪,通过同步波长扫描来测量光纤光栅的透射谱或反射谱。该方法操作最为复杂。

根据以上三种测量方法的特点,利用宽带光源和光谱仪,通过获取反射谱和透射谱得到光纤光栅的反射率、3 dB 带宽、中心波长数据,是目前最为普遍和实用的方法。

1. 高反光栅在线测量系统

高反光栅在线测量系统以宽带光源为光源,以光谱仪为接收仪器,通过环行器实现反射光与透射光的区分,根据反射谱获取高反光栅的中心波长和带宽参数,根据透射谱计算得到反射率参数。测量系统使用模场适配器解决单模光纤与双包层光纤的匹配问题,使用光纤盘绕的方式抑制双包层之间熔接产生的高阶模。系统光路如图 6.10 所示。

ASE 宽带光源是一种半导体激光器,它具有较稳定的输出功率,在一定波长范围内光功率和波长的关系是线性的,这一关系在一定温度变化范围内是基本不变的,因为这一特点,宽带光源常被用作无源器件的测试光源。

光纤环行器是一种三端口器件,可令光只沿固定的方向传播。信号从端口 1 输入,则从端口 2 输出;信号从端口 2 输入,则将从端口 3 输出。光纤环

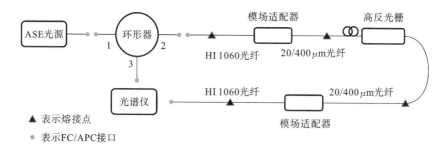

图 6.10　高反光栅在线测量系统光路

行器是不可逆光学器件,其隔离性高,插入损耗小,广泛用于测试。

　　光经过环行器后进入模场适配器(MFA)。使用 MFA 这一器件的原因在于双包层光纤光栅使用的是大模场双包层光纤,而 ASE 光源和环行器中的光纤均为单模光纤,两者的纤芯直径和模场面积相差很大,很容易在熔接点处出现较大的功率损耗,也容易由于模场突变在熔接点处激发出大量高阶模,无法保证基模传输。MFA 主要可解决两个问题,一是可实现双包层光纤光栅使用的大模场光纤和环行器使用的普通单模光纤的低损耗连接,二是可使得大模场光纤保持基模传输。

　　MFA 的大模场双包层光纤端与高反光栅的一端通过熔接的方式连接。在熔接点之后的一段光纤上进行光纤盘绕,到达高反光栅后,波长在高反光栅工作波段内的光被反射,沿原光路返回,从环行器端口 2 输出到端口 3,最终被光谱仪接收,此时的光谱为反射谱,透射光经过另一个 MFA 继续传输,被光谱仪接收后得到的为透射谱。

　　2. 测量低反光栅反射率的方法

　　南京理工大学葛诗雨、沈华等人[1]提出了一种用基于菲涅耳反射原理获得的反射谱来测量低反光栅反射率的方法。该方法对低反光栅一端进行 0°切割,使光纤端面符合菲涅耳反射原理,然后以该端面的菲涅耳反射率为参考,计算出低反光栅的反射率。为了克服该方法引起的获得的反射谱图-3 dB 带宽与低反光栅实际半高宽不一致的问题,他们进一步提出使用折射率匹配液,即将 0°切割的光纤插入折射率匹配液以消除菲涅耳反射进行二次测量,从而解决带宽测量不准的问题。用基于菲涅耳反射原理获得的反射谱来测量低反光栅反射率的测量原理图如图 6.11 所示。对 OC(output coupler)未熔接端进行 0°切割,可获得其反射谱。

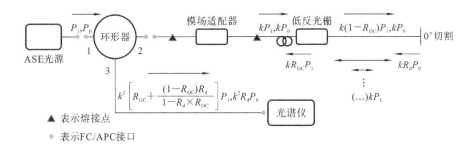

图 6.11 用基于菲涅耳反射原理获得的反射谱来测量低反光栅反射率的测量原理图

在图 6.11 中，P_0 为参考波段光功率，P_1 为光栅工作波段光功率，R_{OC} 为被测 OC 反射率，R_{d} 为光纤端面反射率，k 为光经过环行器、熔接点、MFA 的总损耗系数。

kP_0 对应光栅的非工作波段，经过 OC 无反射，光功率为 kP_0，到达 OC 尾端光纤的 0°切割的端面后，参考波段返回的光功率为 $kR_{\mathrm{d}}P_0$，沿着原光路反向传输，从环行器的端口 3 输出到光谱仪中，最终到达光谱仪的参考波段光功率为

$$P'_0 = kR_{\mathrm{d}}P_0 \tag{6.10}$$

令经过环行器、熔接点、MFA 的总损耗系数为 k，则到达光谱仪的参考波段光功率为

$$P'_1 = k^2\left[R_{\mathrm{OC}} + \frac{(1-R_{\mathrm{OC}})R_{\mathrm{d}}}{1-R_{\mathrm{d}}\times R_{\mathrm{OC}}}\right]P_1 \tag{6.11}$$

基于菲涅耳原理，用获得的反射谱来测量低反光纤光栅反射率的计算公式为

$$R_{\mathrm{OC}} + \frac{(1-R_{\mathrm{OC}})R_{\mathrm{d}}}{1-R_{\mathrm{d}}\times R_{\mathrm{OC}}} = R_{\mathrm{d}}\cdot 10^{\frac{-(\alpha-\beta)}{10}} \tag{6.12}$$

式(6.12)中，

$$\alpha = -10\lg\frac{P_1}{P_0} \tag{6.13}$$

$$\beta = -10\lg\frac{P'_1}{P'_0} \tag{6.14}$$

理论和实验研究表明：用基于菲涅耳反射原理的反射法精确测量反射率会带来较大的带宽测量误差，采用将尾纤插入折射率匹配液的方法则解决了这一问题。

3. 双包层光纤光栅的谱线测量数据

高反光栅的反射光谱如图 6.12 所示,低反光栅的反射光谱如图 6.13 所示。根据光谱仪的测试数据,高反光栅反射光的中心波长为 1079.84 nm,反射带宽约为 2.1 nm (FWHM);低反光栅反射光的中心波长为 1079.82 nm,反射带宽约为 1.01 nm (FWHM)。对于光纤激光器谐振腔而言,作为腔镜的光纤光栅对需要具有一致的反射波长,以提高谐振腔的选模稳定性,这对于大功率光纤激光器的设计十分重要。根据光纤光栅的光谱特性测试,双包层光纤光栅可满足光纤激光器的设计需求。

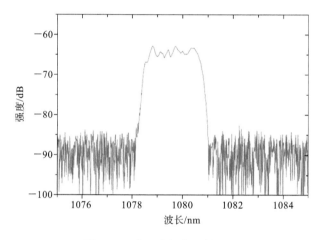

图 6.12　高反光栅的反射光谱

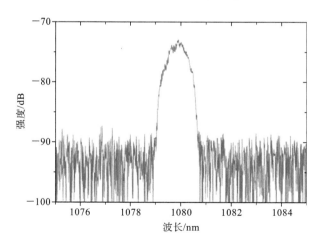

图 6.13　低反光栅的反射光谱

4. 双包层光纤光栅的模式特性

一般大芯径双包层光纤的芯径大于单模光纤的芯径,当单模光纤与大芯径双包层光纤熔接时,存在高阶模式激发的可能性,如 LP_{11} 模、LP_{21} 模等,其光栅的反射光谱所包含的模式比较复杂。因此,研究不同的激发条件对双包层光纤传输模式的影响是非常必要的。

为了进一步研究双包层光纤光栅的模式特性,可采用单模光纤和双包层光纤调整架对准的方式来调整纤芯的相对偏移量,如图 6.14 所示[2]。在测试过程中,为了获得较好的光谱特性和透射光斑场,单模光纤和双包层光纤的端面首先要切割成 0° 角,光场的耦合端需要涂折射率匹配液来消除端面的菲涅耳反射。需要超声清除端面污渍来获得清晰的透射光斑场,并通过一个显示光屏和 CCD 相机接收。图 6.15 显示了实验测得的双包层光纤光栅对应不同偏移量的反射谱线,以及对应的透射光斑场。当单模光纤和双包层光纤完全对准时,光栅的反射谱线和透射光斑场均只有 LP_{01} 模存在,光纤中的高阶模式并没有激发,相应的光斑场为圆形;随着单模光纤激发场和双包层光纤相对偏移量的增加,光纤中的高阶模式将被激发,当偏移量为 $4~\mu m$ 时,LP_{01} 模和 LP_{11} 模将同时存在,幅度也大致相等,相应的透射光斑场也分裂成两瓣,这一点充分证明了双包层光纤中的高阶模式已被激发。进一步增加偏移量,LP_{11} 模的幅度将大于 LP_{01} 模的,对应的透射光斑场依然是清晰的两瓣,并且光斑的中心区域由于 LP_{01} 模的强度减弱而变得更暗。实验所用双包层光纤的归一化频率 $V \approx 3.56$,通过求解线偏振下 LP_{tm} 模的本征方程可求出此双包层光纤中的模式只有 LP_{01} 模、LP_{11} 模两种,这也和实验中只观测到了 LP_{01} 模和 LP_{11} 模的光谱及光斑分布的情况相吻合。

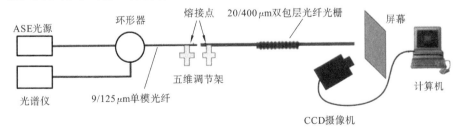

图 6.14　大芯径双包层光纤光栅不同模式测试系统结构示意图

5. 双包层光纤光栅的温度特性

把光纤放在电热炉中从 30 ℃加热到 120 ℃,每隔 5 ℃测一次光栅的反射

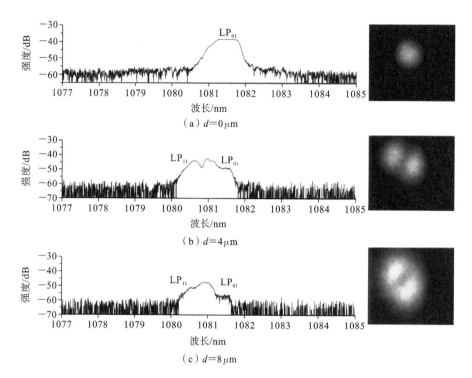

图 6.15　不同纤芯偏移量下测得的双包层光纤光栅反射谱线及对应的透射光斑场

谱,并记录布拉格反射中心波长的位置。图 6.16 所示的为 $10/130~\mu m$、$20/400$
μm 双包层光纤光栅的温度特性散点图,以及线性拟合后的温度曲线。由图 6.16
可见,两种不同芯径的双包层光纤光栅的布拉格反射中心波长均随温度升高向
长波移动,并且与温度呈线性关系。通过对温度特性散点图进行拟合处理,可得
到 $10/130~\mu m$ 双包层光纤光栅谐振波长的温度特性变化斜率为 8.3 pm/℃,
$20/400~\mu m$ 双包层光纤光栅的则为 6.84 pm/℃。由此可见,$20/400~\mu m$ 双包层
光纤光栅谐振波长随温度的变化不如 $10/130~\mu m$ 双包层光纤光栅的敏感。根据
对光纤光栅谐振波长随温度变化的特性进行机理分析,有

$$\frac{\mathrm{d}\lambda}{\mathrm{d}T}=\lambda_0\left(\alpha+\frac{1}{n_{\mathrm{eff}}}\frac{\partial n_{\mathrm{eff}}}{\partial T}\right) \tag{6.15}$$

其中,α 为热膨胀系数,$1/n_{\mathrm{eff}}$ 为热光系数,对于一般的光纤材料,热光系数约比
热膨胀系数大一个数量级。热光效应是指当材料的温度发生变化时,材料的
折射率发生改变的现象。由式(6.15)可见,引起光栅谐振波长随温度漂移的
主要因素是热光效应,$20/400~\mu m$ 双包层光纤光栅谐振波长随温度的变化不

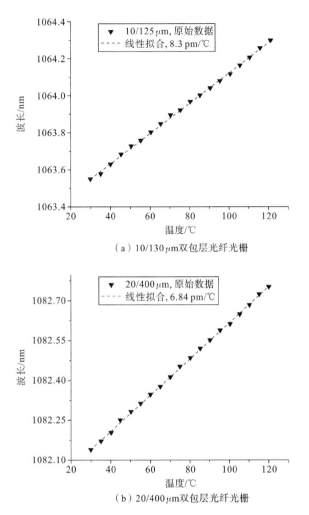

（a）10/130μm双包层光纤光栅

（b）20/400μm双包层光纤光栅

图 6.16　双包层光纤光栅的温度特性散点图及线性拟合后的温度曲线

如 10/130 μm 双包层光纤光栅的敏感,说明 20/400 μm 双包层光栅由温度升高引起的热光效应比 10/130 μm 双包层光纤光栅的要弱。普通单模光纤的温度特性变化斜率约为 11 pm/℃,双包层光纤光栅由于具有较大的包层直径,其布拉格反射中心波长对温度的敏感度较低。

6.4　双包层光纤参数测试

6.4.1　光纤折射率分布测试

采用横向干涉法对待测光纤进行折射率分布和数值孔径测试,测试原理如图 6.17 所示,从钨灯输出的光经过分光器分成左右侧两束光。当测试系统中无待测光纤时,左右侧两束光经反射镜后输出,由于光的传输路径一致,因此不会出现光干涉导致的相位差;当测试系统中有待测光纤时,左侧光线经过待测光纤,右侧光线不经过待测光纤,由于光的传输路径不一致,因此会出现光干涉导致的相位差。[3] 每个待测光纤的折射率分布不一样,相位差也会有差异,通过检测干涉条纹的间距和位移,可得到光纤折射率分布和数值孔径 NA。

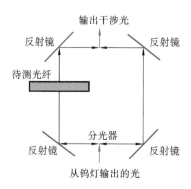

图 6.17　采用横向干涉法的测试系统原理图

图 6.18 所示的为采用干涉法测试的双包层大模场掺镱光纤折射率分布图。由图 6.18 可知,光纤纤芯部分直径约为 25 μm,光纤纤芯相对于包层的折射率差为 0.00132,经过计算得出纤芯数值孔径为 0.062。

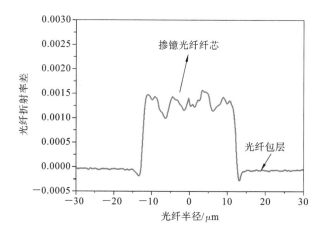

图 6.18　大功率光纤激光器用掺镱光纤折射率分布图

6.4.2　掺镱光纤损耗测试

双包层大模场掺镱光纤损耗测试包括纤芯损耗测试和包层损耗测试,测试结果是衡量双包层大模场掺镱光纤质量的重要指标,测试直接影响光纤激光器的效率。美国 PK 公司的 2500 Fiber Analysis System(光纤综合参数测试系统)是国际通用的光纤损耗测试系统,其测试光学器件分布如图 6.19 所示,它能进行光纤的谱衰减、截止波长、模场直径、纤芯直径、数值孔径、带宽及

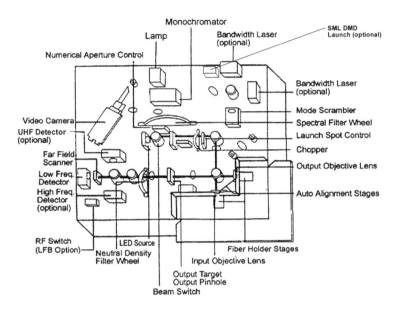

图 6.19　光纤综合参数测试系统器件分布图

色散等参数的测试。

掺镱光纤纤芯损耗测试采用光纤综合参数测试系统进行,通过截断法进行测试,以此表征光纤损耗性能。图 6.20 所示的为测试得到的双包层大模场掺镱光纤纤芯损耗图,从图中可以看出,被测光纤具有较低的背景损耗,1200 nm 处损耗为 4.0 dB/km,同时可见 1380 nm 处纤芯损耗为 38.2 dB/km,说明水分在制备光纤过程中得到了有效控制。较低的背景损耗和水分损耗有利于光纤获得较高的激光效率,这满足了大功率光纤激光器的使用要求。

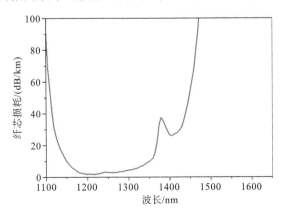

图 6.20　大功率光纤激光器用掺镱光纤纤芯损耗图

6.4.3　掺镱光纤包层泵浦吸收系数测试

采用白光源耦合进入双包层大模场掺镱光纤进行包层泵浦吸收系数测试。实验装置如图 6.21 所示,白光源的输出波长为 750~1150 nm,白光源输出光经过透镜耦合进入双包层大模场掺镱光纤的包层,再通过光谱仪测试输出光的光谱强度。采用截断法截断 1 m 光纤后继续测试光谱强度,根据光纤长度及两次测试的光谱强度差可计算出掺杂光纤的泵浦吸收谱。图 6.22 所示的为采用图 6.21 所示的包层泵浦光吸收系数测试系统测试得到的双包层大模场掺镱光纤包层泵浦吸收系数曲线,从图中可知该光纤在 915 nm 处的包层泵浦吸收系数为 0.43 dB/m,在 976 nm 处的包层泵浦吸收系数为 1.70 dB/m,915 nm 和 976 nm 为镱离子的典型吸收峰。

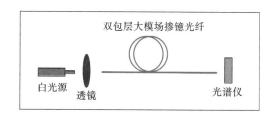

图 6.21　光纤激光器用掺镱光纤包层泵浦光吸收系数测试系统示意图

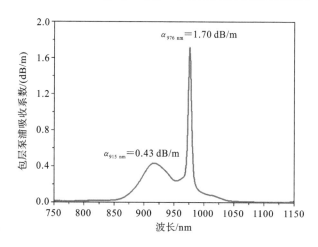

图 6.22　光纤激光器用掺镱光纤包层泵浦吸收系数

6.4.4　掺镱光纤斜效率测试

图 6.23 所示的为掺镱光纤斜效率测试系统。以 20/400 μm 双包层大模场掺镱光纤测试为例,915 nm 泵浦光经(6+1)×1 信号/泵浦耦合器耦合进入

20/400 μm 无源光纤,其中,掺镱光纤熔接在高反光栅和低反光栅之间,泵浦光通过信号/泵浦耦合器耦合进入掺镱光纤后,被增益物质吸收,产生粒子数反转及激光振荡,最终从低反光栅输出。包层光剥离器剥离没有被吸收的泵浦光或从纤芯中泄漏出的信号光后,由功率计对信号光进行检测。其中,915 nm 泵浦源输出光纤为 0.22 NA 的 200/220 μm 传能光纤,高反光栅和低反光栅均用 0.065 NA 的 20/400 μm 无源光纤刻写。

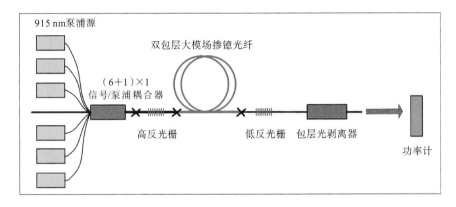

图 6.23   大功率光纤激光器用掺镱光纤斜效率测试系统示意图

如图 6.24 所示,由光纤斜效率测试系统测试增益光纤在多个泵浦功率条件下的信号光功率,以泵浦功率为 x 轴,以输出信号光功率为 y 轴,作图后进行一次线性拟合并求斜率即可得双包层大模场掺镱光纤的斜效率。图 6.24 中的红线即为拟合后的光纤斜效率曲线,被测光纤斜效率为 75.0%。

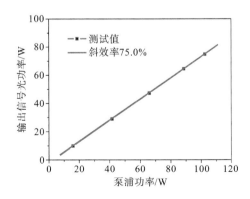

图 6.24   大功率光纤激光器用掺镱光纤斜效率测试结果图

6.5 增益光纤光致暗化测试

光致暗化是指泵浦光泵浦稀土掺杂光纤后,增益光纤的激光输出功率随时间推移出现功率下降的现象,这种现象普遍存在于增益光纤中,如掺铒光纤、掺铥光纤、掺镱光纤、掺镨光纤等。光致暗化将直接导致稀土掺杂光纤产生永久性损耗,其形成过程是不可逆转的,它的产生会大幅缩短以增益光纤为增益介质的光纤激光器的使用寿命。工业上普遍通过对大功率光纤激光器进行拷机试验来测试输出信号激光随时间变化的损耗情况,该过程周期长、效率低。发展快速光致暗化测试技术,并通过光致暗化测试数据开发无光致暗化的增益光纤,是工业光纤激光器领域亟须解决的难题。

6.5.1 光致暗化效应测试方法

为了对光致暗化效应进行有效的测试及表征,芬兰 Liekki 公司的 J. J. Koponen 等人开展了一系列实验。其研究采用 633 nm 波长的红光作为检测光源来检测掺镱光纤的光致暗化附加损耗,发现 633 nm 波长的附加损耗与激光信号波长处的附加损耗呈线性关系(如图 6.25 所示),且 633 nm 波长的附加损耗为信号波长的 70 倍[4](后续研究修正到 71 倍[5]),因此可以选择 633 nm 波长作为探测光源来检测光致暗化。对比光纤纤芯和包层泵浦方式在光致暗化测试中模拟诱导的反转能级,研究这两种泵浦方式主要的优缺点发现,纤芯泵浦测试的重复性较好,比较适合光致暗化的标准测量,包层泵浦更适合不同粒子数反转水平的光致暗化研究[6]。S. Jetschke 等人在 2007 年报道了光致暗化附加损耗取决于粒子数反转率的大小[7]。J. J. Koponen 等人在随后的研究中相继提出了大模场掺镱光纤的测试方法,并通过实验进行了相关验证[5,8]。

国内也开展了关于大功率光纤激光器用掺镱光纤光致暗化检测的研究。闫大鹏等人[9]提出了增益光纤光致暗化测试系统专利,633 nm 红光光源与半导体激光器产生的泵浦光经信号/泵浦耦合器耦合进入增益光纤,准直输出光束,滤去泵浦光,滤去激光,滤去其他少量杂质光,通过功率检测器检测输出红光功率,通过计算 633 nm 红光在增益光纤中(激光条件下)的损耗,可得到增益光纤的光致暗化效应测试结果。华中科技大学的李进延等人[10]申请的有源稀土掺杂光纤光致暗化测试装置发明专利中采用锁相放大器连接光源,提高

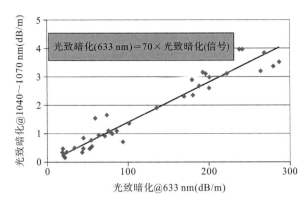

图 6.25　633 nm 波长和信号波长分别作为检测波长的附加损耗图[4]

了测试结果的信噪比,采用单色仪将光源的白光转换为特定波长的单色光,采用中心波长为 975～981 nm 的半导体泵浦源进行泵浦,采用信号光纤芯输入、泵浦光包层输入,通过冷却或加热循环水控制测试温度。该装置实现了单一波长处的附加光致暗化损耗检测,也可以实现 400～1100 nm 范围的光致暗化诱导附加损耗光谱测试。

　　双包层大模场掺镱光纤光致暗化效应测试系统结构示意图如图 6.26 所示,633 nm 波段信号检测光源和 976 nm 半导体泵浦源与 2×1 波分复用器连接,2×1 波分复用器输出光纤为单模光纤,输出尾纤通过模场适配器与待测掺镱有源光纤进行熔接。在待测掺镱光纤的另一端,通过模场适配器与第二个 2×1 波分复用器的尾纤熔接。在波分复用器的输出端,633 nm 测试光源通过泵浦光滤波器,再通过功率计检测输出功率。其中,待测双包层大模场掺镱光纤的长度为 5～10 cm。为避免测试温度对光致暗化结果的影响,光致暗化测试在 23 ℃的冷却条件下进行。通过建立时间-光致暗化效应导致的 633 nm 红光附加损耗来评价双包层大模场掺镱光纤光致暗化效应。

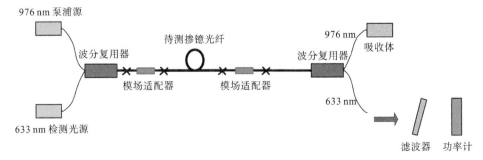

图 6.26　双包层大模场掺镱光纤光致暗化效应测试系统结构示意图

6.5.2 光致暗化粒子数反转模拟

参考文献[11]介绍了光致暗化粒子数反转模拟。

为了减小测试误差,提高测试效率,采用稳态速率方程,结合 MATLAB 模拟仿真软件来实现光致暗化粒子数反转模拟。根据端面泵浦光纤激光器基本结构模型,式(6.16)~式(6.20)给出了相应的掺镱光纤激光器的稳态速率方程[12,13]:

$$\frac{\mathrm{d}P_{\mathrm{p}}^{+}(z)}{\mathrm{d}z}=-\Gamma_{\mathrm{p}}\left[\sigma_{\mathrm{ap}}N-(\sigma_{\mathrm{ap}}+\sigma_{\mathrm{ep}})N_2(z)\right]P_{\mathrm{p}}^{+}(z)-\alpha_{\mathrm{p}}P_{\mathrm{p}}^{+}(z) \quad (6.16)$$

$$\frac{\mathrm{d}P_{\mathrm{p}}^{-}(z)}{\mathrm{d}z}=\Gamma_{\mathrm{p}}\left[\sigma_{\mathrm{ap}}N-(\sigma_{\mathrm{ap}}+\sigma_{\mathrm{ep}})N_2(z)\right]P_{\mathrm{p}}^{-}(z)+\alpha_{\mathrm{p}}P_{\mathrm{p}}^{-}(z) \quad (6.17)$$

$$\frac{\mathrm{d}P_{\mathrm{s}}^{+}(z)}{\mathrm{d}z}=\Gamma_{\mathrm{s}}\left[(\sigma_{\mathrm{es}}+\sigma_{\mathrm{as}})N_2(z)-\sigma_{\mathrm{as}}N\right]P_{\mathrm{s}}^{+}(z)+\Gamma_{\mathrm{s}}\sigma_{\mathrm{es}}N_2(z)P_0-\alpha_{\mathrm{s}}P_{\mathrm{s}}^{+}(z)$$

$$(6.18)$$

$$\frac{\mathrm{d}P_{\mathrm{s}}^{-}(z)}{\mathrm{d}z}=-\Gamma_{\mathrm{s}}\left[(\sigma_{\mathrm{es}}+\sigma_{\mathrm{as}})N_2(z)-\sigma_{\mathrm{as}}N\right]P_{\mathrm{s}}^{-}(z)-\Gamma_{\mathrm{s}}\sigma_{\mathrm{es}}N_2(z)P_0+\alpha_{\mathrm{s}}P_{\mathrm{s}}^{-}(z)$$

$$(6.19)$$

$$\frac{N_2(z)}{N}=\frac{\dfrac{\left[P_{\mathrm{p}}^{+}(z)+P_{\mathrm{p}}^{-}(z)\right]\sigma_{\mathrm{ap}}\Gamma_{\mathrm{p}}}{h\nu_{\mathrm{p}}A_{\mathrm{c}}}+\dfrac{\left[P_{\mathrm{s}}^{+}(z)+P_{\mathrm{s}}^{-}(z)\right]\sigma_{\mathrm{as}}\Gamma_{\mathrm{s}}}{h\nu_{\mathrm{s}}A_{\mathrm{c}}}}{\dfrac{\left[P_{\mathrm{p}}^{+}(z)+P_{\mathrm{p}}^{-}(z)\right](\sigma_{\mathrm{ap}}+\sigma_{\mathrm{ep}})\Gamma_{\mathrm{p}}}{h\nu_{\mathrm{p}}A_{\mathrm{c}}}+\dfrac{1}{\tau}+\dfrac{\left[P_{\mathrm{s}}^{+}(z)+P_{\mathrm{s}}^{-}(z)\right](\sigma_{\mathrm{as}}+\sigma_{\mathrm{es}})\Gamma_{\mathrm{s}}}{h\nu_{\mathrm{s}}A_{\mathrm{c}}}}$$

$$(6.20)$$

其中,掺镱光纤激光器的边界条件为

$$\begin{cases} P_{\mathrm{p}}^{+}(0)=P_{\mathrm{p}}^{l} \\ P_{\mathrm{p}}^{-}(L)=P_{\mathrm{p}}^{r} \\ P_{\mathrm{s}}^{+}(0)=R_1 P_{\mathrm{s}}^{-}(0) \\ P_{\mathrm{s}}^{-}(L)=R_2 P_{\mathrm{s}}^{+}(L) \end{cases} \quad (6.21)$$

式中,沿 z 方向反向传输的泵浦光与信号光分别用 $P_{\mathrm{p}}^{-}(z)$ 和 $P_{\mathrm{s}}^{-}(z)$ 表示,正向传输的泵浦光和信号光分别用 $P_{\mathrm{p}}^{+}(z)$ 和 $P_{\mathrm{s}}^{+}(z)$ 表示。联立式(6.16)~式(6.21),对整个光纤激光器用增益光纤沿长度方向进行积分,则可分别得到激光输出功率 P_{out}、斜效率 η_{s} 和阈值功率 P_{th}:

$$P_{\mathrm{out}}=(1-R_2)P_{\mathrm{s}}^{+}(L)$$

$$=\frac{(1-R_2)\sqrt{R_1}\cdot P_{\mathrm{s,sat}}}{(1-R_1)\sqrt{R_2}+(1-R_2)\sqrt{R_1}}\cdot\left[\frac{\nu_{\mathrm{s}}}{\nu_{\mathrm{p}}}\cdot(1-\exp(-\psi))\frac{P_{\mathrm{p}}^{+}(0)+P_{\mathrm{p}}^{-}(L)}{P_{\mathrm{s,sat}}}\right.$$

$$-\left(N\Gamma_{\mathrm{s}}\sigma_{\mathrm{as}}+\alpha_{\mathrm{s}}\right)L-\ln\left(\frac{1}{\sqrt{R_1R_2}}\right)\right] \tag{6.22}$$

$$\eta_{\mathrm{a}}=\frac{\mathrm{d}P_{\mathrm{out}}}{\mathrm{d}P_{\mathrm{p}}}=\frac{(1-R_2)\sqrt{R_1}}{(1-R_1)\sqrt{R_2}+(1-R_2)\sqrt{R_1}}\cdot\frac{\nu_{\mathrm{s}}}{\nu_{\mathrm{p}}}\cdot\left(1-\exp(-\psi)\right) \tag{6.23}$$

$$P_{\mathrm{th}}=\frac{(N\Gamma_{\mathrm{s}}\sigma_{\mathrm{as}}+\alpha_{\mathrm{s}})L+\ln\left(\frac{1}{\sqrt{R_1R_2}}\right)}{1-\exp(-\psi)}\cdot\frac{\nu_{\mathrm{p}}}{\nu_{\mathrm{s}}}\cdot P_{\mathrm{s,sat}} \tag{6.24}$$

掺镱光纤激光器理论计算的物理参数如表 6.1 所示。

表 6.1 掺镱光纤激光器理论计算的物理参数[13,14]

参数	物理意义	值
h	普朗克常数	6.62×10^{-34}
c	真空中的光速	3×10^8 m/s
λ_{s}	信号光中心波长	1080 nm
λ_{p}	泵浦光中心波长	976 nm
τ	上能级平均寿命	0.8 ms
σ_{ap}	泵浦光吸收截面	1.65×10^{-20} cm^2
σ_{ep}	泵浦光发射截面	1.52×10^{-20} cm^2
σ_{as}	信号光吸收截面	2.29×10^{-23} cm^2
σ_{es}	信号光发射截面	2.82×10^{-21} cm^2
A_{c}	纤芯截面积	3.1416×10^{-6} cm^2
N	纤芯镱掺杂浓度	5.53×10^{19} cm^{-3}
α_{p}	光纤对泵浦光的损耗	2×10^{-3} m^{-1}
α_{s}	光纤对信号光的损耗	4×10^{-4} m^{-1}
Γ_{p}	泵浦光填充因子	0.0025（包层泵浦），0.885（纤芯泵浦）
Γ_{s}	信号光填充因子	0.82
L	光纤长度	40 m 或根据需求设置
R_1	高反反射率	0.99
R_2	低反反射率	0.035

6.5.3 泵浦方式选择

泵浦方式有包层泵浦和纤芯泵浦两种[11],其中,每一种泵浦方式可以是正向、反向或双向的。选择合适的泵浦方式是对掺镱光纤光致暗化性能精确快速标定的关键。可以通过前述的稳态速率方程和物理参数对泵浦方式进行数值模拟优化。

图 6.27 给出了正向包层泵浦光纤激光器下泵浦功率为 1000 W 时的功率和粒子数反转率的分布,其中,掺镱光纤长度为 40 m。由图 6.27(a)可知,正向泵浦光 $P_p^+(z)$ 在输入端被大量吸收,然后转化为输出激光 $P_s^+(z)$,输出激光在泵浦光的转化下不断增加。由于光纤存在一定损耗,达到一定功率值(916 W)后,随着光纤长度的增加,在光纤末端输出激光功率少量下降(910 W)。由于光纤光栅的作用,一定量的激光 $P_s^-(z)$ 在掺镱有源光纤中反向传输,传输到高反光栅一端时被反射回掺杂光纤,实现激光器来回振荡。由图6.27(b)可知,粒子数反转率在泵浦光输入端出现最大值 4.8%,然后沿光纤长度方向不断下降,最终达到近 1.0% 的稳定值。

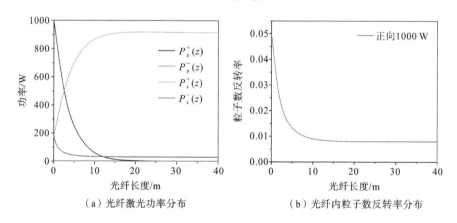

（a）光纤激光功率分布　　　　（b）光纤内粒子数反转率分布

图 6.27　1000 W 正向泵浦方式下的光纤激光功率分布及光纤内粒子数反转率分布

图 6.28 给出了反向包层泵浦光纤激光器下泵浦功率为 1000 W 时的功率和粒子数反转率的分布,其中,掺镱光纤长度为 40 m。由图 6.28(a)可知,反向泵浦光 $P_p^-(z)$ 在输入端被大量吸收,然后转化为输出激光 $P_s^+(z)$,输出激光在泵浦光的转化下不断增加。由于光纤光栅的作用,一定量的激光 $P_s^-(z)$ 在掺镱有源光纤中反向传输,传输到高反光栅一端时被反射回掺杂光纤,实现激光器来回振荡。由图 6.28(b)可知,粒子数反转率在泵浦光输入端出现最大值

2.3%,然后沿光纤长度方向不断下降,最终达到近 0.6% 的稳定值。

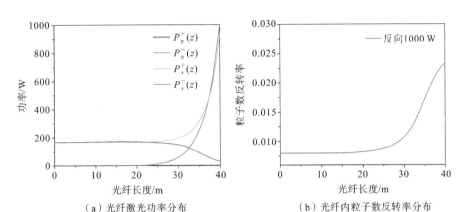

（a）光纤激光功率分布　　　　　　（b）光纤内粒子数反转率分布

图 6.28　1000 W 反向泵浦方式下的光纤激光功率分布及光纤内粒子数反转率分布

图 6.29 给出了双向包层泵浦光纤激光器下泵浦功率各为 1000 W 时的功率和粒子数反转率的分布,其中,掺镱光纤长度为 40 m。由图 6.29(a)可知,正向泵浦光 $P_p^+(z)$ 在正向输入端被大量吸收,反向泵浦光 $P_p^-(z)$ 在反向输入端被大量吸收,然后转化为输出激光 $P_s^+(z)$,输出激光 $P_s^+(z)$ 在输出端达到最大值 1833 W,在光纤长度为 20 m 处附近,输出激光功率为 1000 W 左右。由图 6.29(b)可知,粒子数反转率在正向泵浦光输入端出现最大值 2.8%,在反向泵浦光输入端则为 1.4%,从正向输入端和反向输入端往光纤中间部分,粒子数反转率沿长度方向不断下降,最终达到近 1.0% 的稳定值。

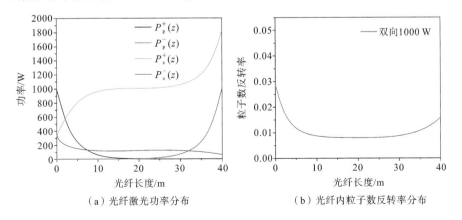

（a）光纤激光功率分布　　　　　　（b）光纤内粒子数反转率分布

图 6.29　1000 W 双向泵浦方式下的光纤激光功率分布及光纤内粒子数反转率分布

图 6.30 给出了纤芯正向泵浦短腔光纤激光器下泵浦功率为 1.1 W 时的功率和粒子数反转率的分布,其中,光纤长度为 0.5 m。由图 6.30(a)可知,正向泵浦光 $P_p^+(z)$ 在输入端被大量吸收,沿长度方向,泵浦功率不断减小,无激光 $P_s^+(z)$ 产生。由图 6.30(b)可知,粒子数反转率在泵浦光输入端出现最大值 50.7%,然后沿光纤长度方向不断下降,最终降至 0。从图 6.30(b)中还可以看到,在泵浦光的激发下,镱离子粒子数反转率维持在较高水平,特别是光纤长度为 0~0.2 m 时,该值稳定在 50.0% 左右的水平。

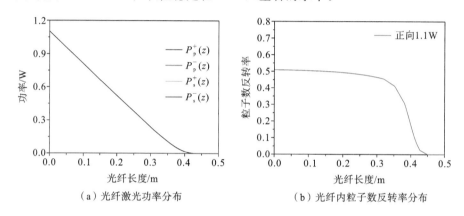

(a) 光纤激光功率分布　　　　　　　(b) 光纤内粒子数反转率分布

图 6.30　1.1 W 短腔光纤纤芯泵浦方式下的光纤激光功率分布及光纤内粒子数反转率分布

通过以上对比模拟分析可知,采用包层泵浦方式,1000 W 正向、反向和双向泵浦的镱离子最高粒子数反转率分别为 4.8%、2.3% 和 2.8%;采用 1.1 W 纤芯正向泵浦方式,掺镱光纤最高粒子数反转率为 50.7%。因此,为了实现对掺镱光纤光致暗化性能的快速标定,宜选择纤芯泵浦方式。

6.5.4　泵浦功率选择

泵浦功率会影响粒子数反转率。通过掺镱光纤激光器稳态速率方程和振荡器理论模型,结合 MATLAB 模拟仿真软件可对沿光纤长度方向上泵浦功率对粒子数反转率的影响进行模拟[11]。其中,掺镱光纤为 20/400 μm 光纤,采用纤芯泵浦方式,光纤长度保持一致,为 0.6 m。模拟结果如图 6.31 所示,由图可知,随着泵浦功率从 100 mW 增加到 1100 mW,泵浦输入端掺杂光纤的粒子数反转率不断增加,最终维持在 50.0% 附近。当有最大泵浦功率 1100 mW 时,沿光纤长度方向 0~0.2 m 范围内,掺杂光纤可基本维持 50.0% 的粒子数反转率。粒子数反转率高并保持稳定比较适合光致暗化实验,能较好地反映光纤光致暗化质量。

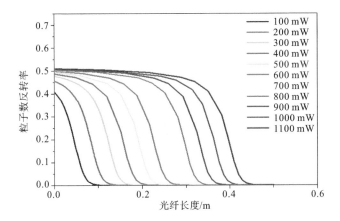

图 6.31　光纤激光器不同纤芯泵浦功率下光纤内粒子数反转率分布图

　　为了进一步验证模拟结果,采用相同型号、相同长度的增益光纤,在纤芯泵浦方式下进行不同泵浦功率的光致暗化老化研究。光致暗化功率下降百分比情况如图 6.32(a)所示,随着泵浦功率不断增加,光致暗化功率下降百分比不断减小,最终维持在 55% 左右。1000 mW 泵浦和 1100 mW 泵浦的光致暗化功率下降百分比基本保持一致,说明在 50 mm 测试光纤长度下,两个不同泵浦功率条件下的测试光纤均达到了相同的粒子数反转率。图 6.32(b)所示的为根据光纤长度和光致暗化功率下降百分比计算的光致暗化诱导的 633 nm 附加损耗图,结果同光致暗化功率下降百分比结果基本一致,说明泵浦功率在 1000 mW 时基本达到了粒子数反转率的最大值,继续增大泵浦功率到 1100 mW,粒子数反转率未出现明显变化。

　　因此,根据模拟及实验结果,为保证增益光纤达到最大粒子数反转率,光致暗化系统泵浦功率宜采用 1100 mW。

6.5.5　待测光纤长度

　　待测光纤过长将导致测试光纤不在同一粒子数反转水平,增大测试误差,光纤太短又不易于实验操作,因此需要进行模拟实验分析,找出合适的光纤光致暗化测试长度。图 6.33 所示的为对于不同测试光纤长度,不同泵浦功率下的平均粒子数反转率情况。由图 6.33 可知,对于相同长度的增益光纤,平均粒子数反转率随泵浦功率的增加而逐渐增加。对于相同的泵浦功率条件,越短的光纤越容易达到平均粒子数反转的饱和,泵浦功率越大,平均粒子数反转率差异越小。在 1100 mW 泵浦功率下,50 mm、65 mm 和 100 mm 长被测掺

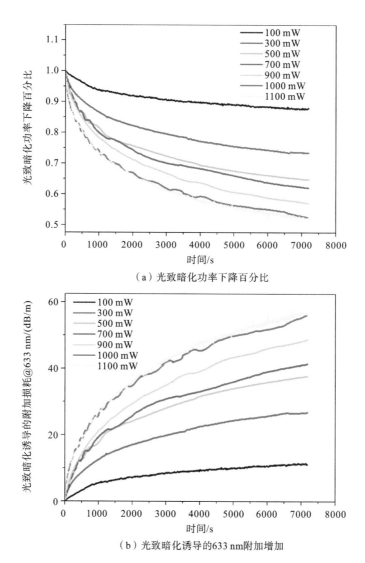

（a）光致暗化功率下降百分比

（b）光致暗化诱导的633 nm附加增加

图6.32 **光纤激光器在不同纤芯泵浦功率下的光致暗化功率下降百分比**

及光致暗化诱导的 633 nm 附加损耗

镱光纤的平均粒子数反转率维持在 50% 水平，未见明显差异。

根据图 6.33 中的模拟结果，采用实验进行进一步分析验证，在 1100 mW 纤芯泵浦功率条件下，通过光致暗化测试系统验证了 50 mm、65 mm 及 100 mm 测试长度的相同批次 20/400 μm 掺镱光纤的光致暗化性能。图 6.34 (a)所示的为不同测试光纤长度的光致暗化功率下降百分比，由图可知，50

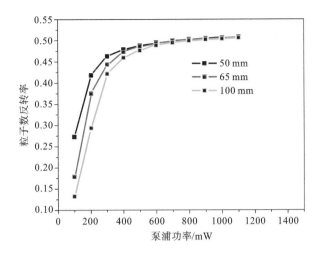

图 6.33　平均粒子数反转率与泵浦功率/光纤长度的关系图[11]

mm、65 mm 及 100 mm 光纤光致暗化功率下降百分比分别为 52.3%、46.0% 和 30.1%。由于光致暗化功率下降百分比是一个长度累加的过程，不同光纤长度会影响光致暗化功率下降百分比，因此，为排除测试光纤长度的影响，图 6.34(b) 对光致暗化诱导的 633 nm 附加损耗进行了计算，50 mm、65 mm 及 100 mm 长测试光纤附加损耗分别为 57.3 dB/m、55.4 dB/m 和 55.5 dB/m。测试结果与模拟结果基本一致，光纤在 50 mm、65 mm 及 100 mm 三种不同测试长度下的光致暗化水平基本一致，导致光致暗化附加损耗也基本一致。

因此，从操作方便和节省材料的方面考虑，应采用 50 mm 作为掺镱光纤光致暗化测试的最佳长度条件。

6.5.6　测试方法的重复性和稳定性

为验证光致暗化测试系统的重复性，重复测试了三段 50 mm 光纤在 1100 mW 纤芯泵浦功率下的光致暗化数据。如图 6.35 所示，三次测试的光致暗化功率下降百分比(如图 6.35(a)所示)和光致暗化诱导的 633 nm 附加损耗(如图 6.35(b)所示)基本保持一致，说明该光致暗化系统具有较好的重复性。

为进一步验证所搭建的光致暗化测试平台的重复性和再现性，根据 GR&R(Gauge repeatability & reproducibility，评估测试系统重复性和再现性的一种常用方法)评估方法，安排测试人员 A、B 和 C 分别取 3 个不同批次的

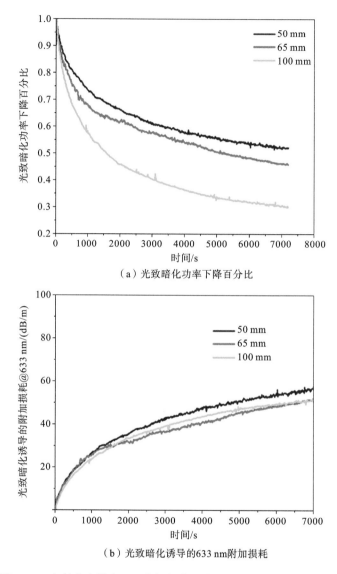

（a）光致暗化功率下降百分比

（b）光致暗化诱导的633 nm附加损耗

图 6.34　光纤激光器在不同光纤长度下的光致暗化功率下降百分比

及光致暗化诱导的 633 nm 附加损耗

光纤,样品标号分别为 1、2 和 3,在所搭建的光致暗化测试平台上对其进行光纤光致暗化性能测试,其中,每个标号的光纤样品重复测试 3 次,每次测试再分别标号,如样品 1 各次测试分别标为 1-1、1-2 和 1-3。光致暗化功率下降百分比如表 6.2 所示,光致暗化诱导的附加损耗(@633 nm)如表 6.3 所示,其中,

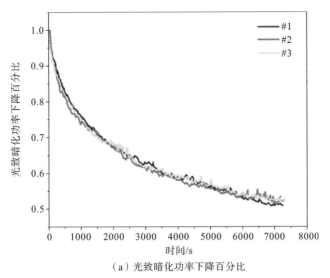

（a）光致暗化功率下降百分比

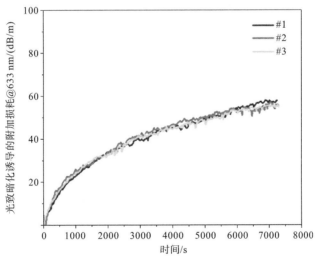

（b）光致暗化诱导的633 nm附加损耗

图 6.35 相同光纤在 1100 mW 纤芯泵浦功率和 50 mm 测试光纤长度下的重复测试

表 6.2 光致暗化功率下降百分比

光致暗化功率 下降百分比/（%）　人员　批次	1-1	1-2	1-3	2-1	2-2	2-3	3-1	3-2	3-3
A	86.8	85.5	84.6	95.4	95.8	95.8	51.1	53.7	50.0
B	86.1	85.9	87.0	95.4	95.2	95.3	56.4	52.7	50.3
C	84.7	85.3	83.9	95.4	94.9	94.5	52.6	54.1	54.5

表 6.3　光致暗化诱导的附加损耗

光致暗化诱导的附加损耗@633 nm/(dB/m) 人员	批次 1-1	1-2	1-3	2-1	2-2	2-3	3-1	3-2	3-3
A	12.3	13.6	14.1	3.9	3.7	3.6	58.2	53.8	60.5
B	13.5	12.7	11.6	3.9	4.3	4.0	49.4	55.6	59.1
C	13.8	13.4	14.7	3.9	4.3	4.8	55.7	53.0	54.5

光致暗化测试时间均为 120 min。由表 6.2 和表 6.3 可以看出,同一人员 3 次测试同一批次的光纤,结果未出现明显变化,不同测试人员测试同一批次的光纤,光致暗化功率下降百分比及诱导的附加损耗也未出现明显异常变化。

为进一步说明测试系统的稳定性,采用 GR&R 计算公式,通过光致暗化诱导的附加损耗结果计算测试系统的 GR&R 结果为 5.9%,如表 6.4 所示。根据 GR&R 判定标准,判断该光致暗化测试系统状态良好,符合测试稳定性和重复性的要求。

表 6.4　GR&R 测试结果

GR&R 测试结果分析	计算结果	判定结果	判定标准
%R&R	5.9%	所搭建的测试系统状态良好	(1) 测试系统状态良好(0%<%R&R≤10%); (2) 测试系统测试结果可以接受,但是需要进一步改进(10%<%R&R≤30%); (3) 测试结果不可靠,系统需加以改良(30%<%R&R<100%)

6.5.7　光致暗化效应测试数据

图 6.36 是利用图 6.26 所示的测试系统,对同一型号的掺镱光纤,通过改变掺杂配方获得的光致暗化效应测试数据。从图中可以看出,不同掺杂配方下的光致暗化效应数据不同,通过改变掺杂配方,可以得到基本无光致暗化效应的掺镱光纤。

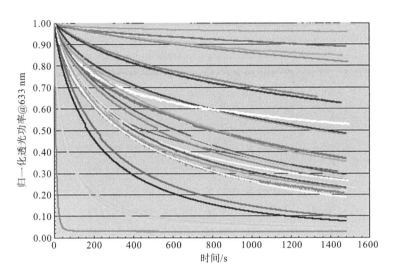

图 6.36　光致暗化效应测试数据

6.6　光束质量测试

为了实现更高亮度的激光输出,在提升光纤激光系统输出功率的同时还要保持良好的光束质量。光束质量是工业光纤激光器应用中的一个关键参数。国内外研究者长期关注光束质量的评价问题[15-21],提出了不同的评价参数,主要包括聚焦光斑尺寸、远场发散角、M^2 因子、光束传输因子(BPF)、光束参数积(BPP)、衍射极限倍数 β 因子、Strehl 比、桶中功率(PIB)和环围能量比(BQ)等。光束质量的评价参数各有其优缺点,分别适用于不同场合。在实际应用中要针对具体情况选用合适的参数作出评价。例如 M^2 因子主要适用于单束激光的光束质量评价;BPP 适用于光纤合束多模光纤激光器;当关注大功率激光远场光斑的峰值功率时,可采用 Strehl 比。相干组束系统的输出激光为典型非高斯型光束,利用 M^2 因子评价其光束质量可能导致组束光束越多,光束质量越差。而 Strehl 比则不能反映不同占空比情形下组束光束质量的差异。因此,评价相干组束系统的光束质量通常选取 BQ 等参数。

6.6.1　聚焦光斑尺寸与远场发散角

通过聚焦光斑尺寸衡量激光光束质量是一种较为直观且简便的方法。焦斑尺寸通常还与所用聚焦光学系统的特性有关。焦斑尺寸越小,光束远场发散角大,所对应的准直距离越短。对于焦距为 f 的聚焦光学系统,假设孔径

光阑为 D,在理想情况下均匀平面波艾里斑宽度为

$$a = 1.22 \frac{f\lambda}{D} \tag{6.25}$$

远场发散角也是许多实际应用中常用来判断光束质量的参数,它决定了激光束可传输多远的距离而不显著发散开来。假设激光束沿 z 轴传输,束宽为 $D(z)$,远场发散角的定义为

$$\theta = \lim_{z \to \infty} \frac{D(z)}{z} \tag{6.26}$$

由于远场发散角可以通过扩束或聚焦来改变,所以当使用它来评价光束质量时,必须将激光束宽设置为某一确定值后才能进行比较。

6.6.2 M^2 因子

1. M^2 因子的数理概念

定义 M^2 为光束质量因子的理论基础是:束腰的束宽和远场发散角的乘积不变。如图 6.37 所示,光束经无像差光学系统变换后,有

$$d'_0\theta' = d_0\theta = \text{const} \tag{6.27}$$

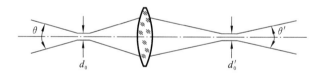

图 6.37　光束经无像差光学系统变换

定义光束质量因子 M^2 为

$$M^2 = \frac{D_0\Theta}{d_0\theta} = \frac{\pi}{4\lambda}D_0\Theta \tag{6.28}$$

其中,Θ 的最小值为单模高斯光束的远场发散角 θ:

$$\theta = 4\lambda / \pi d_0 \tag{6.29}$$

因为实际光束的截面通常并不是圆形的,即当光束的光强分布不对称或存在像散时,光束质量应用两个参数描述:

$$\begin{cases} M^2 X = \dfrac{\pi}{4\lambda} \cdot D_{0x}\Theta_x \\[2mm] M^2 Y = \dfrac{\pi}{4\lambda} \cdot D_{0y}\Theta_y \end{cases} \tag{6.30}$$

其中,$M^2 X$ 和 $M^2 Y$ 分别表示 x 方向和 y 方向的光束质量因子。

如图 6.38 所示,可以设想在多模光束中构造一个"嵌入高斯光束"[22],嵌入高斯光束的束宽 d 与多模光束的束宽 D 在任意截面上满足 $D = Md$,在束腰位置处有 $D_0 = Md_0$。它们的远场发散角满足 $\Theta = M\theta$。

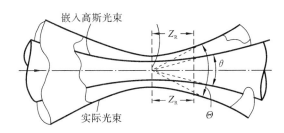

图 6.38　嵌入高斯光束

多模光束的衍射极限为

$$\frac{4\lambda}{\pi D_0} = \frac{4\lambda}{\pi M d_0} = \frac{1}{M}\theta \tag{6.31}$$

因此,多模光束中引入嵌入高斯光束后,M^2 因子同样可理解为多模光束远场发散角 $(M\theta)$ 与衍射极限 $\left(\dfrac{1}{M}\theta\right)$ 之比,即衍射极限倍数。

由定义可知,M^2 是一个大于等于 1 的参数,对于单模高斯光束,$M^2 = 1$。由式(6.28)可以看出,一般光束远场发散角

$$\Theta = M^2 \frac{4\lambda}{\pi D_0} \tag{6.32}$$

考虑到 $\dfrac{4\lambda}{\pi D_0}$ 是单模高斯光束的衍射极限,M^2 的物理意义可理解为衍射极限倍数(times-diffraction-limited)。定义 M^2 作为光束质量因子能够反映光场的强度分布与相位分布特性。

2. M^2 因子的特点

以 M^2 因子表征光束质量有几个显著的优点。首先,M^2 因子能够确定和度量多模光束的光束质量,如工业上应用的大功率激光器输出的高斯混合模光束。混合模光束的光束质量因子 M^2 是各个模相对强度的加权平均。其次,M^2 因子能描述多模光束的传播特性,如光束的传播方程、波面曲率半径、复曲率半径。最后,M^2 因子有助于设计多模光束的光学传输系统和聚焦系统。

M^2 因子不适合评价高能激光的光束质量。高能激光的谐振腔一般是非

稳腔,输出的激光光束不规则,不存在束腰。而且,对于能量分布为离散型的高能激光光束,由二阶矩定义计算得到的光斑半径与实际相差得也很远,因此,得到的 M^2 因子误差很大。M^2 因子要求光束截面的光强分布不能有陡直边缘,比如对于超高斯光束,M^2 因子就不适用。

3. M^2 因子的测量方法

M^2 因子的测量方法按原理可分为两种。第一种方法是傅里叶变换法,即在光束束腰截面上同时测出光场强度分布和相位分布,由傅里叶变换得到空间频谱,只要计算强度分布宽度和频谱宽度的乘积就可得到 M^2 值。第二种方法是束腰宽测量法:

$$M^2 = \frac{\sqrt{D^2 - D_0^2}}{Z - Z_0} \cdot D_0 \cdot \frac{\pi}{4\lambda} \tag{6.33}$$

只要测得束腰位置及束腰宽、任一其他位置的束腰宽就能计算出 M^2。激光光束的束腰可能位于激光器数米之外,也可能位于谐振腔内,这使得确定束腰位置较为困难。因此,通常并不直接对自由光束进行测量,而是用一个无像差透镜将自由光束聚焦,然后在像空间中测量有关参数,最后折算到物空间中对应数值,这种"透镜变换法"已被国际标准化组织 ISO 认可。采用这种方法至少有三个好处:一是能实现远场测量;二是像方束腰位置漂移较小,因为自由光束的准直度较高,聚焦后的束腰必位于像方焦点附近,这给测量带来极大方便;三是降低了由限制孔径导致的衍射效应对近场束宽测量的影响。不过,透镜变换法须选择适当的透镜以避免在测量结果中引入较大的误差。M^2 因子的测量实质上可归结为束宽测量。

刀口扫描装置是在一个机械平台上沿光束截面平移的刀口,可由探测器采集透过的光能。刀口扫描装置的特点是结构简单,束宽测量范围广,可测得光束有效能量。刀口测量阈值的确定并不容易,即使在理想高斯光束情况下,有关刀口函数的计算也十分复杂。刀口测量阈值对于低阶模光束精度较高,而对于高阶模光束则误差较大。美国 Coherent 公司推出的 M^2 测试仪 Mode Master 采用的就是刀口扫描装置,如图 6.39 所示[22]。准直度较高的光束经聚焦镜聚焦,束腰位置保持在聚焦镜焦点附近,并随聚焦镜一起移动,轮毂旋转一周,刀口能在前后两个位置测得束宽,移动聚焦镜直到刀口在两个位置测得的束宽相等,这时束腰位置可确定位于轮毂轴线处,再次移动聚焦镜,移动距离为轮毂的半径,使束腰落在一个测量位置上,再次测量得到束腰宽和另一

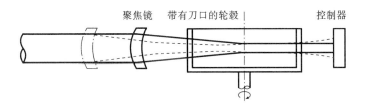

图 6.39 Mode Master 的刀口扫描装置

给定距离的束腰宽,依此求出 M^2。M^2 测试仪 Mode Master 能用于测量多种光束空间参数,但只局限于测量连续激光。

对于脉冲激光的 M^2 因子测量,要求在一个脉冲持续的时间内同时测得两个截面的束腰宽,其中一个为束腰截面。图 6.40 所示的为一种可用于脉冲光束的束腰宽测量装置[23]。该装置主要由光学系统(前组透镜、后组透镜、分束器及前组透镜的驱动调节机构)和图像处理系统(面阵 CCD、图像采集卡及计算机)组成。两个 CCD 探测器之间有固定的光程差,调节前组透镜使光束焦斑准确地落在其中一个 CCD 上,这样就能在一个脉冲里同时对束腰截面和另一个给定距离的截面进行测量,最终能获得以二次矩计算的束腰宽。

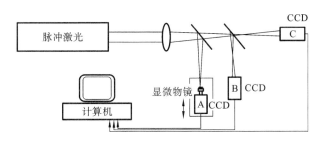

图 6.40 一种可用于脉冲光束的束腰宽测量装置

6.6.3 光束参数积与光束聚焦特征参数值

1. BPP 与 K_f 的定义

如图 6.41 所示,光束参数积定义为束腰半径与激光束的远场发散角的乘积,表示为

$$BPP = w_0 \times \theta_R \tag{6.34}$$

式中,w_0 是束腰半径;θ_R 是激光束的远场发散角。BPP 可以量化激光束的质量及激光束聚焦的程度。BPP 值越低,光束的质量就越好。

光束聚焦特征参数值 K_f 常用单位为 mm·mrad,定义式为

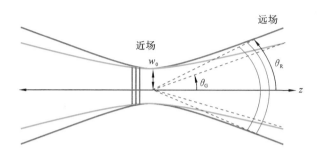

图 6.41 决定 BPP 大小的两个几何参量

$$K_f = \frac{D_0\theta_0}{4} \tag{6.35}$$

式中, D_0 表示测试光束的束腰直径, θ_0 表示测试光束的远场发散角。

两参数定义基本相同, 对于基模高斯光束, $\text{BPP} = K_f = \dfrac{\lambda}{\pi} = 0.318\lambda$; 对于实际光束, $\text{BPP} > 0.318\lambda$。参数值越大表明光束越偏离理想基模高斯光束。根据激光的高斯特性, 透镜变换前后 K_f 和 BPP 不会改变, 所以可以通过透镜对光束进行"压缩", 从而降低测量难度, 使测量过程更灵活有趣。

对于工业光纤激光器, BPP 是用来衡量激光光束质量的关键参数, 直接影响精密加工和宏加工的质量。对于确定的激光器, BPP 是个常数, 通过光学系统将束腰或焦点变大时, 发散角会变小; 将发散角变大时, 束腰或焦点则会变小。由 $\text{BPP}/M^2 = \lambda/\pi$ 可知, BPP 与波长相关, 波长越大 BPP 越大。又因为 $M^2 = \text{BPP}/(\lambda/\pi)$, 所以 M^2 可以理解为对波长归一化处理后的 BPP。

光束质量的评估主要通过 M^2 分析仪进行。基于扫描的 M^2 分析仪在实际操作中比较复杂, 调节不好会测不出或测不准 M^2 的大小, 尤其针对大功率测量, 需要复杂的衰减系统。一般可通过图 6.42 所示的光纤芯径和数值孔径进行估算。

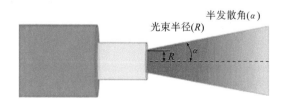

图 6.42 通过光纤芯径和数值孔径估算 M^2 值

对于光纤激光器, 束腰半径 $w_0 = $ 光纤芯径$/2 = R$, $\theta = \sin\alpha = \alpha = \text{NA}$(光纤

数值孔径)。

2. BPP 的特点

(1) BPP 值越小,表示激光器的光束质量越好。对于 $1.08~\mu m$ 的光纤激光器而言,单基模 $M^2=1$,BPP$=\lambda/\pi=0.344~mm \cdot mrad$;对于 $10.6~\mu m$ 的 CO_2 激光器,单基模 $M^2=1$,BPP$=3.38~mm \cdot mrad$。假设两种单基模(或者多模 M^2 相同的情况下)激光器聚焦后发散角一致,则 CO_2 激光器的焦斑直径是光纤激光器的 10 倍。

(2) 高亮度激光器和 BPP 值紧密相关。亮度定义为单位面积、单位立体角内的功率。若光纤激光器纤芯面积为 πR^2,远场立体角为 $\pi\alpha^2$,则亮度 Br$=P/(\pi R^2 \pi\alpha^2)=P/(\pi \cdot BPP)^2$。高亮度意味着要么提高光束质量,要么在不改变光纤参数的前提下提高功率,或两者同时提高。所以经常把单基模大功率光纤激光器叫作高亮度激光器,把大功率、小芯径、小数值孔径的半导体激光器也叫作高亮度激光器。

6.6.4 衍射极限倍数 β 因子

衍射极限倍数 β 因子定义为

$$\beta=\frac{\theta}{\theta_0} \tag{6.36}$$

式中,θ 为被测实际光束的远场发散角,θ_0 为理想光束的远场发散角。衍射极限倍数 β 因子反映了被测实际光束质量对相同条件下理想光束质量的偏移程度,在任何情况下,均有 $\beta \geqslant 1$。

衍射极限倍数 β 因子可以反映实际激光束的能量传输效率和可聚焦能力,其值在光束通过理想光学系统时不发生变化,可从本质上反映光束质量,因此成为目前评价系统能量传输性能的重要指标。

一般采用 CCD 远场测试法测量衍射极限倍数 β 因子。其测试原理是把光束变换成远场光斑,用 CCD 采集光斑图像,测量一定环围能量比内的光斑直径,并与理想光束远场光斑相应的光斑直径对比,从而得出 β 因子的值。β 因子的计算公式为

$$\beta=\frac{d}{d_0} \tag{6.37}$$

$$d=\alpha(d') \cdot d' \tag{6.38}$$

式中,d_0 为理想光斑的直径;d' 为对采集得到的光斑按一定环围能量比计算所

得的光斑直径;$\alpha(d')$为修正系数,是光斑直径的函数,用于修正因 CCD 采集局限而导致的误差;d 为修正采集误差后的光斑直径。

光束质量测试系统用于测量远场聚焦激光光斑的光束宽度和相对光强分布等激光参量。测量系统包含等效长焦光学组件、CCD 探测器、图像采集系统和计算软件。为得到高精度的测量结果,需要对各个重要器件和参量进行标定。测试系统结构示意图如图 6.43 所示。测量的关键在于测量系统对光束的变换准确度和对光斑的采集准确度等。由衍射原理可知,测试系统的等效焦距影响光束的远场变换准确度,影响系统的分辨率、采集动态范围及采集系统的响应均匀性,在采集过程中影响光斑图像数据采集的完整性和真实性,在计算中影响采集光斑能量统计及计算环围能量相应光斑大小的准确性。涉及的项目有:① 测试系统分辨率的标定;② 测试系统等效焦距的标定;③ 数据采集系统采集动态范围的标定;④ 数据采集系统响应均匀性的标定;⑤ 修正系数的标定;⑥ 数据处理算法的标定。

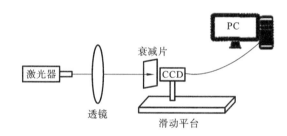

图 6.43　测试系统结构示意图

6.6.5　光束传输因子

BPF 可直接用于分析远场靶面上的能量集中度,其计算方法为[21]

$$BPF = 1.19P/P_{total} \tag{6.39}$$

式中,P 为远场半径为 $1.22\lambda L/D$ 时的桶中功率;L 为光束传输距离;D 为光束发射孔径的最小外接圆的直径;P_{total} 为输出光束的总功率。BPF 反映了远场光束的能量集中度与填充因子、倾斜误差、相位起伏程度等因素的关系,主要用于评价相干组束系统输出激光的光束质量。

6.6.6　桶中功率和环围能量比

PIB 和 BQ 分别定义为远场给定尺寸内围住能量占总能量的比值和比值的平方根,单位无量纲,其定义式如下:

$$PIB = \frac{\int_{b_2}^{b_1}\int_{b_1}^{b_2} I(x,y,z)\mathrm{d}x\mathrm{d}y}{\iint_\infty I(x,y,z)\mathrm{d}x\mathrm{d}y} \tag{6.40}$$

$$BQ = \sqrt{PIB} \tag{6.41}$$

BQ 用于评价目标处强激光的光束质量,可以反映激光束在目标靶面上的能量集中度,常用于评价强激光的光束质量。但是 BQ 在对光强空间分布的描述方面有所不足。

6.6.7　Strehl 比

在大气光学中常用 Strehl 比 S_R 作为评价光束质量的参数,S_R 定义为

$$S_R = \frac{\text{实际光束焦斑处峰值功率}}{\text{理想光束焦斑处峰值功率}} \tag{6.42}$$

式中,$S_R \leqslant 1$,S_R 越大,则光束质量越高。

Strehl 比反映了远场轴上的峰光强,它可以较好地反映光束波前畸变对光束质量的影响。Strehl 比通常应用于大气光学中,可用来评价自适应光学系统对光束质量的改善性能,但是它不能给出具体的光强分布。

6.6.8　光束质量参数之间的关系

1. 光束质量参数关系图

表征激光光束质量的参数从功能上可以分为三类:表征功率的参数,如桶中功率、Strehl 比和环围能量比,这一类参数主要表征能量或能量密度信息;表征传输的参数,如远场发散角、β 因子,这一类参数主要表征光束的扩散水平;综合表征远近场的参数,如 K_f、BPP 和 M^2 因子,这一类参数既可以表征光束的传输,又可以表征特定位置的光束束腰宽。综上,各参数之间的关系可以用图 6.44 表示[24]。

2. M^2 与 BPP 或 K_f 的关系

M^2 与 BPP 或 K_f 的关系可以表示为

$$K_f = BPP = \frac{\lambda}{\pi} \cdot M^2 \tag{6.43}$$

M^2 是 BPP 的归一化值,针对具有特定波长的衍射极限光束进行归一化,即得 $M^2 = BPP/BPP_0$,其中,BPP_0 是特定波长的衍射极限光束值,且 $BPP_0 = \lambda/\pi$。

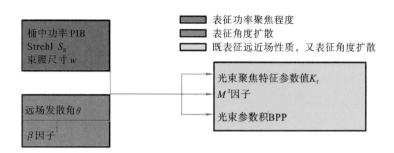

图 6.44　光束质量参数关系图

3. 亮度与 M^2 或 β 因子的关系

通常,光束的亮度 B 定义为

$$B = \frac{P}{\Delta S \cdot \Delta \Omega} \tag{6.44}$$

即亮度 B 表示光束在单位面积 ΔS、单位立体角 $\Delta \Omega$ 内的功率 P。又由于

$$\Delta S = \pi w_0^2, \quad \Delta \Omega = \pi \theta^2 \tag{6.45}$$

式中,w_0 和 θ 分别为光束聚焦光斑尺寸和远场发散角。根据式(6.44)和式(6.45)可得

$$B = \frac{P}{M^4 \lambda^2} \tag{6.46}$$

进一步可得到

$$B \propto P/\beta \tag{6.47}$$

可见,为提高激光系统的亮度,提高光束质量比提高输出功率更为重要。

6.6.9　光束质量测试仪及其发展状况

光束质量测试仪是近几年来在原有光束轮廓仪的基础上发展起来的,国外已有多家公司推出了商品化仪器,它们主要分为三大类:第一类采用机械扫描法,如美国 Coherent(相干)公司的 Mode Master Beam Analyzer,可用于测量连续波激光的传输特性;第二类采用 CCD(电荷耦合器件)面阵探测器件,如美国 Spiricon 公司的 Laser Beam Analyzer 和 Beam Propagation Analyzer,英国 Extech 公司的 Laser Beam Profiles,美国 Big Sky 公司的 Beam View Analyzer,美国 Photon 公司的 Beam Scan,Sensor Physics 公司的 Beam Profiler;第三类基于夏克-哈特曼(Shack-Hartmann)方法,如德国 Carl Zeiss 公司的同类仪器。目前国内已有用于测量连续或单个脉冲光束质量的仪器。

理想的光束诊断仪有以下几方面的要求：① 有足够高的测量精度，可靠性好；② 操作方便，能满足测量环境的要求；③ 动态工作范围大，线性性能良好；④ 有较高的空间分辨和时间分辨能力；⑤ 有较大的工作波长范围；⑥ 能用于连续和脉冲工作激光；⑦ 为理想光学系统，不引入附加像差和衍射；⑧ 计算机图像处理功能强，有光强分布的一维、二维实时动态显示，有平均、积分、滤波、对背景和对比度进行处理等功能。然而现有仪器在实际工作中很难完全达到上述所有要求，只能针对使用情况在给定范围内予以满足。未来光参量检测系统的发展有望从单纯监测走向实时监控，并使系统仪器化、实用化、商品化和产业化。

对于大功率激光空间输运等应用，仅用 M^2 因子或 Strehl 比不足以全面描述光束质量，应提出既能简明反映物理实质，又能全面评价光束质量的标准。有人提出用有效补偿振幅和波前畸变的方法来改善光束质量。用普通 CCD 相机测量大功率非稳腔 M^2 因子时，测出的值会偏小很多，甚至出现 M^2 < 1 的情况，这是值得分析和加以改进的。因此，要特别注意光束质量检测系统的设计，使仪器建立在可靠的信噪比分析基础上，在不明显降低输出功率（能量）的前提下来提高激光光束质量潜力的研究尤其重要。

6.7 脉冲光纤激光器的信噪比、宽度和重复频率测量

6.7.1 信噪比测量

对于脉冲光纤激光器，信噪比是一个重要的技术指标，它反映了激光系统的技术水平。目前，纳秒级脉冲光纤激光器信噪比的检测方法主要有两种：一种是采用高速示波器和光电二极管进行光电信号转换直接检测，检测范围可达十几分贝[25]；另一种是采用多个光耦合器，研究分束出的复制光脉冲，用每个复制光脉冲的电平表征光脉冲的特征，然后进行重组分析，单次检测系统的信噪比可达 50 dB[26]。这里主要介绍直接检测法。

直接检测法采用高速示波器和光电二极管进行光电信号转换直接检测。在高功率脉冲光纤激光器信噪比测试中，所需的探测器应对光信号响应灵敏，且能够接收较强的光信号。硅光电导开关能满足上述要求，其结构示意图如图 6.45 所示。光电导开关响应灵敏度为纳焦量级，在激光激励

下有

$$\frac{V_{out}}{V_{in}} = \frac{z_0}{2z_0 - R_c + R_s} \tag{6.48}$$

式中，z_0 为传输线特征阻抗；R_c 为光电导开关的体电阻；R_s 为接触电阻。当 R_c、R_s 值很小时，光电导开关的最大输出电压为所加初始偏压的一半，也就是光电导开关有一个饱和电压值，而且能承受几十毫焦光能的激励。

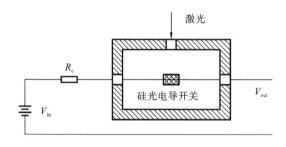

图 6.45　光电导开关结构示意图

利用这种光电导开关及快响应示波器可测试主激光信号及其之前的预脉冲，它们的比值为信噪比，测试范围约为 10^5 量级以内，测试方法如图 6.46 所示。测量时先定标，在硅光电导开关前放置适当的衰减片，总透过率为 T，激光照射硅光电导开关后，形成的未饱和电压幅度为 I_1，基准信号对应脉冲幅度为 A_1，示波器测得的定标波形如图 6.47 所示。然后取走硅光电导开关前的衰减片，结果如图 6.48 所示，则得 A_2、I_2，可用下列公式计算出信噪比：

$$\frac{S}{N} = \frac{A_2 \cdot I_1}{A_1 \cdot I_2 \cdot T} \tag{6.49}$$

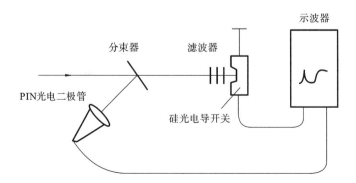

图 6.46　利用光电导开关及快响应示波器测试激光信噪比

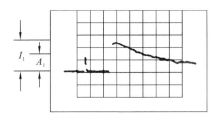
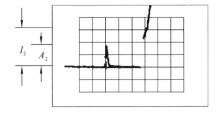

图 6.47 标定脉冲   图 6.48 测得的脉冲

6.7.2 纳秒量级脉冲宽度和重复频率的测量

在工业脉冲光纤激光器中,脉冲宽度作为一个重要的时域参量,其量值测试或校准的准确程度将直接影响脉冲激光光源峰值功率/平均功率的计算结果,其是影响最终测量结果的一个重要因素,也是对测量结果进行不确定度评定的一个重要分量。目前,就如何选择合适的测试仪器对脉冲宽度进行准确测试或校准,还没有统一、确定的依据可寻。

在纳秒量级脉冲光纤激光器中,脉冲宽度 τ(或称脉冲持续时间)是指激光时域脉冲上升时间 t_r 和脉冲下降时间 t_f 到它的 50% 的峰值功率 P_p 点之间的时间间隔。根据不同的脉冲激光上升时间量级和时域量程,以及对测量结果的不同要求,通常采用的测量方法有两类:一类是直接测量法,即采用快速探测器将光信号转换成电信号,通过存储示波器记录其波形;另一类是采用相关函数将时间函数转换成空间函数,利用标准延迟器和光速 c 换算出其时域脉冲波形参数,并依据脉冲激光的时域波形,测量获得脉冲宽度 τ 等时域参数。

直接测量法[27]选用与被测参数相匹配的快速探测器直接接收被测脉冲激光,并经过光电转换器(SMA 转 BNC 转换器)将照射到探测器光敏面上的光信号(峰值功率或脉冲能量)转换成电信号(电压值或电流值),再通过连接的波形记录系统或数据采集系统捕捉或记录电信号的脉冲波形,利用其功能菜单直接计算或评价,从而得到被测脉冲激光的脉冲宽度 τ,其测试或校准原理框图如图 6.49 所示。此外,利用上述测试原理和方法也可以实现脉冲上升时

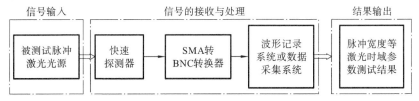

图 6.49 脉冲光纤激光器脉冲宽度等时域参数测试或校准原理框图

间 t_r、重复频率 f、周期 T 等激光时域和频域参数的测试和校准,其波形图如图 6.50、图 6.51 所示。

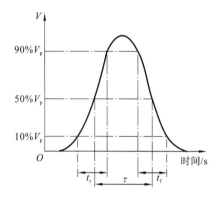

图 6.50 脉冲宽度 τ、上升时间 t_r 的波形图　**图 6.51 脉冲重复频率 f、周期 T 的波形图**

通常工业纳秒级的脉冲光纤激光器的波长为 $1.06\ \mu m$ 左右,脉冲宽度为 $20\sim100\ ns$,重复频率为 $20\sim100\ kHz$。首先应对所用的快速探测器、波形记录系统或数据采集系统,以及测试光学系统进行选择或设计,以满足实现纳秒级脉冲宽度等时域参数测试的最低配置要求。

1. 快速探测器的选择

快速探测器必须根据被测激光波长和脉冲上升时间选择。首先,所选用

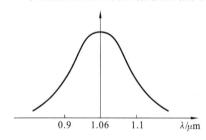

图 6.52 PIN 硅光电二极管光谱响应特性曲线

的快速探测器的光谱响应峰值波长应与被测脉冲激光波长一致或相差较小;其次,其响应时间应比被测激光的脉冲上升时间至少短 2/3。从理论上分析可知,在 PIN 硅光电二极管系列中,有一种典型的高灵敏度的 PIN 硅光电二极管,其光谱响应特性曲线如图 6.52 所示。这种器件采用厚的本征层将峰值响应波长延伸到 $1.04\sim1.06\ \mu m$,响应频率可达到 $1\ GHz$,量子效率在 $0.88\ \mu m$ 时可达到 70%,可以满足被测脉冲激光波长的要求。

一般来讲,光伏探测器或工作于零偏状态或工作于低反偏状态。对于质量较好(反向饱和电流小,正反向特性好)的光伏探测器来说,零偏置是常采用的电路,因为它可以避免偏置电路引入的噪声。然而,对于多数光伏探测器,

为了改善其噪声特性与频率响应特性,多采用反偏电路,因为反偏电路可以减小暗电流,减小载流子渡越时间和降低结电容。这样,可以得到较高的灵敏度和较人的频带宽度。硅光电二极管、PIN 光电二极管等通常工作于较大的反偏压状态,一般为几伏到 50 V,图 6.53(a)、(b)分别给出了这种类型光探测器在不同偏压下的光谱响应及噪声与频率的关系,表 6.5 列出了硅光电二极管偏置/未偏置的主要特性参量技术指标。

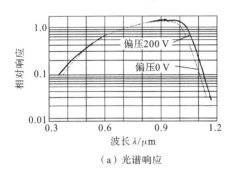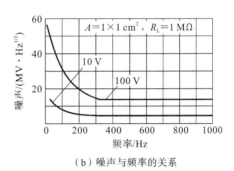

（a）光谱响应　　　　　　　　（b）噪声与频率的关系

图 6.53　不同偏压下 PIN 硅光电二极管光谱响应及噪声与频率的关系

表 6.5　硅光电二极管偏置/未偏置的主要特性参量技术指标

类型	λ 范围 /nm	尺寸 /mm²	响应度 /(A/W)	响应时间 /ns	电容 /pF	最大输入 /(W·cm⁻²)	探测率 /(cm·Hz^{1/2}· W⁻¹)	温度范围 /(℃)	偏置电压 /V
硅光电二极管未偏置	250～1100	0.85～800	0.45～0.62	9～1500	85～9500	5×10^{-3} ～ 21×10^{-3}	1×10^{14} ～ 2×10^{14}	-50～$+100$	0
硅光电二极管偏置	250～1100	0.85～800	0.45～0.62	0.03～200	1～5000	5×10^{-3} ～ 10×10^{-3}	2×10^{12}	-50～$+100$	1～200

由表 6.5 可知,所需测试的脉冲激光的脉冲宽度为(50±5)ns,上升时间为 3 ns,带偏置电压的硅光电二极管通过采取厚的本征层将响应波长的峰值延长到 1.064 μm,并且响应时间最小可达到 30 ps,远远小于上升时间的 1/3（即 1 ns）,则完全可以满足被测光源的要求。综上分析可确定,可选美国生产的 S/N2100 型带偏置电压的硅光电二极管光伏快速探测器,其主要技术指标见表 6.6。

表 6.6 S/N2100 快速探测器主要技术指标

名称	规格型号	类型	响应波长峰值/μm	偏置电压/V	响应时间/ps	尺寸/mm²
快速探测器	S/N2100	光伏硅光电二极管	1.064	5	400	1

2. 波形记录系统或数据采集系统的选择

必须根据待测激光的脉冲宽度选择快速宽带示波器、数字处理系统等,要求其截止频率 f_0(6 dB 灵敏度)或带宽与激光脉冲上升时间 τ_R 的倒数满足下列关系:$f_0 \geqslant 3\dfrac{1}{\tau R}$。被测试或校准的激光脉冲的上升时间为 3 ns,则所需要的示波器的带宽 $f_0 \geqslant 1$ GHz。

综上分析可确定,可选美国泰克公司生产的 DPO4104 型示波器,它可以满足被测脉冲激光时域、频域参数的技术指标要求,其主要功能性技术指标为:带宽为 1 GHz,上升时间为 350 ps。

3. 光学系统的选择

(1)衰减器组可以由无级衰减(平行光学楔形镜)或有级衰减(标准衰减片)构成,也可以由无级衰减和有级衰减组合构成,其目的是避免激光光源出射的脉冲激光能量或峰值功率过大而损坏快速探测器。

(2)在整个脉冲宽度测试或校准装置光路中必须加入小孔光阑,经过空间滤波,保障入射到探测器光敏接收面的光斑直径小于光敏接收面的直径,同时也避免其他杂散背景光波的干扰。

(3)在整个脉冲宽度测试或校准装置光路中必须加入窄带滤光镜,经过频率滤波,保障入射到探测器光敏接收面的脉冲激光是所要测试或校准的波长的光,同时也避免其他杂散背景光波的干扰。

6.7.3 飞秒光纤激光器脉冲宽度的测量

飞秒激光计量技术包括时域脉宽、波长、相位和功率能量等参数的计量技术,其中,脉冲宽度、脉冲波形是飞秒激光器及其应用最重要的技术指标参数。随着飞秒激光技术的快速发展,对飞秒激光时域参数的测试要求越来越高,须开展相关测试方法的研究。

1. 飞秒激光脉冲宽度和脉冲波形测试方法[28]

国内外主要采用自相关法（auto correlation，AC）、频率分辨光学开关法（frequency-resolved optical gating，FROG）、光谱相位相干直接电场重构法（spectral phase interferometry for direct electric-field reconstruction，SPIDER）等方法来测量飞秒激光脉冲宽度和脉冲波形。

自相关法通过测量飞秒激光脉冲自扫描相关二次谐波曲线（自相关曲线）的半宽度来获得飞秒激光的脉宽。自相关仪是采用自相关法测量飞秒激光脉冲宽度的设备，自相关仪按光路形式可分为非共线的（强度自相关）和共线的（干涉自相关或条纹自相关）两种。自相关仪波长范围覆盖紫外至近红外波段，脉宽扫描范围为 10 fs～15 ps，延迟精度为 1～4 fs。强度自相关仪工作原理图如图 6.54 所示。

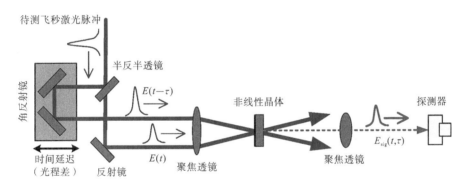

图 6.54　强度自相关仪工作原理图

强度自相关仪工作原理：待测飞秒脉冲激光经分束器后分为强度相同的两束激光，在两束光之间引入一定的时间延迟后，光束聚焦到非线性晶体产生二阶非线性效应，通过扫描调整光路延迟可得到二阶非线性响应信号随时间延迟量变化的曲线，即强度自相关曲线，通过测量强度自相关曲线的半宽度则可得到被测飞秒激光的脉宽。

干涉自相关仪工作原理图如图 6.55 所示。干涉自相关仪采用共线工作方式，待测飞秒激光脉冲经分束器后分为振幅相同的两束激光，其中一束激光延迟一定时间后与另一束激光合并入射到非线性晶体，通过扫描调整光路延迟可得到两束激光振幅叠加的干涉自相关曲线，干涉自相关曲线为时间延迟量的周期振荡曲线，并且振荡条纹的周期对于一定中心波长的激

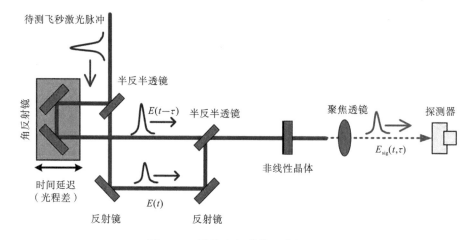

图 6.55　干涉自相关仪工作原理图

光是固定的,通过测量干涉自相关曲线的包络半宽度可得到被测飞秒激光的脉宽。

频率分辨光学开关法是在强度自相关的基础上发展出来的飞秒激光脉冲宽度和脉冲波形测量方法。FROG 涉及的波长范围覆盖紫外至近红外波段,脉宽测量范围为 10 fs~500 ps,时间分辨率为 2~4 fs。频率分辨光学开关法工作原理图如图 6.56 所示。

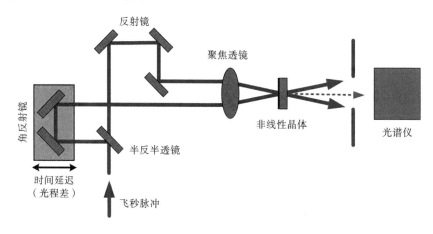

图 6.56　频率分辨光学开关法工作原理图

频率分辨光学开关法工作原理:将入射飞秒脉冲激光通过分束器分为两束光,其中一束为探测光,另一束为开关光,两者同时引入一定的延迟时间量,两束光通过聚焦透镜聚焦到非线性介质上发生非线性效应产生信号光,通过光谱仪将不同频率(波长)成分的信号光分辨出来,使用 CCD 采集信号光随频率和时间变化的曲线,利用迭代算法获取入射光脉冲信息。

光谱相位相干直接电场重构法基于光谱剪切相干原理,其通过光谱剪切相干获取飞秒激光频率信息和相位信息,再通过脉冲波形重构得到脉冲宽度。光谱相位相干直接电场重构法工作原理图如图 6.57 所示。

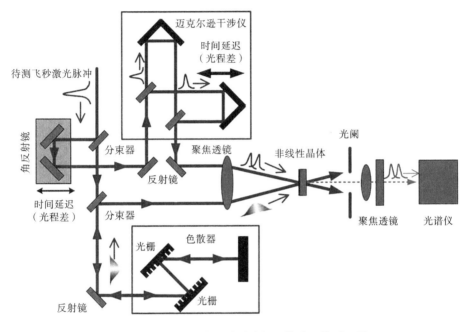

图 6.57　光谱相位相干直接电场重构法工作原理图

光谱相位相干直接电场重构法工作原理:待测飞秒脉冲激光经分束器后分为两束激光,其中一束光通过色散器展宽为啁啾脉冲,另一束光经迈克尔逊干涉仪分为两个具有一定时间延迟的脉冲对,然后再聚焦到非线性晶体进行频率转换;由于两束激光脉冲存在时间延迟,非线性和频后,它的中心频率会出现微小的变化量,这个频率差称为光谱剪切量;用光谱仪记录和频脉冲对的光谱干涉条纹,利用反演算法则可得到被测飞秒激光脉冲的脉冲宽度、脉冲波形和相位。

2. 飞秒激光脉冲宽度和脉冲波形测试方法比较

自相关法、频率分辨光学开关法、光谱相位相干直接电场重构法等超短激光脉宽测试方法的主要优缺点对比如表 6.7 所示。

表 6.7　超短激光脉宽测试方法比较

测试方法	优点	缺点
自相关法	(1) 脉宽测量范围广,覆盖飞秒至皮秒范围; (2) 脉宽测量精度高; (3) 灵敏度高; (4) 结构简单,环境适应性强	不具备脉冲波形测试能力
频率分辨光学开关法	(1) 具备脉冲波形测试能力; (2) 可判断飞秒激光脉冲啁啾正负方向	(1) 脉宽测量范围依赖于非线性晶体厚度和切割角等相位匹配参数,须更换倍频晶体和探测器以适应不同脉宽、不同波长范围测试需求; (2) 须用迭代算法重构脉冲波形
光谱相位相干直接电场重构法	(1) 具备脉冲波形和相位等参数测试能力; (2) 具备单次脉冲波形测试能力	(1) 脉宽测量范围依赖于非线性晶体厚度和切割角等相位匹配参数,须更换倍频晶体和探测器以适应不同脉宽、不同波长范围测试需求; (2) 灵敏度低,对待测激光光束质量要求较高; (3) 结构复杂

由表 6.7 可知,基于光谱相位相干直接电场重构法的超短激光脉宽测试仪结构复杂,脉宽测量范围和波长响应范围依赖于非线性晶体厚度和切割角等相位匹配参数,不适合飞秒至亚皮秒大量程范围内激光脉冲宽度的快速测量。自相关法脉宽测量范围广、灵敏度高、结构简单、环境适应性强,是目前最常用、最简便的超短激光脉宽测试方法。考虑到自相关法不具备脉冲波形测试能力,为提高对复杂脉冲波形激光脉宽的测试精度,可采用二次谐波频率分辨光学开关法(SHG-FROG)进行脉冲波形测试。

3. 简单、廉价的飞秒激光脉冲宽度测试方法[29]

利用光谱法测量飞秒激光的谱线宽度,根据谱线的线性函数分布,计算得到脉冲宽度,是一种简单、廉价的飞秒激光脉冲宽度测试方法,实验装置示意图如图 6.58 所示。

由傅里叶变换可知,脉冲时域半高宽和频域半高宽的乘积(时间带宽积)

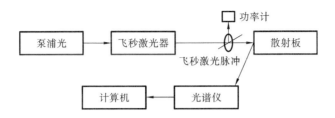

图 6.58　光谱法测量飞秒激光脉冲宽度的实验装置示意图

必须大于等于一个常数 κ，即

$$\tau_{\mathrm{p}} \cdot \Delta\nu \geqslant \kappa \tag{6.50}$$

式中，κ 依脉冲波形而异，但总为 1 左右的常数。脉冲的时间带宽积和脉冲宽度存在以下关系：

$$\Delta\nu = \frac{c}{\lambda^2}\Delta\lambda \tag{6.51}$$

由式(6.50)和式(6.51)，根据测量的不同输出功率条件下的激光脉冲光谱宽度及谱线线型，即可计算出激光脉冲宽度。

6.8　工业光纤激光器散热及拷机老化技术

6.8.1　散热技术

1. 大功率光纤激光器热源

热控技术是研究大功率光纤激光器的一个关键技术，是确保光纤激光器安全稳定运行的前提。对于大功率光纤激光器而言，若不能采取有效的热控技术，则会在组成激光器的各部位产生热积累，造成激光器泵浦源的输出光功率降低、寿命减短和引起波长漂移；导致有源光纤发热，引起热应力和折射率的变化，导致光纤涂覆层老化、燃烧；造成包层光剥离器、信号/泵浦耦合器、光纤光栅等关键器件热损伤、损失性能等，这些都会对光纤激光器产生不可挽救的损坏。工业光纤激光器热设计的研究目前主要集中在半导体泵浦源散热、双包层有源光纤热效应，以及光纤器件热效应这三个问题上。目前采用的热控技术主要有风冷和水冷两种方式，其中，风冷技术主要用于低功率的脉冲激光器和低功率的连续激光器，而对于大功率连续光纤激光器，则多采用水冷散热措施。

大功率光纤激光器的热源主要来自于以下方面：① 半导体泵浦源的大功

率驱动电源发热;② 半导体泵浦源发热,通常半导体泵浦源的电光转换效率为 50％左右,其他电能则转化为热能;③ 增益光纤的材料吸收发热和量子亏损发热,如果增益光纤的光光转换效率为 80％,则 20％的光被材料吸收后转化为热能;④ 增益光纤与被动光纤的熔接点、包层光剥离器、信号/泵浦耦合器、模场适配器等,由于泵浦光或信号光的泄漏,都会产生热。

通过分析光纤激光器的主要热源,可采取有效的措施进行散热降温,以满足激光器的使用,不损坏其性能参数和保证正常工作。熔接点为一个高能点热源,可通过热传导的方式将热量带走,因此采用铝制热沉进行散热;有源光纤的温度主要随径向分布,通过增加对流换热系数可实现有效散热;包层光剥离器将包层的激光波导剥离出去,以热的形式传递到铝制基底,增加对流换热同样能满足散热要求;多芯片封装的半导体激光泵浦源中,各个芯片类似一个一个的点热源,通过封装将热量传递到壳体底部较大的平面,只要及时将封装壳体的热量带走,就可以满足使用要求。

由于半导体激光泵浦源是主要热源,因此只要满足了半导体激光泵浦源的工作温度要求,那么就可以满足增益光纤、包层光剥离器、信号/泵浦耦合器、信号光纤合束器等热源的散热要求。

2. 水冷系统

水冷系统是目前工业上使用得最广泛的热控方案,且其散热效果较好。不管是电路 PCB 板上的关键发热器件,还是高功率半导体激光泵浦源等,都运用水冷系统得到了很好的散热效果。水冷系统主要通过流体对流换热和热传导的方式来进行散热,冷板采用导热率较高的铜和铝材料制备,发热的电子器件紧贴在冷板表面,通过器件外壳、冷板表面、液体这三部分形成良好的导热路径,最终将热量传递给流动的液体,从而达到散热的目的。

水冷系统包括水冷机、冷板、管路和发热器件。水冷机又包括泵、膨胀箱、散热器、冷凝器等,系统的示意图如图 6.59 所示。

3. 水冷系统的液体

水冷系统主要通过液体对流带走电子器件产生的热量,液体主要根据密度、黏度、导热系数、比热容、腐蚀性等进行选择,目前应用较多的有水、FC75、coolanol25、coolanol45、硅油等。从表 6.8 中可以看出,水的动力黏度较小、导热系数较高、比热容较大,是水冷剂较理想的选择。黏度较大会引起压降的增

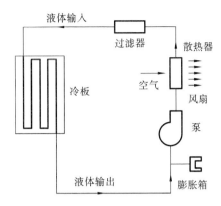

图 6.59 冷板式冷却系统示意图

加,此时对水冷系统的要求较高,低导热系数和低比热容都会影响液体的
散热。

表 6.8 几种水冷剂的参数列表

参数	水 25 ℃	FC75 25 ℃	coolanol25 25 ℃	coolanol45 25 ℃
动力黏度/(Pa・s)	896×10^{-6}	1441×10^{-6}	4500×10^{-6}	17900×10^{-6}
密度/(kg/m³)	995	1757	900	895
导热系数/[W/(m・k)]	0.6109	0.064	0.1315	0.135
比热容/[kJ/(kg・k)]	4.1784	1.0383	1.8841	1.8841

4. 大功率光纤激光器对水冷机制冷量的要求

不同输出功率的光纤激光器对水冷机制冷量有不同的要求,表 6.9 给出
了大功率激光器及其水冷机配置表。可以根据大功率光纤激光器的输出功率
和制冷量的要求选择合适的制冷机。

表 6.9 大功率激光器及其水冷机配置表

激光器功率/kW	水冷机要求制冷量/kW
1	4.0
2	8.0
4	16.0
5	20.0

续表

激光器功率/kW	水冷机要求制冷量/kW
6	24.0
10	38.0
15	54.0

5. 半导体激光泵浦源冷板结构设计

冷板是水冷系统的主要组成部分,它直接决定了散热效果。不同的冷板结构、不同的流道类型,对器件的散热效果都不一样。因此,需要合理设计冷板的结构,使其具有最优的散热效果。如图 6.60 所示,通常冷板的结构有 S 形、Z 形、直线形、绕流柱形四种[30]。

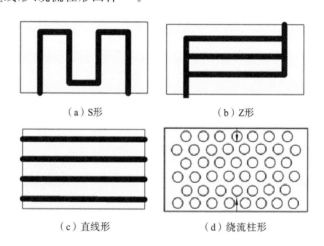

（a）S形　　　　　　　　　　（b）Z形

（c）直线形　　　　　　　（d）绕流柱形

图 6.60　不同冷板流道结构图

对相同流速、相同流道尺寸、相同水路间距、相同热源、不同冷板结构对应的热源温度进行流固耦合热仿真分析,仿真结果如图 6.61~图 6.64 所示。仿真结果说明:S 形冷板的流道整体温度分布有较大梯度,其原因是流道间距太大,不能兼顾整体散热;Z 形冷板存在一个弊端,即液体总是过多地流入离进液口较远的横向流道,导致最近的横向流道中的液体较少,使得高温集中在局部,存在较大的温度梯度;直线形冷板的温度分布较均匀,但总体温度过高;绕流柱形冷板的散热效果较佳,且温度分布较均匀。

把半导体激光泵浦源安装在所设计的冷板上,如图 6.65 所示,就构成了大功率光纤激光器的泵浦模块。

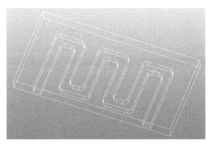
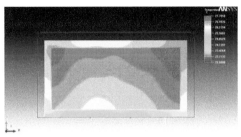

图 6.61　S 形冷板流道仿真温度分布云图

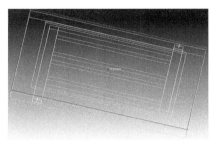

图 6.62　Z 形冷板流道仿真温度分布云图

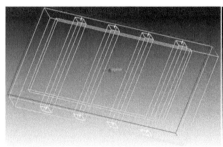

图 6.63　直线形冷板流道仿真温度分布云图

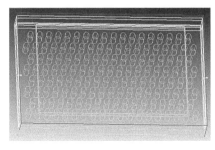

图 6.64　绕流柱形冷板流道仿真温度分布云图

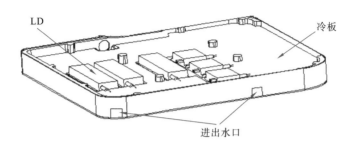

图 6.65　泵浦模块水冷散热设计图

6. 增益光纤冷板

增益光纤冷板设计有光纤槽,其将光纤嵌入具有高导热率的金属光纤槽,从而增加热量传导。不同光纤槽的结构示意图如图 6.66 所示。将有源光纤放置于矩形、U 形的铝合金光纤槽中,设定光纤的外包层直径为 550 μm,为了保证光纤完全嵌入光纤槽,同时也兼顾整个激光器冷却装置的厚度,两种光纤槽的深度设计为 600 μm,宽度设计为 $d=550$ μm。对于矩形凹槽,光纤与矩形凹槽的底部接触;对于 U 形凹槽,底部设计成和光纤直径相同的半圆形结构,所以二分之一的光纤表面积能够嵌入半圆形的凹槽中。

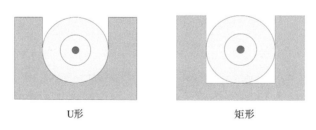

U形　　　　矩形

图 6.66　不同光纤槽的结构示意图

对两种光纤槽的散热效果进行仿真分析,可得到光纤端面的温度分布[31]。光纤在矩形凹槽中的温度分布如图 6.67 所示,从光纤在 y 轴方向上的温度分布可以看出,光纤的纤芯温度为 85 ℃,光纤表面的最高温度为 50 ℃,光纤的温度明显降低。光纤在 U 形凹槽中的温度分布如图 6.68 所示,此时在 y 轴方向上,双包层光纤的纤芯温度为 74 ℃,光纤表面的最高温度低于 40 ℃。通过对比图 6.67 和图 6.68 中光纤端面的温度分布可以看出:在冷却凹槽中,光纤和凹槽的接触面积越大,散热效果越好,所以在激光模块的实验中可以选择 U 形的冷却凹槽对光纤进行散热处理。

增益光纤冷板的结构设计图如图 6.69 所示,根据光纤盘绕方式,在水冷

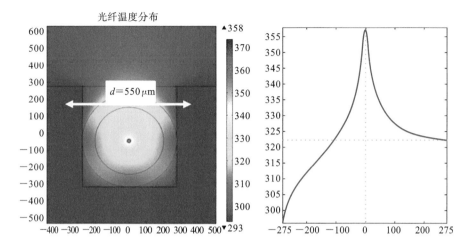

图 6.67　矩形凹槽中光纤端面的温度分布

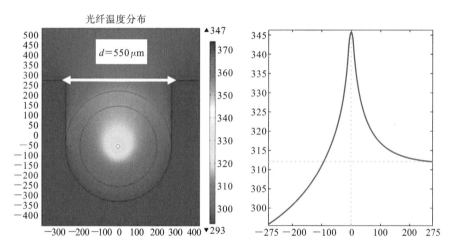

图 6.68　U 形凹槽中光纤端面的温度分布

板上加工 U 形凹槽,光纤盘绕在 U 形凹槽中,光纤熔接点及其他光纤器件都安装在冷板上,构成大功率光纤激光器的光学模块。

6.8.2　拷机老化技术

大功率光纤激光器在出厂前,需要模拟实际运行状态,进行长时间的整机老化筛选,以控制产品不良率,提高产品质量,这就是拷机装置的作用。因为大功率光纤激光器的拷机装置长期运行在高功率能量吸收状态,其能量反射面和能量吸收面会存在较为严重的消耗和磨损,期间挥发出来的粉尘杂质会造成大功率光纤激光器输出光缆窗口的损坏,所以大功率光纤激光器拷机老

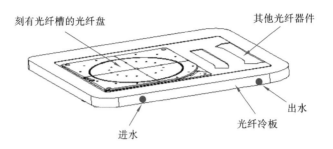

图 6.69 光学模块水冷散热设计图

化装置的设计需要考虑多方面的因素。

大功率光纤激光器拷机老化装置必须具备以下几个功能:① 安全可靠,不能有激光泄漏到空间,可保证大功率光纤激光器长时间满功率照射;② 必须有功率监控功能,并给出输出功率随拷机时间变化的曲线;③ 当激光功率突然下降或设备温度超过设定范围时,可自动报警和紧急断电;④ 与水冷系统连接,保证流量和水温在设定范围;⑤ 具备激光输出接口保护功能,以免在拷机老化的过程中,被照射的材料挥发出来的粉尘杂质造成大功率光纤激光器输出光缆窗口的损坏;⑥ 方便激光输出接口的插拔。

锐科激光提出了一种激光器拷机装置[32],如图 6.70 所示。

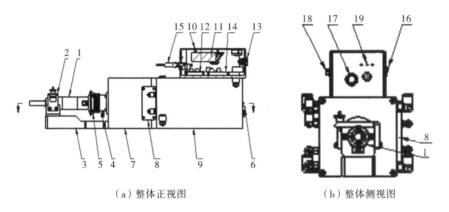

(a) 整体正视图　　　　　　　　　(b) 整体侧视图

图 6.70 大功率光纤激光器拷机老化装置

1—激光器输出光缆;2—夹持件;3—安装架;4—光缆定位套;5—定位螺钉;6—热敏电阻;7—激光入射座;8—镜托;9—外壳;10—控制柜;11—电源转换电路板;12—激光器信号采集及控制电路板;13—报警器;14—拷机装置信号采集及控制电路板;15—通信接口;16—电源接口;17—开关;18—信号采集接口;19—报警信号灯。

该拷机老化装置的特点是通过在窗口和激光吸收组件之间设置保护镜套

件,将输出光缆窗口所在区域与激光能量吸收区域隔离;通过保护镜与激光入射座的密封连接,将窗口所在区域与外部环境进行密封隔离,为窗口镜提供较为清洁的工作环境。这样在拷机的过程中,可以有效地防止外部的灰尘,以及避免激光吸收组件的能量反射面和吸收面在拷机期间挥发出来的粉尘杂质进入窗口所在区域并被激光烧结在窗口上,造成输出光缆窗口的损坏。这样,只需要定期清洁或更换保护镜,就可以用保护镜的损耗代替激光器输出光缆窗口的损耗,从而降低激光器的生产制造成本。

该大功率光纤激光器拷机老化装置可以用于 1000 W 以上工业光纤激光器的拷机老化。令 20000 W 大功率光纤激光器满功率连续工作 48 小时,以及令 5000 W 大功率光纤激光器满功率连续工作 200 小时,拷机老化装置均处在设定的正常温度范围内。

参考文献

[1] 葛诗雨,沈华,朱日宏,等.高精度测量高功率光纤激光器低反光纤光栅反射率的方法[J].红外与激光工程,2018,47(11):221-227.

[2] 刘刚,杨飞,叶青,等.大模场面积双包层光纤光栅模式特性研究[J].中国激光,2012,39(6).

[3] 丁玥.逆矩阵法处理近场模式测定介质光波导折射率[D].长春:吉林大学,2005.

[4] J. J. Koponen, M. J. Söderlund, S. K. T. Tammela, et al. Photodarkening in ytterbium-doped silica fibers. Proceedings of SPIE-The International Society for Optical Engineering[J]. 2005, 5990(12): 72-81.

[5] J. Koponen, D. V. Gapontsev, D. A. Kliner, et al. Benchmarking and measuring photodarkening in Yb doped fibers[J]. Proceedings of SPIE-The International Society for Optical Engineering, 2009, 7195: 1-14.

[6] J. Koponen, M. Laurila, M. Hotoleanu. Inversion behavior in core-and cladding-pumped Yb-doped fiber photodarkening measurements[J]. Applied Optics, 2008, 47(25): 4522-4528.

[7] S. Jetschke, S. Unger, U. Ropke, et al. Photodarkening in Yb doped fibers: experimental evidence of equilibrium states depending on the pump power[J]. Optics Express, 2007, 15(22): 14838-14843.

[8] J. Ponsoda, M. Soderlund, J. Koplow, et al. Photodarkening-induced increase of temperature in ytterbium-doped fibers[J]. Fiber Lasers Ⅶ: Technology, Systems, and Applications, 2010, 7580: 1-7.

[9] 闫大鹏, 李成, 李立波, 等. 增益光纤光致暗化测试系统: 中国, CN201110176822.1[P].

[10] 李进延, 陈瑰, 李海清, 等. 有源稀土掺杂光纤光子暗化测试装置: 中国, CN201210292916[P].

[11] 刘锐. 高功率光纤激光器用掺镱光纤的设计、制备和性能研究[D]. 武汉: 华中科技大学, 2020.

[12] 王建明. 高功率单模光纤激光器关键技术及输出稳定性研究[D]. 武汉: 华中科技大学, 2017.

[13] 欧攀. 高等光学仿真(MATLAB 版): 光波导, 激光[M]. 2 版. 北京: 北京航空航天大学出版社, 2014.

[14] 赵楠. 高功率掺镱光纤激光器中光子暗化效应研究[D]. 武汉: 华中科技大学, 2018.

[15] A. E. Siegman. New developments in laser resonators[J]. Proceedings of SPIE-The International Society for Optical, 1990, 1224: 2-14.

[16] 冯国英, 周寿桓. 激光光束质量综合评价的探讨[J]. 中国激光, 2009, 36 (7): 1643-1653.

[17] G. D. Goodno, C. P. Asman, J. Anderegg, et al. Brightness-scaling potential of actively phase-locked solid-state laser arrays[J]. IEEE Journal of Selected Topics in Quantum Electronics, 2007, 13(3): 460-472.

[18] G. D. Goodno, H. Komine, S. J. McNaught, et al. Coherent combination of high-power, Zigzag slab lasers[J]. Optics Letters, 2006, 31(9): 1247-1249.

[19] 高卫, 王云萍, 李斌. 强激光光束质量评价和测量方法研究[J]. 红外与激光工程, 2003, (32): 61-64.

[20] 高卫, 乔广林. 激光光束质量的评价参数及其特性分析[J]. 飞行器测控学报, 2002, (21): 17-21.

[21] 刘泽金, 周朴, 许晓军. 高能激光光束质量通用评价标准的探讨[J]. 中国激光, 2009, 36(4): 773-778.

[22] 曾秉斌,徐德衍.激光光束质量因子 M^2 的物理概念与测试方法[J].应用激光,1994,14(3):104-108.

[23] 熊雪霜.激光束参数和光束质量测量系统[D].吉林:吉林大学,2007.

[24] 巴图.基于光波复振幅重构的激光光束质量实时测量[D].南京:南京理工大学,2017.

[25] 陈兰荣,支婷婷.高功率激光系统信噪比测试方法的改进[J].中国激光,1995,22(11):839-841.

[26] 范薇,夏刚,汪小超,等.脉冲激光器信噪比检测装置:中国,CN201710948101.5[P].

[27] 韩刚,闫博,王提,等.脉冲激光脉冲宽度测试方法[J].计量技术,2011,(11):24-28.

[28] 吴磊,阴万宏,俞兵,等.飞秒激光脉冲宽度和脉冲波形测试技术[J].应用光学,2019,40(2):291-298.

[29] 董光焰,郭凯敏,高勋.利用光谱法测量飞秒激光脉冲宽度研究[J].长春理工大学学报(自然科学版),2010,33(1).

[30] 张琳.高功率光纤激光器热控技术研究[D].太原:中北大学,2016.

[31] 张雪霞.高功率连续光纤激光器关键技术与工程化研究[D].北京:北京工业大学,2017.

[32] 许亮,王敬之.一种激光器拷机装置:中国,CN201920468736.X[P].

第7章
工业大功率
光纤激光器

7.1 单腔单模 3500 W 工业光纤激光器

通常,工业用万瓦大功率多模光纤激光器是由多个单腔单模光纤激光器合束实现的,提高单腔单模光纤激光器的输出功率是获得更大功率多模光纤激光器输出的基础。所以,实现工业级稳定可靠的大功率单腔单模光纤激光器是光纤激光器厂家研发的重点。图 7.1 所示的为单腔单模 3500 W 工业光纤激光器的结构示意图。

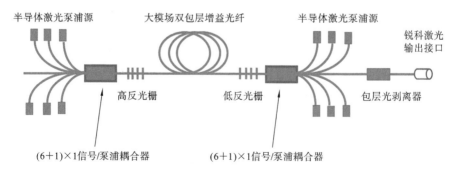

图 7.1 单腔单模 3500 W 工业光纤激光器的结构示意图

　　图 7.1 中的增益光纤为武汉睿芯公司生产的 25/400 μm 掺镱光纤,纤芯数值孔径为 0.065,包层泵浦吸收为 2.20 dB/m@976 nm,光纤长度为 8 m。高反光栅和低反光栅是由 25/400 μm 的与增益光纤匹配的被动光纤刻写的,输出波长为 1080 nm,低反光栅的反射率为 10%@1080 nm。谐振腔采用双向泵浦,正向(6+1)×1 信号/泵浦耦合器的输入信号光纤为 NA=0.065 的 25/250 μm 被动光纤,输出光纤为 NA=0.065 的 25/400 μm 被动光纤,信号插入损耗为 0.2 dB;反向(6+1)×1 信号/泵浦耦合器的输出光纤(与低反光纤熔接)为 NA=0.065 的 25/400 μm 被动光纤,信号光纤(与包层光剥离器熔接)为 NA=0.065 的 25/250 μm 被动光纤,信号插入损耗为 0.2 dB。半导体激光泵浦源的泵浦光纤为 NA=0.22 的 200/220 μm 光纤,输出功率为 350 W@976 nm,并直接与(6+1)×1 信号/泵浦耦合器的泵浦光纤熔接。包层光剥离器在(6+1)×1 信号/泵浦耦合器和输出接口(QBH)之间熔接,去除包层泄漏的信号光和未吸收的泵浦光。输出激光经准直、分束,衰减到毫瓦量级,之后可进行光谱和光束质量分析。光纤元件的熔接点损耗控制在 0.15 dB 或以下。在 1080 nm 处激光输出功率为 3.5 kW,斜效率达到 85.8%,如图 7.2 所示。所制备的镱掺杂 25/400 μm 光纤具有较高的光光转换效率。用 Ophir 光束质量测试系统分析激光的光束质量,测试结果小于 1.40,如图 7.3 所示。经过 60 小时稳定性拷机老化试验,结果如图 7.4 所示,功率波动小于 1.0%,高于产品设计要求。

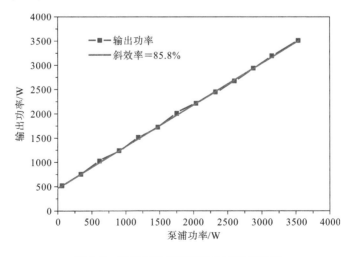

图 7.2　激光振荡器的输出功率和斜效率

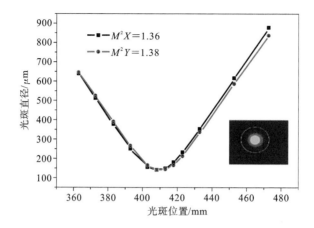

图7.3 全光纤激光振荡器的光束质量测试图

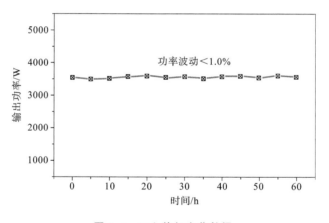

图7.4 60 h拷机老化数据

7.2 单纤输出万瓦光纤激光器

单纤输出万瓦光纤激光器从一根大模场增益光纤中产生万瓦以上的激光输出,通常采用主振荡级+放大级的结构。这种结构的大功率光纤激光器,在提高单纤输出激光功率的同时可以提高输出光束质量;进行一定的设计,可使输出功率达到万瓦或以上时,激光束仍保持单模或少模运行。

2009年,美国IPG公司报道了采用单纤实现单模10 kW激光输出[1];2012年,美国IPG公司又报道了单纤17 kW激光输出,光束参数积为2 mm mrad[2]。上述两种激光器均采用单模光纤激光器作为泵浦源,即采用同带泵浦技术,系统结构复杂且成本(造价)高,难以实现产品化和工业规模化应用。

因此,人们开始研究直接采用半导体激光器作为泵浦源的单纤单模或单纤少模的万瓦或以上大功率光纤激光器,以实现在工业上的应用。

正如第 1 章所介绍的,2020 年,上海光学精密机械研究所陈晓龙、何宇等人报道了 10 kW 全光纤 MOPA 激光器实验方案,泵浦光波长约为 976 nm,激光输出功率达到 10.1 kW。输出光束质量为 $M^2X=3.12,M^2Y=3.18$。

中国工程物理研究院林宏奂、唐选等人[3]报道了采用 MOPA 结构实现单纤万瓦激光输出,实验原理图如图 7.5 所示。主放大级设计了一种 30/900 μm 的增益光纤,主放还设计了一种加油站式结构,在振荡级和放大级之间增加一级信号/泵浦耦合器,两级信号/泵浦耦合器可分别注入 1.3 kW 和 10.2 kW 的泵浦激光,提升了主放耦合的泵浦激光功率,获得的单纤激光系统的总输出功率为 10.6 kW,放大级斜效率为 86.12%。采用 βFL 方法初步测试了该激光系统的输出光束质量,系统输出 M^2 优于 $2\beta_{FL}$。

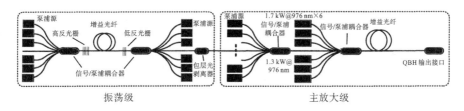

图 7.5　中国工程物理研究院 10 kW 级单纤激光系统光路示意图

2021 年,锐科激光实现了单纤少模 10.3 kW 激光输出,图 7.6 所示的为锐科激光 10 kW 级单纤少模激光系统光路示意图。该系统由主振荡级和放大级组成。

主振荡级采用反向泵浦,由增益光纤、高反光栅、低反光栅、(6+1)×1 信号/泵浦耦合器组成。增益光纤为 20/400 μm 大模场双包层掺镱光纤,纤芯数值孔径为 0.065,吸收系数为 0.45 dB/m@915 nm。高反光栅反射率为 99.5%,3 dB 带宽约为 3 nm;低反光栅反射率为 10%,3 dB 带宽约为 1.2 nm。(6+1)×1 信号/泵浦耦合器的输出光纤为 20/400 μm GDF,纤芯数值孔径为 0.065;输入信号光纤也是 20/400 μm GDF,经预处理后与 6 根拉锥的 200/220 μm 泵浦光纤制成输入光纤束,然后与输出光纤 20/400 μm GDF 熔接。泵浦光源为 400 W 976 nm 半导体激光器。主振荡级输出功率为 10 W～1 kW 可调的单模激光,经包层光剥离器和模场适配器注入放大级。

放大级采用反向泵浦,由增益光纤、(18+1)×1 信号/泵浦耦合器组成。

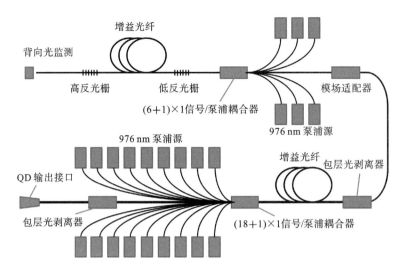

图 7.6　锐科激光 10 kW 级单纤少模激光系统光路示意图

增益光纤为 35/800 μm 大模场双包层掺镱光纤,纤芯数值孔径为 0.058,吸收系数为 0.40 dB/m@915 nm。(18+1)×1 信号/泵浦耦合器的输出光纤为 35/800 μm GDF,纤芯数值孔径为 0.058;输入信号光纤也是 35/800 μm GDF,经预处理后与 18 根拉锥的 225/242 μm 泵浦光纤制成输入光纤束,然后与输出光纤 35/800 μm GDF 熔接。泵浦光源为 700 W 976 nm 半导体激光器。

放大级输出激光经包层光剥离器与 QD 输出接口连接。

在放大级工作之前,应精细控制主振荡级的注入功率、光束质量及经放大级后的光束质量,然后开启放大级,实现 10.3 kW 激光输出,功率达 10.3 kW,如图 7.7 所示,斜效率达到 88.2%。光束质量如图 7.8 所示,M^2 达到 2.20。

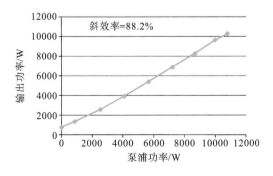

图 7.7　输出功率和斜效率

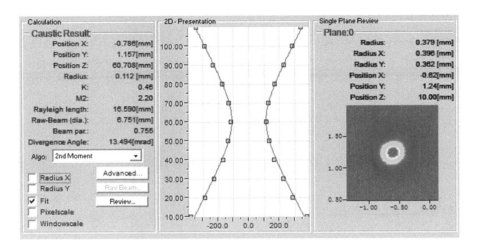

图 7.8 单纤输出功率为万瓦时的光束质量

系统所用的增益光纤和与之匹配的被动光纤均由武汉睿芯公司提供。系统所用的$(6+1)\times 1$信号/泵浦耦合器、$(18+1)\times 1$信号/泵浦耦合器、双包层光纤光栅、976 nm泵浦源、模场适配器、包层光剥离器、输出光纤接口等均由锐科公司自己生产。

7.3 光纤合束少模万瓦光纤激光器

光纤合束少模万瓦光纤激光器从光纤信号光合束器(输出光纤芯径为 50 μm)中输出万瓦激光。目前,工业应用的万瓦以上大功率光纤激光器都是采用光纤合束技术来实现的,合束输出光纤芯径为 100 μm、150 μm、200 μm 或更大,输出光束为多模的。为提高光纤信号光合束器输出激光的光束质量,在 50 μm 芯径的基础上实现少模万瓦激光输出,除了对光纤信号光合束器的制作有更严格的要求外,对输入光纤激光器模块的功率和光束质量也有要求。

文献[4]介绍了大功率光纤激光器的光纤信号光合束器的研究进展。

光纤信号光合束器的最早报道出现在 IPG 公司 20 kW 大功率光纤激光器系统的专利中[5,6],该系统中光纤信号光合束器主要用于将多个单模光纤激光器进行合束,进而增加激光振荡器的泵浦光功率,专利中指出,由于采用了高亮度的单模光纤激光器作为输入激光,光纤信号光合束器输出的泵浦激光可以实现少模输出,光束质量 $M^2 < 8$,理想情况下甚至可以达到 $M^2 < 4$。目前,美国 IPG 公司的官方网站介绍的光纤合束工业万瓦光纤激光器的输出光

纤芯径分别为 100 μm、150 μm 和 200 μm，对应的光束参数积分别为 3.8 mm mrad、5.2 mm mrad 和 7.0 mm mrad。

2011 年，丹麦科技大学的 Noordegraaf 等人报道了采用套管法制作的 7×1 光纤信号光合束器，他们采用低折射率玻璃管将 7 根单模光纤熔融拉锥后与 1 根纤芯直径为 100 μm 的多模光纤熔接，最终实现的最大输出功率为 2.54 kW，当输出功率为 600 W 时，测量得到输出激光光束质量 $M^2 \approx 6.5$。

2011 年，美国 JDSU 公司利用一个光纤信号光合束器，对 7 个功率为 600 W 的激光器进行合成，最终得到输出功率为 4.2 kW 的激光输出，合束器采用的输入光纤纤芯直径为 20 μm，数值孔径 NA=0.08，输出光纤纤芯直径为 50～100 μm。实验得到输出合束激光的光束参数积为 2.5 mm mrad，对应的光束质量 $M^2 \approx 7.3$。

2014 年，德国耶拿大学基于套管法分别采用了两种方案制作了 7×1 光纤信号光合束器，基于纤芯直径为 50 μm 的输出光纤实现了大于 5 kW 的合束激光输出，测量得到的光束质量分别为 $M^2 \approx 6.5$ 和 $M^2 \approx 4.6$。

2016 年，国防科技大学研制出输入光纤为 20/400 μm 光纤、输出光纤为纤芯直径为 50 μm 的光纤的 7×1 光纤信号光合束器，其输出功率为 6.26 kW，合成效率大于 98%，光束质量 $M^2 = 4.3$。

2018 年，国防科技大学陈子伦、雷成敏等人在《中国激光》发表简讯[7]，基于输出光纤为 50 μm 光纤的 7×1 光纤信号光合束器实现了大于 14 kW 的高光束质量光纤激光合成，采用自研的输入光纤为 20/400 μm 光纤（NA=0.06）、输出光纤为 50/70/360 μm 光纤（NA=0.2）的 7×1 光纤信号光合束器。基于实验室自研的 7 台 2 kW 的光纤激光器模块（单元模块的光束质量 M^2 为 1.2～1.4），在总输入功率为 14.3 kW 的情况下，光纤信号光合束器的输出功率为 14.1 kW，整体传输效率大于 98.5%。将光纤信号光合束器放置于带水冷的热沉上进行制冷，光纤激光器连续运行 10 min，输出功率稳定，稳定时光纤信号光合束器的温升仅为 40 ℃，即温升系数小于 3 ℃/kW。在输出功率逐渐增加的过程中，光束质量保持稳定。如图 7.9 所示，当输出功率为 14 kW 时，测得 $M^2 = 5.37$。

2016 年，锐科激光开发了高亮度的光纤合束万瓦光纤激光器产品。采用自产的 3×1 光纤信号光合束器，如图 7.10 所示，输入光纤为 25/400 μm GDF 光纤（NA=0.065），输出光纤为 50/400 μm GDF 光纤（NA=0.2），把 3 根

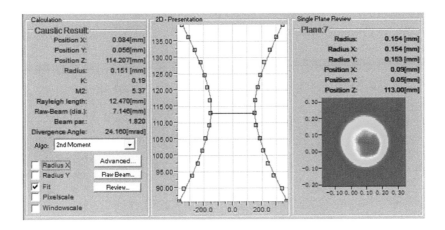

图 7.9　输出功率为 14 kW 时的光束质量

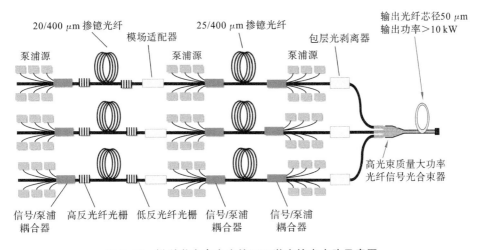

图 7.10　锐科激光高亮度的万瓦激光输出光路示意图

$25/400\ \mu m$ 输入光纤与 3 个输出光纤为 $25/400\ \mu m$ GDF 的 3500 W 单模激光熔接,输出 $50/400\ \mu m$ GDF 与锐科激光 $50/400\ \mu m$ 光纤 QBH 接口熔接,测得合束效率达到 99.2%,输出功率为 10.1 kW,光束质量 $M^2X=2.774,M^2Y=2.991$。

图 7.11 所示的为高亮度的光纤合束万瓦光纤激光器整机老化 2 h 的数据,结果显示,功率稳定性达到±1.42%。

合束用的 3.5 kW 单模光纤激光模块如图 7.12 所示,其中,种子源由(6+1)×1 信号/泵浦耦合器、$20/400\ \mu m$ 双包层掺镱光纤、高反光栅、低反光栅、

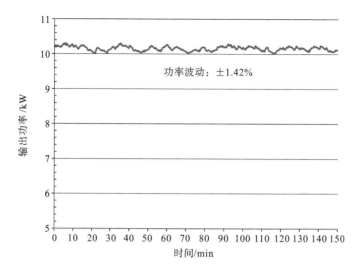

图 7.11　整机老化 2 h 的数据

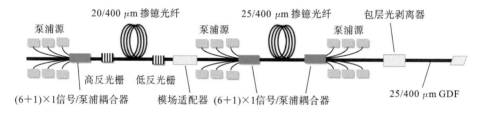

图 7.12　3.5 kW 单模光纤激光模块结构图

400 W@976 nm@200 μm 芯径锁波长泵浦源、包层光剥离器等组成。(6+1) ×1 信号/泵浦耦合器的耦合效率>97.5%,插入损耗≤0.2 dB,单臂承受功率 >500 W。输出光纤和信号光纤为 20/400 μm 双包层 GDF,泵浦光纤为 NA =0.22 的 200/220 μm 多模光纤。

　　种子源稳定的输出功率在 10 W～1.2 kW 范围内可调,图 7.13 所示的为种子源的典型性能参数,图 7.14 所示的为种子源输出功率为 1.2 kW 时的光束质量,图 7.15 所示的为种子源输出功率为 1.2 kW 时的光谱。

　　放大器采用双向泵浦结构,其由 20/400 μm 到 25/400 μm 双包层光纤的模场适配器、两个(6+1)×1 信号/泵浦耦合器、25/400 μm 双包层增益光纤和包层光剥离器等组成。(6+1)×1 信号/泵浦耦合器的输出和输入信号光纤均为 25/400 μm GDF。利用图 7.12 所示的结构,根据第 4.6.2 节介绍的连续光纤激光器模式控制实验研究结果,仔细设计放大器的增益光纤长度、盘绕直

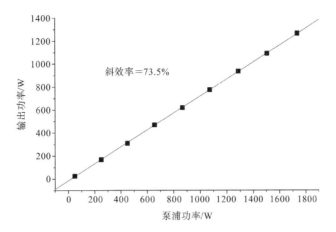

图 7.13　种子源输出功率曲线和斜效率

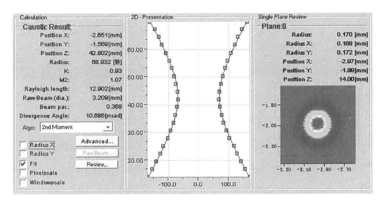

图 7.14　种子源输出功率为 1.2 kW 时的光束质量

图 7.15　种子源输出功率为 1.2 kW 时的光谱

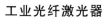

径,严格控制种子源注入功率,可实现 3.56 kW 的激光输出,斜效率达到 88.7%,如图 7.16 所示。放大器的输出光束质量如图 7.17 所示,当输出功率 为 3.56 kW 时,光束质量为 $M^2X=1.223$、$M^2Y=1.267$。图 7.18 所示的是 放大器的输出光谱。

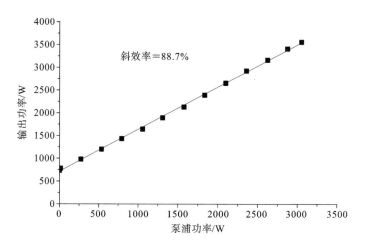

图 7.16　激光器的输出功率曲线

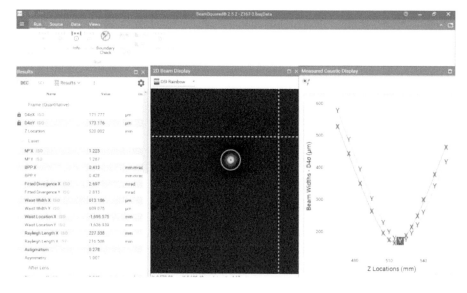

图 7.17　放大器的输出光束质量

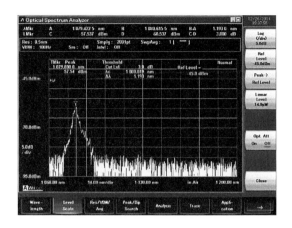

图 7.18　放大器的输出光谱

7.4　大功率窄线宽光纤激光器

单纤功率存在极限,采用功率合成技术是提高光纤激光输出总功率的有效技术途径。目前,光谱合束是在保持较高光束质量的前提下提高激光输出总功率的最佳选择,因而,窄线宽(GHz)大功率光纤激光器也成为研究热门。2018 年,郑也、李磐等人[8]介绍了大功率窄线宽光纤激光器的研究进展。2020年,楚秋慧、郭超等人[9]介绍了光谱线宽小于 10 GHz 的窄线宽光纤激光器主要研究成果,同时介绍了 10~100 GHz 线宽光纤激光器的主要研究成果。表7.1 给出了 2016 年以来 GHz 线宽光纤激光器的国内外研究进展情况。

表 7.1　GHz 线宽光纤激光器的国内外研究进展情况

时间	机构	功率/kW	线宽/GHz	光束质量 M^2	是否偏振
2016 年	美国 IPG 公司	>1.5	15	1.2	否
2016 年	美国空军研究实验室	1.17	3	1.2	否
2016 年	美国空军研究实验室	1	2.3	<1.2	否
2016 年	美国空军研究实验室	1	2	—	—
2016 年	美国空军研究实验室	1.48	5	—	—
2016 年	德国耶拿大学	1.4	26	—	—
2016 年	德国耶拿大学	3	45	—	—
2016 年	美国麻省理工学院	3.1	12	—	—
2016 年	中国国防科技大学	1.89	46	—	—

续表

时间	机构	功率/kW	线宽/GHz	光束质量 M^2	是否偏振
2016 年	中国科学院上海光学精密机械研究所	2.5	50	—	—
2016 年	中国工程物理研究院	2.9	82	—	—
2017 年	德国耶拿大学	3.5	49	—	—
2017 年	中国国防科技大学	2.43	68	近单模	是
2017 年	中国工程物理研究院	1.09	65	—	—
2018 年	中国工程物理研究院	3.5	48	1.89	否
2019 年	中国工程物理研究院	1.5	13	1.24	是
2019 年	中国工程物理研究院	2.62	32	<1.3	是
2019 年	中国清华大学	2.19	23	1.46	否
2020 年	中国科学院上海光学精密机械研究所	1.27	2.2	1.2	否

2020 年,锐科激光推出了大于 2600 W 的窄线宽大功率光纤激光器产品,其中,光谱半峰全宽为 0.075 nm,光束质量 M^2<1.2。锐科激光大于 2600 W 20 GHz 窄线宽大功率全光纤激光器的结构示意图如图 7.19 所示,它主要由种子源、三级预放大器和主放大器构成。其中,种子源主要由单频种子源与相

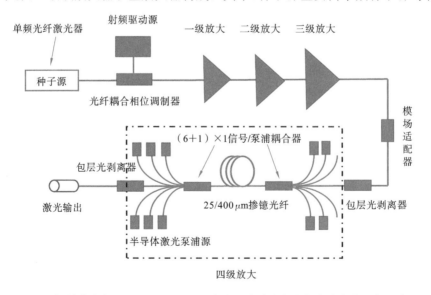

图 7.19 锐科激光大于 2600 W 20 GHz 窄线宽大功率全光纤激光器的结构示意图

位调器制构成,可将线宽展宽至 20 GHz;一级预放大器、二级预放大器、三级预放大器将信号激光功率放大到所需的功率,最后注入主放大器。主放大器采用 25/400 μm 双包层掺镱光纤及双端泵浦方式,实现大于 2600 W 的高功率激光输出。图 7.20 和图 7.21 分别给出了输出功率为 2600 W 时的光谱和光束质量。如图 7.22 所示,激光器在 2600 W 的输出功率下,连续工作达 1 小时,功率稳定性为±1.6%。

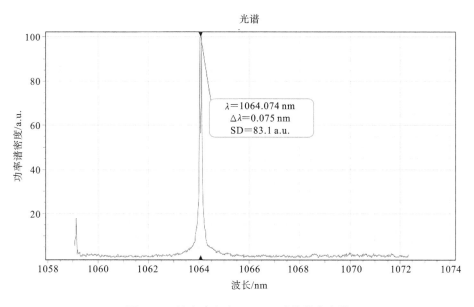

图 7.20   输出功率为 2600 W 时的激光光谱

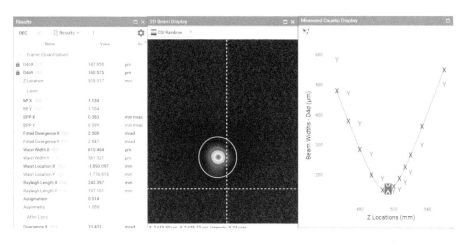

图 7.21   输出功率为 2600 W 时的光束质量

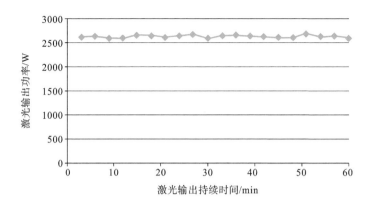

图 7.22　激光器稳定工作 1 小时的输出功率

7.5　光纤合束 30 kW 多模工业光纤激光器

图 7.23 所示的为锐科激光 30 kW 工业光纤激光器产品的光路图。它是由 10 个 3 kW 单模块通过 12×1 光纤信号光合束器实现的,采用锐科激光光纤输出接口,输出光纤为 150/360 μm 光纤。

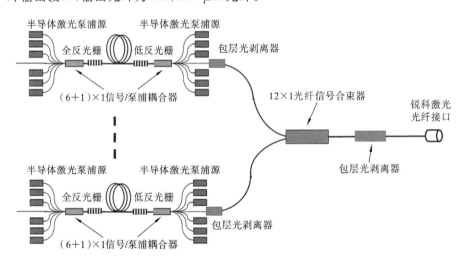

图 7.23　光纤合束 30 kW 工业光纤激光器的光路图

3 kW 单模块的结构类似于图 7.1,其由单谐振腔双向泵浦组成,其中,增益光纤为 25/400 μm 大模场掺镱光纤,高反和低反光纤光栅刻写在与 25/400 μm 大模场掺镱光纤相匹配的 25/400 μm GDF 上。考虑到合束后 30 kW 工业光纤激光器工业应用的长期稳定性和可靠性,单模块的输出功率控制在

3 kW。

激光功率合束器是锐科激光生产的 12×1 光纤信号光合束器,其输入光纤是 25/400 μm GDF,输出光纤是 150/360 μm 多模光纤,合束效率大于99.5%。

将 10 个 30 kW 模块与 12×1 光纤信号光合束器熔接,得到大于 30 kW的激光功率输出。系统经过 8 h 拷机老化,稳定性为 ±1.3%,如图 7.24 所示。表7.2给出了 30 kW 多模工业光纤激光器的技术参数。

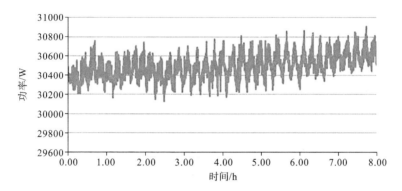

图 7.24　整机老化 8 h 的数据

表 7.2　30 kW 多模工业光纤激光器的技术参数

特性		测试条件
产品型号	RFL-C30000	—
输出功率/W	30000	—
工作模式	连续/调制	—
偏振方向	随机	—
功率调节范围/(%)	10~100	—
中心波长/nm	1080±5	额定输出功率
调制频率/Hz	50~5000	额定输出功率
指示红光输出功率/mW	0.5~1	—
光纤输出接口类型	QP(锐科定义)	—
光束质量(BPP,mm mrad)	4.5~6@$1/e^2$	150 μm 纤芯
光纤芯径/μm	150	—
输出光纤长度/m	20	—

续表

特性		测试条件
工作电压	三相四线制交流 380 V±15％;50/60 Hz(含 PE)	—
最大功率消耗/kW	82	—
控制方式	上位机软件/AD/RS232	—
外观尺寸(W×H×D,mm)	1200×1600×1160	含脚轮、报警灯
重量/kg	≤900	含空调
工作环境温度范围/℃	10～40	—
工作环境湿度范围/(％)	＜90	—
储藏温度/℃	−10～60	—
冷却方式	水冷	
冷却液接口类型及尺寸	宝塔接口;外径 32 mm	
冷却液流量/(L/min)	≥240	—
冷却液压力/Bar	4～6	—
冷水机制冷量/W	＞60000	
水冷机恒温精度/℃	±1	
水冷机水温设置范围/℃	24±1	

7.6　光纤合束 100 kW 多模工业光纤激光器

随着工业光纤激光器应用的普及和深入,一些特殊应用场景需要 100 kW 或更大功率的工业光纤激光器,锐科激光研发生产了 100 kW 多模工业光纤激光器。

图 7.25 所示的为 100 kW 多模工业光纤激光器的内部光纤模块结构图,它通过二级合束技术将 5 台 20 kW 光纤激光器合成了 100 kW 多模工业光纤激光器,每台 20 kW 光纤激光器单独供电、供水,激光器采用主从控制方案,由一个主控系统控制各从控模块工作,产品外观如图 7.26 所示,产品技术参数如表 7.3 所示。

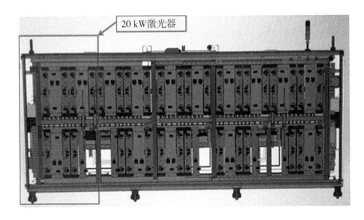

图 7.25 100 kW 多模工业光纤激光器内部光纤模块结构图

图 7.26 100 kW 多模工业光纤激光器产品外观

表 7.3 100 kW 多模工业光纤激光器产品技术参数

特性		测试条件
产品型号	RFL-C100000	—
额定输出功率/kW	100	—
工作模式	连续/调制	—
偏振方向	随机	—
功率调节范围/(%)	10~100	—
中心波长/nm	1080±5	额定输出功率
调制频率/Hz	50~5000	额定输出功率

工业光纤激光器

续表

特性		测试条件
指示红光输出功率/mW	0.5～1	—
光纤输出接口类型	QP24(锐科自定义)	—
光束质量 (BPP，mm mrad)	≤25@1/e²	400 μm 纤芯
光纤芯径/μm	400	—
输出光纤长度/m	20	—
工作电压	三相四线制交流 380 V±10%；50/60 Hz(含 PE)	—
最大功率消耗/kW	300	—
控制方式	上位机软件/AD	
外观尺寸(W×H×D,mm)	3460×1600×1260	含脚轮,不含报警灯
重量/kg	≤3750	含空调
工作环境温度范围/℃	10～40	—
工作环境湿度范围/(%)	＜90	—
储藏温度/℃	−10～60	—
冷却方式	水冷	—
冷却液接口数量	五进五出(外径 32 mm 宝塔接口)	—
冷水机制冷量/kW	＞200	—
冷却液流量/(L/min)	≥825	

100 kW 工业光纤激光器主要进行了新一代 RQS 输出光缆,超高功率光纤合束及智能化控制系统的升级,克服了输出端与输出接口的高度匹配等多项技术瓶颈。

7.7　1 kW/2 kW 调 Q 脉冲光纤激光器

7.7.1　双声光调 Q 500 W 脉冲光纤激光器

为了扩展脉冲光纤激光器的应用领域,如精密模具清洗,车身、船体、航空飞行器清洗等,需要通过降低脉冲宽度来提高峰值功率、减小热效应,实现重复频率和脉冲宽度的调节。降低脉冲宽度主要有两种方案:一是使用单模半导体激光种子源(MOPA 结构);二是采用双声光调制模式。在双声光调制模式中,第一个声光调制器在腔内起调 Q 作用,第二个声光调制器在腔外作为"门",调制输出激光的重复频率和脉冲宽度。

调制单模半导体激光器作为种子源时,在低重复频率和窄脉宽下,输出功率太低,需要经多级放大才能达到一个合适的种子功率,增加了整个光学系统的复杂性。

采用双声光调制模式时,可将第二个声光调制器作为"门",从而突破单个声光调制器在重复频率和脉冲宽度上的限制,实现降低重复频率和压窄脉宽的功能,具有种子模块功率高、种子抗反馈光能力强的优点。

1. 双声光调 Q 500 W 脉冲光纤激光器原理图

双声光调 Q 500 W 脉冲光纤激光器工作原理图如图 7.27 所示,它由双声光调制的种子源、三级放大器组成,在种子源与一级放大器之间熔接了光纤耦合隔离器、模场适配器,一级放大器与二级放大器之间熔接了包层光剥离器,二级放大器与三级放大器之间熔接了包层光剥离器和模场适配器,三级放大器与输出激光光纤接口之间也熔接了包层光剥离器。图 7.27 中的(1+1)×1信号/泵浦耦合器、(2+1)×1信号/泵浦耦合器、(6+1)×1信号/泵浦耦合器

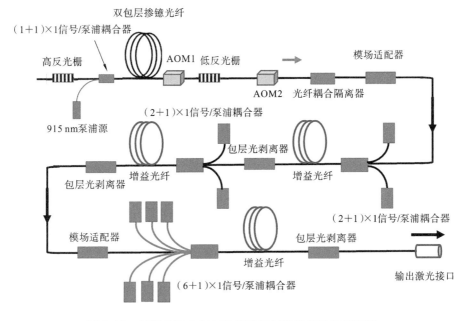

图 7.27　双声光调 Q 500 W 脉冲光纤激光器工作原理图

的输入信号光纤和输出信号光纤的数值孔径、芯径、外包层直径都与熔接的增益光纤或被动光纤相匹配。

2. 输出结果测试

按照表7.4所示的主振荡级输出结果,经 AOM2 调制、一级放大、二级放大和三级放大,测试了光纤激光输出接口后的结果,不同重复频率下的平均输出功率和脉冲宽度如表7.5所示。由表7.5可以看出,在相同的重复频率和泵浦功率下,通过调制 AOM2 的脉冲宽度,在输出功率变化不大的情况下,可改变输出激光的脉冲宽度。表7.6给出了重复频率为 50 kHz、30 kHz、20 kHz、10 kHz 时的测试结果。表7.7给出了三级放大器增益光纤与(6+1)×1 输出光纤熔接点的温度、三级放大器输出包层光剥离器的温度,结果表明已达到设计要求。

表 7.4 主振荡级的输出结果

频率/kHz	MO 输入电流/A	功率/W	脉宽/ns
50	8.3	3.011	161
30	7.2	2.601	103
20	5.1	1.708	104

表 7.5 不同重复频率下的平均输出功率和脉冲宽度

频率/kHz	泵浦源电流/A				AOM2 脉宽/ns	输出功率/W	输出脉宽/ns
	MO	一级	二级	三级			
50	8.3	5.0	8.0	12.8	120	502	111
	8.3	5.0	8.0	13.0	80	505	76
	8.3	5.0	8.0	13.0	50	506	50
	8.3	5.2	8.0	13.0	30	504	32
30	7.0	5.2	8.0	13.0	120	506	99
	7.0	5.1	8.0	13.0	80	504	74
	7.0	5.5	8.0	13.0	50	504	49
	7.0	5.3	8.4	13.0	30	508	32
20	5.1	5.0	8.0	13.0	120	504	95
	5.1	5.4	8.0	13.0	80	502	75
	5.1	5.4	8.0	13.0	50	500	47
10	5.1	4.7	8.0	13.5	160	501	90
	5.1	4.9	8.0	13.6	110	501	72

表 7.6　重复频率为 50 kHz、30 kHz、20 kHz、10 kHz 时的测试结果

测试数据	波形	光谱
重复频率： 50 kHz 脉冲宽度： 111.6 ns 输出功率： 502 W		
重复频率： 50 kHz 脉冲宽度： 76.40 ns 输出功率： 505 W		
重复频率： 50 kHz 脉冲宽度： 50.40 ns 输出功率： 506 W		
重复频率： 50 kHz 脉冲宽度： 32.17 ns 输出功率： 504 W		

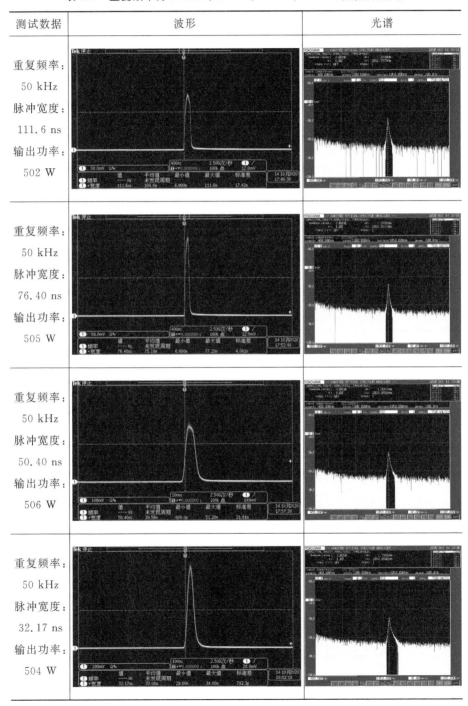

工业光纤激光器

续表

测试数据	波形	光谱
重复频率：30 kHz 脉冲宽度：99.70 ns 输出功率：506 W		
重复频率：30 kHz 脉冲宽度：74.00 ns 输出功率：504 W		
重复频率：30 kHz 脉冲宽度：49.40 ns 输出功率：504W		
重复频率：30 kHz 脉冲宽度：32.77 ns 输出功率：508 W		

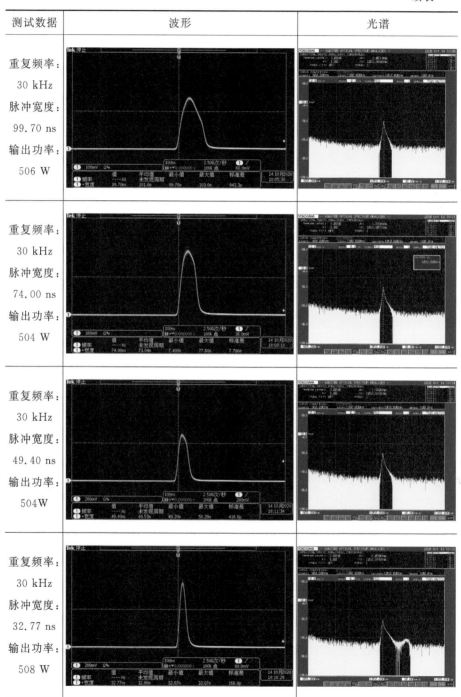

· 486 ·

续表

测试数据	波形	光谱
重复频率：20 kHz 脉冲宽度：95.00 ns 输出功率：504 W		
重复频率：20 kHz 脉冲宽度：75.80 ns 输出功率：502 W		
重复频率：20 kHz 脉冲宽度：47.93 ns 输出功率：500 W		
重复频率：10 kHz 脉冲宽度：90.40 ns 输出功率：501 W		

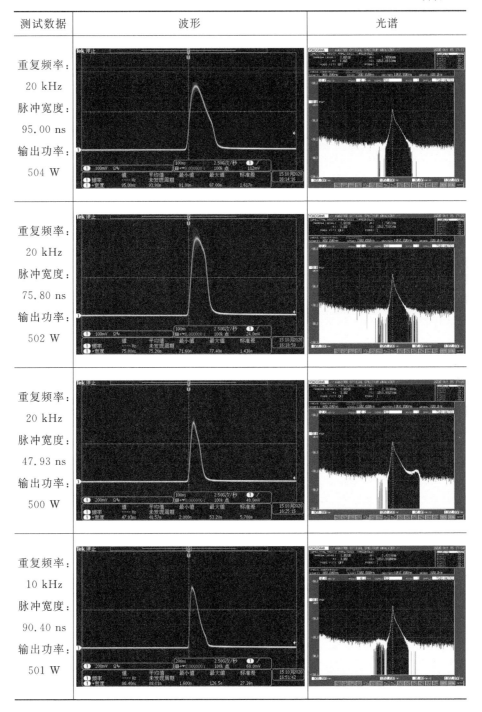

续表

测试数据	波形	光谱
重复频率： 10 kHz 脉冲宽度： 72.53 ns 输出功率： 501 W	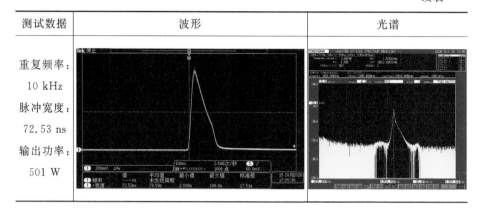	

表 7.7 不同输出功率下，熔接点和包层光剥离器温度

输入电流/A	功率/W	熔接点温度/℃	包层光剥离器温度/℃
0	60	—	—
4	150	28.0	27.5
6	226	33.0	28.9
8	308	36.2	29.7
9	348	37.4	32.7
10	388	37.1	34.9
11	428	48.0	35.7
12	467	52.8	39.0
13	506	58.0	39.0

3. 功率线性度测试

功率线性度测试结果如表 7.8 及图 7.28 所示。

表 7.8 激光功率值

功率百分数/(%)	激光功率/W
10	39.7
15	67
20	113
30	150

续表

功率百分数/(%)	激光功率/W
40	200
50	241
60	300
70	344
80	402
90	446
100	501

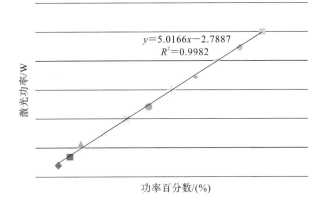

$$y=5.0166x-2.7887$$
$$R^2=0.9982$$

图 7.28　激光功率随功率百分数的变化而变化图

4. 功率稳定性测试

在 25 ℃环境温度下,满功率持续出光 5 h,测得的功率稳定性曲线如图 7.29 所示,最大功率值为 505 W,最小功率值为 500 W,平均功率值为 502.6 W,根据功率稳定性计算公式

$$S_p = \frac{\mathrm{Pav(max)} - \mathrm{Pav(min)}}{\frac{2}{n}\sum_{i=1}^{n}\mathrm{Pav}(i)} \times 100\% \tag{7.1}$$

可得,该样机的功率稳定性为±0.497%。

5. 光束质量测试

将准直系统套在光缆输出接口前端,在 20%的功率下出光,使用光束质量分析仪测得的光束质量如图 7.30 所示,可知 BPP＝18.01。

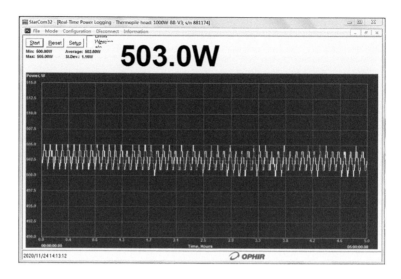

图 7.29　25 ℃ 环境温度下,满功率持续出光 5 h 的功率稳定性曲线

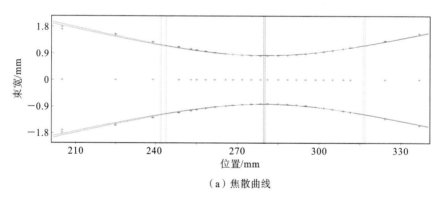

（a）焦散曲线

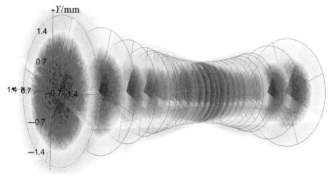

（b）三维焦散图

图 7.30　光束质量测试结果

```
Calculation Parameter          Caustic U                              Caustic V
Ignore center pos. :yes        ISO 11146 1:    Not conform:Not enough   ISO 11146-1:    Not conform:Not enough
Method:  EN ISO 11146-1                        data points for the far field.              data points for the far field.
                               z₀ :      -536(38)    mm          z₀ :      -501(47)    mm
Results:       raw beam        d₀ :      8.55(20)    mm          d₀ :      8.37(27)    mm
Focal Length:  203.45(40)  mm  z_R :     988(28)     mm          z_R :     973(36)     mm
Lens Position: 62.25(50)   mm  theta:    8.649(86)   mrad        theta:    8.605(98)   mrad
Laser Position: 0+/-0.00   mm  BPP:      18.48(43)   mm mrad     BPP:      18.01(58)   mm mrad
                               M² :      54.6(13)                M² :      53.2(17)
Beam Type :    (stigmatic)     K:        0.018(0)                K:        0.019(1)

Caustic U,V
Ast:           3.5(60)       %
Asy:           1.021(40)
```

(c）输出报告

续图 7.30

6. 技术性能指标

双声光调 Q 500 W 脉冲光纤激光器的主要技术指标如表 7.9 所示。

表 7.9 双声光调 Q 500 W 脉冲光纤激光器的主要技术指标表

序号	项目	条件	指标值	单位
1	工作模式	—	脉冲	—
2	功率	RR＝10～50 kHz	≥500	W
3	最大单脉冲能量*	RR＝10 kHz, $P \geqslant$500 W	≥50	mJ
4	功率调节范围	—	10～100	%
5	中心波长	RR＝50 kHz, $P＝P_{max}$	1064±5	nm
6	光谱宽度	RR＝50 kHz, $P＝P_{max}$	≤10	nm
7	输出功率不稳定性	5 小时后, RR＝50 kHz, $P＝P_{max}$	≤±2.5	%
8	脉冲宽度	RR＝10～50 kHz, $P＝P_{max}$	30,50,70,100	ns
9	正常断电时, 脉冲关断时间**	RR＝50 kHz, $P＝100\% \sim 10\%P_{max}$	≤200	μs
10	重复频率可调范围	—	10～50	kHz
11	输出光纤芯径	圆形	310	μm
12	BPP	RR＝50 kHz, $P＝P_{max}$	＜20	mm mrad
13	发散角	—	＜0.12	rad
14	输出光缆类别	IQB	—	—

续表

序号	项目	条件	指标值	单位
15	输出光缆长度	—	10	m
16	红光(655~665 nm)	—	0.4~1.0	mW
17	整机功耗	—	≤3000	W
18	冷却方式	水冷	—	—

* 当实际光功率大于 500 W 时,在 10 kHz 下,根据理论计算公式,单脉冲能量会略大于 50 mJ。

** 非正常断电下的关断时间根据泵浦及电流驱动板放电时间而定。

双声光调 Q 500 W 脉冲光纤激光器不同脉宽的频率参数如表 7.10 所示。

表 7.10　双声光调 Q 500 W 脉冲光纤激光器不同脉宽的频率参数

功率/W	可选脉宽/ns	E_{max}	频率/kHz		
	Typ.	/mJ	Min.	Typ.	Max.
500 W	30,50,70,100	20	25	25	50
	50,70,100	33	15	15	50
	70,100	50	10	10	50

7.7.2　同步合束 1000 W 调 Q 脉冲光纤激光器

2018 年,锐科激光实现了 1000 W 和 2000 W 大功率脉冲光纤激光器产品的商品化。前者平均功率为 1000 W,单脉冲能量为 50 mJ;后者平均功率为 2000 W,单脉冲能量为 100 mJ。锐科激光推出的 200~2000 W 清洗用脉冲光纤激光器逐步扩大市场份额,引领了整个激光清洗行业的发展。

1000 W 脉冲光纤激光器产品的设计方案原理图如图 7.31 所示,它由 4 个 250 W 脉冲光纤激光器模块同步合束而成。250 W 脉冲光纤激光器模块可以是腔内单声光调 Q 250W 脉冲光纤激光器,重复频率范围为 20~50 kHz,脉冲宽度为 130~160 ns;也可以是腔内和腔外双声光调 Q 250 W 脉冲光纤激光器,调制脉冲重复频率范围为 1~150 kHz,脉冲半峰全宽范围为 5~350 ns;或是由单模半导体激光器调制的种子源放大到 250 W 的脉冲光纤激光器,脉冲重复频率范围为 1 kHz~2 MHz,脉冲半峰全宽范围为 5~600 ns。下面以 250 W 调 Q 脉冲光纤激光器模块为例。

250 W 调 Q 脉冲光纤激光器模块由主振荡级和两级放大组成。主振荡级

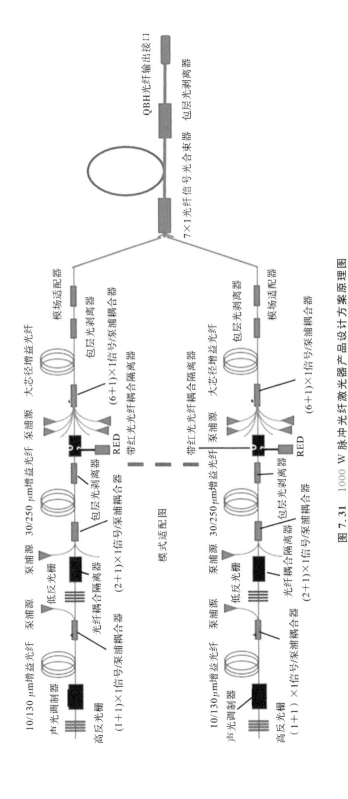

图 7.31　1000 W 脉冲光纤激光器产品设计方案原理图

是腔内调 Q 脉冲光纤激光器,一级放大输出经一个带有红光二极管的 20 W 光纤耦合隔离器注入二级放大器。

每台调 Q 脉冲光纤激光器模块包括主振荡级、一级放大和二级放大结构,均使用参数一致的光纤光栅,并且保持增益光纤长度及器件的无源光纤长度大致相同。调 Q 器件是声光调制器件,且需要射频驱动才能实现 Q 开关功能,每台脉冲光纤激光器的射频驱动由同一个主控板控制。每台调 Q 脉冲光纤激光器模块输出平均功率为 250 W、重复频率为 20~50 kHz、脉冲宽度为 130~160 ns 的脉冲激光。

4 台调 Q 脉冲光纤激光器模块输出的光纤经模场适配器熔接到一个 7×1 光纤信号光合束器,经包层光剥离器、锐科激光光纤传输接口,输出平均功率为 1000 W、重复频率为 20~50 kHz、脉冲宽度为 130~160 ns 的脉冲激光。

当输出脉冲不同步时,可通过调制主控板射频信号对每一激光器的声光调制器进行延时控制,使脉冲同步重合在一起。表 7.11 给出了 1000 W 调 Q 脉冲光纤激光器的关键技术指标。

表 7.11　1000 W 调 Q 脉冲光纤激光器的关键技术指标

序号	项目	条件	指标值	单位
1	工作模式	—	脉冲	—
2	功率	RR＝20~50 kHz, P_{max}	1000	W
3	最大单脉冲能量	RR＝20 kHz, P_{max}	50	mJ
4	中心波长	RR＝50 kHz, P_{max}	1064	nm
5	光谱宽度	RR＝50 kHz, P_{max}	8	nm
6	输出功率不稳定性	5hr@P_{max}	<5	%
7	脉冲宽度	RR＝20~50 kHz	130~160	ns
8	脉冲建立时间	RR＝50 kHz, P_{max}	<200	μs
9	脉冲关断时间	RR＝50 kHz, P_{max}	<100	μs
10	输出光纤芯径	圆形	400	μm
11	BPP	RR＝50 kHz, P_{max}	<35	mm mrad
12	输出光缆(QBH)长度	—	10	m
13	红光(635~665 nm)	—	0.1~1	mW
14	冷却方式	水冷	—	—

7.7.3　同步合束 2000 W 调 Q 脉冲光纤激光器

2000 W 脉冲激光器的设计方案原理图类似于图 7.31,它由 7 个 300 W

脉冲光纤激光器模块同步合束而成。表 7.12 所示的为 2000 W 脉冲光纤激光器的技术参数表。图 7.32 所示的为合束 2000 W 脉冲光纤激光器输出的光斑能量分布图。图 7.33 所示的为合束 2000 W 脉冲光纤激光器在 20 kHz 的重复频率下的脉冲形状。图 7.34 所示的为合束 2000 W 脉冲光纤激光器在 50 kHz 的重复频率下的脉冲形状。

表 7.12　2000 W 脉冲光纤激光器的技术参数表

序号	项目	条件	指标值	单位
1	工作模式	—	脉冲	—
2	功率	$RR = 20 \sim 50$ kHz, P_{max}	2000	W
3	最大单脉冲能量	$RR = 20$ kHz, P_{max}	100	mJ
4	中心波长	$RR = 50$ kHz, P_{max}	1064	nm
5	光谱宽度	$RR = 50$ kHz, P_{max}	8	nm
6	输出功率不稳定性	5hr@P_{max}	<5	%
7	脉冲宽度	$RR = 20 \sim 50$ kHz	$130 \sim 160$	ns
8	脉冲建立时间	$RR = 50$ kHz, P_{max}	<200	μs
9	脉冲关断时间	$RR = 50$ kHz, P_{max}	<100	μs
10	输出光纤芯径	圆形	400	μm
11	BPP	$RR = 50$ kHz, P_{max}	<35	mm mrad
12	输出光缆(QBH)长度	—	10	m
13	红光($635 \sim 665$ nm)	—	$0.1 \sim 1$	mW
14	冷却方式	水冷	—	—

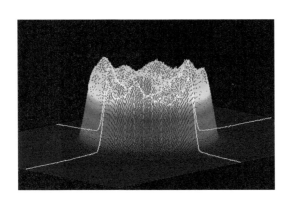

图 7.32　合束 2000 W 脉冲光纤激光器输出的光斑能量分布

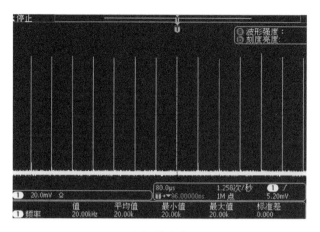

（a）重复频率

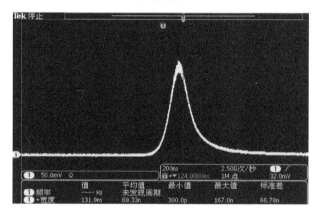

（b）脉冲形状

图 7.33　合束 2000 W 脉冲光纤激光器输出脉冲(20 kHz)

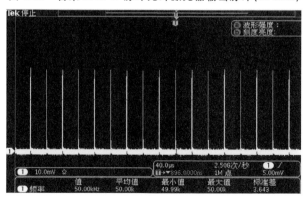

（a）重复频率

图 7.34　合束 2000 W 脉冲光纤激光器输出脉冲(50 kHz)

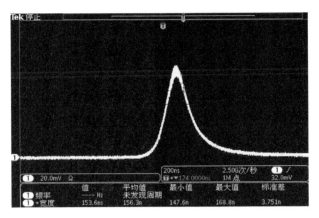

（b）脉冲形状

续图 7.34

7.8　100 W 飞秒脉冲光纤激光器

2021 年,国神光电科技(上海)有限公司推出了 100 W 飞秒光纤激光器,其工作原理图如图 7.35 所示。它以飞秒锁模光纤激光器为种子源,借助光脉

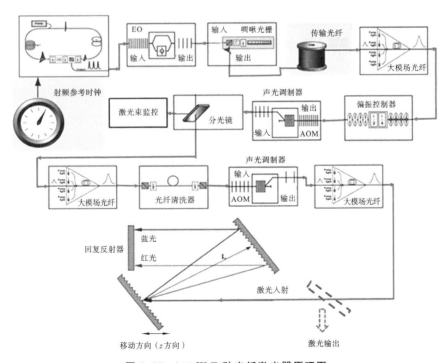

图 7.35　100 W 飞秒光纤激光器原理图

冲调制器降低脉冲重复频率;然后,通过长光纤和啁啾光纤光栅进行脉冲展开和色散预补偿;之后,依次通过多级大模场面积光纤放大器,采用棒状光子晶体光纤进行放大,同时集成分布式脉冲光纤放大技术;最后,通过体光栅进行压缩实现 100 W 飞秒光纤激光输出。

100 W 飞秒光纤激光器的主要技术指标为:中心波长为(1030 ± 5) nm,脉宽小于 500 fs,最高平均功率为 100 W,最高单脉冲能量为 300 μJ,重复频率为 $50\sim5000$ kHz。

该设备的输出功率及稳定性如图 7.36 所示,经过 30 h 拷机老化,功率稳定性为$\pm1.5\%$。图 7.37 所示的为脉冲形状和脉宽。图 7.38 所示的为满功率输出时的光束质量,$M^2X=1.206,M^2Y=1.195$。

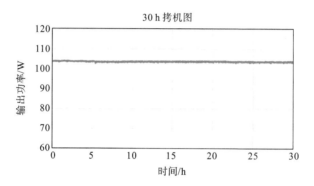

图 7.36　输出功率及功率稳定性

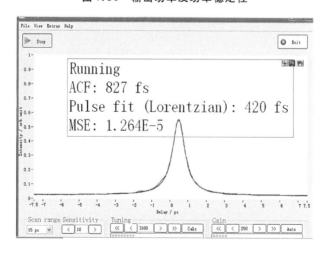

图 7.37　脉冲形状和脉宽

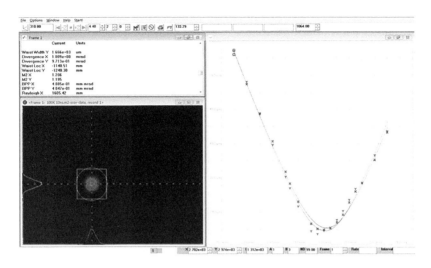

图 7.38　满功率输出时的光束质量

参考文献

[1] IPG Photonics offers world's first 10 kW single-mode production laser[OL]. http://www. Laser focus world. com/articles/2009/06/ipg-photonics-offers-worlds-first-10-kw-single-mode-production-laser. html，2009-06-17.

[2] Ferin A，Gapontsev V，Fomin V，et al. 17 kW CW laser with 50 μm delivery[C]. 6th International Symposium on High-Power Fiber Lasers and Their Applications，2012.

[3] 林宏奂,唐选,李成钰,等. 全国产单纤激光系统获得 10.6 kW 激光输出[J].中国激光,2018,45(3).

[4] 陈子伦,周旋风,王泽锋,等.高功率光纤激光器功率合束器的研究进展[J].红外与激光工程,2018,47(1),0103005-1~0103005-7.

[5] V. P. Gapontsev，V. Fomin，N. Platonov. Powerful fiber luser system：US，7593435B2[P]. 2009.

[6] V. P. Gapontsev，V. Fomin，N. Platonov. Fiber laser system：US，7848368B2[P]. 2010.

[7] 陈子伦,雷成敏,王泽锋,等.基于输出光纤为 50 μm 的 7×1 光纤功率合束器实现大于 14 kW 的高光束质量光纤激光合成[J].中国激光,2008,45(1).

［8］郑也，李磐，朱占达，等. 高功率窄线宽光纤激光器的研究进展［J］. 激光与光电子学进展，2018，55(08).

［9］楚秋慧，郭超，颜冬林，等. 高功率窄线宽光纤激光器的研究进展［J］. 强激光与粒子束，2020，32(12).